ANSYS 技术丛书

ANSYS Workbench 2024 高阶应用与实例解析

买买提明·艾尼　陈华磊　王　文　编著

机械工业出版社

本书以 ANSYS Workbench 2024R1/R2 为基础,以常见问题应用为章节,涵盖了接触与摩擦分析、结构对称分析、子模型应用分析、塑性分析、结构振动分析、机构刚柔耦合分析、碰撞分析、热力学分析、裂纹扩展与寿命分析、蠕变与松弛分析、复合材料分析、多孔结构增材制造分析、生死单元分析、电池热电分析、流体动力学分析、多物理场耦合分析、试验探索与拓扑优化分析、自动化分析,共 18 章,46 个典型工程实例。作为一本工程应用实例教程,包含了问题与重难点描述、实例详细解析过程及结果分析点评。

本书内容适合机械工程、土木工程、水利水电、化工装备、农牧装备、能源动力、电子通信、医疗器械、工程力学、航空航天等领域从事产品设计、仿真和优化的工程技术人员使用,也可作为工科类专业师生的参考书,还可供相关领域广大 CAE 爱好者参考。

图书在版编目（CIP）数据

ANSYS Workbench 2024 高阶应用与实例解析 / 买买提明·艾尼,陈华磊,王文编著. -- 北京：机械工业出版社,2025.7. -- (ANSYS 技术丛书). -- ISBN 978-7-111-78592-7

I. O241.82-39

中国国家版本馆 CIP 数据核字第 20257U5B68 号

机械工业出版社（北京市百万庄大街 22 号　邮政编码 100037）
策划编辑：黄丽梅　　　　　　　责任编辑：黄丽梅　王春雨
责任校对：樊钟英　张亚楠　　　封面设计：鞠　杨
责任印制：单爱军
北京中兴印刷有限公司印刷
2025 年 7 月第 1 版第 1 次印刷
184mm×260mm・21.5 印张・529 千字
标准书号：ISBN 978-7-111-78592-7
定价：89.00 元

电话服务　　　　　　　　　网络服务
客服电话：010-88361066　　机　工　官　网：www.cmpbook.com
　　　　　010-88379833　　机　工　官　博：weibo.com/cmp1952
　　　　　010-68326294　　金　书　网：www.golden-book.com
封底无防伪标均为盗版　　　机工教育服务网：www.cmpedu.com

前言 PREFACE

ANSYS Workbench 作为优秀的工程软件,在驱动新产品研发、缩短研发周期方面的优势,被越来越多的行业所认可。本书是《ANSYS Workbench 18.0 高阶应用与实例解析》的升级版,书中挑选的 46 个典型工程应用实例,以常见问题应用为章节,涵盖了接触与摩擦分析、结构对称分析、子模型应用分析、塑性分析、结构振动分析、机构刚柔耦合分析、碰撞分析、热力学分析、裂纹扩展与寿命分析、蠕变与松弛分析、复合材料分析、多孔结构增材制造分析、生死单元分析、电池热电分析、流体动力学分析、多物理场耦合分析、试验探索与拓扑优化分析、自动化分析。本书是对《ANSYS Workbench 2024 有限元分析入门与应用》和《ANSYS Workbench 2024 工程应用与实例解析》内容的扩展,又是对 ANSYS Workbench 相关工程应用领域能力的进一步展现。

本书工程实例全部来源于实际工程应用,尽量反映工程应用中的实际情况及 ANSYS Workbench 2024 的通用易用性特点,帮助读者解决实际分析中可能遇到的问题。本书在编写过程中力求做到通俗易懂,尽管每一个实例分析后都有结果分析与点评,但建议使用前还是要对 ANSYS Workbench 的使用有一定基础,这样效果会更好,期待对希望提升工程分析能力的您有所帮助。

本书以 ANSYS Workbench 2024R1/R2 为基础,具有顺应趋势、自成体系、突出重点、注意细节、正误明确等特点,通过 46 个典型工程实例对 ANSYS Workbench 平台中的相应模块应用进行介绍。全书共分 18 章,具体各章所涉及的内容如下。

第 1 章 接触与摩擦分析:主要介绍 4 个结构分析中常见的关于接触与摩擦问题分析的工程应用实例,包括问题与重难点描述、材料创建、模型处理、网格划分、边界施加、求解及后处理、结果分析与点评等内容。

第 2 章 结构对称分析:主要介绍 2 个结构分析中常见的关于对称结构问题分析的工程应用实例,包括问题与重难点描述、材料创建、模型处理、网格划分、边界施加、求解及后处理、结果分析与点评等内容。

第 3 章 子模型应用分析:主要介绍 2 个结构分析中常见的关于子模型应用问题分析的工程应用实例,包括问题与重难点描述、材料创建、模型处理、网格划分、边界施加、求解及后处理、结果分析与点评等内容。

第 4 章 塑性分析:主要介绍 2 个结构分析中常见的关于塑性问题分析的工程应用实例,包括问题与重难点描述、材料创建、模型处理、网格划分、边界施加、求解及后处理、结果分析与点评等内容。

第 5 章 结构振动分析:主要介绍 3 个结构分析中常见的振动问题分析的工程应用实例,包括问题与重难点描述、材料创建、模型处理、网格划分、边界施加、求解及后处理、结果分析与点评等内容。

第6章 机构刚柔耦合分析：主要介绍2个机构分析中常见的刚柔耦合问题分析的工程应用实例，包括问题与重难点描述、材料创建、模型处理、网格划分、边界施加、求解及后处理、结果分析与点评等内容。

第7章 碰撞分析：主要介绍3个结构分析中常见的关于碰撞问题分析的工程应用实例，包括问题与重难点描述、材料创建、模型处理、网格划分、边界施加、求解及后处理、结果分析与点评等内容。

第8章 热力学分析：主要介绍2个结构热力学分析中常见的关于瞬态热问题分析的工程应用实例，包括问题与重难点描述、材料创建、模型处理、网格划分、边界施加、求解及后处理、结果分析与点评等内容。

第9章 裂纹扩展与寿命分析：主要介绍4个结构分析中常见的关于裂纹扩展与寿命问题分析的工程应用实例，包括问题与重难点描述、材料创建、模型处理、断裂网格创建、边界施加、求解及后处理、结果分析与点评等内容。

第10章 蠕变与松弛分析：主要介绍2个结构分析中常见的关于蠕变与松弛问题分析的工程应用实例，包括问题与重难点描述、材料创建、模型处理、网格划分、边界施加、求解及后处理、结果分析与点评等内容。

第11章 复合材料分析：主要介绍2个常见的关于复合材料问题分析的工程应用实例，实例包括问题与重难点描述、材料创建、网格划分、实体模型创建、层创建、边界施加、求解及后处理、结果分析与点评等内容。

第12章 多孔结构增材制造分析：主要介绍2个常见的多孔结构分析工程应用实例，包括问题描述、材料创建、网格划分、边界施加、求解及后处理、分析点评等内容。

第13章 生死单元分析：主要介绍2个结构分析中常见的利用生死单元方法分析的工程应用实例，包括问题与重难点描述、材料创建、模型处理、网格划分、边界施加、求解及后处理、结果分析与点评等内容。

第14章 电池热电分析：主要介绍了单体锂离子电池和18个锂离子电池组的工程分析应用实例，包括问题描述、材料创建、网格划分、边界施加、求解及后处理、结果分析与点评等内容。

第15章 流体动力学分析：主要介绍4个流体动力学分析工程应用实例，包括Fluent、CFX流体单场应用，问题与重难点描述、材料创建、网格划分、边界施加、求解及后处理、结果分析与点评等内容。

第16章 多物理场耦合分析：主要介绍3个常见的关于多物理场耦合问题分析的工程应用实例，包括Fluent、CFX流体多物理场耦合应用，单向顺序耦合、热流固耦合和双向耦合多场应用的问题与重难点描述、材料创建、网格划分、边界施加、求解及后处理、结果分析与点评等内容。

第17章 试验探索与拓扑优化分析：主要介绍2个优化分析中常见的关于实验探索与拓扑优化问题分析的工程应用实例，包括参数化优化、拓扑优化应用的问题描述、材料创建、网格划分、边界施加、优化设置、求解及优化模型的后处理、分析点评等内容。

第18章 自动化分析：主要介绍3个具有代表性的自动化分析案例，第一个是Mechanical结构分析的自动化分析实例，第二个是结构的ACT应用实例，第三个是Fluent流体分析的自动化分析实例，包括问题与重难点描述，自动化方法对模型处理、网格划分、边界施加、求解及后处理，结果分析与点评等内容。

本书特色：

（1）本书工程实例全部来源于实际工程应用，以解决实际问题为出发点。

（2）本书以常见难点问题为章节，通过实例解析呈现问题的解决技巧。

（3）语言平实，说明为主，对关键步骤，在图中用方框标注提示。

（4）重在软件和实际问题的解决，并对实例应用给予结果分析与点评。

（5）突出新技术应用和使用技巧讲解，涉及新方法应用时兼顾新老读者。

作者在本书的编写过程中追求准确性、完整性和应用性。但是，由于作者水平有限，编写时间较短，书中欠妥之处在所难免，希望读者和同仁能够及时指出，期待共同提高。读者在学习过程中遇到难以解答的问题，可以直接发邮件到作者电子邮箱 xjkj6190@163.com（书中模型索取），或加入QQ群590703758进行技术交流，作者会尽快给予解答。

书中模型也可扫描下方二维码获取。

买买提明·艾尼　陈华磊

目 录 CONTENTS

前言
第1章 接触与摩擦分析 ·················· 1
1.1 自动送料小车轮轨非线性接触分析 ····· 1
1.1.1 问题与重难点描述 ············ 1
1.1.2 实例详细解析过程 ············ 1
1.1.3 结果分析与点评 ············· 6
1.2 心血管支架接触分析 ··············· 7
1.2.1 问题与重难点描述 ············ 7
1.2.2 实例详细解析过程 ············ 7
1.2.3 结果分析与点评 ············ 12
1.3 滑块摩擦生热分析 ··············· 12
1.3.1 问题与重难点描述 ··········· 12
1.3.2 实例详细解析过程 ··········· 13
1.3.3 结果分析与点评 ············ 17
1.4 轴承磨损分析 ··················· 18
1.4.1 问题与重难点描述 ··········· 18
1.4.2 实例详细解析过程 ··········· 18
1.4.3 结果分析与点评 ············ 27

第2章 结构对称分析 ··················· 28
2.1 狗骨形试件拉伸对称分析 ·········· 28
2.1.1 问题与重难点描述 ··········· 28
2.1.2 实例详细解析过程 ··········· 28
2.1.3 结果分析与点评 ············ 33
2.2 制动轮循环对称分析 ············· 33
2.2.1 问题与重难点描述 ··········· 33
2.2.2 实例详细解析过程 ··········· 33
2.2.3 结果分析与点评 ············ 37

第3章 子模型应用分析 ················· 38
3.1 直角焊缝子模型分析 ············· 38
3.1.1 问题与重难点描述 ··········· 38
3.1.2 实例详细解析过程 ··········· 38
3.1.3 结果分析与点评 ············ 43
3.2 焊接T形管子模型分析 ············ 43
3.2.1 问题与重难点描述 ··········· 43

3.2.2 实例详细解析过程 ··········· 43
3.2.3 结果分析与点评 ············ 50

第4章 塑性分析 ······················ 51
4.1 材料塑性变形回弹效应分析 ········ 51
4.1.1 问题与重难点描述 ··········· 51
4.1.2 实例详细解析过程 ··········· 51
4.1.3 结果分析与点评 ············ 56
4.2 卧式压力容器非线性屈曲分析 ······ 56
4.2.1 问题与重难点描述 ··········· 56
4.2.2 实例详细解析过程 ··········· 56
4.2.3 结果分析与点评 ············ 63

第5章 结构振动分析 ··················· 64
5.1 某椅子模态分析 ················· 64
5.1.1 问题与重难点描述 ··········· 64
5.1.2 实例详细解析过程 ··········· 64
5.1.3 结果分析与点评 ············ 68
5.2 某水平轴风机叶片预应力模态分析 ···· 68
5.2.1 问题与重难点描述 ··········· 68
5.2.2 实例详细解析过程 ··········· 68
5.2.3 结果分析与点评 ············ 72
5.3 某活塞发动机凸轮轴随机振动分析 ···· 72
5.3.1 问题与重难点描述 ··········· 72
5.3.2 实例详细解析过程 ··········· 73
5.3.3 结果分析与点评 ············ 77

第6章 机构刚柔耦合分析 ················ 78
6.1 某回转臂刚柔耦合分析 ············ 78
6.1.1 问题与重难点描述 ··········· 78
6.1.2 实例详细解析过程 ··········· 78
6.1.3 结果分析与点评 ············ 82
6.2 活塞式压气机曲柄连杆机构刚柔耦合
分析 ···························· 83
6.2.1 问题与重难点描述 ··········· 83
6.2.2 实例详细解析过程 ··········· 83
6.2.3 结果分析与点评 ············ 88

第7章 碰撞分析 ······ 89
7.1 双车相向碰撞显式动力学分析 ··· 89
7.1.1 问题与重难点描述 ······ 89
7.1.2 实例详细解析过程 ······ 89
7.1.3 结果分析与点评 ······ 94
7.2 下颌骨撞击分析 ······ 94
7.2.1 问题与重难点描述 ······ 94
7.2.2 实例详细解析过程 ······ 95
7.2.3 结果分析与点评 ······ 98
7.3 钢板冲压显式动力学分析 ······ 99
7.3.1 问题与重难点描述 ······ 99
7.3.2 实例详细解析过程 ······ 99
7.3.3 结果分析与点评 ······ 104

第8章 热力学分析 ······ 105
8.1 直齿轮水冷淬火瞬态热分析 ··· 105
8.1.1 问题与重难点描述 ······ 105
8.1.2 实例详细解析过程 ······ 105
8.1.3 结果分析与点评 ······ 109
8.2 储热补偿管应力分析 ······ 110
8.2.1 问题与重难点描述 ······ 110
8.2.2 实例详细解析过程 ······ 110
8.2.3 结果分析与点评 ······ 115

第9章 裂纹扩展与寿命分析 ······ 116
9.1 钢筋混凝土开裂分析 ······ 116
9.1.1 问题与重难点描述 ······ 116
9.1.2 实例详细解析过程 ······ 116
9.1.3 结果分析与点评 ······ 122
9.2 某种球形压力容器裂纹分析 ··· 123
9.2.1 问题与重难点描述 ······ 123
9.2.2 实例详细解析过程 ······ 123
9.2.3 结果分析与点评 ······ 129
9.3 某型股骨柄疲劳分析 ······ 129
9.3.1 问题与重难点描述 ······ 129
9.3.2 实例详细解析过程 ······ 129
9.3.3 结果分析与点评 ······ 134
9.4 某型自行车前叉疲劳分析 ······ 135
9.4.1 问题与重难点描述 ······ 135
9.4.2 实例详细解析过程 ······ 135
9.4.3 结果分析与点评 ······ 138

第10章 蠕变与松弛分析 ······ 140
10.1 某型紧固件高温蠕变松弛分析 ··· 140
10.1.1 问题与重难点描述 ······ 140
10.1.2 实例详细解析过程 ······ 140
10.1.3 结果分析与点评 ······ 147
10.2 腰椎椎间盘蠕变分析 ······ 147
10.2.1 问题与重难点描述 ······ 147
10.2.2 实例详细解析过程 ······ 148
10.2.3 结果分析与点评 ······ 154

第11章 复合材料分析 ······ 155
11.1 冲浪板复合材料分析 ······ 155
11.1.1 问题与重难点描述 ······ 155
11.1.2 实例详细解析过程 ······ 155
11.1.3 结果分析与评价 ······ 163
11.2 储热管复合材料分析 ······ 163
11.2.1 问题与重难点描述 ······ 163
11.2.2 实例详细解析过程 ······ 165
11.2.3 结果分析与点评 ······ 174

第12章 多孔结构增材制造分析 ······ 175
12.1 多孔颈椎椎间融合器增材制造分析 ······ 175
12.1.1 问题与重难点描述 ······ 175
12.1.2 实例详细解析过程 ······ 175
12.1.3 结果分析与点评 ······ 181
12.2 多向多孔轴套烧结增材制造分析 ··· 181
12.2.1 问题与重难点描述 ······ 181
12.2.2 实例详细解析过程 ······ 181
12.2.3 结果分析与点评 ······ 187

第13章 生死单元分析 ······ 188
13.1 生死接触单元分析 ······ 188
13.1.1 问题与重难点描述 ······ 188
13.1.2 实例详细解析过程 ······ 188
13.1.3 结果分析与点评 ······ 192
13.2 高斯热源生死单元分析 ······ 192
13.2.1 问题与重难点描述 ······ 192
13.2.2 实例详细解析过程 ······ 192
13.2.3 结果分析与点评 ······ 196

第14章 电池热电分析 ······ 197
14.1 单个锂离子电池分析 ······ 197
14.1.1 问题与重难点描述 ······ 197
14.1.2 实例详细解析过程 ······ 197
14.1.3 结果分析与点评 ······ 211
14.2 18节锂离子电池组分析 ······ 211
14.2.1 问题与重难点描述 ······ 211
14.2.2 实例详细解析过程 ······ 211

14.2.3 结果分析与点评 …… 222

第15章 流体动力学分析 …… 223
15.1 三管式热交换分析 …… 223
15.1.1 问题与重难点描述 …… 223
15.1.2 实例详细解析过程 …… 223
15.1.3 结果分析与点评 …… 240
15.2 棱柱形渠道水流波浪分析 …… 241
15.2.1 问题与重难点描述 …… 241
15.2.2 实例详细解析过程 …… 241
15.2.3 结果分析与点评 …… 250
15.3 离心压缩机叶片设计对比分析 …… 250
15.3.1 问题与重难点描述 …… 250
15.3.2 实例详细解析过程 …… 251
15.3.3 结果分析与点评 …… 256
15.4 叶片泵非定常分析 …… 256
15.4.1 问题与重难点描述 …… 256
15.4.2 实例详细解析过程 …… 257
15.4.3 结果分析与点评 …… 270

第16章 多物理场耦合分析 …… 271
16.1 某型风机叶片单向气流流固耦合分析 …… 271
16.1.1 问题与重难点描述 …… 271
16.1.2 实例详细解析过程 …… 271
16.1.3 结果分析与点评 …… 284
16.2 某燃气轮机机座热流固耦合分析 …… 284
16.2.1 问题与重难点描述 …… 284
16.2.2 实例详细解析过程 …… 284
16.2.3 结果分析与点评 …… 288

16.3 振动片双向流固耦合分析 …… 289
16.3.1 问题与重难点描述 …… 289
16.3.2 实例详细解析过程 …… 289
16.3.3 结果分析与点评 …… 298

第17章 试验探索与拓扑优化分析 …… 299
17.1 某燃气轮机机座热流固耦合及多目标驱动优化 …… 299
17.1.1 问题与重难点描述 …… 299
17.1.2 实例详细解析过程 …… 299
17.1.3 结果分析与点评 …… 308
17.2 某圆盘拓扑优化设计分析 …… 308
17.2.1 问题与重难点描述 …… 308
17.2.2 实例详细解析过程 …… 309
17.2.3 结果分析与点评 …… 317

第18章 自动化分析 …… 318
18.1 三角平台上圆筒受力自动化分析 …… 318
18.1.1 问题与重难点描述 …… 318
18.1.2 实例详细解析过程 …… 318
18.1.3 结果分析与点评 …… 322
18.2 集热器框架客户化定制分析 …… 322
18.2.1 问题与重难点描述 …… 322
18.2.2 实例详细解析过程 …… 322
18.2.3 结果分析与点评 …… 326
18.3 三通弯管混合流体自动化分析 …… 327
18.3.1 问题与重难点描述 …… 327
18.3.2 实例详细解析过程 …… 327
18.3.3 结果分析与点评 …… 332

参考文献 …… 333

第1章 接触与摩擦分析

1.1 自动送料小车轮轨非线性接触分析

1.1.1 问题与重难点描述

1. 问题描述

冶金、锻造等重工业工厂的自动送料小车常采用轮轨,其模型如图1-1所示,其中轮对由一根车轴和两个相同的车轮组成,车轮为踏面型。轮对一般应具有足够的强度,不仅能够直行,而且还得能够顺利通过曲线和岔道,满足抗脱轨要求,还要具备阻力好和耐磨性好等优点。本例对轮对和钢轨详细设计尺寸不进行说明,重在分析轮对与钢轨之间的接触。假设轮轨材料参数使用结构钢加双线性各向同性硬化,其中屈服强度为2.5E+8Pa,切线模量为2E+10Pa;单轮承受100000N轴承力,钢轨底端面固定。试求轮轨在轴承力作用下钢轨的变形、应力状态以及接触压力。

2. 重难点提示

本实例重难点在于对轮轨摩擦接触的非线性设置以及对收敛性的处理。

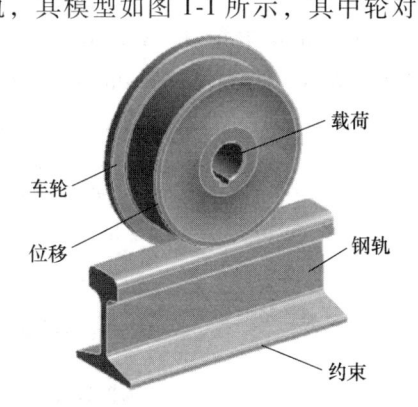

图1-1 轮轨模型

1.1.2 实例详细解析过程

1. 启动Workbench

在"开始"菜单中执行ANSYS 2024R1/R2→Workbench 2024R1/R2命令。

2. 创建静态结构分析

(1) 在工具箱【Toolbox】的【Analysis Systems】中双击或拖动静态结构分析【Static Structural】到项目分析流程图,如图1-2所示。

(2) 在Workbench的工具栏中单击【Save】,保存项目实例名称为Wheel rail.wbpj。如工程实例文件保存在D:\AWB\Chapter01文件夹中。

3. 创建材料参数

(1) 编辑工程数据单元,右击【Engineering Data】→【Edit...】。

(2) 在工程数据属性中右击【Outline of Schematic A2:Engineering Data】→【Structural Steel】→【Duplicate】,得到【Structural Steel2】。

(3) 在左侧单击【Plasticity】展开,双击【Bilinear Isotropic Hardening】,设置【Proper-

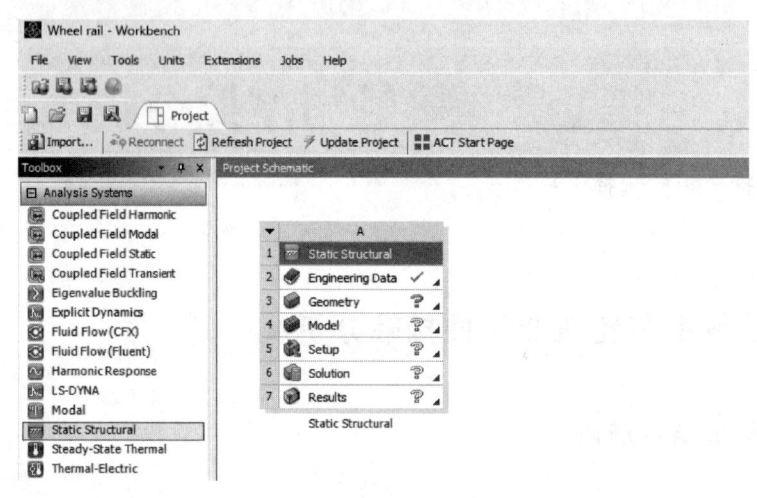

图 1-2 创建静态结构分析

ties of Outline Row 4：Structural Steel2】→【Bilinear Isotropic Hardening】→【Yield Strength】= 2.5E+8Pa,【Tangent Modulus】=2E+10Pa，其他默认，如图 1-3 所示。

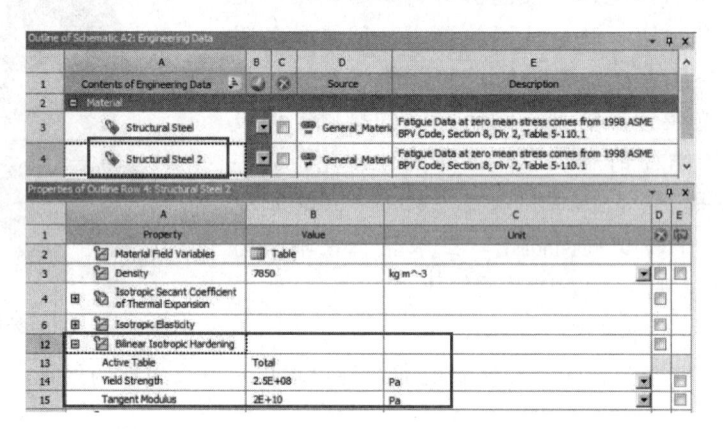

图 1-3 创建材料参数

（4）单击工具栏中的【A2：Engineering Data】关闭按钮，返回到 Workbench 主界面，新材料创建完毕。

4. 导入几何模型

在静态结构分析上右击【Geometry】→【Import Geometry】→【Browse】，找到模型文件 Wheel rail. agdb，打开导入几何模型。如模型文件在 D:\AWB\Chapter01 文件夹中。

5. 进入 Mechanical 分析环境

（1）在静态结构分析上右击【Model】→【Edit…】进入 Mechanical 分析环境。

（2）在 Mechanical 的环境主页【Home】功能区单位【Units】中选择单位为 Metric (mm, kg, N, s, mV, mA)。

6. 为几何模型分配材料

在导航树上单击【Geometry】展开，选择【Rail，Wheel】→【Details of "Multiple Selection"】→【Material】→【Assignment】=Structural Steel2，其他默认。

7. 创建接触连接

(1) 在导航树上展开【Connections】→【Contacts】，单击【Contact Region】，默认程序自动识别的钢轨面为接触面，与其相邻的轮轨面为目标面。右击【Contact Region】，从弹出的快捷菜单中选择【Rename Based On Definition】，重新命名目标面与接触面，然后右击接触对，从弹出快捷菜单中选择 Flip Contact/Target，如图 1-4 所示。

(2) 接触设置。单击【Bonded-Wheel To Rail】→【Details of "Bonded-Wheel To Rail"】→【Definition】→【Type】= Frictional，【Friction Coefficient】= 0.15，【Behavior】= Symmetric；【Advanced】→【Formulation】= Augmented Lagrange，【Small Sliding】= On；【Geometric Modification】→【Interface Treatment】= Add Offset，Ramped Effects，其他默认，如图 1-5 所示。

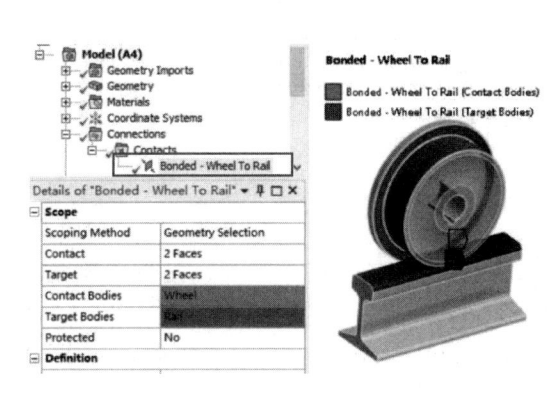

图 1-4 创建接触连接　　　　图 1-5 接触设置

8. 划分网格

(1) 在导航树上单击【Mesh】→【Details of "Mesh"】→【Sizing】→【Use Adaptive Sizing】= Yes，其他默认。

(2) 在导航树上选择所有体，然后右击【Mesh】，从弹出的快捷菜单中选择【Insert】→【Sizing】，【Body Sizing】→【Details of "Body Sizing"】→【Element Size】= 5mm。

(3) 选择所有体，然后右击【Mesh】，从弹出的快捷菜单中选择【Insert】→【Method】→【Hex Dominant】，其他默认。

(4) 生成网格。右击【Mesh】→【Generate Mesh】，图形区域显示程序生成的网格模型，如图 1-6 所示。

(5) 网格质量检查。在导航树上单击【Mesh】→【Details of "Mesh"】→【Display】→【Display Style】= Element Quality，显示 Element Quality 规则下网格质量状态，如图 1-7 所示；【Mesh Metric】= Element Quality，显示 Element Quality 规则下网格质量详细信息，平均值处在良好的水平范围内，展开【Statistics】显示网格和节点数量。

图 1-6　网格模型　　　　　　　　　图 1-7　网格质量状态

9. 接触初始检测

（1）在导航树上右击【Connections】→【Insert】→【Contact Tool】。

（2）右击【Contact Tool】，从弹出的快捷菜单中选择【Generate Initial Contact Results】，经过初始运算，得到接触状态信息，如图 1-8 所示。

Name	Contact Side	Type	Status	Number Contacting	Penetration (mm)	Gap (mm)	Geometric Penetration (mm)	Geometric Gap (mm)	Resulting Pinball (mm)	Real Constant
Frictional - Wheel To Rail	Contact	Frictional	Closed	7.	1.2277e-002	0.	1.2277e-002	N/A	18.004	5.
Frictional - Wheel To Rail	Target	Frictional	Closed	7.	1.2277e-002	0.	1.2277e-002	N/A	18.004	6.

图 1-8　接触状态信息

10. 施加边界条件

（1）单击【Static Structural（A5）】。

（2）施加轴承力。在标准工具栏上单击，然后选择轴承座内表面，接着在环境功能区上单击【Loads】→【Bearing Load】→【Details of "Bearing Load"】→【Definition】→【Define By】=Components，【X Component】=0N，【Y Component】=-100000N，【Z Component】=0N，如图 1-9 所示。

（3）施加位移。首先在标准工具栏上单击，然后选择轮轨端面，接着在环境功能区单击【Supports】→【Displacement】→【Details of "Displacement"】→【Definition】→【Define By】=Components，【X Component】=0mm，【Y Component】=Free，【Z Component】=0mm，如图 1-10 所示。

图 1-9　施加轴承力　　　　　　　　　图 1-10　施加位移

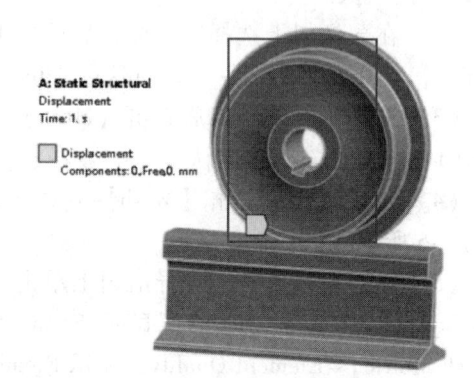

(4) 施加约束。首先在标准工具栏上单击 ▭，然后选择钢轨底端面，接着在环境功能区单击【Supports】→【Fixed Support】，如图 1-11 所示。

(5) 分析设置。单击【Analysis Settings】→【Details of "Analysis Settings"】→【Step Controls】→【Auto Time Stepping】= On，【Define By】= Substeps，【Initial Substeps】= 20，【Minimum Substeps】= 10，【Maximum Substeps】= 50，其他默认，如图 1-12 所示。

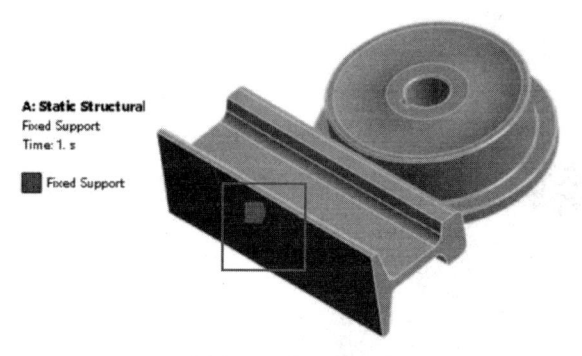

图 1-11　施加约束

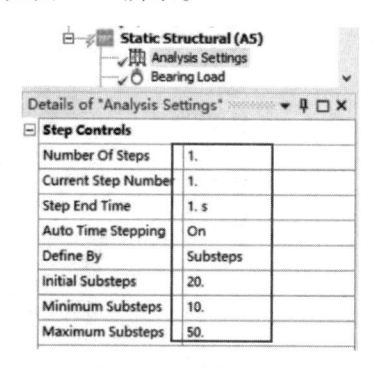

图 1-12　分析设置

11. 设置需要的结果

(1) 在导航树上单击【Solution (A6)】。

(2) 在 Mechanical 环境求解功能区单击【Deformation】→【Directiona】→【Details of "Directional Deformation"】→【Definition】→【Orientation】= Y Axis。

(3) 在标准工具栏上单击 ▭，选择钢轨表面，然后在求解功能区上单击【Stress】→【Equivalent (von-Mises)】。

12. 求解与结果显示

(1) 在 Mechanical 环境求解功能区单击 ⚡ 进行求解运算。

(2) 运算结束后，单击【Solution (A6)】→【Directional Deformation】，图形区域显示分析得到的轮轨 Y 方向变形分布云图，如图 1-13 所示；单击【Solution (A6)】→【Equivalent Stress】，显示轮轨等效应力分布云图，如图 1-14 所示。

图 1-13　轮轨 Y 方向变形分布云图

图 1-14　轮轨等效应力分布云图

13. 接触评估

(1) 在导航树上单击【Solution (A6)】。

（2）在 Mechanical 环境求解功能区单击【Toolbox】→【Contact Tool】。

（3）单击【Contact Tool】→【Status】→【Details of "Status"】→【Definition】→【Type】= Pressure，其他默认。

（4）右击【Contact Tool】，从弹出的快捷菜单中选择【Evaluate All Results】，运算后，单击【Contact Tool】→【Pressure】查看接触压力结果，如图 1-15 所示。

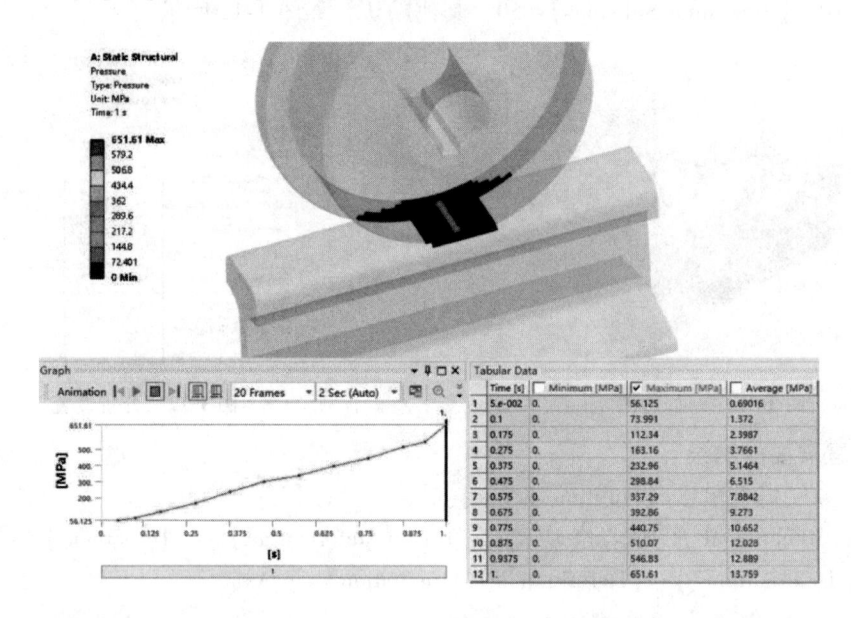

图 1-15　接触压力结果

14. 保存与退出

（1）退出 Mechanical 分析环境。单击 Mechanical 主界面的菜单【File】→【Close Mechanical】退出分析环境，返回到 Workbench 主界面，此时主界面的项目分析流程图中显示的分析已完成。

（2）单击 Workbench 主界面上的【Save】按钮，保存所有分析结果文件。

（3）退出 Workbench 环境。单击 Workbench 主界面的菜单【File】→【Exit】退出主界面，完成分析。

1.1.3　结果分析与点评

本实例是自动送料小车轮轨非线性接触分析，从分析结果来看，尽管接触对的接触位置和目标位置选择都是面，但轮轨接触实为线接触，因此在接触位置呈现线状形式的等效应力和接触压力都较大，接触压力呈非线性增长，而接触处的变形相对小。本例仅考虑静止状态下的一种工况，在本例中如何使求解快速收敛是关键，这牵涉到非线性接触设置与接触初始检测、求解过程中子步设置以及对应的边界条件设置。Mechanical 在求解非线性时有强大的处理方法，求解前即可通过初始检测来判定接触设置是否正确，求解后可通过查看收敛图、接触追踪、接触评估及 Newton-Raphson 余量来判定是否收敛及提供相应的解决方法。

1.2 心血管支架接触分析

1.2.1 问题与重难点描述

1. 问题描述

血管球囊扩张术是在经皮穿刺血管后将可扩张的球囊导管置于狭窄血管段,通过球囊的物理性扩张"打通"血管。用于治疗除心脏、颅脑血管外全身其他部位的血管病变,尤其是四肢血管、肝脏血管及肾动脉狭窄等血管病变。这种扩张也会导致金属支架的塑性变形以及摩擦状况,这些特征可能传统的机械测试方法不易获得,因此采用有限元是个很好的方法。心血管支架模型如图 1-16 所示,支架材料为金属,并考虑材料的双线性各向同性强化特点,屈服强度和切线模量分别为 2.07E+8Pa、6.92E+8Pa,血管材料采用 Mooney-Rivlin 2 本构模型,其材料常数 C10、C01 和不可压缩参数分别为 1.06E+6Pa、1.14E+5Pa、0。假设血管壁有 0.3mm 位移,支架存在 3 个方向约束,试求支架整体变形、应力分布及接触摩擦情况。

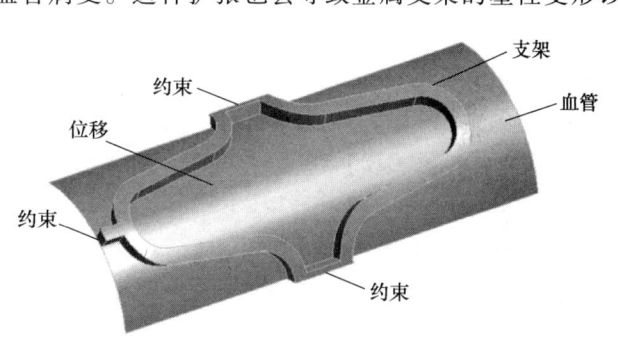

图 1-16 心血管支架模型

2. 重难点提示

本实例重难点在于设置支架与血管之间的接触力学关系以及对材料非线性、接触非线性、几何非线性的收敛性处理。

1.2.2 实例详细解析过程

1. 启动 Workbench

在"开始"菜单中执行 ANSYS 2024R1/R2→Workbench 2024R1/R2 命令。

2. 创建静态结构分析

(1) 在工具箱【Toolbox】的【Analysis Systems】中双击或拖动静态结构分析【Static Structural】到项目分析流程图,如图 1-17 所示。

(2) 在 Workbench 的工具栏中单击【Save】,保存项目实例名称为 Cardiovascular stent.wbpj。如工程实例文件保存在 D:\AWB\Chapter01 文件夹中。

3. 创建材料参数

(1) 编辑工程数据单元,右击【En-

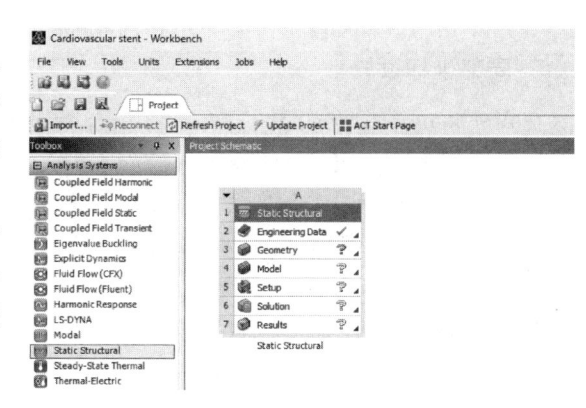

图 1-17 创建静态结构分析

gineering Data】→【Edit...】。

（2）在工程数据属性中右击【Outline of Schematic A2：Engineering Data】→【Structural Steel】→【Duplicate】，得到【Structural Steel2】。

（3）在左侧单击【Plasticity】展开，双击【Bilinear Isotropic Hardening】，设置【Properties of Outline Row 4：Structural Steel2】→【Bilinear Isotropic Hardening】→【Yield Strength】= 2.07E+8Pa，【Tangent Modulus】= 6.92E+8Pa，其他默认。

（4）在工程数据属性中创建新材料：【Outline of Schematic A2：Engineering Data】→【Click here to add a new material】，输入新材料名称 Balloon。

（5）在左侧单击【Hyperelastic】展开，双击【Mooney-Rivlin 2Parameter】，设置【Properties of Outline Row 5：Balloon】→【Mooney-Rivlin 2Parameter】→【Material Constant C10】= 1.06E+6Pa，【Material Constant C01】= 1.14E+5Pa，【Incompressibility Parameter D1】= 0Pa^{-1}，其他默认，如图 1-18 所示。

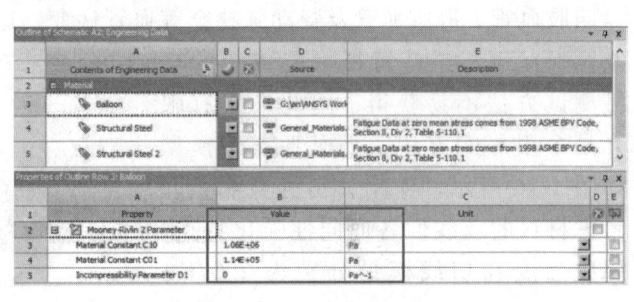

图 1-18　创建材料参数

（6）单击工具栏中的【A2：Engineering Data】关闭按钮，返回到 Workbench 主界面，新材料创建完毕。

4. 导入几何

在静态结构分析上右击【Geometry】→【Import Geometry】→【Browse】，找到模型文件 Cardiovascular stent.agdb，打开导入几何模型。如模型文件在 D:\AWB\Chapter01 文件夹中。

5. 进入 Mechanical 分析环境

（1）在静态结构分析上右击【Model】→【Edit...】进入 Mechanical 分析环境。

（2）在 Mechanical 的环境主页【Home】功能区单位【Units】中选择单位为 Metric（mm，kg，N，s，mV，mA）。

6. 为几何模型确定单元类型

（1）在导航树上单击【Geometry】展开，选择【Stent】→【Details of "Stent"】→【Material】→【Assignment】= Structural Steel2。

（2）单击【Balloon】→【Details of "Balloon"】→【Material】→【Assignment】= Balloon。

7. 局部坐标设置

在 Mechanical 标准工具栏单击 ，选择 Balloon 表面；在导航树上右击【Coordinate Systems】，从弹出的快捷菜单中选择【Insert】→【Coordinate Systems】，【Coordinate System】→【Details of "Coordinate System"】→【Definition】→【Type】= Cylindrical，其他默认，如图 1-19 所示。

8. 创建接触连接

（1）在导航树上展开【Connections】→【Contacts】，单击【Contact Region】，默认程序自动识别的接触面与

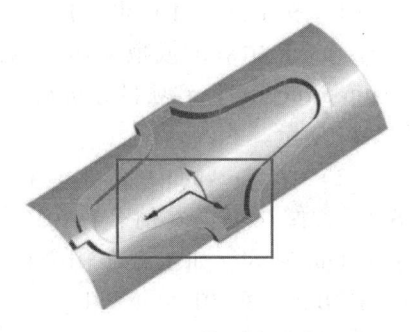

图 1-19　局部坐标设置

目标面。右击【Contact Region】,从弹出的快捷菜单中选择【Rename Based On Definition】,重新命名目标面与接触面。

(2) 接触设置。单击【Bonded-Stent To Balloon】→【Details of "Bonded-Stent To Balloon"】→【Definition】→【Type】= Frictionless;【Behavior】= Asymmetric;【Advanced】→【Formulation】= Augmented Lagrange,【Small Sliding】= Off;【Detection Method】= Nodal-Projected Normal From Contact,【Penetration Tolerance】= Value,【Penetration Tolerance Value】= 0.001mm,【Normal Stiffness】= Factor,【Normal Stiffness Factor】= 0.0001,【Update Stiffness】= Each Iteration;【Geometric Modification】→【Interface Treatment】= Adjust to Touch,其他默认,如图1-20所示。

9. 划分网格

(1) 在导航树上单击【Mesh】→【Details of "Mesh"】→【Sizing】→【Use Adaptive Sizing】= No,【Capture Curvature】= Yes,其他默认。

图1-20 接触设置

(2) 在标准工具栏上单击，选择Stent、Balloon模型,在导航树上右击【Mesh】,从弹出的快捷菜单中选择【Insert】→【Sizing】,【Body Sizing】→【Details of "Body Sizing"-Sizing】→【Element Size】= 0.04mm。

(3) 生成网格。右击【Mesh】→【Generate Mesh】,图形区域显示程序生成的网格模型,如图1-21所示。

(4) 网格质量检查。在导航树上单击【Mesh】→【Details of "Mesh"】→【Quality】→【Mesh Metric】= Element Quality,显示Element Quality规则下网格质量详细信息,平均值处在良好的水平范围内,展开【Statistics】显示网格和节点数量。

10. 接触初始检测

(1) 在导航树上右击【Connections】→【Insert】→【Contact Tool】。

图1-21 网格模型

(2) 右击【Contact Tool】,从弹出的快捷菜单中选择【Generate Initial Contact Results】,经过初始运算,得到接触状态信息,如图1-22所示。注意图示接触状态值是按照网格设置后的状态,也可不先设置网格,查看接触初始状态。

图1-22 接触状态信息

11. 施加边界条件

(1) 选择【Static Structural (A5)】。

(2) 施加位移。首先在标准工具栏上单击，然后选择Balloon表面,接着在环境功能区单击【Supports】→【Displacement】→【Details of "Displacement"】→【Definition】→【Coordinate System】= Coordinate System，【X Component】= 0.3mm，【Y Component】= 0mm，【Z Component】= 0mm，右边【Tabular Data】X 列依次显示 0、0.3、0，如图 1-23 所示。

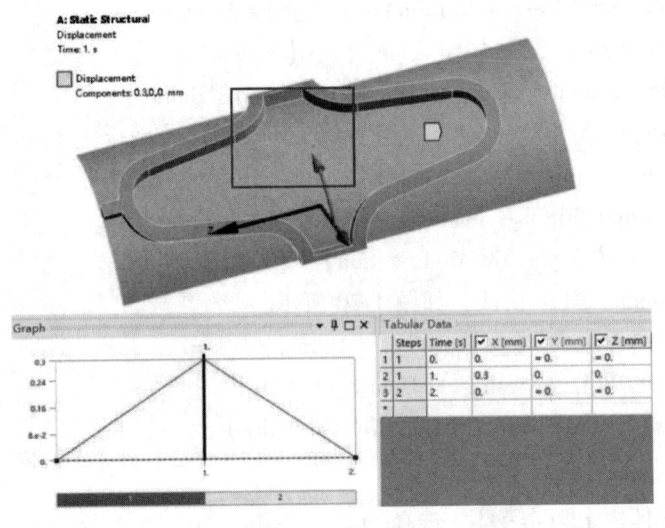

图 1-23　施加位移

（3）施加约束。首先在标准工具栏上单击，然后选择 Stent 3 个面，接着在环境功能区单击【Supports】→【Frictionless Support】，如图 1-24 所示。

（4）非线性设置。单击【Analysis Settings】→【Details of "Analysis Settings"】→【Step Controls】→【Number Of Steps】= 2，【Auto Time Stepping】= On，【Define By】= Substeps，【Initial Substeps】= 200，【Minimum Substeps】= 20，【Maximum Substeps】= 100000，【Solver Controls】→【Large Deflection】= On，其他默认，如图 1-25 所示。

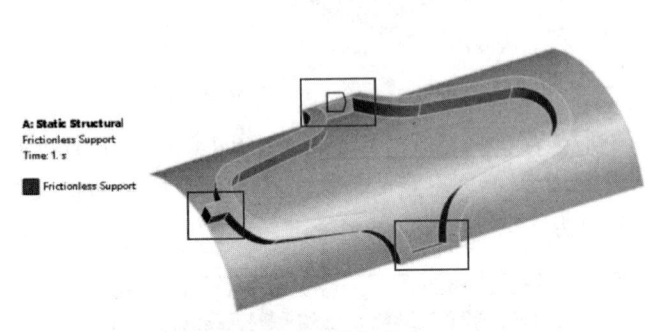

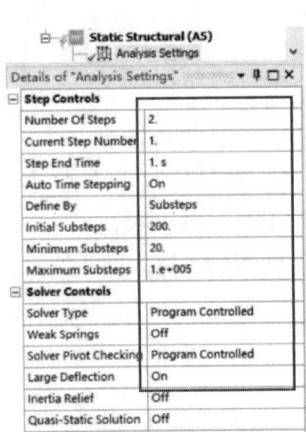

图 1-24　施加约束　　　　　　　　　图 1-25　非线性设置

12. 设置需要的结果

（1）选择【Solution（A6）】。

（2）在 Mechanical 环境求解功能区单击【Deformation】→【Total】。

第1章　接触与摩擦分析

（3）在 Mechanical 环境求解功能区单击【Stress】→【Equivalent（von-Mises）】。

（4）在 Mechanical 环境求解功能区单击【Toolbox】→【Contact Tool】。

13. 求解与结果显示

（1）在 Mechanical 环境求解功能区单击 进行求解运算。

（2）在导航树上选择【Solution（A6）】→【Total Deformation】，图形区域显示支架变形情况及数据分布，如图 1-26 所示；选择【Solution（A6）】→【Equivalent Stress】，图形区域显示支架等效应力分布及数据，如图 1-27 所示；选择【Solution（A6）】→【Contact Tool】→【Status】，图形区域显示第 1 步时的接触状态分布及数据，如图 1-28 所示。

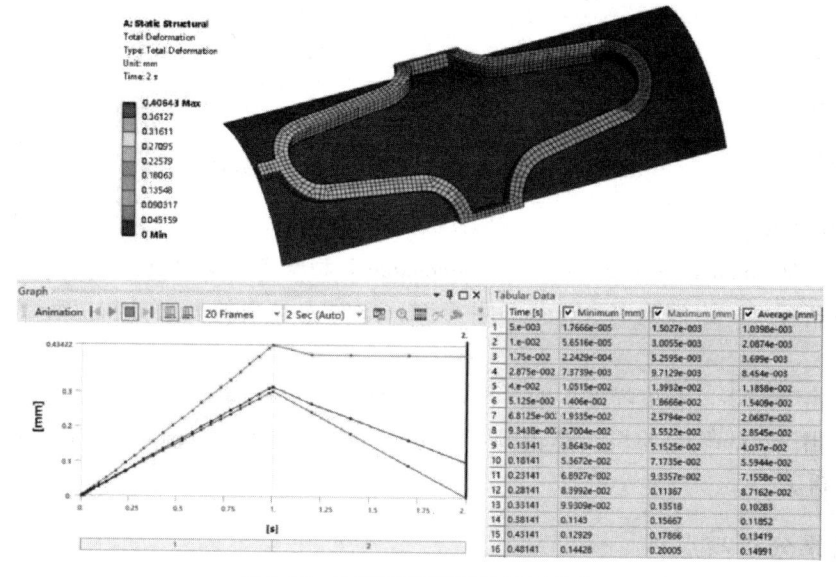

图 1-26　支架变形情况及数据分布

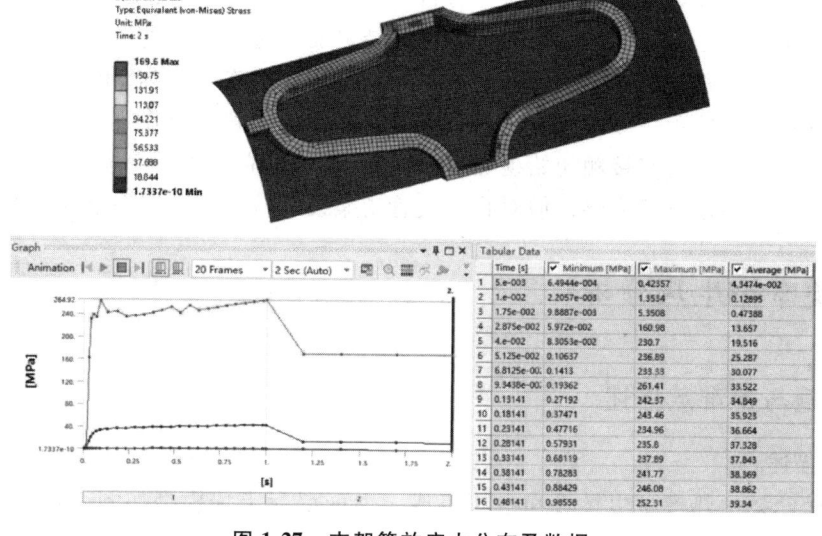

图 1-27　支架等效应力分布及数据

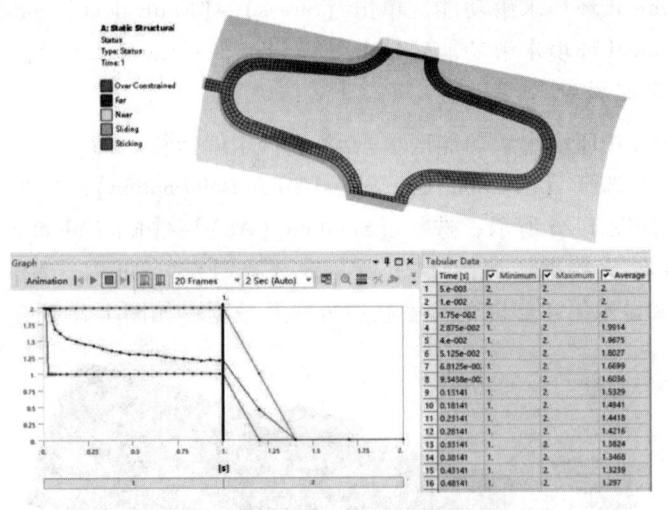

图 1-28　第 1 步时的接触状态分布及数据

14. 保存与退出

（1）退出 Mechanical 分析环境。单击 Mechanical 主界面的菜单【File】→【Close Mechanical】退出分析环境，返回到 Workbench 主界面，此时主界面的项目分析流程图中显示的分析已完成。

（2）单击 Workbench 主界面上的【Save】按钮，保存所有分析结果文件。

（3）退出 Workbench 环境。单击 Workbench 主界面的菜单【File】→【Exit】退出主界面，完成分析。

1.2.3　结果分析与点评

本实例是心血管支架接触分析，从分析结果来看，支架随着血管一起膨胀变形，即支架支撑血管扩张"打通"血液流通。当膨胀变形达到最大，应力也达到最大，也就是第 1 载荷步后，支架与血管开始收缩，由于血管材料弹性优于支架金属材料，所以血管可迅速恢复到原位，而支架有一定迟滞，最终也回到原位，结果曲线符合这一过程。而两者的接触状态也经历着从粘着、滑移、近端开放急剧远端开放的过程。本实例是典型的集材料非线性、接触非线性、几何非线性于一体的非线性求解案例，如何使求解快速收敛是关键，这牵涉到非线性网格划分、接触设置与接触初始检测、材料定义、边界设置、求解过程中子步设置等。本例在某些方面可能还不够完善，但对临床血管支架设计分析方面有一定的参考价值。

1.3　滑块摩擦生热分析

1.3.1　问题与重难点描述

1. 问题描述

某等效的摩擦生热模型由长板和滑块组成，钢筋混凝土块模型如图 1-29 所示。长板的长宽高分别为 80mm、6mm、2mm，滑块长宽高分别为 10mm、6mm、2mm，模型材料为结构钢，假设滑块在承受 1MPa 压力作用下平行于长板保持以 5mm/s 的速度滑行，试求滑块从一端滑行到另一端所产生的温度分布、应力及接触情况。

2. 重难点提示

本实例重难点在于分析滑块滑行时摩擦产生的热以及利用命令流形式来辅助分析。

1.3.2 实例详细解析过程

1. 启动 Workbench

在"开始"菜单中执行 ANSYS 2024R1/R2→Workbench 2024R1/R2 命令。

2. 创建瞬态结构分析

（1）在工具箱【Toolbox】的【Analysis Systems】中双击或拖动瞬态结构分析【Transient Structural】到项目分析流程图，如图 1-30 所示。

（2）在 Workbench 的工具栏中单击【Save】，保存项目实例名称为 Friction heat. wbpj。如工程实例文件保存在 D:\AWB\Chapter01 文件夹中。

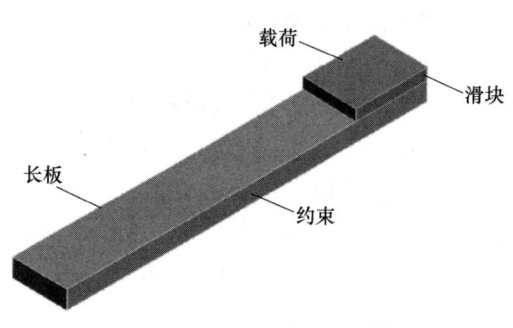

图 1-29 钢筋混凝土块模型

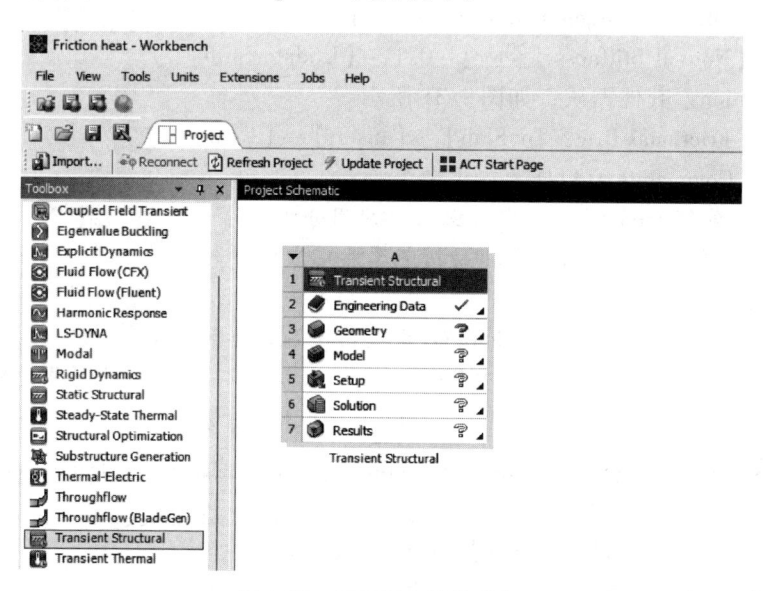

图 1-30 创建瞬态结构分析

3. 创建材料参数（默认结构钢）

4. 导入几何

在静态结构分析上右击【Geometry】→【Import Geometry】→【Browse】，找到模型文件 Friction heat. agdb，打开导入几何模型。如模型文件在 D:\AWB\Chapter01 文件夹中。

5. 进入 Mechanical 分析环境

（1）在静态结构分析上右击【Model】→【Edit...】进入 Mechanical 分析环境。

（2）在 Mechanical 的环境主页【Home】功能区单位【Units】中选择单位为 Metric（mm, kg, N, s, mV, mA）。

6. 为几何模型确定单元类型

（1）设置板【Slab】单元类型。单击【Model】→【Geometry】→【Slab】，右击【Slab】→【Insert】→【Commands】，然后在 Commands 窗口插入如下命令流。

et,matid,226,11　　！定义 226 单元；

（2）设置滑块【Brick】单元类型。单击【Model】→【Geometry】→【Slab】，右击【Slab】→【Insert】→【Commands】，然后在 Commands 窗口插入如下命令流。

et,matid,226,11　　！定义 226 单元；

7. 创建接触连接

（1）在导航树上展开【Connections】→【Contacts】，单击【Contact Region】，默认程序自动识别的接触面与目标面。右击【Contact Region】，从弹出的快捷菜单中选择【Rename Based On Definition】，重新命名目标面与接触面，然后右击接触对，从弹出快捷菜单中选择 Flip Contact/Target。

（2）接触设置。单击【Bonded-Brick To Slab】→【Details of "Bonded-Brick To Slab"】→【Definition】→【Type】= Frictional，【Friction Coefficient】= 0.2；【Behavior】= Asymmetric；【Advanced】→【Formulation】= Augmented Lagrange；【Normal Stiffness】= Factor，【Normal Stiffness Factor】= 0.1，【Update Stiffness】= Each Iteration，其他默认，如图 1-31 所示。

（3）右击【Frictional-Brick To Slab】→【Insert】→【Commands】，然后在 Commands 窗口插入如下命令流。

kepopt,cid,1,1 ！能够 temp 作为自定义函数可应用分析；

rmodif,cid,15,1 ！定义实常数 15,FHTG,指定摩擦耗散能量转化为热量的分数；

rmodif,cid,18,0.5 ！定义实常数 18,FWTG,指定热接触的接触面和目标面之间热量分布的权重因子 0.5；

图 1-31　接触设置

（4）在导航树上右击【Joints】→【Insert】→【Joint】，在标准工具栏单击 ，单击【Translational-No Selection To No Selection】→【Details of "Translational-No Selection To No Selection"】→【Definition】→【Connection Type】= Body-Body，【Type】= Translational；【Reference】→【Scope】选择厚板表面，【Mobile】→【Scope】选择滑块表面。

（5）调整参考坐标方向。在详细栏单击参考坐标系【Reference Coordinate System】，坐标圆心会出现黄色小球，可以单击坐标轴调整坐标轴方向，结果如图 1-32 所示。

8. 划分网格

（1）在导航树上单击【Mesh】→【Details of "Mesh"】→【Sizing】→【Use Adaptive Sizing】= Yes，其他默认。

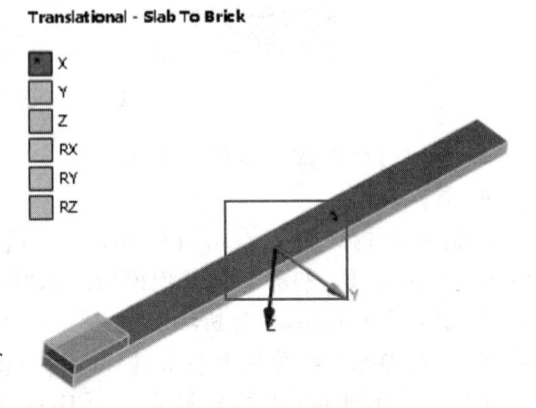

图 1-32　调整参考坐标方向

（2）在导航树上选择所有体，然后右击【Mesh】，从弹出的快捷菜单中选择【Insert】→【Sizing】，【Body Sizing】→【Details of "Body Sizing"】→【Element Size】= 1.0mm。

（3）生成网格。右击【Mesh】→【Generate Mesh】，图形区域显示程序生成的网格模型，如图1-33所示。

图1-33　网格模型

（4）网格质量检查。在导航树上单击【Mesh】→【Details of "Mesh"】→【Quality】→【Mesh Metric】= Skewness，显示 Skewness 规则下网格质量详细信息，平均值处在良好的水平范围内，展开【Statistics】显示网格和节点数量。

9. 接触初始检测

（1）在导航树上右击【Connections】→【Insert】→【Contact Tool】。

（2）右击【Contact Tool】，从弹出的快捷菜单中选择【Generate Initial Contact Results】，经过初始运算，得到接触状态信息，如图1-34所示。

图1-34　接触状态信息

10. 创建 temp 选择

在 Mechanical 标准工具栏单击，选择厚板表面，在图形窗口右击，从弹出的快捷菜单中选择【Create Name Selection (N)】，弹出【Selection Name】窗口，然后输入 temp，单击【OK】关闭，如图1-35所示。

图1-35　创建 temp 选择

11. 施加边界条件

（1）选择【Static Structural (A5)】。

（2）施加压力。在 Mechanical 标准工具栏单击，选择滑块表面，然后在环境功能区单击【Loads】→【Pressure】→【Details of "Pressure"】→【Definition】→【Magnitude】= 1MPa，如图1-36所示。

（3）施加载荷。在环境功能区单击【Loads】→【Joints Load】→【Details of "Joint Load"】→【Definition】→【Type】= Velocity，【Magnitude】= 5mm/s，其他默认，如图1-37所示。

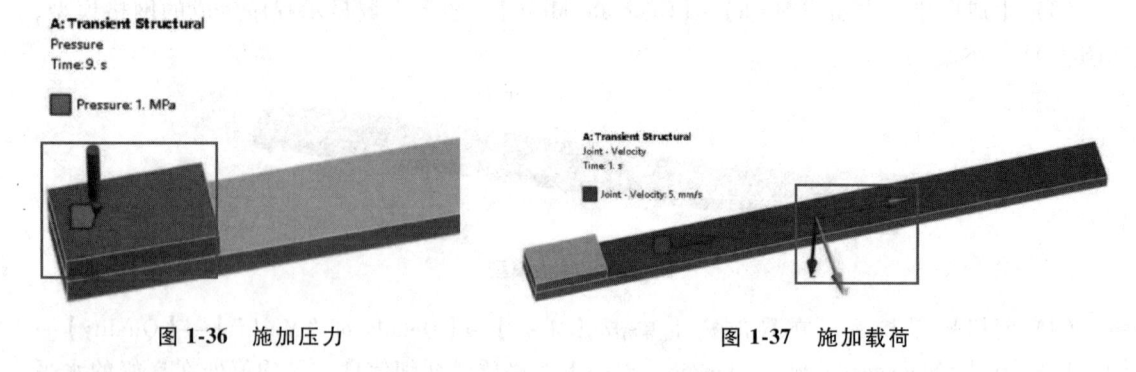

图1-36　施加压力

图1-37　施加载荷

（4）右击【Transient（A5）】→【Insert】→【Commands】，然后在Commands窗口插入如下命令流。

tref,22 ！定义一个参考温度；
cmsel,s,temp ！选择一个节点定义名称选择"temp"，前面已定义；
d,all,temp,22 ！向节点上分配初始值；
allsel,all ！选择面上的所有，以备计算；

（5）施加约束。首先在标准工具栏上单击 ，然后选择厚板底面，接着在环境功能区单击【Supports】→【Fixed Support】，如图1-38所示。

（6）分析设置。单击【Analysis Settings】→【Details of "Analysis Settings"】→【Step Controls】→【Number Of Steps】= 10，【Auto Time Stepping】= On，【Define By】= Time，【Initial Time Step】= 0.2s，【Minimum Time Step】= 0.1s，【Maximum Time Step】= 0.3s；【Solver Controls】→【Large Deflection】= On，其他默认；然后在右侧【Graph】中按住<Ctrl>键，依次选择1-10，最后确保【Initial Time Step】= 0.2s，【Minimum Time Step】= 0.1s，【Maximum Time Step】= 0.3s，如图1-39所示。

图1-38　施加约束

图1-39　分析设置

12. 设置需要的结果

（1）选择【Solution（A6）】。

（2）在 Mechanical 环境求解功能区单击【Stress】→【Equivalent（von-Mises）】。

（3）在 Mechanical 环境求解功能区单击【Toolbox】→【Contact Tool】。

（4）在 Mechanical 环境求解功能区单击【User Defined Result】→【Details of "User Defined Result"】→【Geometry】选择创建名称选择时的面，【Definition】→【Expression】= TEMP，【Output Unit】= temperature。

13. 求解与结果显示

（1）在 Mechanical 环境求解功能区单击 ⚡ 进行求解运算。

（2）在导航树上选择【Solution（A6）】→【Equivalent Stress】，图形区域显示摩擦等效应力分布云图，如图 1-40 所示；选择【Solution（A6）】→【Contact Tool】→【Status】，显示摩擦接触状态，如图 1-41 所示；选择【Solution（A6）】→【User Defined Result】，显示自定义摩擦温度分布云图，如图 1-42 所示。

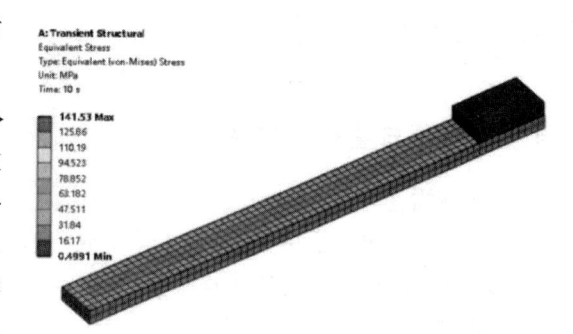

图 1-40　摩擦等效应力分布云图

图 1-41　摩擦接触状态

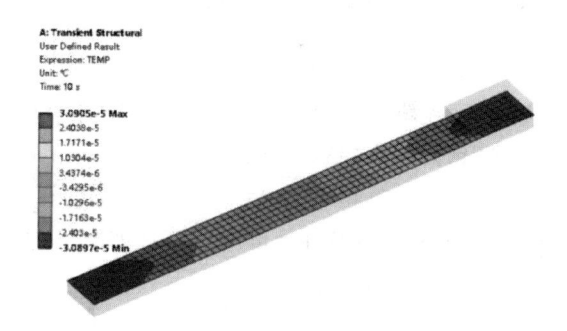

图 1-42　自定义摩擦温度分布云图

14. 保存与退出

（1）退出 Mechanical 分析环境。单击 Mechanical 主界面的菜单【File】→【Close Mechanical】退出分析环境，返回到 Workbench 主界面，此时主界面的项目分析流程图中显示的分析已完成。

（2）单击 Workbench 主界面上的【Save】按钮，保存所有分析结果文件。

（3）退出 Workbench 环境。单击 Workbench 主界面的菜单【File】→【Exit】退出主界面，完成分析。

1.3.3　结果分析与点评

本实例是滑块摩擦生热分析，为稍微复杂的热-结构耦合接触非线性分析。由摩擦耗散率 p = FHGT×τ×V，其中 τ = 摩擦应力，V = 滑移速度，以及在接触面与目标面摩擦耗散量 q =

FWGT×FHGT×τ×V 来看，结果是满足这些基本条件的。本实例包含了两个重要知识点，热-结构耦合接触非线性分析和自定义函数用命令流方式辅助分析求解。在本例中有 3 个位置用到了自定义函数命令流方式，第 1 处为改变单元类型，第 2 处为连接摩擦设置，第 3 处为施加边界条件。在使用命令流的同时，也运用了新定义名称选择 temp，来实现变量作用，在最后结果显示又用到了该名称选择。当然求解收敛也是重要的，如何使求解快速收敛是关键，这牵涉到非线性接触设置与接触初始检测、求解过程中求解设置以及对应的边界条件设置等。

1.4 轴承磨损分析

1.4.1 问题与重难点描述

1. 问题描述

某小型深沟球轴承由 GCr15 材料制成，假设内径受到 3MPa 压力，以 1.5rad/s 转速转动，试求轴承在 0.1 秒内的磨损情况。

2. 重难点提示

本实例重难点在于计算轴承转动时摩擦产生的磨损以及利用命令流形式来辅助分析。

1.4.2 实例详细解析过程

1. 启动 Workbench

在"开始"菜单中执行 ANSYS 2024R1/R2→Workbench 2024R1/R2 命令。

2. 创建瞬态结构分析

（1）在工具箱【Toolbox】的【Analysis Systems】中双击或拖动瞬态结构分析【Transient Structural】到项目分析流程图，如图 1-43 所示。

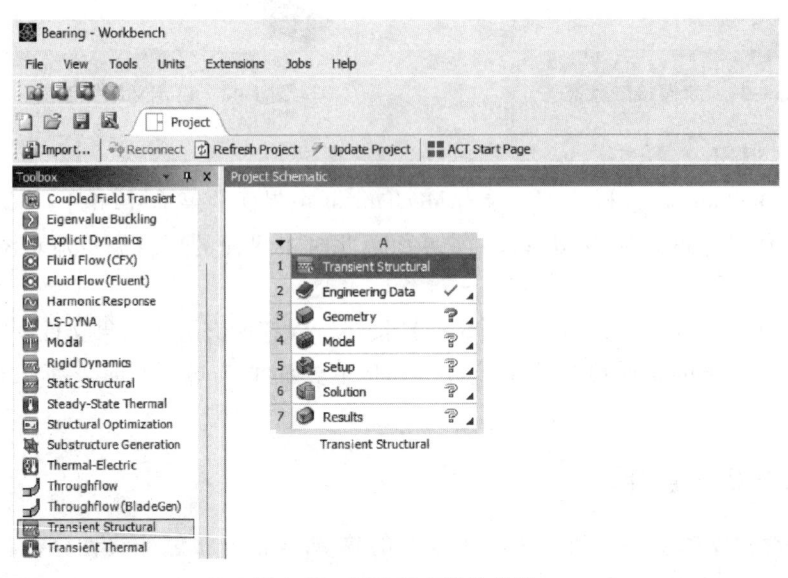

图 1-43 创建瞬态结构分析

(2) 在 Workbench 的工具栏中单击【Save】，保存项目实例名称为 Bearing.wbpj。如工程实例文件保存在 D:\AWB\Chapter01 文件夹中。

3. 创建材料参数

(1) 编辑工程数据单元，右击【Engineering Data】→【Edit...】。

(2) 在工程数据属性中创建新材料：【Outline of Schematic A2：Engineering Data】→【Click here to add a new material】，输入新材料名称 GCr15。

(3) 在左侧单击【Physical Properties】展开，双击【Density】，设置【Properties of Outline Row 3：GCr15】→【Density】= 7800kg m^-3。

(4) 双击【Isotropic Secant Coefficient of Thermal Expansion】→【Coefficient of Thermal Expansion】= 1.1E-5/C。

(5) 在左侧单击【Linear Elastic】展开，双击【Isotropic Elasticity】，设置【Properties of Outline Row 3：GCr15】→【Young's Modulus】= 2.08E+11Pa。

(6) 设置【Properties of Outline Row 3：GCr15】→【Poisson's Ratio】= 0.3，如图 1-44 所示。

(7) 单击工具栏中的【A2：Engineering Data】关闭按钮，返回到 Workbench 主界面，新材料创建完毕。

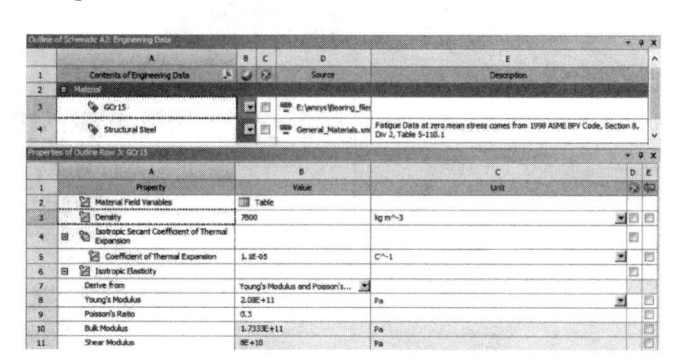

图 1-44 创建材料参数

4. 导入几何

在瞬态结构分析上右击【Geometry】→【Import Geometry】→【Browse】，找到模型文件 Bearing.scdoc，打开导入几何模型。如模型文件在 D:\AWB\Chapter01 文件夹中。

5. 进入 Mechanical 分析环境

(1) 在瞬态结构分析上右击【Model】→【Edit...】进入 Mechanical 分析环境。

(2) 在 Mechanical 的环境主页【Home】功能区单位【Units】中选择单位为 Metric（mm，kg，N，s，mV，mA）。

6. 为几何模型分配材料

在导航树上单击【Geometry】展开，选择【Bearing\Ball.1-15，Outer，Inner】→【Details of "Multiple Selection"】→【Material】→【Assignment】= GCr15，其他默认。

7. 创建接触连接

(1) 在导航树上单击【Connections】展开，右击【Contacts】，从弹出的快捷菜单中单击【Delete】删除接触。

(2) 设置内圈与滚球接触。右击【Connections】→【Insert】→【Manual Contact Region】，然后选择内圈的滚球沟槽为接触面，所有滚球的外表面为目标面，如图 1-45 所示。接着单击【Bonded-Bearing\Inner ring To Multiple】→【Details of "Bonded-Bearing\Inner ring To Multiple"】→【Definition】→【Type】= Frictional，【Friction Coefficient】= 0.15；【Behavior】= Asymmetric；【Advanced】→【Formulation】= Augmented Lagrange，【Detection Method】= Nodal-Normal To Target；

【Normal Stiffness】= Factor，【Normal Stiffness Factor】= 0.01，【Update Stiffness】= Each Iteration；【Pinball Region】= Radius，【Pinball Radius】= 5mm；【Geometric Modification】→【Interface Treatment】= Adjust to Touch，其他默认，如图 1-45 所示。

（3）右击【Frictional-Bearing\Inner ring To Multiple】→【Insert】→【Commands】，然后在 Commands 窗口插入如下命令流。

tb,wear,cid,,,arcd
tbdata,1,1,300,1,5

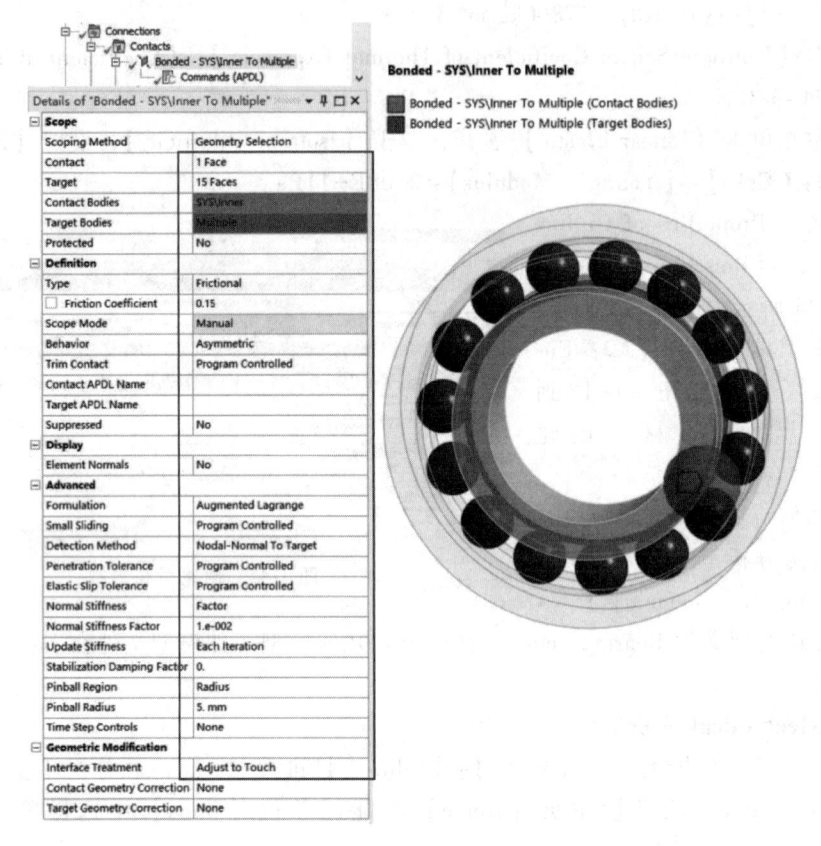

图 1-45　设置内圈与滚球接触

（4）设置外圈与滚球接触。右击【Contacts】→【Insert】→【Manual Contact Region】，然后选择外圈的滚球沟槽为接触面，所有滚球的外表面为目标面，如图 1-47 所示。接着单击【Bonded-Bearing\Inner ring To Multiple】→【Details of "Bonded-Bearing\Inner ring To Multiple"】→【Definition】→【Type】= Frictional，【Friction Coefficient】= 0.15；【Behavior】= Asymmetric；【Advanced】→【Formulation】= Augmented Lagrange，【Detection Method】= Nodal-Normal To Target；【Normal Stiffness】= Factor，【Normal Stiffness Factor】= 0.01，【Update Stiffness】= Each Iteration；【Pinball Region】= Radius，【Pinball Radius】= 5mm；

【Geometric Modification】→【Interface Treatment】= Adjust to Touch，其他默认，如图 1-46 所示。

（5）右击【Frictional-Bearing\Outer ring To Multiple】→【Insert】→【Commands】，然后在 Commands 窗口插入如下命令流。

tb,wear,cid,,,arcd
tbdata,1,1,300,1,5

图 1-46 设置外圈与滚球接触

（6）创建内圈转动副。在标准工具栏上单击 ⬚，单击【Connections】，在 Mechanical 环境连接功能区单击【Body-Ground】→【Revolute】，运动体选择内圈端面，如图 1-47 所示，注意坐标方向，沿 Z 轴转动，其他默认。

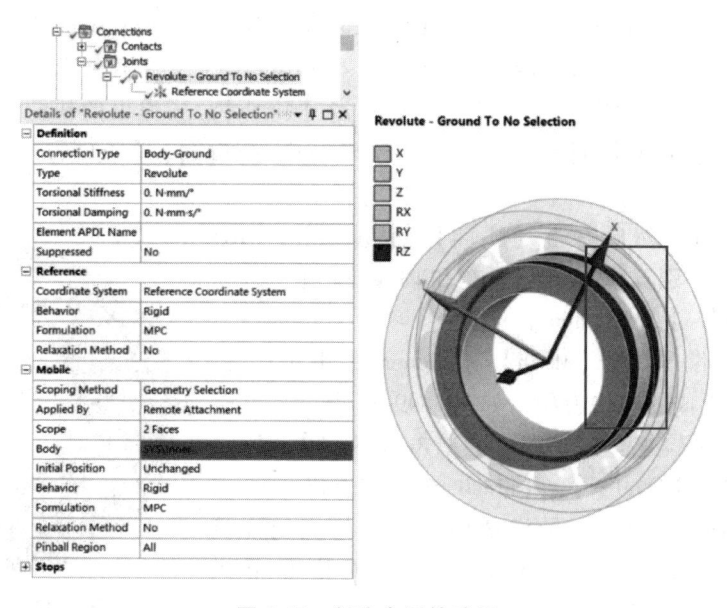

图 1-47 创建内圈转动副

(7)创建滚球转动副。在标准工具栏上单击 🔓，单击【Connections】，在 Mechanical 环境连接功能区单击【Body-Ground】→【Revolute】，运动体选择所有滚球外表面，注意坐标方向，沿 Z 轴转动；调整参考坐标方向，在详细栏单击参考坐标系【Reference Coordinate System】，坐标圆心会出现黄色小球，可以单击坐标轴调整坐标轴方向，结果如图 1-48 所示，其他默认。

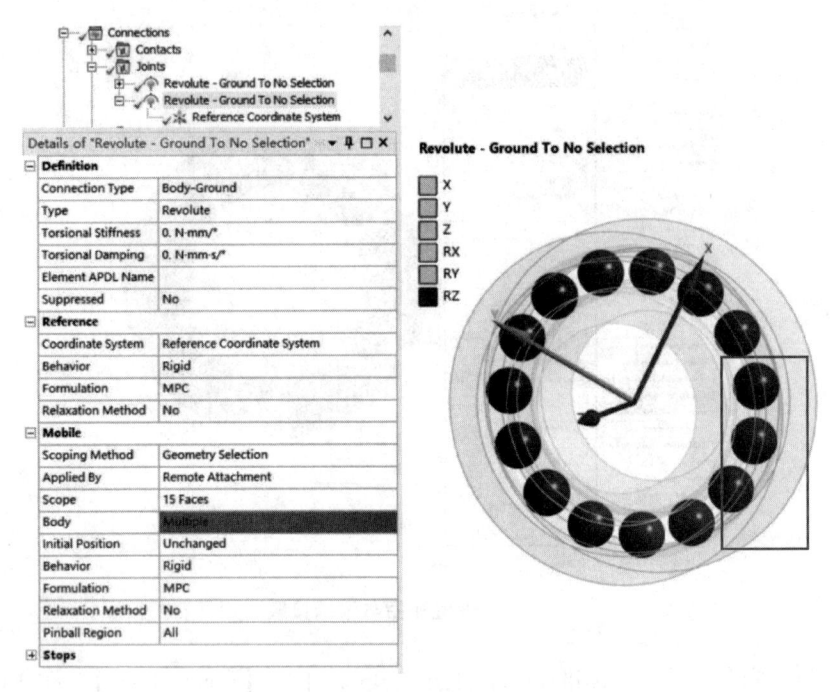

图 1-48 创建滚球转动副

8. 划分网格

(1)在导航树上单击【Mesh】→【Details of "Mesh"】→【Sizing】→【Use Adaptive Sizing】= No，【Capture Curvature】= No，【Capture Proximity】= No，其他默认。

(2)选择所有体，然后在左边导航树上右击【Mesh】，从弹出的快捷菜单中选择【Insert】→【Sizing】；【Sizing】→【Details of "Body Sizing" -Sizing】→【Definition】→【Element Sizing】= 2mm。

(3)选择滚球，然后右击【Mesh】→【Insert】→【Refinement】，同样分别选择外圈沟道和内圈沟道，右击【Mesh】→【Insert】→【Refinement】。

(4)生成网格。右击【Mesh】→【Generate Mesh】，图形区域显示程序生成的网格模型，如图 1-49 所示。

(5)网格质量检查。在导航树上单击【Mesh】→【Details of "Mesh"】→【Quality】→【Mesh Metric】= Skewness，显示 Skewness 规则下网格质量详细信息，平均值处在良好的水平范围内，展开【Statistics】显示网格和节点数量。

图 1-49 网格模型

9. 分析设置

（1）第一步设置。单击【Analysis Settings】→【Details of "Analysis Settings"】→【Step Controls】→【Number Of Steps】= 2，【Current Step Number】= 1，【Step End Time】= 0.02，【Auto Time Stepping】= On，【Define By】= Time，【Initial Time Step】= 0.001，【Minimum Time Step】= 0.001，【Maximum Time Step】= 0.001；【Nonlinear Controls】→【Force Convergence】= On；【Output Controls】→【Contact Miscellaneous】= Yes，其他默认。

（2）第二步设置。单击【Analysis Settings】→【Details of "Analysis Settings"】→【Step Controls】→【Number Of Steps】= 2，【Current Step Number】= 2，【Step End Time】= 0.1，【Auto Time Stepping】= On，【Define By】= Time，【Initial Time Step】= 0.001，【Minimum Time Step】= 0.001，【Maximum Time Step】= 0.001，其他默认。

10. 施加边界条件

（1）选择【Static Structural（A5）】。

（2）施加压力。在 Mechanical 标准工具栏单击 ，选择内圈表面，接着在环境功能区单击【Loads】→【Pressure】→【Details of "Pressure"】→【Definition】→【Magnitude】= 3MPa，然后在【Tabular Data】中设置为 0，0；0.02，3；0.1，3，如图 1-50 所示。

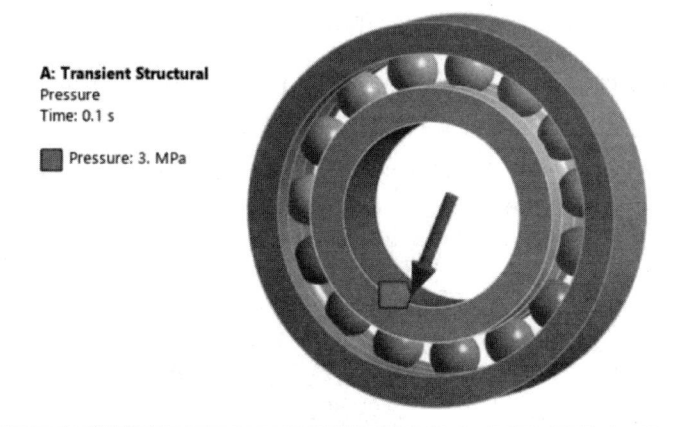

图 1-50　施加压力

（3）设置内圈旋转速度。单击【Connections】→【Joints】→【Revolute-Ground To Bearing\Inner】，按住不放直接拖动到【Transient（A5）】下，设置【Joint Load】→【Details of "Joint Load"】→【Definition】→【Type】= Rotational Velocity，【Magnitude】→【Tabular Data】→【Rotational Velocity】，依次设置为 0，0；0.02，-1.5；0.1，-1.5，其他默认，如图 1-51 所示。

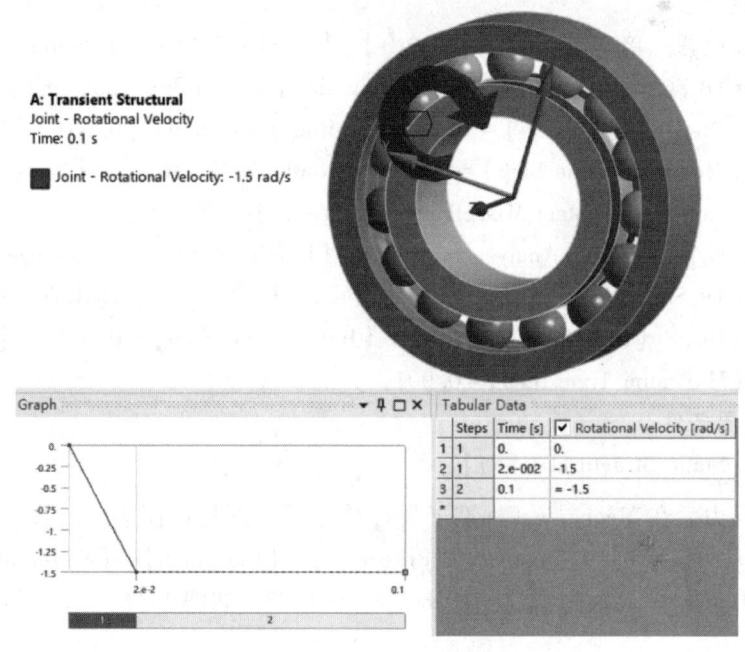

图 1-51　设置内圈旋转速度

（4）设置滚球旋转速度。单击【Connections】→【Joints】→【Revolute-Ground To Multiple】，按住不放直接拖动到【Transient（A5）】下，单击【Joint Load】→【Details of "Joint Load"】→【Definition】→【Type】= Rotational Velocity，【Magnitude】→【Tabular Data】→【Rotational Velocity】，依次设置为 0、0；0.02、-1.5；0.1、-1.5，其他默认，如图 1-52 所示。

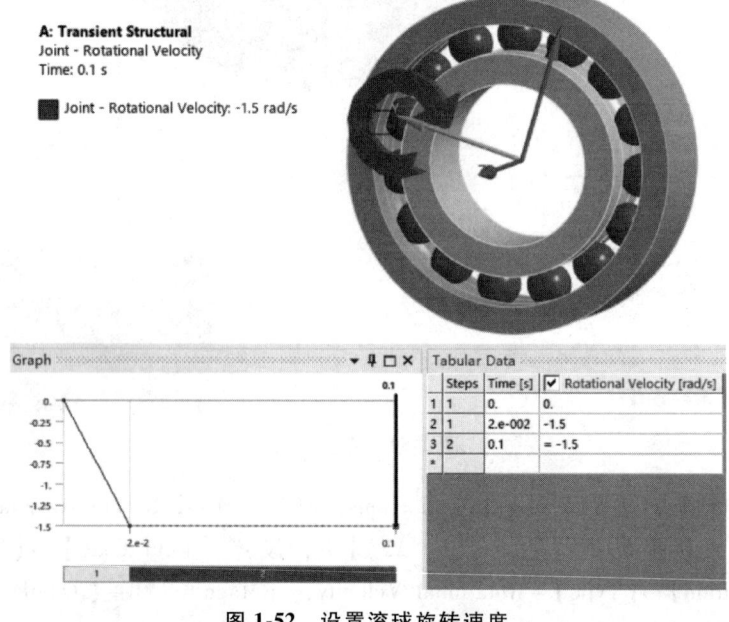

图 1-52　设置滚球旋转速度

(5)施加约束。首先在标准工具栏上单击 ▦ ,然后选择外圈外表面,接着在环境功能区单击【Supports】→【Fixed Support】,如图1-53所示。

11. 设置需要的结果

(1)选择【Solution(A6)】。

(2)在 Mechanical 环境求解功能区单击【Deformation】→【Total】。

(3)在 Mechanical 环境求解功能区单击【Stress】→【Equivalent(von-Mises)】。

(4)右击【Solution Information】→【Insert】→【Contact】,单击【Number Contacting】→【Details of "Number Contacting"】→【Scope】→【Contact Region】= Bonded -sys\inner To Multiple,【Definition】→【Type】= Volume Loss Due to Wear。

图1-53 施加约束

12. 求解与结果显示

(1)在 Mechanical 环境求解功能区单击 ⚡ 进行求解运算。

(2)在导航树上选择【Solution(A6)】→【Total Deformation】,图形区域显示轴承变形云图及数据分布,如图1-54和图1-55所示;选择【Solution(A6)】→【Equivalent Stress】,图形区域显示轴承等效应力分布云图及数据,如图1-56和图1-57所示;选择【Solution(A6)】→【Solution Information】→【Volume Loss Due to Wear】,显示轴承磨损数据,如图1-58所示。

图1-54 轴承变形云图

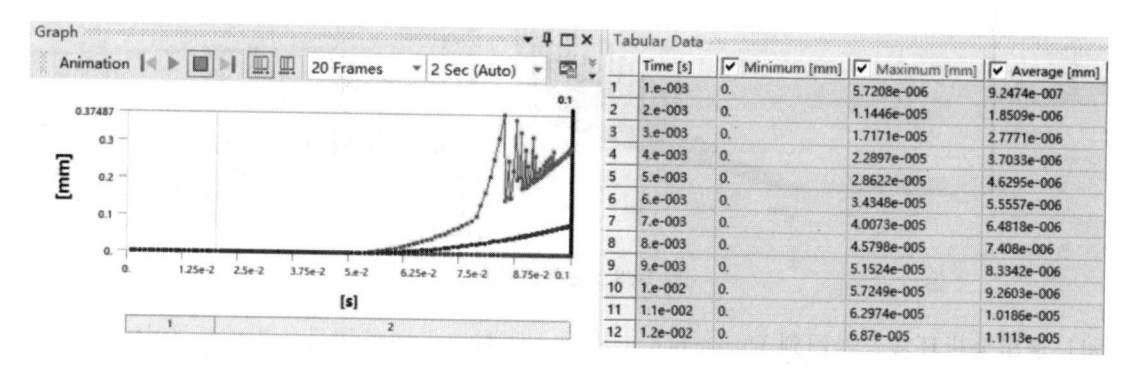

图1-55 轴承变形及数据分布

13. 保存与退出

(1)退出 Mechanical 分析环境。单击 Mechanical 主界面的菜单【File】→【Close Mechani-

图 1-56 轴承等效应力分布云图

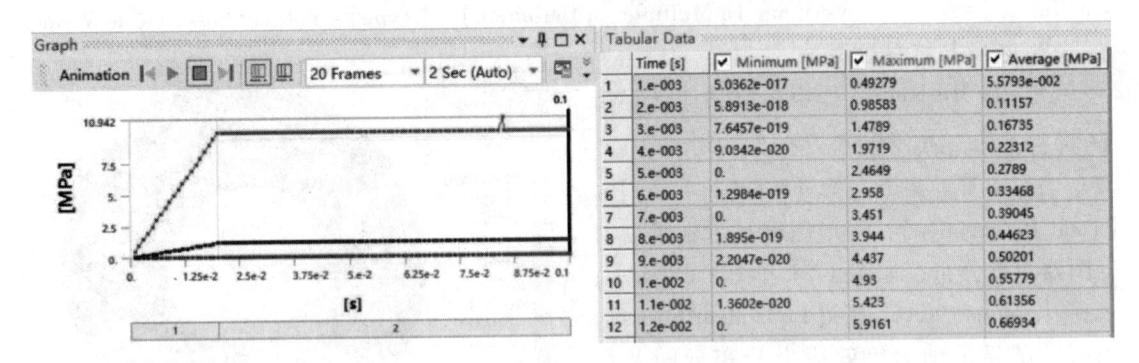

图 1-57 轴承等效应力数据

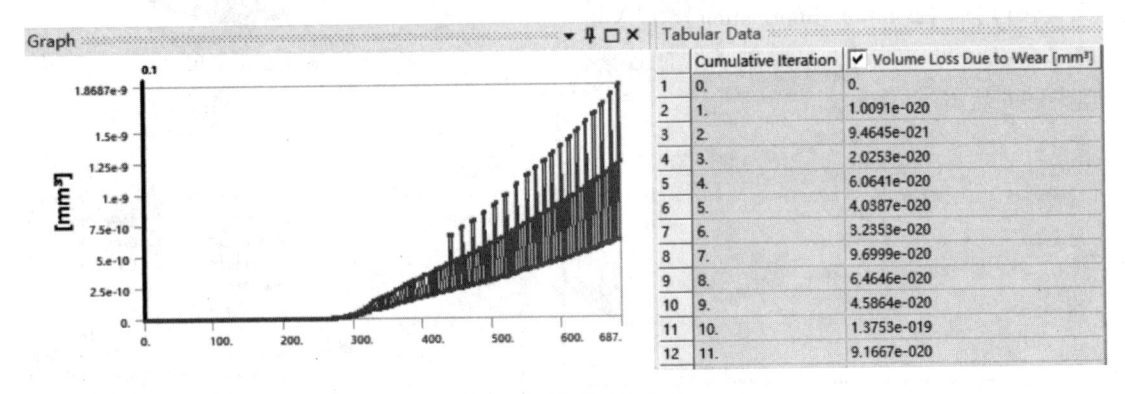

图 1-58 轴承磨损数据

cal】退出分析环境，返回到 Workbench 主界面，此时主界面的项目分析流程图中显示的分析已完成。

（2）单击 Workbench 主界面上的【Save】按钮，保存所有分析结果文件。

（3）退出 Workbench 环境。单击 Workbench 主界面的菜单【File】→【Exit】退出主界面，完成分析。

1.4.3 结果分析与点评

本实例是轴承滚球滚动与内外圈沟道摩擦磨损分析，该分析重要的知识点是磨损的类型之一阿查德磨损（Archard），该磨损类型适用于接触面积小、负载小的情况，需输入磨损系数硬度、接触压力、滑移速度等参数。这些参数通过命令流形式插入到对应的滚球与内外圈沟道接触的接触对中，方便快捷。

第2章　结构对称分析

2.1　狗骨形试件拉伸对称分析

2.1.1　问题与重难点描述

1. 问题描述

某型用于拉伸试验的狗骨形试件模型长宽高分别为 250mm、15mm、1mm，如图 2-1 所示。试件承受 760N 拉力，并在拉伸过程以每分钟 40N 的拉力增长，试件材料为结构钢，试求狗骨形试件在拉力作用下的最大变形、应力。

图 2-1　狗骨形试件模型

2. 重难点提示

本实例重难点是如何运用对称的方法分析对称模型以及后处理显示。

2.1.2　实例详细解析过程

1. 启动 Workbench

在 "开始" 菜单中执行 ANSYS 2024R1/R2→Workbench 2024R1/R2 命令。

2. 创建静态结构分析

（1）在工具箱【Toolbox】的【Analysis Systems】中双击或拖动静态结构分析【Static Structural】到项目分析流程图，如图 2-2 所示。

（2）在 Workbench 的工具栏中单击【Save】，保存项目实例名称为 Dog-bone shape.wbpj。如工程实例文件保存在 D:\AWB\Chapter02 文件夹中。

3. 创建材料参数（材料默认）

4. 导入几何模型

（1）在静态结构分析上右击【Geometry】→【Import Geometry】→【Browse】，找到模型文件 Dog-bone shape.x_t，打开导入几何模型。如模型文件在 D:\AWB\Chapter02 文件夹中。

（2）在静态结构分析上右击【Geometry】→【Edit Geometry in DesignModeler...】进入 DesignModeler 环境。

（3）在模型详细栏【Details View】→【Operation】选取【Add Frozen→Add Material】。工具栏单击【Generate】完成导入显示。

第2章 结构对称分析

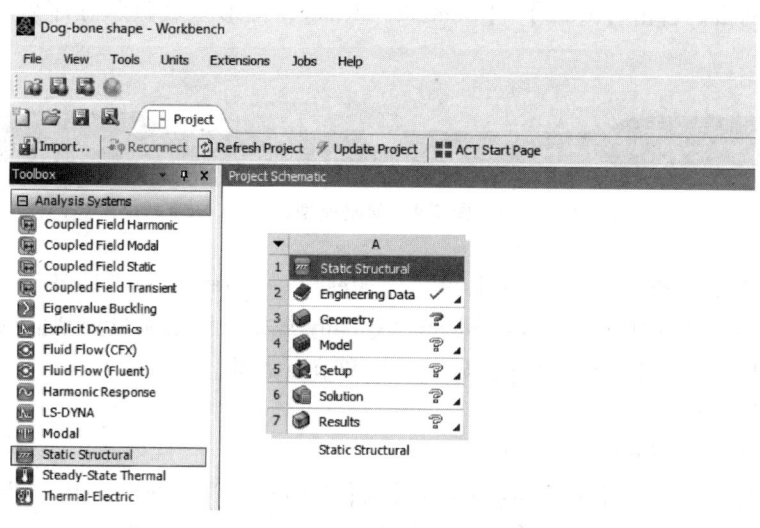

图 2-2 创建静态结构分析

5. 模型对称处理

（1）单击【Tools】→【Symmetry】，【Symmetry1】→【Details View】→【Symmetry Plane1】=选取 ZXPlane，其他默认；工具栏单击【Generate】完成模型对称处理，如图 2-3 所示。

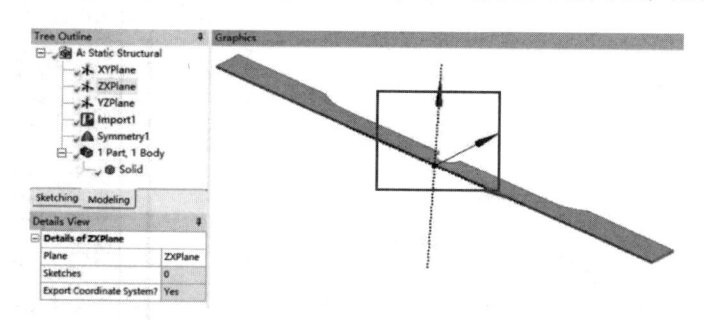

图 2-3 模型对称处理

（2）单击 DesignModeler 主界面的菜单【File】→【Close DesignModeler】退出几何建模环境。

（3）返回 Workbench 主界面，单击 Workbench 主界面上的【Save】按钮保存。

6. 进入 Mechanical 分析环境

（1）在静态结构分析上右击【Model】→【Edit...】进入 Mechanical 分析环境。

（2）在 Mechanical 的环境主页【Home】功能区单位【Units】中选择单位为 Metric (mm，kg，N，s，mV，mA)。

7. 为几何模型分配材料（材料默认）

8. 划分网格

（1）在导航树上单击【Mesh】→【Details of "Mesh"】→【Sizing】→【Use Adaptive Sizing】=Yes，【Resolution】=3，其他默认。

（2）在导航树上选择模型，然后右击【Mesh】，从弹出的快捷菜单中选择【Insert】→【Sizing】，【Body Sizing】→【Details of "Body Sizing"】→【Element Size】=0.5mm。

（3）生成网格。右击【Mesh】→【Generate Mesh】，图形区域显示程序生成的网格模型，如图2-4所示。

图 2-4　网格模型

（4）网格质量检查。在导航树上单击【Mesh】→【Details of "Mesh"】→【Quality】→【Mesh Metric】= Element Quality，显示 Element Quality 规则下网格质量详细信息，平均值处在良好的水平范围内，展开【Statistics】显示网格和节点数量。

9. 施加边界条件

（1）单击【Static Structural（A5）】。

（2）分析设置。单击【Analysis Settings】→【Details of "Analysis Settings"】→【Step Controls】→【Number Of Steps】= 19，【Step End Time】= 1140s，其他默认，然后在右侧 Tabular Data 中输入如图2-5所示的数据。

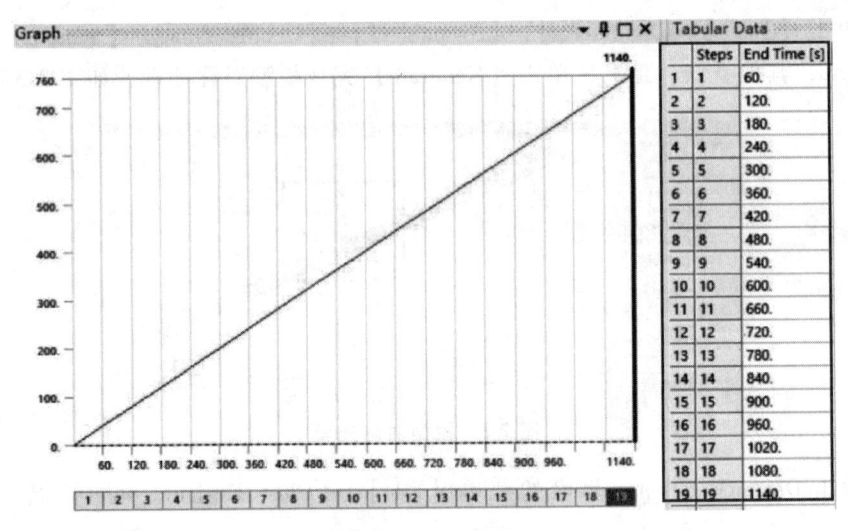

图 2-5　分析设置

（3）施加载荷。在标准工具栏上单击，然后选择狗骨形试件端面，接着在环境功能区上单击【Loads】→【Force】→【Details of "Force"】→【Definition】→【Define By】= Components，【X Component】= Tabular Data，输入如图2-6和图2-7所示的数据，【Y Component】= 0N，【Z Component】= 0N。

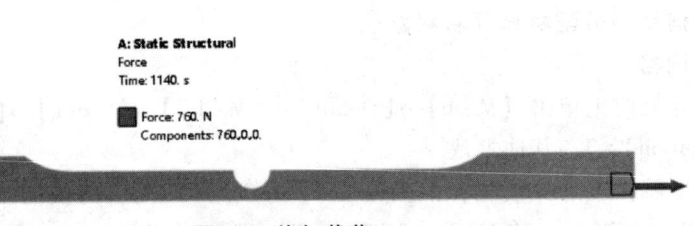

图 2-6　施加载荷

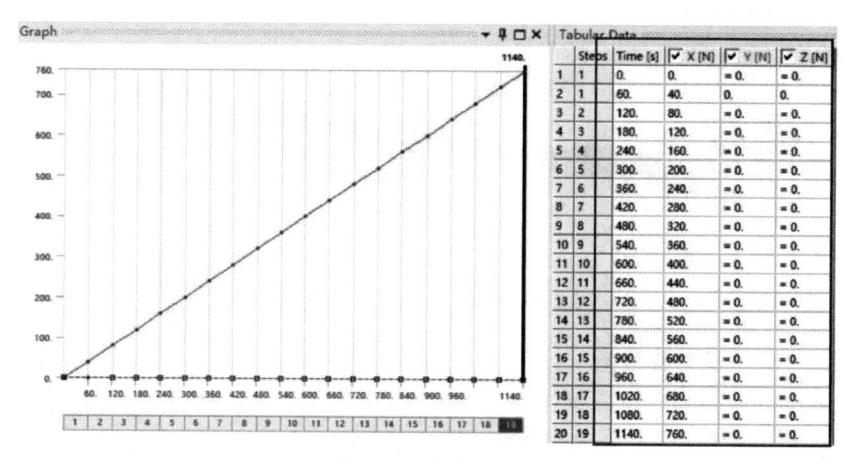

图 2-7 载荷数据

（4）施加约束。首先在标准工具栏上单击 ，然后选择狗骨形试件对应的另一个端面，接着在环境功能区单击【Supports】→【Fixed Support】，如图 2-8 所示。

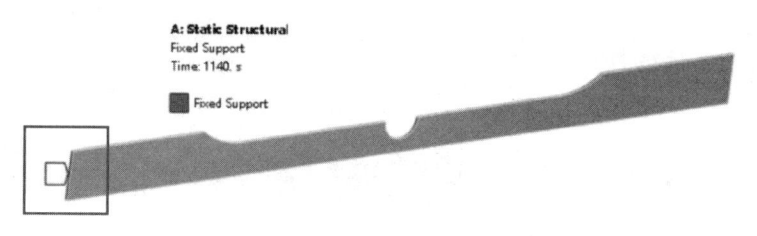

图 2-8 施加约束

10. 设置需要的结果

（1）在导航树上单击【Solution（A6）】。

（2）在 Mechanical 环境求解功能区单击【Deformation】→【Total】。

（3）在 Mechanical 环境求解功能区单击【Stress】→【Equivalent（von-Mises）】。

11. 求解与结果显示

（1）在 Mechanical 环境求解功能区单击 进行求解运算。

（2）运算结束后，单击【Solution（A6）】→【Total Deformation】，图形区域显示分析得到的整体变形分布云图，如图 2-9 所示；单击【Solution（A6）】→【Equivalent Stress】，显示整体等效应力分布云图，如图 2-10 所示。

图 2-9 整体变形分布云图

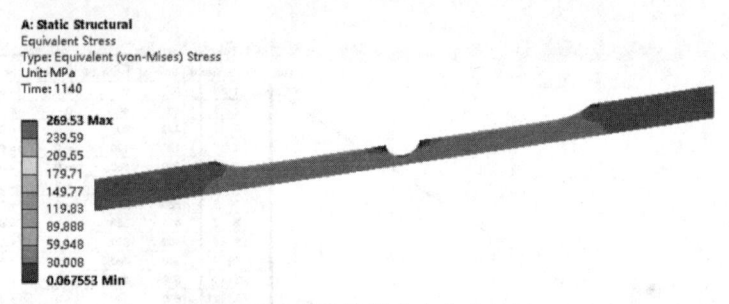

图 2-10　整体等效应力分布云图

12. 开启 Beta 项及对称设置

(1) 在 Workbench 主界面，单击 Workbench 主界面上的菜单【Tools】→【Options...】→【Appearance】→选择【Beta Options】，然后单击【OK】关闭窗口。

(2) 在 Mechanical 分析环境中，在导航树上单击【Symmetry】→【Details of "Symmetry"】→【Graphical Expansion1（Beta）】→【Num Repeat】= 2，【Method】= Half，【ΔY】= 1e^-3mm，其他默认，对称显示设置如图 2-11 所示；完整图形结果显示如图 2-12~图 2-14 所示。

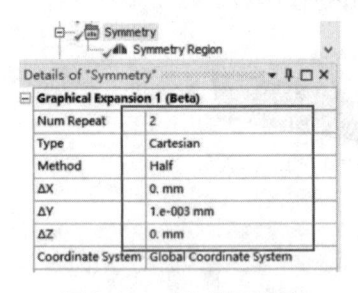

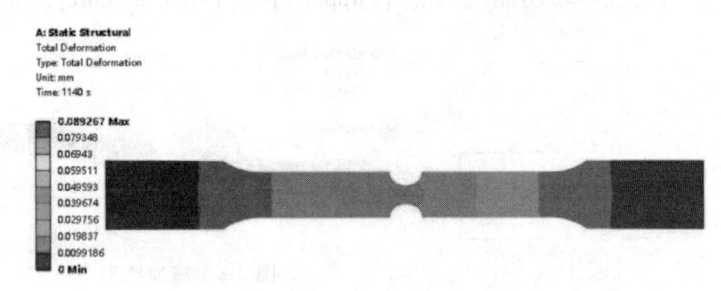

图 2-11　对称显示设置

图 2-12　变形结果完整图形云图

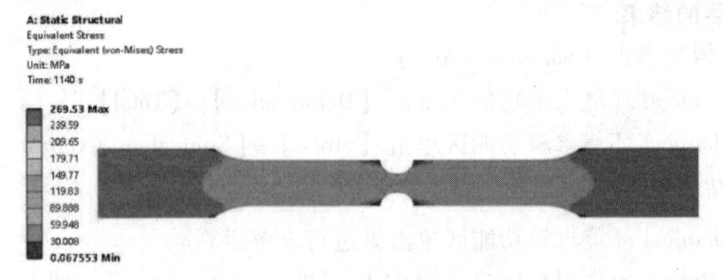

图 2-13　应力结果完整图形云图

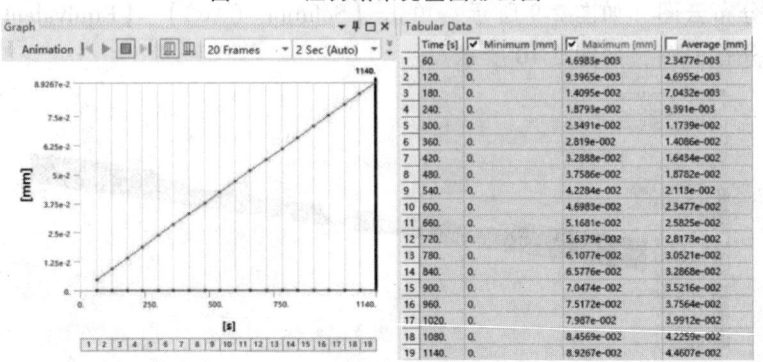

图 2-14　应力结果数据

13. 保存与退出

（1）退出 Mechanical 分析环境。单击 Mechanical 主界面的菜单【File】→【Close Mechanical】退出分析环境，返回到 Workbench 主界面，此时主界面的项目分析流程图中显示的分析已完成。

（2）单击 Workbench 主界面上的【Save】按钮，保存所有分析结果文件。

（3）退出 Workbench 环境。单击 Workbench 主界面的菜单【File】→【Exit】退出主界面，完成分析。

2.1.3 结果分析与点评

本实例是狗骨形试件拉伸对称分析，从分析结果来看，最大等效应力处超出材料本身强度 250MPa，该处有被拉断的可能。本实例的重要知识点是利用对称的方法来进行分析，在分析过程中体现了模型对称处理方法，对称设置（采用了自动设置）以及结果对称模型显示处理等。虽然模型结构单一，但所采用的分析方法包括时步设置等值得借鉴。

2.2 制动轮循环对称分析

2.2.1 问题与重难点描述

1. 问题描述

某型带有碟刹装置制动车轮，制动的一般原理是在机器的高速轴上固定一个轮或盘，在机座上安装与之相适应的闸瓦、带或盘，在外力作用下使之产生制动力矩，本例简化了制动轮模型，如图 2-15 所示。制动轮材料为结构钢，假设制动时轮缘受力 5831N，试求制动轮的变形和应力分布情况以及在 APDL 环境中的显示情况。

2. 重难点提示

本实例重难点是如何运用对称的方法分析旋转对称模型以及后处理。

2.2.2 实例详细解析过程

图 2-15 制动轮模型

1. 启动 Workbench

在"开始"菜单中执行 ANSYS 2024R1/R2→Workbench 2024R1/R2 命令。

2. 创建静态结构分析

（1）在工具箱【Toolbox】的【Analysis Systems】中双击或拖动静态结构分析【Static Structural】到项目分析流程图，如图 2-16 所示。

（2）在 Workbench 的工具栏中单击【Save】，保存项目实例名称为 Single sector.wbpj。如工程实例文件保存在 D:\AWB\Chapter02 文件夹中。

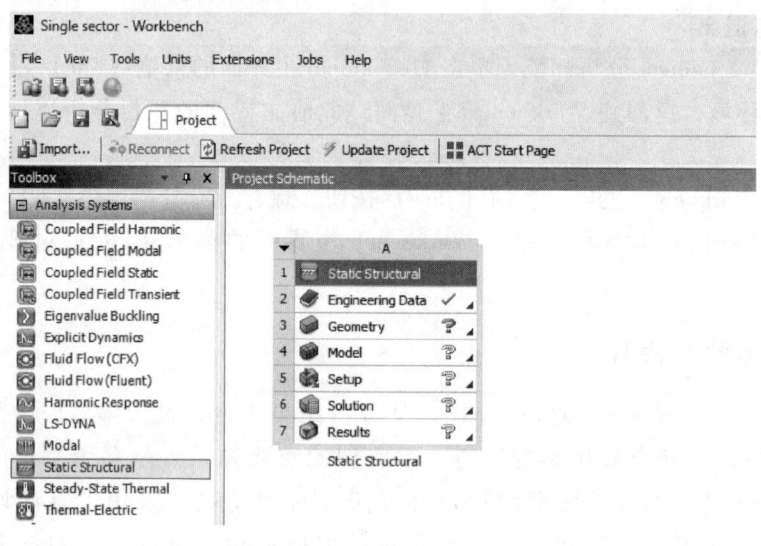

图 2-16　创建静态结构分析

3. 创建材料参数（材料默认）

4. 导入几何模型

在静态结构分析上右击【Geometry】→【Import Geometry】→【Browse】，找到模型文件 Single sector.agdb，打开导入几何模型。如模型文件在 D:\AWB\Chapter02 文件夹中。

5. 进入 Mechanical 分析环境

（1）在静态结构分析上右击【Model】→【Edit...】进入 Mechanical 分析环境。

（2）在 Mechanical 的环境主页【Home】功能区单位【Units】中选择单位为 Metric（mm, kg, N, s, mV, mA）。

6. 为几何模型分配材料（材料默认）

7. 定义局部坐标

在导航树上右击【Coordinate Systems】，从弹出的快捷菜单中选择【Insert】→【Coordinate System】→【Details of "Coordinate System"】→【Definition】→【Type】= Cylindrical，【Coordinate System】= Manual；【Origin】→【Define By】= Global Coordinates，其他默认，如图 2-17 所示。

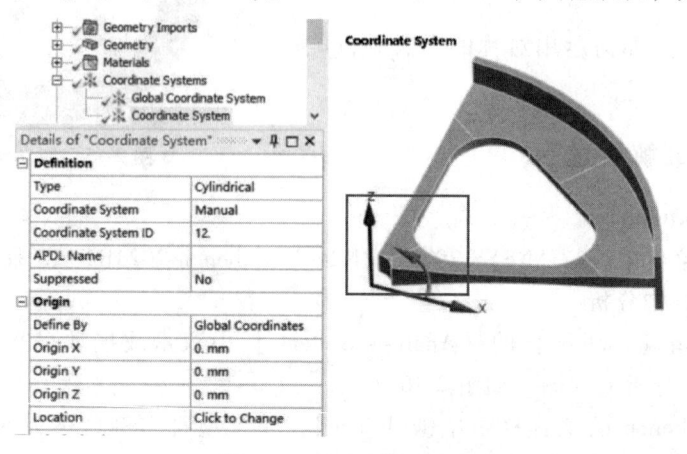

图 2-17　定义局部坐标

8. 对称设置

在标准工具栏上单击 ▣，在导航树上右击【Model（A4）】，从弹出的快捷菜单中选择【Insert】→【Symmetry】，右击【Symmetry】→【Insert】→【Cyclic Region】，【Low Boundary】选择靠近 X 方向侧面，【High Boundary】选择另外一个侧面；坐标系为创建的圆柱坐标系，其他默认，如图 2-18 所示。

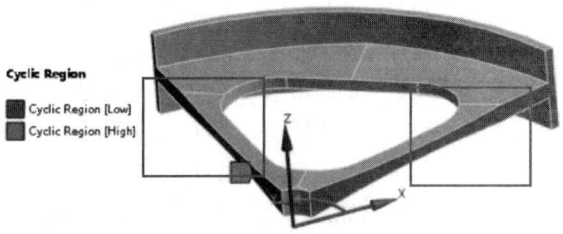

图 2-18 对称设置

9. 划分网格

（1）在导航树上单击【Mesh】→【Details of "Mesh"】→【Sizing】→【Use Adaptive Sizing】= Yes，【Resolution】= 4，其他默认。

（2）在导航树上选择模型，然后右击【Mesh】，从弹出的快捷菜单中选择【Insert】→【Sizing】，【Body Sizing】→【Details of "Body Sizing"】→【Element Size】= 5mm。

（3）选择模型，然后右击【Mesh】，从弹出的快捷菜单中选择【Insert】→【Method】→【MultiZone】，其他默认。

（4）生成网格。右击【Mesh】→【Generate Mesh】，图形区域显示程序生成的网格模型，如图 2-19 所示。

（5）网格质量检查。在导航树上单击【Mesh】→【Details of "Mesh"】→【Quality】→【Mesh Metric】= Skewness，显示 Skewness 规则下网格质量详细信息，平均值处在良好的水平范围内，展开【Statistics】显示网格和节点数量。

10. 施加边界条件

（1）单击【Static Structural（A5）】。

图 2-19 网格模型

（2）施加载荷。在标准工具栏上单击 ▣，然后选择制动轮外圆表面，接着在环境功能区上单击【Loads】→【Force】→【Details of "Force"】→【Definition】→【Define By】= Components，【X Component】= -5000N，【Y Component】= 3000N，【Z Component】= 0N，如图 2-20 所示。

（3）施加约束。首先在标准工具栏上单击 ▣，然后选择圆心面，接着在环境功能区单击【Supports】→【Fixed Support】，如图 2-21 所示。

图 2-20 施加载荷

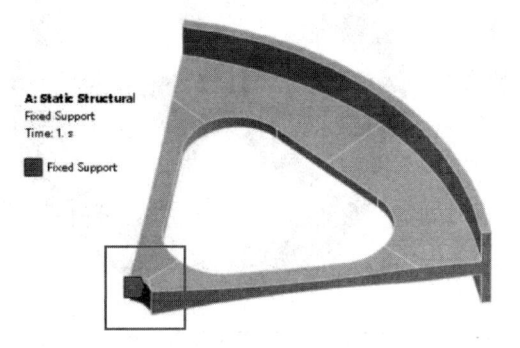

图 2-21 施加约束

（4）右击【Static Structural（A5）】→【Insert】→【Commands】，然后在 Commands 窗口插入如下命令流。

cpcyc,all,,12,,45,,0 ！循环对称耦合；

11. 设置需要的结果

（1）在导航树上单击【Solution（A6）】。

（2）在 Mechanical 环境求解功能区单击【Deformation】→【Total】。

（3）在 Mechanical 环境求解功能区单击【Stress】→【Equivalent（von-Mises）】。

（4）右击【Solution（A6）】→【Insert】→【Commands】，然后在 Commands 窗口插入如下命令流。

set,last ！后处理命令；
/show,png ；
/view,1,1,1,1 ；
plnsol,s,eqv ；
plesol,s,eqv ；
/pbc,cp,,1 ；
eplo ；
/view,1,0,0,1 ；
eplo ；
/show,close ；

12. 求解与结果显示

（1）在 Mechanical 环境求解功能区单击 ⚡ 进行求解运算。

（2）运算结束后，单击【Solution（A6）】→【Total Deformation】，图形区域显示分析得到的整体变形分布云图，如图 2-22 所示；单击【Solution（A6）】→【Equivalent Stress】，显示整体等效应力分布云图，如图 2-23 所示；单击【Solution（A6）】→【Commands（APDL）】→【Post Output】，显示局部等效应力分布云图，如图 2-24 所示。

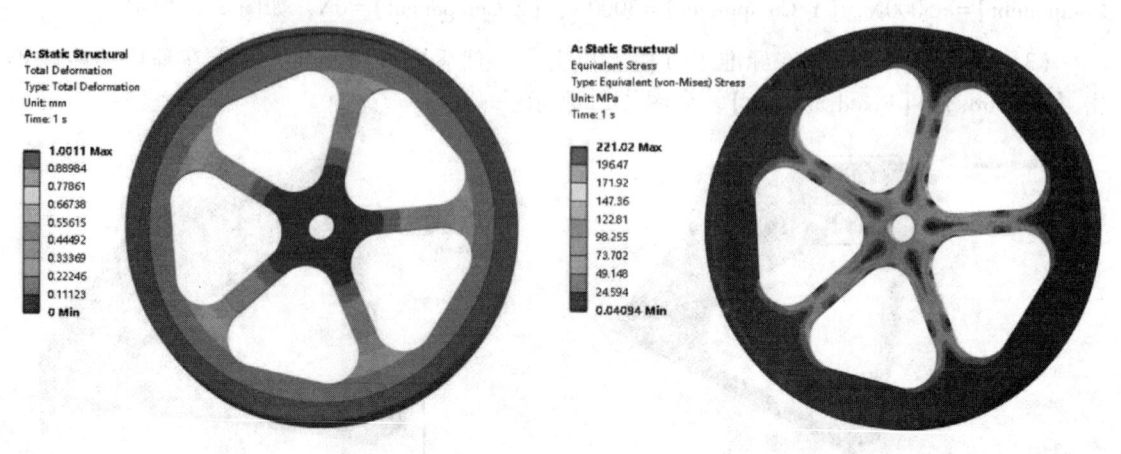

图 2-22　整体变形分布云图　　　　图 2-23　整体等效应力分布云图

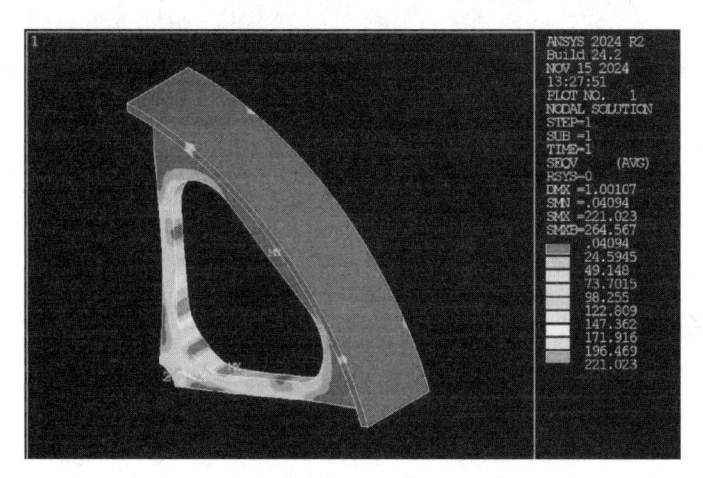

图 2-24 局部等效应力分布云图

13. 保存与退出

（1）退出 Mechanical 分析环境。单击 Mechanical 主界面的菜单【File】→【Close Mechanical】退出分析环境，返回到 Workbench 主界面，此时主界面的项目分析流程图中显示的分析已完成。

（2）单击 Workbench 主界面上的【Save】按钮，保存所有分析结果文件。

（3）退出 Workbench 环境。单击 Workbench 主界面的菜单【File】→【Exit】退出主界面，完成分析。

2.2.3　结果分析与点评

本实例是制动轮循环对称分析，从分析结果看，制动轮在制动时的结构强度满足了结构钢材料强度要求，在最大制外圈受到制动力载荷作用下，制动轮可以承受施加的载荷，当然这是在静态条件下的分析，在动载荷及冲击的情况下如何还有待观察。本实例的重要知识点是利用旋转对称的方法来进行分析，在分析过程中体现了旋转对称设置以及结果对称模型显示处理等。虽然模型结构进行了简化处理，但所采用的分析方法包括后处理等值得借鉴。对具有旋转对称或周期性对称结构，都可以采用该方法，可以加快分析速度，省时省力。

第3章 子模型应用分析

3.1 直角焊缝子模型分析

3.1.1 问题与重难点描述

1. 问题描述

某 L 形结构梁的直角焊接模型包括基材和焊缝区，其中焊缝区包含了焊接区、熔合区和热影响区，直角焊缝子模型如图 3-1 所示。基材与焊缝区都为结构钢，假设短平行梁端面受 500N 载荷，长竖直梁侧面约束，由于需对焊接区域细分网格，限于软硬件条件，试用子模型法求焊接区域情况。

2. 重难点提示

本实例重难点是如何运用实体-实体（Solid-Solid）单元子模型方法分析直角焊缝存在的奇异性问题以及子模型的创建、验证。

3.1.2 实例详细解析过程

1. 启动 Workbench

在"开始"菜单中执行 ANSYS 2024R1/R2→Workbench 2024R1/R2 命令。

图 3-1 直角焊缝子模型

2. 创建静态结构分析

（1）在工具箱【Toolbox】的【Analysis Systems】中双击或拖动静态结构分析【Static Structural】到项目分析流程图，如图 3-2 所示。

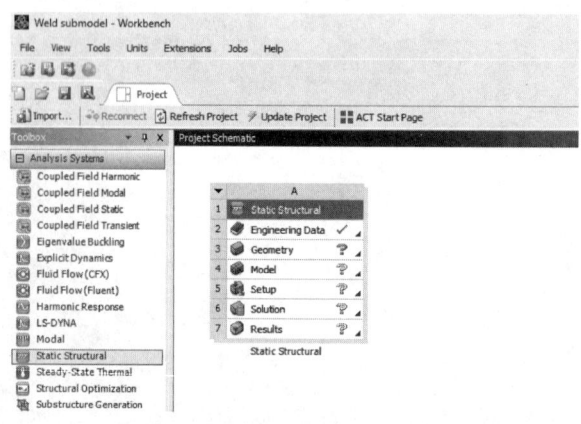

图 3-2 创建静态结构分析

(2) 在 Workbench 的工具栏中单击【Save】,保存项目实例名称为 Weld submodel.wbpj。如工程实例文件保存在 D:\AWB\Chapter03 文件夹中。

3. 创建材料参数(材料默认)

4. 导入几何模型

在静态结构分析上右击【Geometry】→【Import Geometry】→【Browse】,找到模型文件 Weld submodel.agdb,打开导入几何模型。如模型文件在 D:\AWB\Chapter03 文件夹中。

5. 进入 Mechanical 分析环境

(1) 在静态结构分析上右击【Model】→【Edit...】进入 Mechanical 分析环境。

(2) 在 Mechanical 的环境主页【Home】功能区单位【Units】中选择单位为 Metric(mm,kg,N,s,mV,mA)。

6. 为几何模型分配材料(材料默认)

7. 划分网格

(1) 在导航树上单击【Mesh】→【Details of "Mesh"】→【Sizing】→【Use Adaptive Sizing】= Yes;【Resolution】= 7,其他默认。

(2) 生成网格。右击【Mesh】→【Generate Mesh】,图形区域显示程序生成的六面体网格模型,如图 3-3 所示。

(3) 网格质量检查。在导航树上单击【Mesh】→【Details of "Mesh"】→【Quality】→【Mesh Metric】= Skewness,显示 Skewness 规则下网格质量详细信息,平均值处在良好的水平范围内,展开【Statistics】显示网格和节点数量。

8. 施加边界条件

(1) 单击【Static Structural (A5)】。

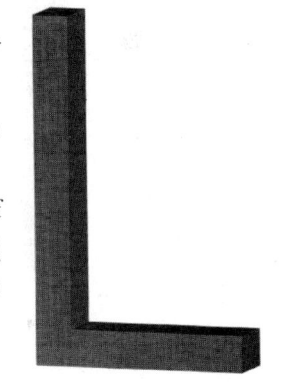

图 3-3 六面体网格模型

(2) 施加载荷。在标准工具栏上单击 ▥,然后选择水平方向端面,接着在环境功能区上单击【Loads】→【Force】→【Details of "Force"】→【Definition】→【Define By】= Components,【X Component】= 0N,【Y Component】= -500N,【Z Component】= 0N,如图 3-4 所示。

(3) 施加约束。首先在标准工具栏上单击 ▥,然后选择竖直方向对应的侧面,接着在环境功能区单击【Supports】→【Fixed Support】,如图 3-5 所示。

图 3-4 施加载荷

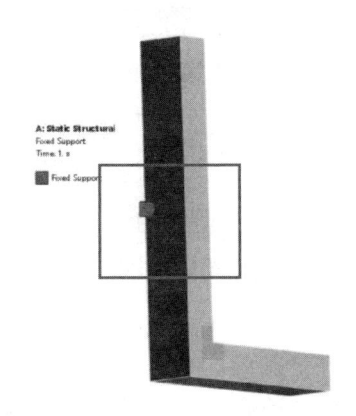

图 3-5 施加约束

9. 设置需要的结果

（1）选择【Solution（A6）】。

（2）在 Mechanical 环境求解功能区单击【Deformation】→【Total】。

（3）在 Mechanical 环境求解功能区单击【Stress】→【Equivalent（von-Mises）】。

10. 求解与结果显示

（1）在 Mechanical 环境求解功能区单击 ⚡ 进行求解运算。

（2）运算结束后，单击【Solution（A6）】→【Total Deformation】，图形区域显示分析得到的整体变形分布云图，如图 3-6 所示；单击【Solution（A6）】→【Equivalent Stress】，显示整体等效应力分布云图，如图 3-7 所示。

图 3-6　整体变形分布云图　　　　图 3-7　整体等效应力分布云图

11. 子模型处理

（1）在静态结构学分析 A 单元上右击【Static Structural】标签，在弹出的快捷菜单中选择【Duplicate】，即创建一个新的 Static Structural 分析，同时把静态结构学分析 B 单元命名为"Submodeling"；然后把 A 单元上【Solution】拖拽至 B 单元【Setup】处，完成创建子模型，如图 3-8 所示。

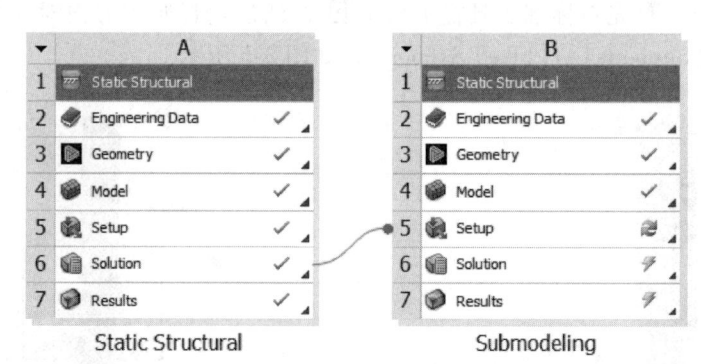

图 3-8　创建子模型

（2）在静态结构分析上右击【Geometry】→【Edit Geometry in DesignModeler...】进入 DesignModeler 环境。

（3）在标准工具栏上单击 ▣，选择基材，然后右击，从弹出的快捷菜单中选择【Suppress Body】。

（4）单击工具栏倒圆角【Blend】→【Fixed Radius】，【FBlend1】→【Details View】→【Geometry】选取焊接区域直角边线，其他默认；工具栏单击【Generate】完成模型倒圆角处理，如图3-9所示。

（5）单击DesignModeler主界面的菜单【File】→【Close DesignModeler】退出几何建模环境。

（6）返回Workbench主界面，在B分析上右击【Model】，从弹出的快捷菜单中选择【Refresh】刷新，在B分析上右击【Setup】，从弹出的快捷菜单中选择【Refresh】刷新；单击Workbench主界面上的【Save】按钮保存。

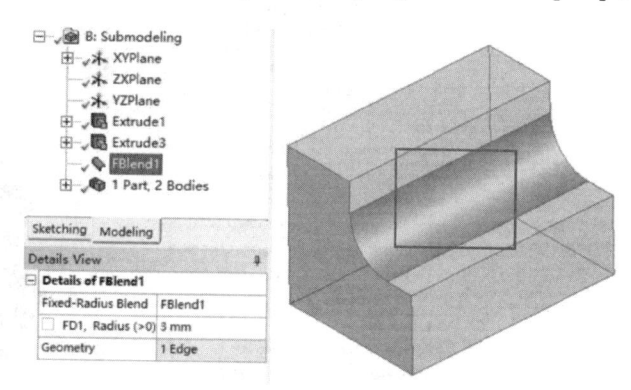

图3-9 模型倒圆角处理

12. 进入Mechanical分析环境

（1）在静态结构分析B上右击【Model】→【Edit...】进入Mechanical分析环境。

（2）在Mechanical的环境主页【Home】功能区单位【Units】中选择单位为Metric（mm, kg, N, s, mV, mA）。

13. 为几何模型分配材料，材料默认。

14. 划分网格

（1）保持在A分析中的默认设置，右击【Mesh】→【Generate Mesh】，图形区域显示程序生成的网格模型，如图3-10所示。

（2）网格质量检查。在导航树上单击【Mesh】→【Details of "Mesh"】→【Quality】→【Mesh Metric】=Element Quality，显示Element Quality规则下网格质量详细信息，平均值处在良好的水平范围内，展开【Statistics】显示网格和节点数量。

15. 施加边界条件

（1）单击【Static Structural（B5）】。

（2）分别单击【Force】【Fixed Support】→【Delete】。

（3）施加子模型边界。右击【Submodeling（B6）】→【Cut Boundary Constraint】，单击【Imported Cut Boundary Constraint】→【Details of "Imported Cut Boundary Constraint"】→【Geometry】选取焊接区域与基材相邻对应的4个侧面，如图3-11所示。

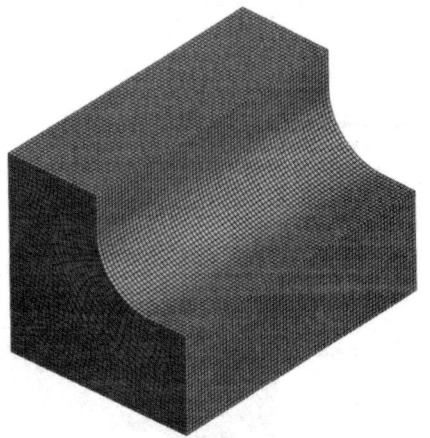

图3-10 网格模型

（4）右击【Imported Cut Boundary Constraint】→【Import Load】，导入载荷，显示子模型载荷如图3-12所示。

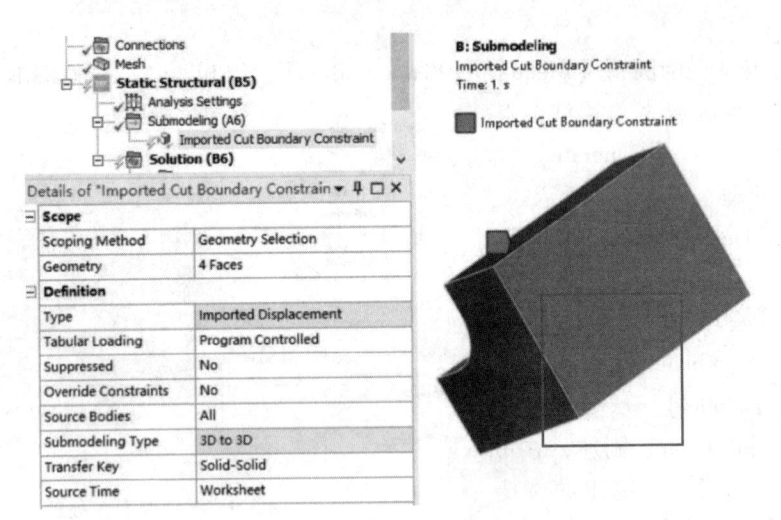

图 3-11 施加子模型边界

16. 求解子模型与结果显示

（1）在 Mechanical 环境求解功能区单击⚡进行求解运算。

（2）运算结束后，单击【Solution (B6)】→【Total Deformation】，图形区域显示分析得到的子模型焊缝区域变形分布云图，如图 3-13 所示；单击【Solution (B6)】→【Equivalent Stress】，显示子模型焊缝区域等效应力分布云图，如图 3-14 所示。

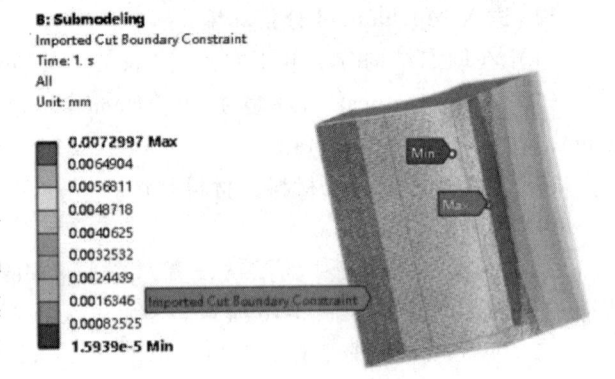

图 3-12 显示子模型载荷

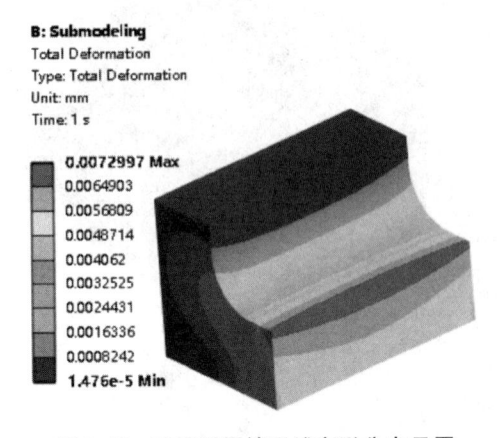

图 3-13 子模型焊缝区域变形分布云图

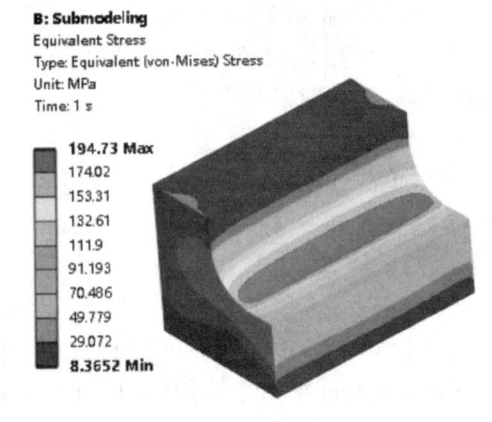

图 3-14 子模型焊缝区域等效应力分布云图

17. 保存与退出

（1）退出 Mechanical 分析环境。单击 Mechanical 主界面的菜单【File】→【Close Mechanical】退出分析环境，返回到 Workbench 主界面，此时主界面的项目分析流程图中显示的分

析已完成。

（2）单击 Workbench 主界面上的【Save】按钮，保存所有分析结果文件。

（3）退出 Workbench 环境。单击 Workbench 主界面的菜单【File】→【Exit】退出主界面，完成分析。

3.1.3 结果分析与点评

本实例是直角焊缝子模型分析，为实体-实体（Solid-Solid）单元子模型分析过程，从结果分析来看，原来整体模型直角处的应力奇异现象消失。不过，对于这类零件的分析，子模型的创建很重要。因为基于圣维南原理，所以子模型的创建边界必须远离应力集中区，要通过比较子模型创建边界上的结果与整体模型相应的位置的结果的一致性来判断子模型的边界创建是否合理，如不合理，需要重新创建与计算。常用的方法是利用 Construction Geometry 工具来创建路径比较。

3.2 焊接 T 形管子模型分析

3.2.1 问题与重难点描述

1. 问题描述

某焊接 T 形管子模型包括基材和焊缝区，其中焊缝区包含了焊接区、熔合区和热影响区。T 形管子模型如图 3-15 所示。基材与焊缝区都为结构钢，假设 T 形管平行端线远端约束，竖直端线受 500N 的向上载荷，而整个管内壁受 0.1MPa 的压力载荷，由于需对焊接区域细分网格，限于软硬件条件，试用子模型法求焊接区域情况。

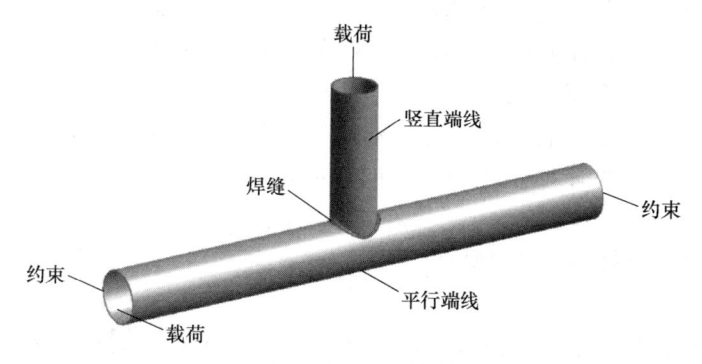

图 3-15 T 形管子模型

2. 重难点提示

本实例重难点是如何运用壳体-实体（Shell-Solid）单元子模型方法分析直角焊缝存在的奇异性问题以及子模型边界的创建、验证。

3.2.2 实例详细解析过程

1. 启动 Workbench

在"开始"菜单中执行 ANSYS 2024R1/R2→Workbench 2024R1/R2 命令。

2. 创建静态结构分析

（1）在工具箱【Toolbox】的【Analysis Systems】中双击或拖动静态结构分析【Static Structural】到项目分析流程图，如图 3-16 所示。

（2）在 Workbench 的工具栏中单击【Save】，保存项目实例名称为 Weld pipe.wbpj。如工程实例文件保存在 D:\AWB\Chapter03 文件夹中。

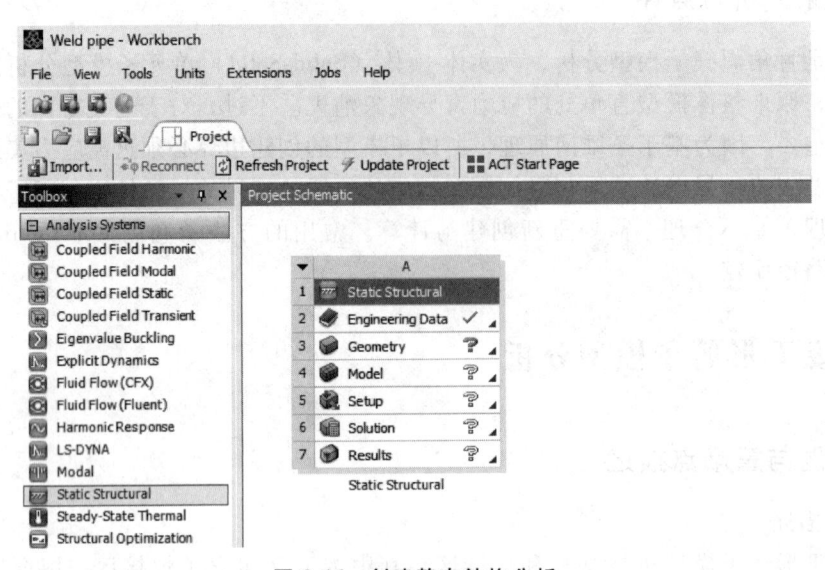

图 3-16 创建静态结构分析

3. 创建材料参数（材料默认）

4. 导入几何模型

在静态结构分析上右击【Geometry】→【Import Geometry】→【Browse】，找到模型文件 Weld pipe.agdb，打开导入几何模型。如模型文件在 D:\AWB\Chapter03 文件夹中。

5. 进入 Mechanical 分析环境

（1）在静态结构分析上右击【Model】→【Edit...】进入 Mechanical 分析环境。

（2）在 Mechanical 的环境主页【Home】功能区单位【Units】中选择单位为 Metric（mm，kg，N，s，mV，mA）。

6. 为几何模型分配材料（材料默认）

7. 划分网格

（1）在导航树上单击【Mesh】→【Details of "Mesh"】→【Sizing】→【Use Adaptive Sizing】= No，【Capture Curvature】= Yes，其他默认。

（2）在导航树上选择模型，然后右击【Mesh】，从弹出的快捷菜单中选择【Insert】→【Sizing】，【Body Sizing】→【Details of "Body Sizing"】→【Element Size】= 5mm，其他默认。

（3）生成网格。右击【Mesh】→【Generate Mesh】，图形区域显示程序生成的网格模型，如图 3-17 所示。

图 3-17 网格模型

（4）网格质量检查。在导航树上单击【Mesh】→【Details of "Mesh"】→【Quality】→【Mesh Metric】= Element Quality，显示 Element Quality 规则下网格质量详细信息，平均值处在良好的水平范围内，展开【Statistics】显示网格和节点数量。

8. 施加边界条件

（1）单击【Static Structural（A5）】。

（2）在标准工具栏上单击选择边线图标，选择管水平 Z 方向端线，然后在环境功能区上单击【Supports】→【Remote Displacement】，【Remote Displacement】→【Details of "Remote Displacement"】→【Scope】→【Definition】→【X Component】= 0mm，【Y Component】= 0mm，【Z Component】= 0mm，Rotation X = 0°，Rotation Y = 0°，Rotation Z = 0°，其他默认，Z 方向端线远端位移如图 3-18 所示。

（3）在标准工具栏上单击选择边线图标，选择管水平负 Z 方向端线，然后在环境功能区上单击【Supports】→【Remote Displacement2】，【Remote Displacement2】→【Details of "Remote Displacement2"】→【Scope】→【Definition】→【X Component】= 0mm，【Y Component】= 0mm，【Z Component】= Free，Rotation X = 0°，Rotation Y = 0°，Rotation Z = 0°，其他默认，负 Z 方向端线远端位移如图 3-19 所示。

图 3-18　Z 方向端线远端位移 　　　　图 3-19　负 Z 方向端线远端位移

（4）施加压力载荷。在标准工具栏单击，选择筒体内表面，接着在环境功能区单击【Loads】→【Pressure】→【Details of "Pressure"】→【Definition】→【Magnitude】= 0.1MPa，如图 3-20 所示。

（5）施加拉力。在标准工具栏上单击选择边线图标，然后选择竖直方向端线，接着在环境功能区上单击【Loads】→【Force】→【Details of "Force"】→【Definition】→【Define By】= Vector，【Magnitude】= 500N，如图 3-21 所示。

图 3-20　施加压力载荷 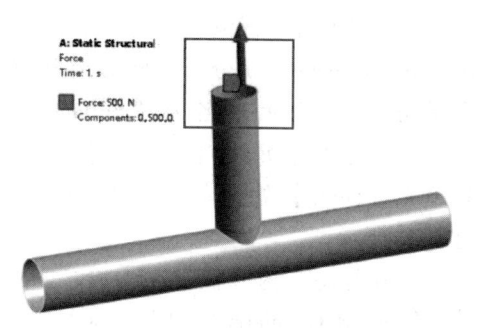　　　　图 3-21　施加拉力

9. 设置需要的结果

（1）选择【Solution（A6）】。

（2）在 Mechanical 环境求解功能区单击【Deformation】→【Total】。

（3）在 Mechanical 环境求解功能区单击【Stress】→【Equivalent（von-Mises）】。

10. 求解与结果显示

（1）在 Mechanical 环境求解功能区单击 ⚡ 进行求解运算。

（2）运算结束后，单击【Solution（A6）】→【Total Deformation】，图形区域显示分析得到的整体变形分布云图，如图 3-22 所示；单击【Solution（A6）】→【Equivalent Stress】，显示整体等效应力分布云图，如图 3-23 所示。

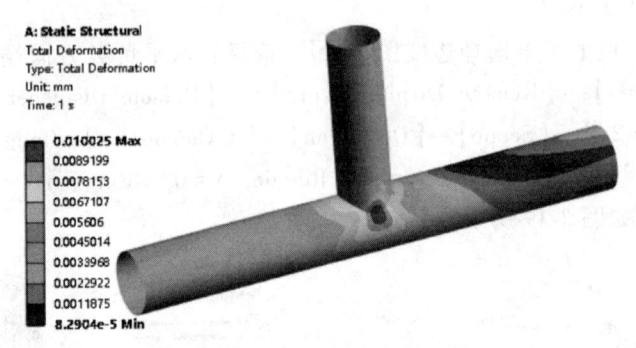

图 3-22　整体变形分布云图

图 3-23　整体等效应力分布云图

11. 子模型处理

（1）在工具箱【Toolbox】的【Analysis Systems】中双击或拖动静态结构分析【Static Structural】到项目分析流程图，即创建一个新的 Static Structural 分析，同时把静态结构学分析 B 单元命名为"Submodeling"；然后把 A 单元上【Solution】拖拽至 B 单元【Setup】处，完成创建子模型，如图 3-24 所示。

（2）在静态结构分析上右击【Geometry】→【Import Geometry】→【Browse】，找

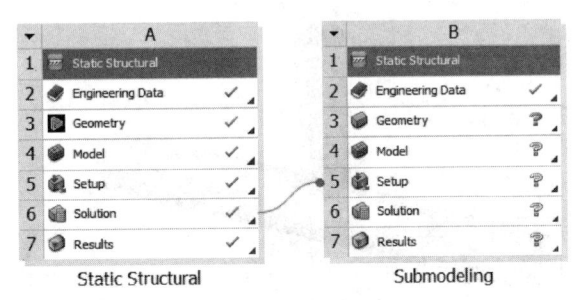

图 3-24　创建子模型

到模型文件 Weld pipe.agdb，打开导入几何模型。如模型文件在 D：\AWB\Chapter03 文件夹中。

（3）在静态结构分析上右击【Geometry】→【Edit Geometry in DesignModeler...】进入 DesignModeler 环境。

（4）在标准工具栏上单击 ，选择【Weld pipe】，然后右击，从弹出的快捷菜单中选择【Suppress Body】，保留【Cut pipe】，完成模型倒圆角处理，如图 3-25 所示。

（5）单击 DesignModeler 主界面的菜单【File】→【Close DesignModeler】退出几何建模环境。

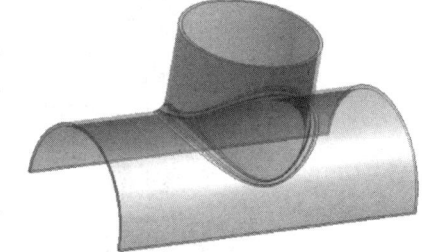

图 3-25 模型倒圆角处理

（6）返回 Workbench 主界面，在 B 分析上右击【Model】，从弹出的快捷菜单中选择【Refresh】刷新，在 B 分析上右击【Setup】，从弹出的快捷菜单中选择【Refresh】刷新；单击 Workbench 主界面上的【Save】按钮保存。

12. 进入 Mechanical 分析环境

（1）在静态结构分析 B 上右击【Model】→【Edit...】进入 Mechanical 分析环境。

（2）在 Mechanical 的环境主页【Home】功能区单位【Units】中选择单位为 Metric（mm，kg，N，s，mV，mA）。

13. 为几何模型分配材料（材料默认）

14. 划分网格

（1）在导航树上单击【Mesh】→【Details of "Mesh"】→【Sizing】→【Use Adaptive Sizing】= Yes，【Resolution】= 6，其他默认。

（2）划分 0.5mm 面网格。在标准工具栏上单击 ，选择如图 3-26 所示的位置，然后在导航树上右击【Mesh】，从弹出的快捷菜单中选择【Insert】→【Sizing】，【Face Sizing】→【Details of "Face Sizing"】→【Element Size】= 0.5mm，其他默认。

（3）划分 1mm 面网格。在标准工具栏上单击 ，选择如图 3-27 所示的位置模型，然后在导航树上右击【Mesh】，从弹出的快捷菜单中选择【Insert】→【Sizing】，【Face Sizing】→【Details of "Face Sizing"】→【Element Size】= 1mm，其他默认。

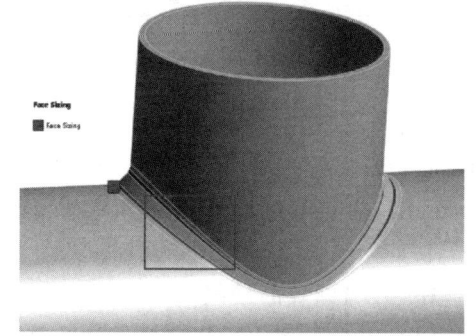

图 3-26 划分 0.5mm 面网格

（4）保持在 A 分析中的默认设置，右击【Mesh】→【Generate Mesh】，图形区域显示程序生成的网格模型，如图 3-28 所示。

（5）检查网格质量。在导航树上单击【Mesh】→【Details of "Mesh"】→【Quality】→【Mesh Metric】= Element Quality，显示 Element Quality 规则下网格质量详细信息，平均值处在良好的水平范围内，展开【Statistics】显示网格和节点数量。

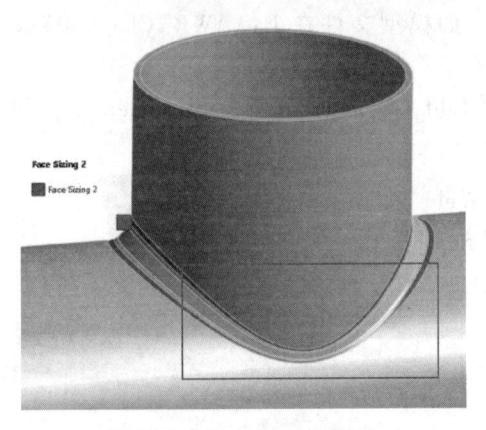

图 3-27　划分 1mm 面网格　　　　　　图 3-28　网格模型

15. 施加边界条件

（1）单击【Static Structural（B5）】。

（2）右击【Submodeling（B6）】→【Cut Boundary Constraint】，单击【Imported Cut Boundary Constraint】→【Details of "Imported Cut Boundary Constraint"】→【Geometry】选择被剪切下对应的 5 个面，【Transfer Key】=Shell-Solid，如图 3-29 所示。

（3）右击【Imported Cut Boundary Constraint】→【Import Load】，导入载荷，如图 3-30 所示。

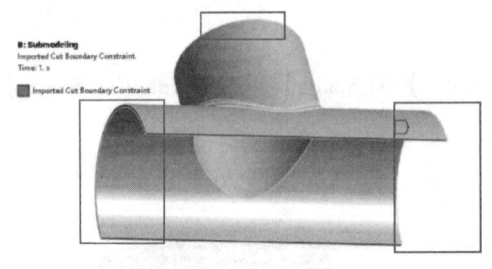

图 3-29　Shell-Solid　　　　　　图 3-30　导入载荷

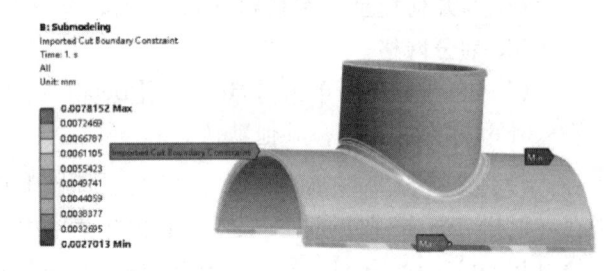

（4）施加载荷。在标准工具栏单击 ，选择筒体内表面，接着在环境功能区单击【Loads】→【Pressure】→【Details of "Pressure"】→【Definition】→【Magnitude】=0.1MPa，如图 3-31 所示。

16. 设置需要的结果

（1）在导航树上单击【Solution（B6）】。

（2）在 Mechanical 环境求解功能区单击【Deformation】→【Total】。

（3）在 Mechanical 环境求解功能区单击【Stress】→【Equivalent（von-Mises）】。

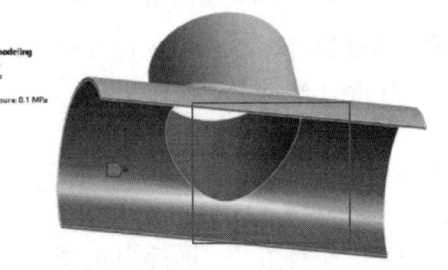

图 3-31　施加载荷

（4）在标准工具栏上单击 ，选择如图 3-32 所示的最大主应力位置，在 Mechanical 环境求解功能区单击【Stress】→【Maximum Principal】。

17. 求解子模型与结果显示

(1) 在 Mechanical 环境求解功能区单击 ⚡ 进行求解运算。

(2) 运算结束后，单击【Solution（B6）】→【Total Deformation】，图形区域显示分析得到的子模型焊缝区域变形分布云图，如图 3-33 所示；单击【Solution（B6）】→【Equivalent Stress】，显示子模型焊缝区域等效应力分布云图，如图 3-34 所示。单击【Solution（B6）】→【Maximum Principal Stress】，显示局部最大主应力分布云图，如图 3-35 所示。

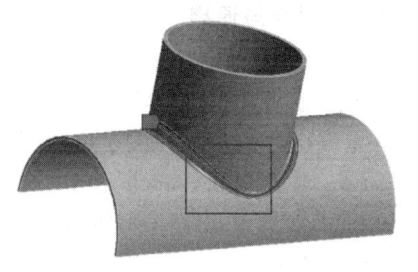

图 3-32　最大主应力位置

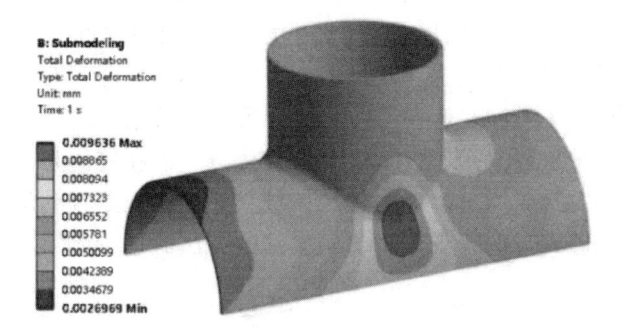

图 3-33　子模型焊缝区域变形分布云图

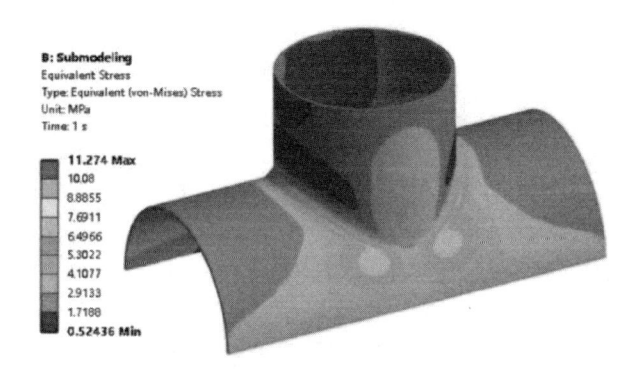

图 3-34　子模型焊缝区域等效应力分布云图

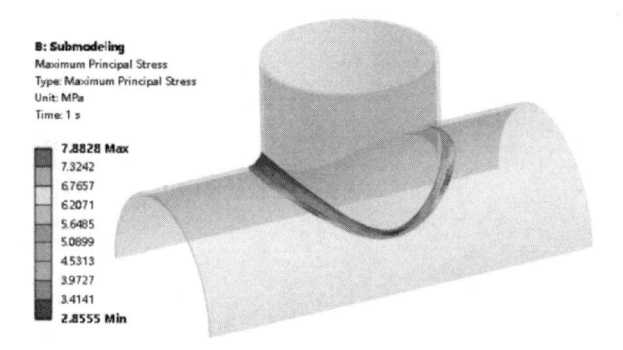

图 3-35　局部最大主应力分布云图

18. 保存与退出

（1）退出 Mechanical 分析环境。单击 Mechanical 主界面的菜单【File】→【Close Mechanical】退出分析环境，返回到 Workbench 主界面，此时主界面的项目分析流程图中显示的分析已完成。

（2）单击 Workbench 主界面上的【Save】按钮，保存所有分析结果文件。

（3）退出 Workbench 环境。单击 Workbench 主界面的菜单【File】→【Exit】退出主界面，完成分析。

3.2.3 结果分析与点评

本实例是焊接 T 形管子模型分析，为壳体-实体（Shell-Solid）单元子模型分析过程，从结果分析来看，原来 T 形管子整体模型直角处的应力集中现象消失，而最大处出现在内壁棱角处，通过倒圆角设计可以改变这一状况。不过需要强调的是，对于这类零件的分析，子模型边界的创建很重要。子模型是利用了位移有限元，位移边界的低敏感性特点，采用切割边界的位移解插值得到结果。采用子模型法有许多优点，但在使用时应注意，子模型对实体单元和壳单元有效，切割边界应远离应力集中区域，必须验证是否满足这个要求。本例未有进一步验证评估，后续感兴趣的读者可用上例提到的方法验证。

第4章 塑性分析

4.1 材料塑性变形回弹效应分析

4.1.1 问题与重难点描述

1. 问题描述

回弹效应分析模型如图 4-1 所示。已知方板材料为金属，其杨氏模量为 2E+9Pa，其他参数与结构钢相同，圆柱管的材料为聚乙烯，并考虑材料多线性等向强化性，参数在分析中体现。圆柱管底端受到约束，具体为方板压向圆柱管 8mm，试求圆柱管变形及回弹效应。

2. 重难点提示

本实例重难点在于圆柱管的材料设置、接触关系设置、分析设置、收敛性处理以及后处理。

4.1.2 实例详细解析过程

1. 启动 Workbench

在"开始"菜单中执行 ANSYS 2024R1/R2 → Workbench 2024R1/R2 命令。

图 4-1 回弹效应分析模型

2. 创建静态结构分析

（1）在工具箱【Toolbox】的【Analysis Systems】中双击或拖动静态结构分析【Static Structural】到项目分析流程图，如图 4-2 所示。

（2）在 Workbench 的工具栏中单击【Save】，保存项目实例名称为 Smash.wbpj。如工程实例文件保存在 D:\AWB\Chapter04 文件夹中。

3. 创建材料参数

（1）编辑工程数据单元，右击【Engineering Data】→【Edit...】。

（2）在工程数据属性中创建材料：在 Workbench 的工具栏上单击 进入工程材料库，此时的界面显示【Engineering Data Sources】和【Outline of Favorites】。选择 A4 栏【General materials】，从【Outline of General materials】里查找聚乙烯【Poly-

图 4-2 创建静态结构分析

ethylene】材料，然后单击【Outline of General Material】表中的添加按钮，此时在 C10 栏中显示标示，表明材料添加成功，然后在 Workbench 的工具栏上单击 进入工程材料库。

（3）在工程数据属性中右击【Outline of Schematic A2：Engineering Data】→【Polyethylene】→【Duplicate】，得到【Polyethylene 2】。

（4）在左侧单击【Plasticity】展开，双击【Multilinear Isotropic Hardening】，设置【Properties of Outline Row 4：Polyethylene 2】→【Multilinear Isotropic Hardening】→【Table of Properties Row 12：Multilinear Isotropic Hardening】→【Plasticity Stain（mm^-1）】=0，【Stress（MPa）】=18，然后继续输入如图 4-3 所示的数据。

（5）在工程数据属性中右击【Outline of Schematic A2：Engineering Data】→【Structural Steel】→【Duplicate】，得到【Structural Steel2】。

（6）单击【Structural Steel2】→【Properties of Outline Row 6：Structural Steel2】→【Isotropic Elasticity】→【Young's Modulus】=2E+9MPa，其他默认。

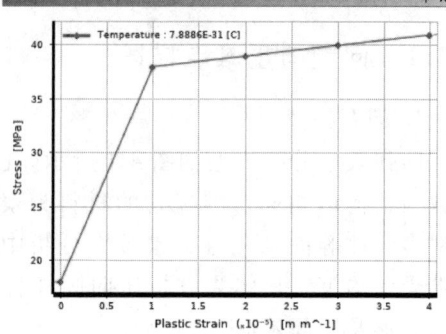

图 4-3 创建材料参数

（7）单击工具栏中的【A2：Engineering Data】关闭按钮，返回到 Workbench 主界面，新材料创建完毕。

4. 导入几何模型

在静态结构分析上右击【Geometry】→【Import Geometry】→【Browse】，找到模型文件 Smash.agdb，打开导入几何模型。如模型文件在 D:\AWB\Chapter04 文件夹中。

5. 进入 Mechanical 分析环境

（1）在静态结构分析上右击【Model】→【Edit...】进入 Mechanical 分析环境。

（2）在 Mechanical 的环境主页【Home】功能区单位【Units】中选择单位为 Metric（mm，kg，N，s，mV，mA）。

6. 为几何模型分配材料

（1）在导航树上单击【Geometry】展开，选择【Cylinder】→【Details of "Cylinder"】→【Material】→【Assignment】= Polyethylene 2，其他默认。

（2）在导航树上单击【Geometry】展开，选择【Plate】→【Details of "Plate"】→【Material】→【Assignment】= Structural Steel2，其他默认。

7. 创建接触连接

（1）在导航树上展开【Connections】→【Contacts】，单击【Contact Region】，默认程序自动识别的圆筒面为接触面，与其相邻的平板面为目标面。

（2）接触设置。单击【Contact Region】→【Details of "Contact Region"】→【Definition】→【Type】= Frictionless，【Behavior】= Asymmetric；【Advanced】→【Formulation】= Augmented Lagrange，【Detection Method】= Nodal-Normal To Target；【Normal Stiffness】= Factor，【Normal

Stiffness Factor】=0.1,【Update Stiffness】=Each Iteration,其他默认,如图4-4所示。

8. 划分网格

(1) 在导航树上单击【Mesh】→【Details of "Mesh"】→【Sizing】→【Use Adaptive Sizing】=Yes;【Resolution】=6,其他默认。

(2) 在标准工具栏上单击 ▣,选择模型所有外表面,然后右击【Mesh】→【Insert】→【Method】→【Face Meshing】,其他默认。

(3) 生成网格。右击【Mesh】→【Generate Mesh】,图形区域显示程序生成的六面体网格模型,如图4-5所示。

图 4-4 接触设置

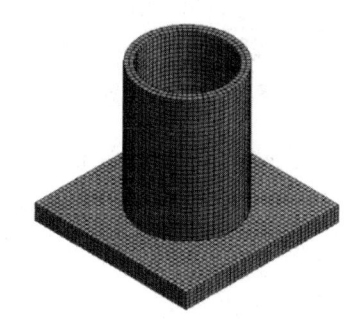

图 4-5 六面体网格模型

(4) 网格质量检查。在导航树上单击【Mesh】→【Details of "Mesh"】→【Quality】→【Mesh Metric】=Skewness,显示 Skewness 规则下网格质量详细信息,平均值处在良好的水平范围内,展开【Statistics】显示网格和节点数量。

9. 接触初始检测

(1) 在导航树上右击【Connections】→【Insert】→【Contact Tool】。

(2) 右击【Contact Tool】,从弹出的快捷菜单中选择【Generate Initial Contact Results】,经过初始运算,得到接触状态信息,如图4-6所示。注意图示接触状态值是按照网格设置后的状态,也可不先设置网格,查看接触初始状态。

Name	Contact Side	Type	Status	Number Contacting	Penetration (mm)	Gap (mm)	Geometric Penetration (mm)	Geometric Gap (mm)	Resulting Pinball (mm)	Real Constant
Frictionless - Cylinder To Plate	Contact	Frictionless	Closed	192.	0.	0.	0.	0.	1.7778	3.
Frictionless - Cylinder To Plate	Target	Frictionless	Inactive	N/A	N/A	N/A	N/A	N/A	N/A	0.

图 4-6 接触初始状态

10. 施加边界条件

(1) 单击【Static Structural(A5)】。

(2) 分析设置。单击【Analysis Settings】→【Details of "Analysis Settings"】→【Step Con-

trols】→【Number Of Steps】= 3，【Current Step Number】= 1，【Step End Time】= 1，【Auto Time Stepping】= Program Controlled；【Current Step Number】= 2，【Step End Time】= 2，【Auto Time Stepping】= On，【Define By】= Substeps，【Initial Substeps】= 30，【Minimum Substeps】= 20，【Maximum Substeps】= 50；【Current Step Number】= 3，【Step End Time】= 3s，【Auto Time Stepping】= On，【Define By】= Substeps，【Initial Substeps】= 30，【Minimum Substeps】= 20，【Maximum Substeps】= 50，其他默认，如图 4-7 所示。

（3）施加约束。首先在标准工具栏上单击，然后选择弹簧的直长侧端面，接着在环境功能区单击【Supports】→【Fixed Support】，如图 4-8 所示。

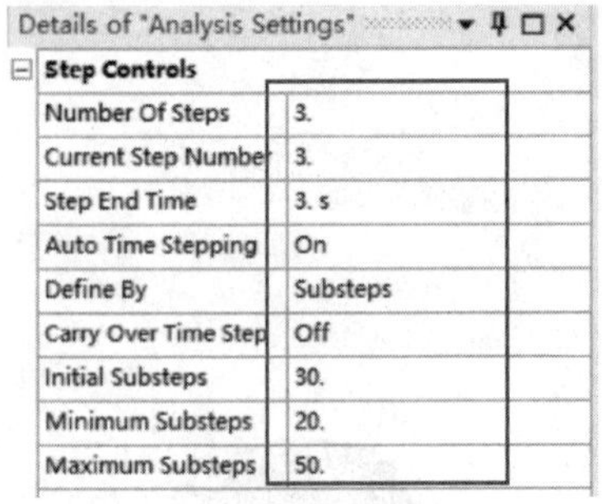

图 4-7　分析设置 　　　　　　　图 4-8　施加约束

（4）施加平板片位移。首先在标准工具栏上单击，然后选择平板面，接着在环境功能区单击【Supports】→【Displacement】→【Details of "Displacement"】→【Definition】→【Define By】= Components，【X Component】= 0mm，【Y Component】= free，【Z Component】= -8mm，如图 4-9 所示。

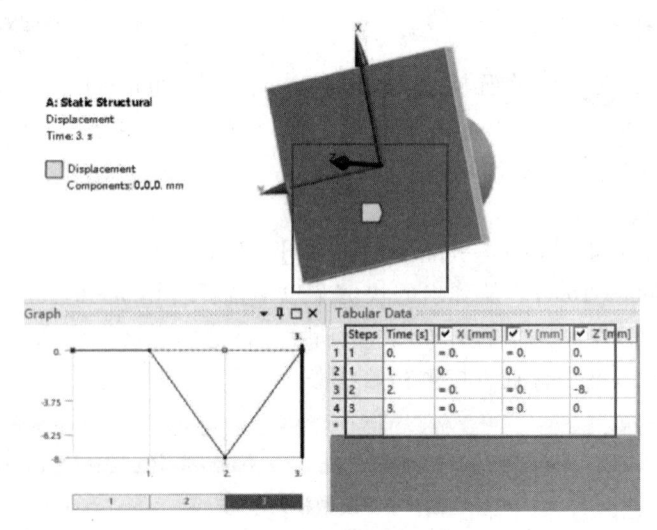

图 4-9　施加平板片位移

11. 设置需要的结果

（1）在导航树上单击【Solution（A6）】。

(2) 在 Mechanical 环境求解功能区单击【Deformation】→【Total】。

(3) 在标准工具栏上单击 ,选择圆筒,然后在 Mechanical 环境求解功能区单击【User Defined Result】→【Details of "User Defined Result"】→【Definition】→【Expression】= abs（uz）;然后 User Defined Result 重名为 UZ。

(4) 在 Mechanical 环境求解功能区单击【User Defined Result】→【Details of "User Defined Result2"】→【Definition】→【Expression】= abs（fz）;然后 User Defined Result2 重名为 FZ。

12. 求解与结果显示

(1) 在 Mechanical 环境求解功能区单击 进行求解运算。

(2) 运算结束后,单击【Solution（A6）】→【Total Deformation】,图形区域显示分析得到的塑性变形分布云图及数据,如图 4-10 所示。

(3) 查看载荷随总变形变化的设置与变化图表。在工具栏中单击图表【New Chart and Table】按钮,在导航树上选择【UZ】和【FZ】两个对象,在【Chart】详细窗口中,【Definition】→【Outline Selection】= 2 Objects;【Chart Controls】→【X Axis】= UZ（Max）,【Plot Style】= Both,【Scale】= Linear;【Report】→【Content】= Chart Data;【Input Quantities】→【Time】= Omit;【Output Quantities】→【[A] UZ（Min）】= Display,【[B] FZ（Min）】= Display,如图 4-11 所示。

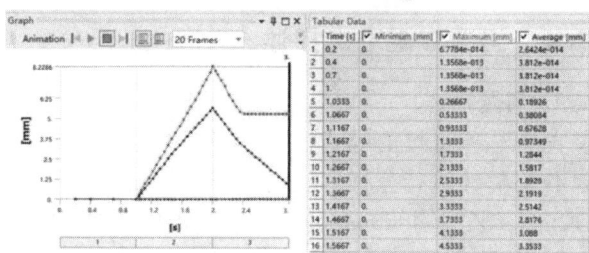

图 4-10 塑性变形分布云图及数据

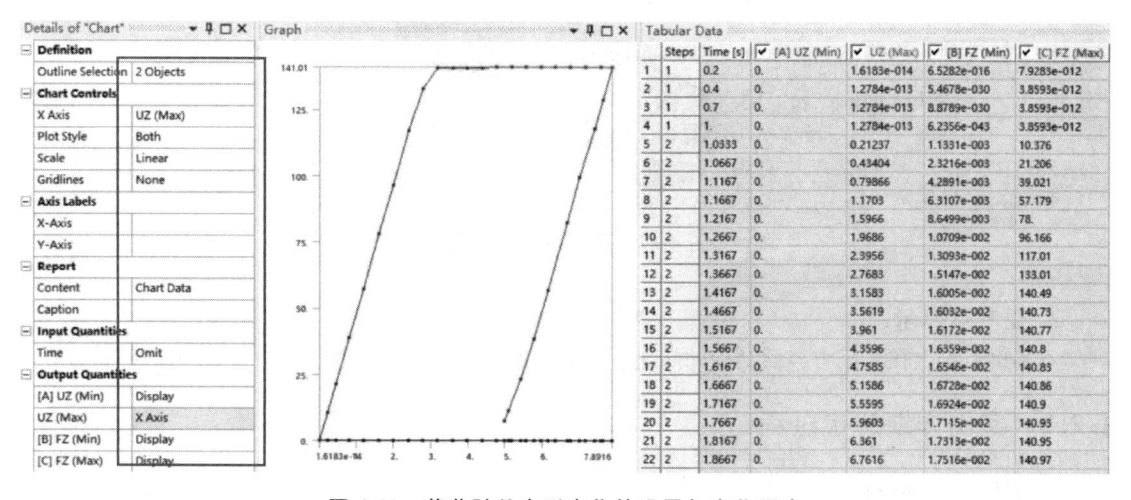

图 4-11 载荷随总变形变化的设置与变化图表

13. 保存与退出

（1）退出 Mechanical 分析环境。单击 Mechanical 主界面的菜单【File】→【Close Mechanical】退出分析环境，返回到 Workbench 主界面，此时主界面的项目分析流程图中显示的分析已完成。

（2）单击 Workbench 主界面上的【Save】按钮，保存所有分析结果文件。

（3）退出 Workbench 环境。单击 Workbench 主界面的菜单【File】→【Exit】退出主界面，完成分析。

4.1.3 结果分析与点评

本实例是材料塑性变形回弹效应分析，从分析结果来看，真实反映了圆筒材料在载荷作用撤销后所具有的回弹性能，在图 4-11 所示的图表中，也很好地反映了这一点。从分析过程来看，板与圆柱筒非线性接触设置、载荷步及子步设置是本实例的关键点，这牵涉到分析目标以及是否可快速收敛，除此之外结果后处理插图也是常用方法，可通过曲线图来反映相应的关系。

4.2 卧式压力容器非线性屈曲分析

4.2.1 问题与重难点描述

1. 问题描述

某双鞍座支撑的卧式压力容器由筒体、封头、加强圈、法兰等组成，本实例为便于说明，仅对筒体进行分析，压力容器筒体模型如图 4-12 所示。其中筒体直径 1600mm，筒体壁厚 12mm，长度 4900mm，材料为 Q345R，其中密度为 7.85g/cm^3，弹性模量为 $2.09\text{E}+11\text{Pa}$，泊松比为 0.3，筒体两端固定，承受 1MPa 压力。试对压力容器进行屈曲分析以及求临界压力、屈曲模态等。

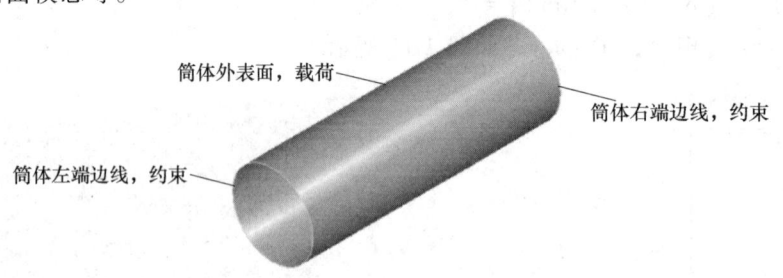

图 4-12 压力容器筒体模型

2. 重难点提示

本实例重难点在于压力容器结构的简化、屈曲和后屈曲分析的设置、收敛性处理以及后处理。

4.2.2 实例详细解析过程

1. 启动 Workbench

在"开始"菜单中执行 ANSYS 2024R1/R2→Workbench 2024R1/R2 命令。

2. 创建静态结构分析

（1）在工具箱【Toolbox】的【Analysis Systems】中双击或拖动静态结构分析【Static Structural】到项目分析流程图，如图 4-13 所示。

（2）在 Workbench 的工具栏中单击【Save】，保存项目实例名称为 Pressure vessel.wbpj。如工程实例文件保存在 D:\AWB\Chapter04 文件夹中。

3. 创建材料参数

（1）编辑工程数据单元，右击【Engineering Data】→【Edit...】。

（2）在工程数据属性中创建新材料：【Outline of Schematic D2, E2：Engineering Data】→【Click here to add a new material】，输入新材料名称 Q345R。

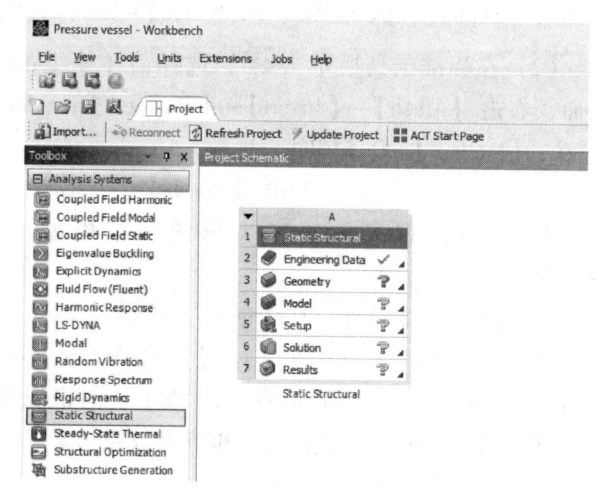

图 4-13 创建静态结构分析

（3）在左侧单击【Physical Properties】展开，双击【Density】，设置【Properties of Outline Row 4：Q345R】→【Density】= 7850kg m^-3。

（4）在左侧单击【Linear Elastic】展开，双击【Isotropic Elasticity】，设置【Properties of Outline Row 4：Q345R】→【Young's Modulus】= 2.09E+11Pa。

（5）设置【Properties of Outline Row 4：Q345R】→【Poisson's Ratio】= 0.3，如图 4-14 所示。

（6）单击工具栏中的【A2：Engineering Data】关闭按钮，返回到 Workbench 主界面，新材料创建完毕。

图 4-14 创建材料参数

4. 导入几何模型

在静态结构分析上右击【Geometry】→【Import Geometry】→【Browse】，找到模型文件 Pressure vessel.x_t，打开导入几何模型。如模型文件在 D:\AWB\Chapter04 文件夹中。

5. 进入 Mechanical 分析环境

（1）在静态结构分析上右击【Model】→【Edit...】进入 Mechanical 分析环境。

（2）在 Mechanical 的环境主页【Home】功能区单位【Units】中选择单位为 Metric（mm，kg，N，s，mV，mA）。

6. 为几何模型分配壁厚值及材料

（1）为压力容器分配壁厚。在导航树上单击【Geometry】展开→【Pressure vessel】→【Details of "Pressure vessel"】→【Definition】→【Thickness】= 12mm。

（2）为压力容器分配材料。在导航树上单击【Geometry】展开→【Pressure vessel】→【Details of "Pressure vessel"】→【Material】→【Assignment】= Q345R。

7. 划分网格

（1）在导航树上单击【Mesh】→【Details of "Mesh"】→【Defaults】→【Element Size】= 30mm，【Sizing】→【Use Adaptive Sizing】= Yes，其他均默认。

（2）在标准工具栏单击 ▭，选择筒体模型的外表面，右击【Mesh】→【Insert】→【Mapped Face Meshing】→【Method】= Quadrilaterals。

（3）生成网格。右击【Mesh】→【Generate Mesh】，图形区域显示程序生成的网格模型，如图 4-15 所示。

图 4-15　网格模型

（4）网格质量检查。在导航树上单击【Mesh】→【Details of "Mesh"】→【Quality】→【Mesh Metric】= Element Quality，显示 Element Quality 规则下网格质量详细信息，平均值处在良好的水平范围内，展开【Statistics】显示网格和节点数量。

8. 施加边界条件

（1）单击【Static Structural（A5）】。

（2）施加载荷。在标准工具栏单击 ▭，选择筒体外表面，接着在环境功能区单击【Loads】→【Pressure】→【Details of "Pressure"】→【Definition】→【Magnitude】= 1MPa，如图 4-16 所示。

（3）施加约束。在标准工具栏单击 ▭，选择筒体两端边线，接着在环境功能区单击【Supports】→【Fixed Support】，如图 4-17 所示。在这里，封头、加强圈、法兰等构件会对筒体两端进行刚性加强，可以认为筒体两端可保持圆形截面形状，故采取这种约束方式。

图 4-16　施加载荷

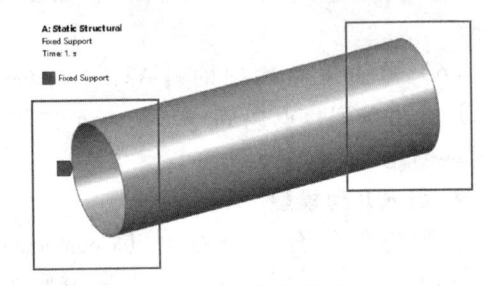

图 4-17　施加约束

9. 设置需要结果

（1）在导航树上单击【Solution（A6）】。

（2）在 Mechanical 环境求解功能区单击【Deformation】→【Total】；【Stress】→【Equivalent Stress】。

（3）在 Mechanical 环境求解功能区单击 ⚡ 进行求解运算，求解结果如图 4-18 和图 4-19 所示。

10. 创建屈曲分析

（1）返回到 Workbench 主界面，右击静态结构分析项目单元格的【Solution】→【Transfer Data To New】→【Eigenvalue Buckling】，自动导入静态结构分析为预应力。

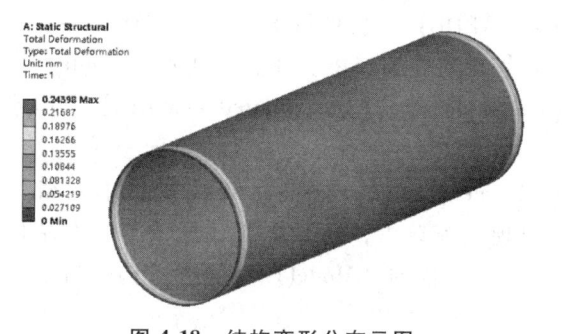

图 4-18 结构变形分布云图

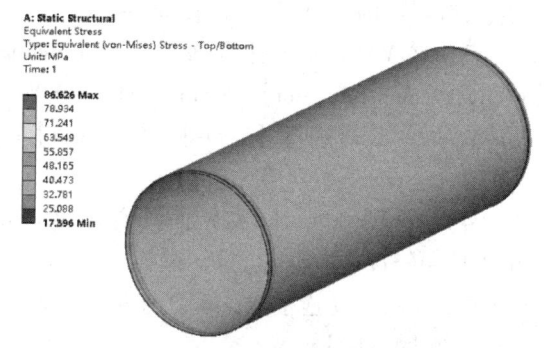

图 4-19 结构等效应力分布云图

（2）返回 Mechanical 分析窗口，可见【Eigenvalue Buckling】自动放在【Static Structural】下面，且初始条件为【Pre-Stress（Static Structural）】，其他设置默认。

11. 设置需要结果

（1）在导航树上单击【Solution（B6）】。

（2）在 Mechanical 环境求解功能区单击【Deformation】→【Total】。

12. 求解与结果显示

（1）在 Mechanical 环境求解功能区单击 ⚡ 进行求解运算。

（2）运算结束后，单击【Solution（B6）】→【Total Deformation】，图形区域显示 1 阶屈曲分析得到的压力容器屈曲载荷因子和屈曲模态，【Load Multiplier】= 1.2489，如图 4-20 所示。临界线性屈曲载荷为载荷因子乘实际载荷，即 1.2489×1MPa = 1.2489MPa。

13. 创建几何非线性屈曲分析

一般来说，非线性屈曲分析较为接近工程实际。非线性屈曲包括几何非线性屈曲、材料非线性屈曲和同时考虑几何与材料的非线性屈曲，具体采用哪种需根据具体问题情况分析。本实例采取给几何施加初始缺陷，改变几何结构初始形状的方法，即几何非线性屈曲。

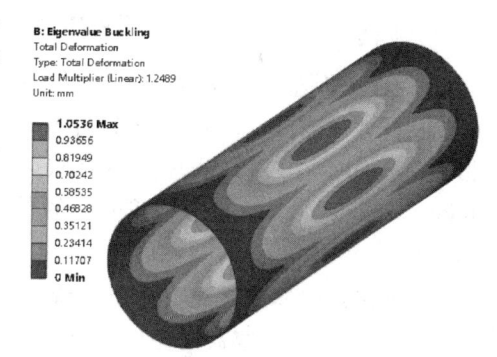

图 4-20 压力容器屈曲载荷因子和屈曲模态

首先新建一个 TXT 文本，在文本里写入以下几串语句：

/prep7 ！前处理

upgeom, 0.15, 1, 1, file, rst ！调入结果文件，根据特征值屈曲模态的 15% 设置初始缺陷，更新几何模型

cdwrite, db, file, cdb ！

/solu

然后保存并命名为 Upgeom，放入本实例工作目录下。

（1）返回到 Workbench 主界面，右击屈曲分析项目单元格的【Solution】→【Transfer Data To New】→【Mechanical APDL】，【Mechanical APDL】出现在窗口中。

（2）在【Mechanical APDL】分析项中，右击【Analysis】→【Add Input File】→【Browse...】

选择先前创建的 TXT 文件 Upgeom 导入。

（3）在 Workbench 主界面，右击【Mechanical APDL】分析项目单元格的【Analysis】→【Finite Element Modeler】，【Finite Element Modeler】出现在窗口中。注意：新版本 Finite Element Modeler 只有进行【Tools】→【Options】→【Appearance】→【Unsupported Features】操作才出现。

（4）在 Workbench 主界面，右击【Finite Element Modeler】单元转换项目单元格的【Model】→【Static Structural】，静态结构分析项出现在窗口中，断开单元转换项与静态结构分析项之间的自动连接线，重新连接单元转换项目单元格的【Model】与静态结构分析项目单元格的【Model】。

（5）在 Workbench 主界面，选择第一次创建的结构分析项目单元格的【Engineering Data】并拖动与第（4）小步创建的结构分析项目单元格的【Engineering Data】相连接，最终各个分析项连接如图 4-21 所示。

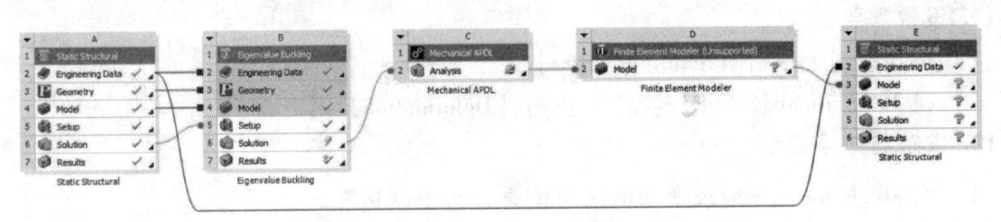

图 4-21 创建几何非线性屈曲分析

（6）数据传递。在 Workbench 主界面，右击线性屈曲分析单元格的【Solution】→【Update】使线性屈曲分析数据传递到【Mechanical APDL】，右击【Mechanical APDL】分析单元格的【Analysis】→【Update】使有缺陷模型数据传递到【Finite Element Modeler】，右击【Finite Element Modeler】分析单元格的【Model】→【Update】使有缺陷模型网格传递到静态结构分析项中。

14. 创建几何非线性屈曲分析设置

（1）重新为压力容器筒体施加材料，这与前几步相同，参看上步。

（2）重新施加约束，这与前几步相同，参看上步。

（3）重新施加载荷，这里设置外压力大于特征值计算的 15%，取【Pressure】= 1.44MPa。

（4）非线性屈曲分析设置。单击【Analysis Settings】→【Details of "Analysis Settings"】→【Step Controls】→【Step End Time】= 1440s，【Auto Time Stepping】= On，【Define By】= Substeps，【Initial Substeps】= 100，【Minimum Substeps】= 100，【Maximum Substeps】= 1e6；【Solver Controls】→【Large Deflection】= On；【Nonlinear Controls】→【Stabilization】= Reduce，【Activation For First Substep】= On Nonconvergence，【Stabilization Force Limit】= 0.1，其他设置默认，如图 4-22 所示。

图 4-22 非线性屈曲分析设置

15. 设置需要结果

（1）在导航树上单击【Solution（E5）】。

（2）在 Mechanical 环境求解功能区单击【Deformation】→【Total】。

16. 求解与结果显示

（1）在 Mechanical 环境求解功能区单击⚡进行求解运算。

（2）运算结束后，单击【Solution（E5）】→【Total Deformation】，查看屈曲变化结果。图形区域显示变形随载荷历程的变化，可以看出，外载荷在 0~1.2096MPa 时为线性变化，大于 1.224MPa 时，进入几何非线性变形并迅速增加，到达 1.2528MPa 时达到峰值 16.278mm，随后丧失承载能力，位移骤减，非线性屈曲变形和变形随载荷历程的变化曲线及数据如图 4-23 和图 4-24 所示。

图 4-23 非线性屈曲变形

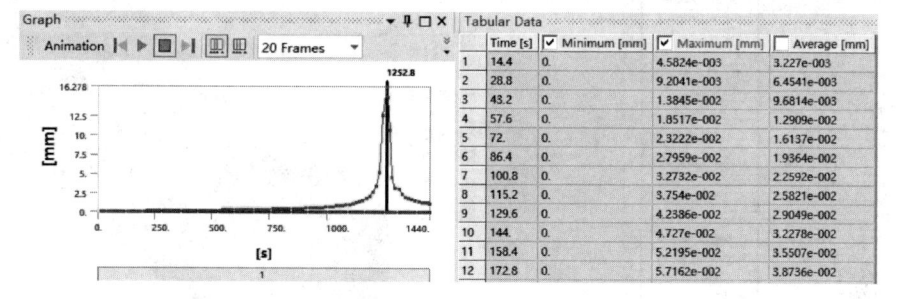

图 4-24 非线性屈曲变形随载荷历程的变化曲线及数据

（3）插入稳定能。单击【Solution（E5）】→【Stabilization】→【Stabilization Energy】，查看非线性屈曲分析稳定能变化结果，如图 4-25 和图 4-26 所示。载荷超过 1.2384MPa 时，稳定能骤然上升，到结构失效前达到峰值 52.994mJ。

17. 创建后屈曲分析

（1）返回到 Workbench 主界面，右击静态结构分析【Static Structural】，从弹出的快捷菜单中

图 4-25 非线性屈曲分析稳定能

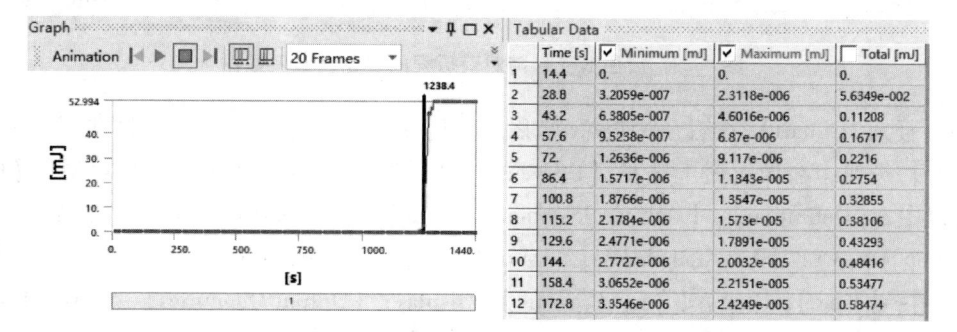

图 4-26 非线性屈曲分析稳定能变化曲线及数据

选择【Duplicate】，新的静态结构分析出现。

（2）在新静态结构分析上右击【Model】→【Edit】进入 Mechanical 分析环境。

（3）为模拟压力容器筒体的后屈曲行为，增加压力到 1.5MPa，分析时间调整到 1500s，调整非线性控制中的稳定能选项，设置稳定能【Stabilization】=Constant，【Activation For First Substep】=Yes，其他设置不变，重新求解，后屈曲分析设置如图 4-27 所示。

（4）选择【Total Deformation】→【Graph】，图形区下显示变形随载荷历程的变化，可以看到外载荷到 1.245MPa 屈曲后，继续承载到 1.5MPa，后屈曲变形和随载荷历程的变化曲线及数据如图 4-28 和图 4-29 所示。

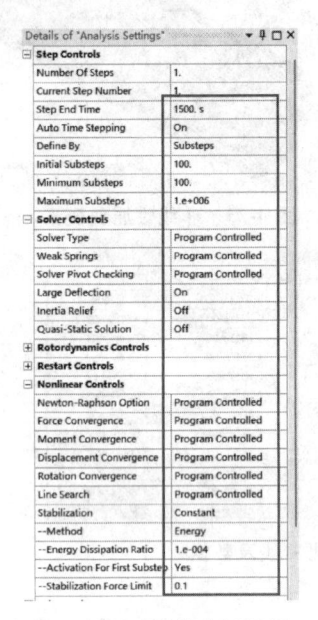

图 4-27　后屈曲分析设置　　　　　　图 4-28　后屈曲变形

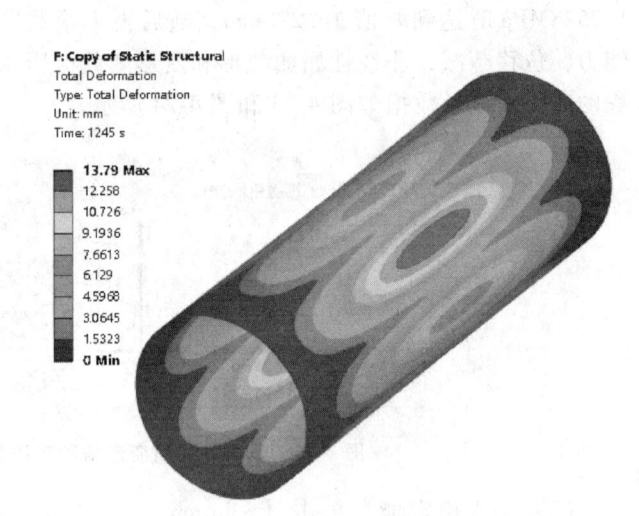

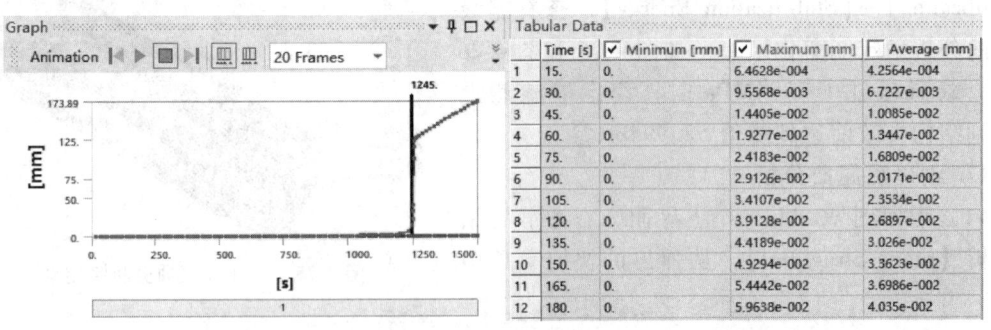

图 4-29　后屈曲变形随载荷历程的变化曲线及数据

（5）插入【Chart】查看压力随总变形的变化图表。在工具栏中单击图表【New Chart and Table】按钮，在导航树上选择【Pressure】和【Total Deformation】两个对象，【Chart】详细窗口中，【Definition】→【Outline Selection】=2 Objects；【Chart Controls】→【X Axis】=Total Deformation（Max）；【Axis Labels】→【X-Axis】=Displacement，【Y-Axis】=Pressure；【Input Quantities】→【Time】=Omit，【[A] Pressure】=Display；【Output Quantities】→【[B] Total Deformation（Min）】=Omit，【Total Deformation（Max）】=X Axis，如图 4-30 所示。

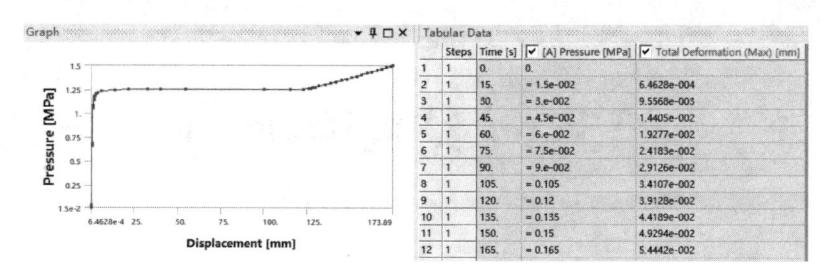

图 4-30 压力随总变形的变化图表

（6）查看等效应力结果，判别是否进行塑性分析。获取 1245s 时刻的失效载荷的等效应力云图和随载荷历程的变化曲线及数据，如图 4-31 和图 4-32 所示，该结果对应 1.245MPa 的压力，显示最大应力为 456.95MPa，已超出材料屈服应力 345MPa，说明应进行塑性分析。若读者有兴趣，可展开分析。

18. 保存与退出

（1）退出 Mechanical 分析环境。单击 Mechanical 主界面的菜单【File】→【Close Mechanical】退出分析环境，返回到 Workbench 主界面，此时主界面的项目分析流程图中显示的分析均已完成。

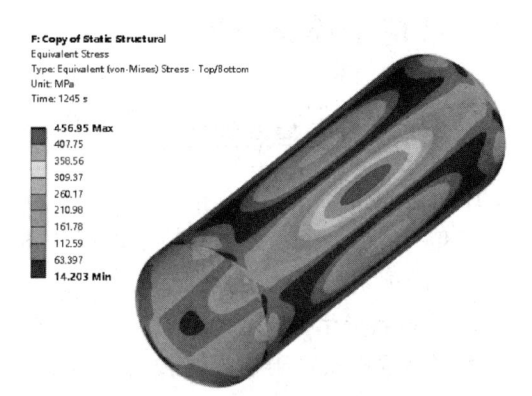

图 4-31 失效载荷的等效应力云图

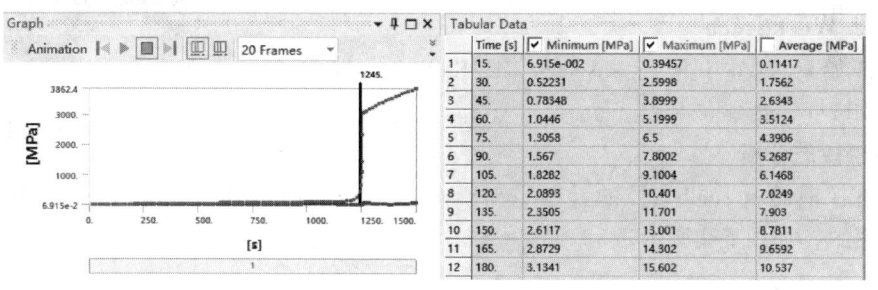

图 4-32 失效载荷的等效应力随载荷历程的变化曲线及数据

（2）单击 Workbench 主界面上的【Save】按钮，保存所有分析结果文件。

（3）退出 Workbench 环境。单击 Workbench 主界面的菜单【File】→【Exit】退出主界面，完成分析。

4.2.3 结果分析与点评

本实例是关于卧式压力容器非线性屈曲分析，压力容器除了一般的静态结构分析，通常还要考虑疲劳性及本实例考虑的屈曲稳定性。尽管本例对压力容器结构做了大量的简化，但分析过程中涉及的分析方法仍值得借鉴。在本例中，涉及了 Workbench Mechanical 与 Mechanical APDL 联合应用、变形随载荷历程的非线性变化曲线处理、稳定性设置、载荷随总变形处理和材料屈服时的应力判断。限于篇幅，未对材料屈服后进行塑性分析阐述，感兴趣的读者可根据相关标准继续展开分析。

第5章 结构振动分析

5.1 某椅子模态分析

5.1.1 问题与重难点描述

1. 问题描述

某型一体成型聚乙烯塑料椅子模型如图 5-1 所示。椅子底部固定，材料参数从材料库中选取，试求塑料椅子前 8 阶模态。

2. 重难点提示

本实例重难点在于边界与模态设置、求解结果分析及后处理。

5.1.2 实例详细解析过程

1. 启动 Workbench

在"开始"菜单中执行 ANSYS 2024R1/R2 → Workbench 2024R1/R2 命令。

图 5-1 椅子模型

2. 创建模态分析

（1）在工具箱【Toolbox】的【Analysis Systems】中双击或拖动模态分析【Modal】到项目分析流程图，如图 5-2 所示。

图 5-2 创建模态分析

（2）在 Workbench 的工具栏中单击【Save】，保存项目实例名称为 Chair.wbpj。如工程实例文件保存在 D:\AWB\Chapter05 文件夹中。

3. 创建材料参数

（1）编辑工程数据单元，右击【Engineering Data】→【Edit...】。

（2）在工程数据属性中创建材料：在 Workbench 的工具栏上单击 ![icon] 进入工程材料库，此时的界面显示【Engineering Data Sources】和【Outline of Favorites】。选择 A3 栏【General materials】，从【Outline of General materials】里查找聚乙烯【Polyethylene】材料，然后单击【Outline of General Material】表中的添加按钮 ![+]，此时在 C10 栏中显示标示 ![icon]，表明材料添加成功，如图 5-3 所示。

（3）单击工具栏中的【A2：Engineering Data】关闭按钮，返回到 Workbench 主界面，新材料创建完毕。

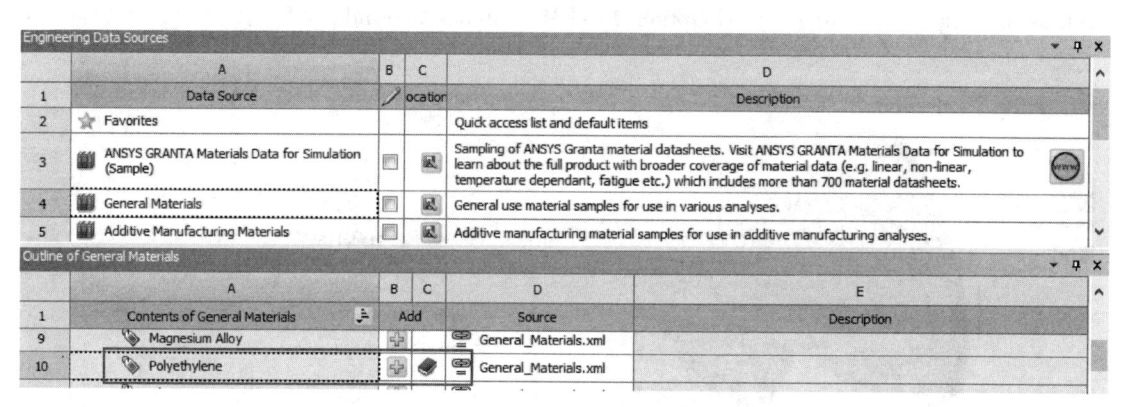

图 5-3 创建材料参数

4. 导入几何模型

在模态分析上右击【Geometry】→【Import Geometry】→【Browse】，找到模型文件 Chair.stp，打开导入几何模型。如模型文件在 D:\AWB\Chapter05 文件夹中。

5. 进入 Mechanical 分析环境

（1）在模态分析上右击【Model】→【Edit...】进入 Mechanical 分析环境。

（2）在 Mechanical 的环境主页【Home】功能区单位【Units】中选择单位为 Metric (mm, kg, N, s, mV, mA)。

6. 为几何模型分配材料

在导航树上单击【Geometry】展开→【Chair】→【Details of "Chair"】→【Material】→【Assignment】=Polyethylene，其他默认。

7. 划分网格

（1）在导航树上单击【Mesh】→【Details of "Mesh"】→【Sizing】→【Use Adaptive Sizing】= Yes；【Resolution】=4，其他默认。

（2）在导航树上选择模型，然后右击【Mesh】，从弹出的快捷菜单中选择【Insert】→【Sizing】，【Body Sizing】→【Details of "Body Sizing"】→【Element Size】= 15mm。

（3）生成网格。右击【Mesh】→【Generate Mesh】，图形区域显示程序生成的网格模型，如图 5-4 所示。

（4）网格质量检查。在导航树上单击【Mesh】→【Details of "Mesh"】→【Quality】→【Mesh Metric】=Skewness，显示 Skewness 规则下网格质量详细信息，平均值处在良好的水平范围内，展开【Statistics】显示网格和节点数量。

8. 施加边界条件

（1）在导航树上单击【Modal（A5）】。

（2）施加固定约束。在标准工具栏上单击 ，然后选择椅子底边，接着在环境功能区上单击【Supports】→【Fixed Support】，如图 5-5 所示。

图 5-4　网格模型

（3）模态阶数设置。在导航树上单击【Analysis Settings】→【Details of "Analysis Settings"】→【Options】→【Max Modes to Find】=8，其他默认，如图 5-6 所示。

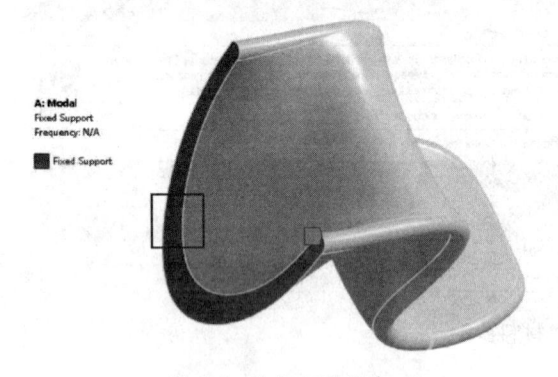

图 5-5　施加固定约束

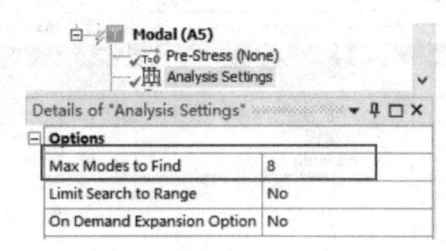

图 5-6　模态阶数设置

9. 求解与结果显示

（1）在 Mechanical 环境求解功能区单击 进行求解运算。

（2）运算结束后，单击【Solution（A6）】可以查看图形区域显示模态分析得到的椅子变形分布云图。在图形区域显示下方的【Graph】的频率图空白处右击，从弹出的快捷菜单中选择【Select All】，再次右击，然后选择【Create Mode Shape Results】创建模态结果，如图 5-7 所示；接着在导航树上选择创建的变形结果，右击选择 Evaluate All Results，最后可以查看所有模态

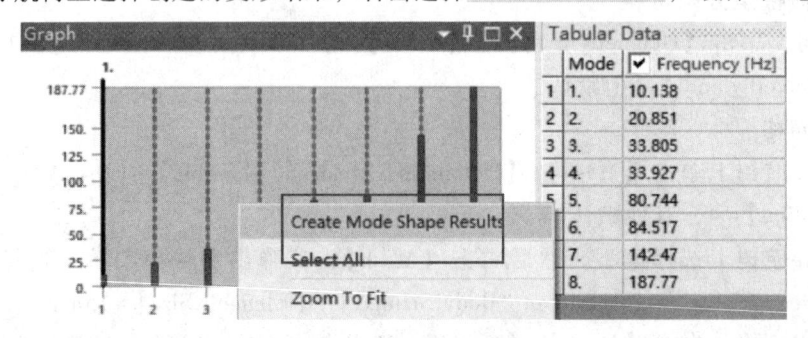

图 5-7　创建模态结果

阶数的椅子变形云图，如图 5-8~图 5-15 所示。也可激活动画显示椅子的振动过程。振动过程有助于理解结构的振动，但变形值并不代表真实的位移。

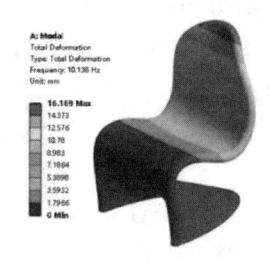

图 5-8　1 阶模态变形云图

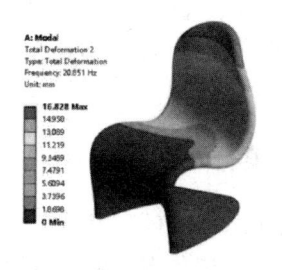

图 5-9　2 阶模态变形云图

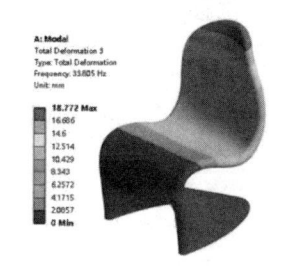

图 5-10　3 阶模态变形云图

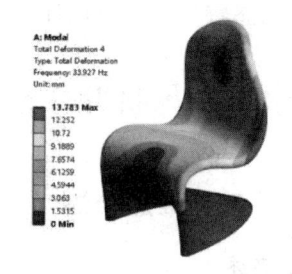

图 5-11　4 阶模态变形云图

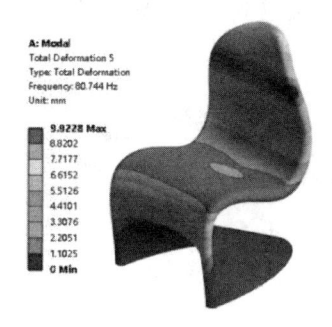

图 5-12　5 阶模态变形云图

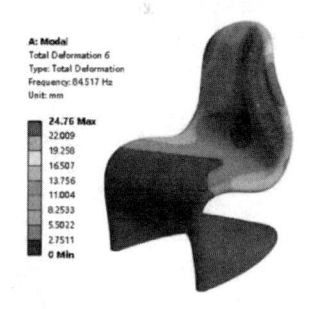

图 5-13　6 阶模态变形云图

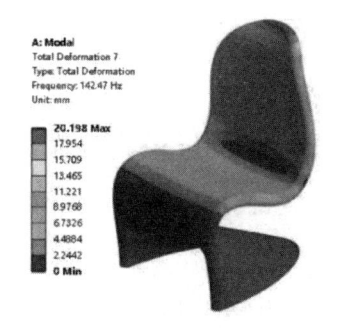

图 5-14　7 阶模态变形云图

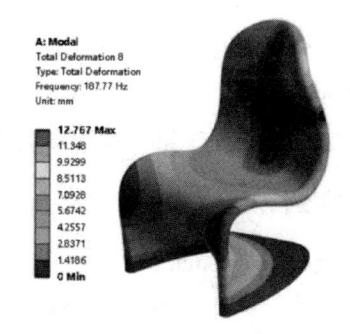

图 5-15　8 阶模态变形云图

10. 保存与退出

（1）退出 Mechanical 分析环境。单击 Mechanical 主界面的菜单【File】→【Close Mechanical】退出分析环境，返回到 Workbench 主界面，此时主界面的项目分析流程图中显示的分析已完成。

（2）单击 Workbench 主界面上的【Save】按钮，保存所有分析结果文件。

（3）退出 Workbench 环境。单击 Workbench 主界面的菜单【File】→【Exit】退出主界面，完成分析。

5.1.3 结果分析与点评

本实例是某椅子模态分析，分析过程相对简单。但从分析结果来看，显然后面两阶模态超过低阶频率振型范围，即 1-100Hz；因为工程中能够对结构安全造成影响的往往是低阶频率振型，因此在设计时应避开低阶共振区。模态分析是基本的振动分析，不仅可以评价现有结构系统的动态特性，还可以评估静态结构分析时是否有刚体位移。

5.2 某水平轴风机叶片预应力模态分析

5.2.1 问题与重难点描述

1. 问题描述

某型风机叶片长 42.3m，叶片为非均匀厚度，内有翼梁作支撑，根部为圆柱形，材料为铝合金，水平轴风机叶片模型如图 5-16 所示。假设叶片叶尖受到 0.001MPa 的压力、根部固定，试对风机叶片进行预应力模态分析。

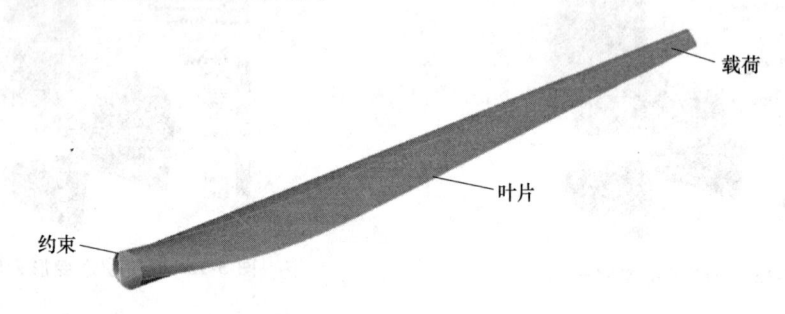

图 5-16 水平轴风机叶片模型

2. 重难点提示

本实例重难点在于第一步的预应力求解、边界与模态设置、求解结果分析及后处理。

5.2.2 实例详细解析过程

1. 启动 Workbench

在"开始"菜单中执行 ANSYS 2024R1/R2→Workbench 2024R1/R2 命令。

2. 创建预应力模态分析

（1）在工具箱【Toolbox】的【Analysis Systems】中双击或拖动静态结构分析【Static Structural】到项目分析流程图，然后右击静态结构的【Solution】单元，从弹出的快捷菜单中选择【Transfer Data To New】→【Modal】，即创建模态分析，此时相关联的数据共享，如图

5-17 所示。

（2）在 Workbench 的工具栏中单击【Save】，保存项目实例名称为 Wind blade.wbpj。如工程实例文件保存在 D:\AWB\Chapter05 文件夹中。

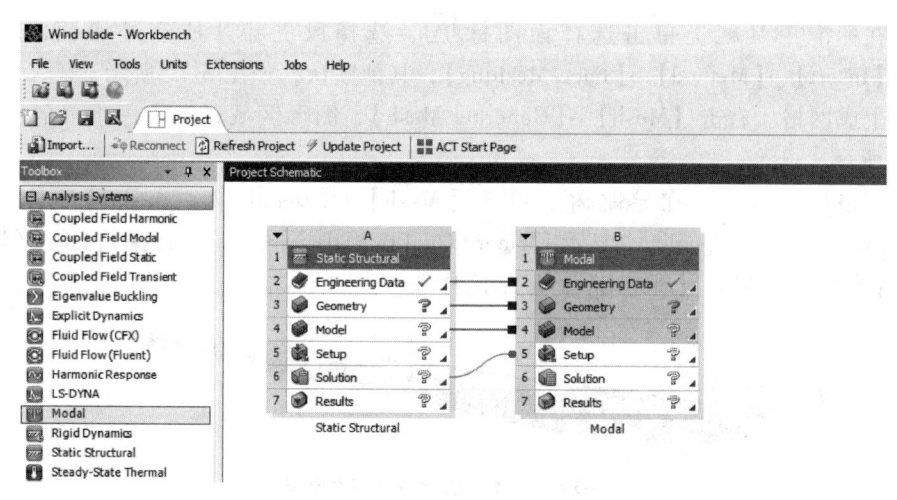

图 5-17　创建预应力模态分析

3. 创建材料参数

（1）编辑工程数据单元，右击【Engineering Data】→【Edit...】。

（2）在工程数据属性中添加材料：在 Workbench 的工具栏上单击 进入工程材料库，此时的界面显示【Engineering Data Sources】和【Outline of Favorites】。选择 A3 栏【General materials】，从【Outline of General materials】里查找铝合金【Aluminum Alloy】材料，然后单击【Outline of General Material】表中的添加按钮 ，此时在 C4 栏中显示标示 ，表明材料添加成功，如图 5-18 所示。

（3）单击工具栏中的【A2，B2：Engineering Data】关闭按钮，返回到 Workbench 主界面，新材料添加完毕。

4. 导入几何模型

在静态结构分析上右击【Geometry】→【Import Geometry】→【Browse】，找到模型文件 Wind blade.agdb，打开导入几何模型。如模型文件在 D:\AWB\Chapter05 文件夹中。

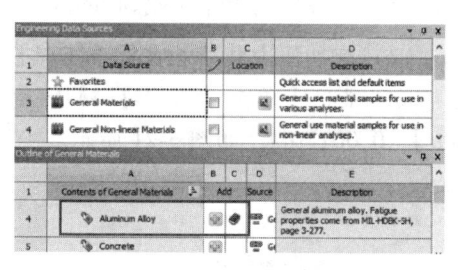

图 5-18　创建材料参数

5. 进入 Mechanical 分析环境

（1）在静态结构分析上右击【Model】→【Edit...】进入 Mechanical 分析环境。

（2）在 Mechanical 的环境主页【Home】功能区单位【Units】中选择单位为 Metric（mm，kg，N，s，mV，mA）。

6. 为几何模型分配材料

在导航树上单击【Geometry】展开→【Part1】→【Rib、Blade】→【Details of "Multiple Selection"】→【Definition】→【Thickness】= 10mm；【Material】→【Assignment】= Aluminum Alloy。

7. 划分网格

（1）在导航树上单击【Mesh】→【Details of "Mesh"】→【Defaults】→【Element Size】= 100mm；【Sizing】→【Use Adaptive Sizing】= Yes；【Resolution】= 4，其他默认。

（2）在标准工具栏上单击选择面图标 ▨，选择风机叶片所有外表面，然后右击【Mesh】→【Insert】→【Method】→【Face Meshing】，其他默认，如图 5-19 所示。

（3）生成网格。右击【Mesh】→【Generate Mesh】，图形区域显示程序生成的网格模型，如图 5-20 所示。

（4）网格质量检查。在导航树上单击【Mesh】→【Details of "Mesh"】→【Quality】→【Mesh Metric】= Element Quality，显示 Element Quality 规则下网格质量详细信息，平均值处在良好的水平范围内，展开【Statistics】显示网格和节点数量。

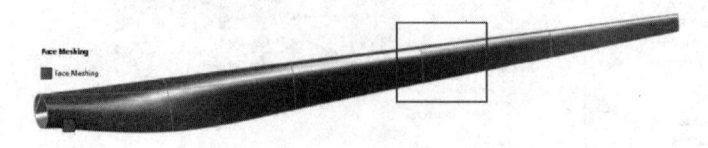

图 5-19　选择风机叶片所有外表面

图 5-20　网格模型

8. 施加边界条件

（1）在导航树上单击【Structural（A5）】。

（2）施加压力载荷。在标准工具栏上单击选择面图标 ▨，然后选择叶片前端部，接着在环境功能区上单击【Loads】→【Pressure】→【Details of "Pressure"】→【Definition】→【Magnitude】= 0.001MPa，如图 5-21 所示。

图 5-21　施加压力载荷

（3）施加根部固定约束。单击选择面图标 ▨，选择风机根部端线，然后在环境功能区上单击【Supports】→【Fixed Support】，如图 5-22 所示。

（4）非线性设置。单击【Analysis Settings】→【Details of "Analysis Settings"】→【Solver Controls】→【Large Deflection】= On，其他默认。

9. 模态边界条件

(1) 在导航树上单击【Modal (B5)】。

(2) 在导航树上单击【Analysis Settings】→【Details of "Analysis Settings"】→【Options】→【Max Modes to Find】= 8，其他默认。

10. 求解与结果显示

(1) 在 Mechanical 环境求解功能区单击 ⚡ 进行求解运算。

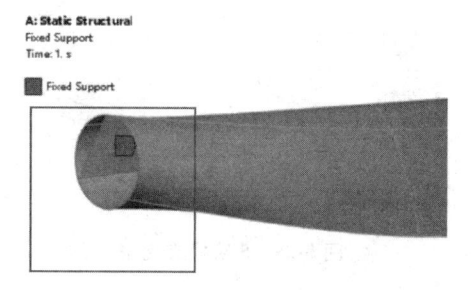

图 5-22 施加根部固定约束

(2) 运算结束后，单击【Solution (B6)】可以查看图形区域显示模态分析得到的风机叶片变形分布云图。在图形区域显示下方的【Graph】的频率图空白处右击，从弹出的快捷菜单中选择【Select All】，再次右击，然后选择【Create Mode Shape Results】创建模态结果，如图 5-23 所示；接着在导航树上选择创建的变形结果，右击选择 Evaluate All Results，最后可以查看所有模态阶数的风机叶片变形云图，如图 5-24 ~ 图 5-31 所示。也可激活动画显示风机叶片的振动过程。振动过程有助于理解结构的振动，但变形值并不代表真实的位移。

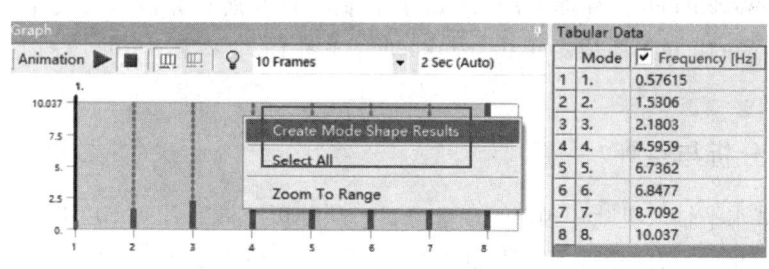

图 5-23 创建模态结果

图 5-24 1 阶模态变形云图

图 5-25 2 阶模态变形云图

图 5-26 3 阶模态变形云图

图 5-27 4 阶模态变形云图

11. 保存与退出

(1) 退出 Mechanical 分析环境。单击 Mechanical 主界面的菜单【File】→【Close Mechanical】退出分析环境，返回到 Workbench 主界面，此时主界面的项目分析流程图中显示的分析已完成。

图 5-28　5 阶模态变形云图　　　　　图 5-29　6 阶模态变形云图

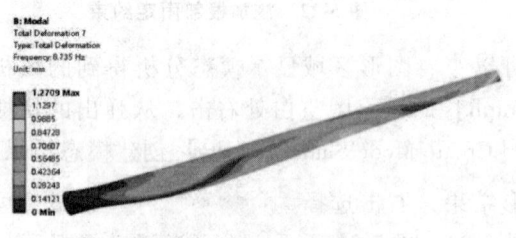

图 5-30　7 阶模态变形云图　　　　　图 5-31　8 阶模态变形云图

（2）单击 Workbench 主界面上的【Save】按钮，保存所有分析结果文件。

（3）退出 Workbench 环境。单击 Workbench 主界面的菜单【File】→【Exit】退出主界面，完成分析。

5.2.3　结果分析与点评

本实例是某水平轴风机叶片预应力模态分析，从分析结果来看，叶片工作的能量主要集中在前几阶模态，叶片的振型形式以挥舞和摆振为主，叶片最大变形在叶尖处，叶片最小频率为自然频率中第一阶挥舞频率 0.57615Hz。该频率对应转速远大于叶片工作时的转速，因此此种状况在启动和正常工作时不会出现共振现象，符合结构要求。从分析流程来看，预应力模态分析基本流程为：先线性静力分析，后模态分析。对本例来说，预应力分析是基础、关键。

5.3　某活塞发动机凸轮轴随机振动分析

5.3.1　问题与重难点描述

1. 问题描述

凸轮轴是活塞发动机里的一个部件，它的作用是控制气门的开启和闭合动作，发动机凸

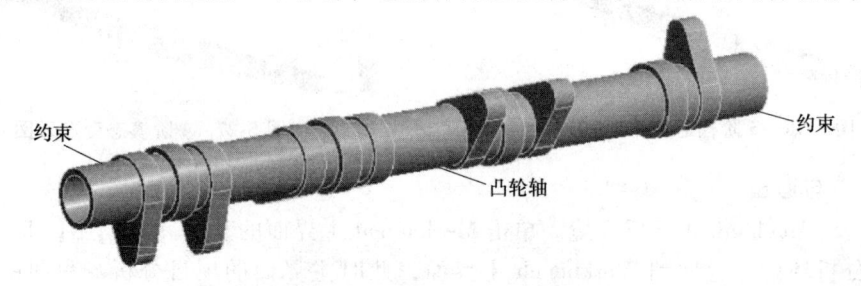

图 5-32　发动机凸轮轴模型

轮轴模型如图 5-32 所示。通常它承受大扭矩高转速下工作，假设其材质为结构钢，试求凸轮轴的随机振动情况。

2. 重难点提示

本实例重难点在于随机振动分析的载荷类型设置、载荷数据处理、边界与模态设置、求解结果分析及后处理。

5.3.2 实例详细解析过程

1. 启动 Workbench

在"开始"菜单中执行 ANSYS 2024R1/R2→Workbench 2024R1/R2 命令。

2. 创建随机振动分析

（1）在工具箱【Toolbox】的【Analysis Systems】中双击或拖动模态分析【Modal】到项目分析流程图，然后右击模态分析的【Solution】单元，从弹出的快捷菜单中选择【Transfer Data To New】→【Random Vibration】，即创建随机振动分析，此时相关联的数据共享，如图 5-33 所示。

（2）在 Workbench 的工具栏中单击【Save】，保存项目实例名称为 Cam shaft.wbpj。如工程实例文件保存在 D:\AWB\Chapter05 文件夹中。

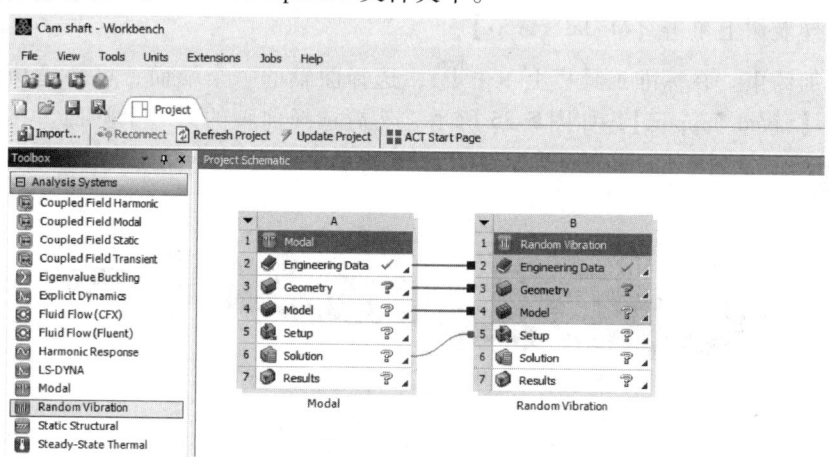

图 5-33 创建随机振动分析

3. 创建材料参数（材料默认为结构钢）

4. 导入几何模型

在模态分析上右击【Geometry】→【Import Geometry】→【Browse】，找到模型文件 Cam shaft.scdoc，打开导入几何模型。如模型文件在 D:\AWB\Chapter05 文件夹中。

5. 进入 Mechanical 分析环境

（1）在模态分析上右击【Model】→【Edit...】进入 Mechanical 分析环境。

（2）在 Mechanical 的环境主页【Home】功能区单位【Units】中选择单位为 Metric (mm, kg, N, s, mV, mA)。

6. 为几何模型分配（材料默认为结构钢）

7. 划分网格

（1）在导航树上单击【Mesh】→【Details of "Mesh"】→【Sizing】→【Use Adaptive Sizing】=

Yes；【Resolution】= 4；其他均默认。

（2）在导航树上选择模型，然后右击【Mesh】，从弹出的快捷菜单中选择【Insert】→【Sizing】，【Body Sizing】→【Details of "Body Sizing"】→【Element Size】= 2.5mm。

（3）生成网格。右击【Mesh】→【Generate Mesh】，图形区域显示程序生成的网格模型，如图 5-34 所示。

（4）网格质量检查。在导航树上单击【Mesh】→【Details of "Mesh"】→【Quality】→【Mesh Metric】= Skewness，显示 Skewness 规则下网格质量详细信息，平均值处在良好的水平范围内，展开【Statistics】显示网格和节点数量。

图 5-34 网格模型

8. 施加边界条件

（1）在导航树上单击【Modal（A5）】。

（2）施加约束。在标准工具栏上单击 ，选择曲轴的一个端面，在环境功能区上单击【Supports】→【Fixed Support】，如图 5-35 所示；然后选择曲轴的另一个端面，在环境功能区上单击【Supports】→【Fixed Support】，如图 5-36 所示。

（3）设置模态数。在导航树【Modal】下单击【Analysis Settings】→【Details of "Analysis Settings"】→【Options】→【Max Modes to Find】= 6，其他默认。

图 5-35 施加曲轴一端约束

9. 求解与结果显示

（1）在 Mechanical 环境求解功能区单击 进行求解运算。

（2）运算结束后，单击【Solution（B6）】可以查看图形区域显示模态分析得到的凸轮轴变形分布云图。在图形区域显示下方的【Graph】的频率图空白处右击，从弹出的快捷菜单中选择【Select All】，再次右击，然后选择【Create Mode Shape Results】创

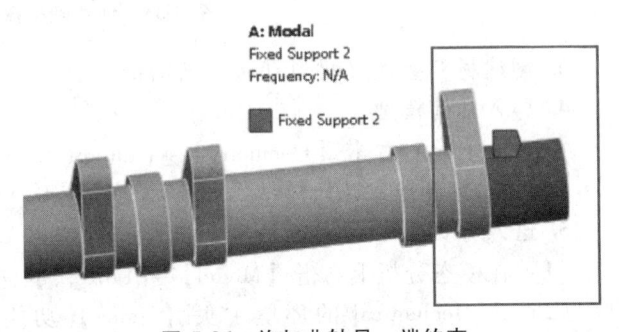

图 5-36 施加曲轴另一端约束

建模态结果,如图 5-37 所示;接着在导航树上选择创建的变形结果,右击选择 Evaluate All Results,最后可以查看所有模态阶数的凸轮轴变形云图,如图 5-38~图 5-43 所示。也可激活动画显示凸轮轴的振动过程。振动过程有助于理解结构的振动,但变形值并不代表真实的位移。

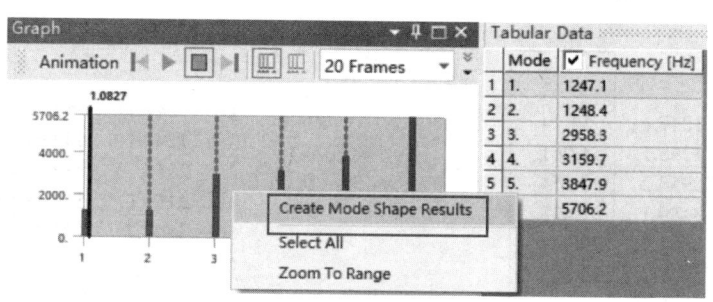

图 5-37 创建模态结果

图 5-38 1 阶模态变形云图

图 5-39 2 阶模态变形云图

图 5-40 3 阶模态变形云图

图 5-41 4 阶模态变形云图

图 5-42 5 阶模态变形云图

图 5-43 6 阶模态变形云图

10. 模态结果数据处理

(1) 回到桌面,创建一个空白 Excel,然后打开。

(2) 右击【Tabular Data】→【Select All】,然后再次右击选择【Copy Cell】,最后把数据粘贴到刚才打开的空白 Excel 中。

（3）分别单击【Total Deformation】，查看各个模态阶数对应的最大变形数值，并把数值对应输入到刚才 Excel 数表的 C 列中，如图 5-44 所示。

（4）对刚才输入的最大变形数据进行平方，在 D 列输入函数 =C2^2，得到 D 列第一行数据，然后拖拉，即可得到完整 D 列数据，如图 5-45 所示。

A	B	C	D
1	1247.1	54.14	
2	1248.1	54.061	
3	2958.2	83.654	
4	3159.1	51.418	
5	3847.7	79.748	
6	5705.2	73.663	

图 5-44　各个模态阶数对应的最大变形数值

A	B	C	D	E
1	1247.1	54.14	2931.14	
2	1248.1	54.061	2922.592	
3	2958.2	83.654	6997.992	
4	3159.1	51.418	2643.811	
5	3847.7	79.748	6359.744	
6	5705.2	73.663	5426.238	

图 5-45　完整 D 列数据

11. 随机振动设置

（1）在导航树上单击【Random Vibration（B5）】。

（2）在环境功能区上单击【PSD Base Excitation】→【PSD Displacement】，【PSD Displacement】→【Details of "PSD Displacement"】→【Scope】→【Boundary Condition】= All Supports，【Direction】= Z Axis，【Definition】→【Load Data】，把刚才 Excel 数表频率数值与 D 列数值分别输入对应的 Frequency 和 Displacement 里，PSD Displacement 设置如图 5-46 所示。

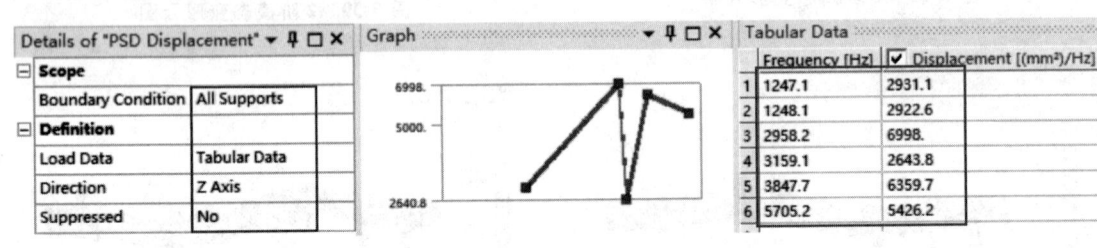

图 5-46　PSD Displacement 设置

12. 设置需要的结果

（1）在导航树上单击【Solution（B6）】。

（2）在 Mechanical 环境求解功能区单击【Deformation】→【Directional】。【Directional Deformation】→【Details of "Directional Deformation"】→【Definition】→【Orientation】= Y Axis，【Scale Factor】= 1Sigma。

（3）在 Mechanical 环境求解功能区单击【Stress】→【Equivalent（von-Mises）】。

13. 求解与结果显示

（1）在 Mechanical 环境求解功能区单击⚡进行求解运算。

（2）运算结束后，单击【Solution（B6）】→【Directional Deformation】，可以查看图形区域显示随机振动分析得到的凸轮轴随机振动变形分布云图，如图 5-47 所示；单击【Solution（B6）】→【Equivalent Stress】，显示凸轮轴随机振动等效应力分布云图，图 5-48 所示。

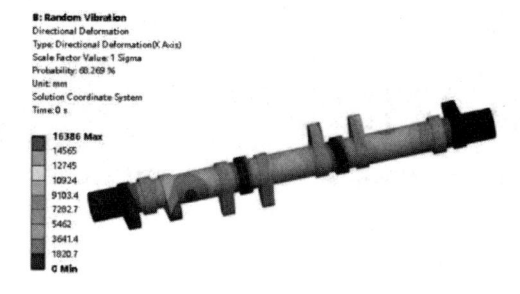

图 5-47　凸轮轴随机振动变形分布云图　　　图 5-48　凸轮轴随机振动等效应力分布云图

14. 保存与退出

（1）退出 Mechanical 分析环境。单击 Mechanical 主界面的菜单【File】→【Close Mechanical】退出分析环境，返回到 Workbench 主界面，此时主界面的项目分析流程图中显示的分析已完成。

（2）单击 Workbench 主界面上的【Save】按钮，保存所有分析结果文件。

（3）退出 Workbench 环境。单击 Workbench 主界面的菜单【File】→【Exit】退出主界面，完成分析。

5.3.3　结果分析与点评

本实例是某活塞发动机凸轮轴随机振动分析，从结果分析来看，凸轮轴的振动主要是弯曲振动，结果与振型和固有频率有很大关系。在本例中利用了凸轮轴固有频率和振型作为随机振动的位移激励，处理方法值得借鉴。从分析流程来看，随机振动分析基本流程为先模态分析，后随机振动分析。本例的关键点是随机振动分析的载荷类型设置，载荷数据处理及求解后处理。

第6章 机构刚柔耦合分析

6.1 某回转臂刚柔耦合分析

6.1.1 问题与重难点描述

1. 问题描述

某回转臂机构由回转臂、连杆、连架杆、机架组成,回转臂模型如图6-1所示,材料为结构钢,若连杆以2mm/s的速度移动,其他相关参数在分析过程中体现。试求连杆所受的力、回转臂变形及应力。

2. 重难点提示

本实例重难点在于回转臂与其他构件间的刚柔耦合关系、运动关节选择创建、边界设置、时间步设置和后处理。

6.1.2 实例详细解析过程

1. 启动 Workbench

在"开始"菜单中执行 ANSYS 2024R1/R2→Workbench 2024R1/R2 命令。

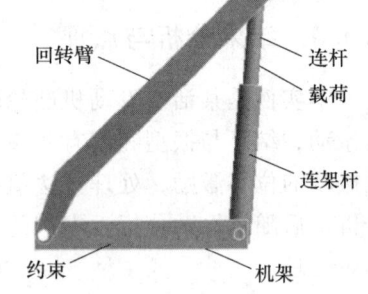

图 6-1 回转臂模型

2. 创建刚体动力学分析

(1) 在工具箱【Toolbox】的【Analysis Systems】中双击或拖动刚体动力学分析【Rigid Dynamics】到项目分析流程图,如图6-2所示。

(2) 在 Workbench 的工具栏中单击【Save】,保存项目实例名称为 Pivot arm.wbpj。如工程实例文件保存在 D:\AWB\Chapter06 文件夹中。

3. 确定材料参数(材料默认为结构钢)

4. 导入几何模型

在刚体动力学分析项目上右击【Geometry】→【Import Geometry】→【Browse】,找到模型文件 Pivot arm.agdb,打开导入几何模型。如模型文件在 D:\AWB\Chapter05 文件夹中。

5. 进入 Mechanical 分析环境

(1) 在刚体动力学分析项目上右击【Model】→【Edit...】进入 Mechanical 分析环境。

(2) 在 Mechanical 的环境主页【Home】功能

图 6-2 创建刚体动力学分析

区单位【Units】中选择单位为 Metric（mm，kg，N，s，mV，mA）。

6. 为几何模型分配材料属性（材料默认为结构钢）

7. 创建连接副连接

（1）在导航树上单击【Connections】并展开，删除【Contacts】，打开【Body Views】。

（2）创建 cylbase 与 Slider slot 连接。在标准工具栏上单击 ▣，单击【Connections】，在 Mechanical 环境连接功能区单击【Body-Body】→【Revolute】，参考体选择 cylbase 销轴外表面，运动体选择 Slider slot 一端孔内表面，如图 6-3 所示，其他默认。

（3）创建 Slider slot 与 Pivot arm 连接。在标准工具栏上单击 ▣，单击【Connections】→【Joints】→【Body-Body】→【Revolute】，参考体选择 Slider slot 另一端孔内表面，运动体选择 Pivot arm 一端孔内表面，如图 6-4 所示，其他默认。

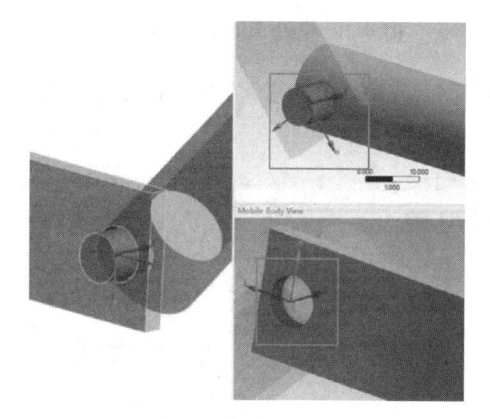

图 6-3 创建 cylbase 与 Slider slot 连接

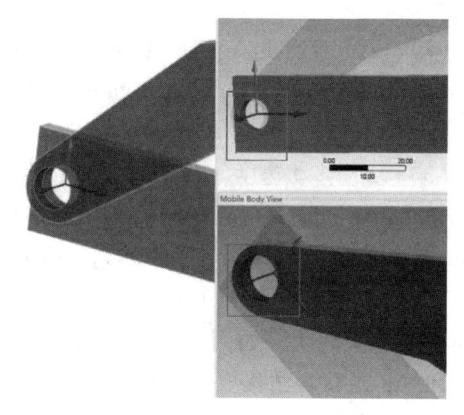

图 6-4 创建 Slider slot 与 Pivot arm 连接

（4）创建 rod 与 Pivot arm 连接。在标准工具栏上单击 ▣，单击【Connections】→【Joints】→【Body-Body】→【Revolute】，参考体选择 rod 销轴外表面，运动体选择 Pivot arm 另一端孔内表面，如图 6-5 所示，其他默认。

（5）创建 cylbase 与 rod 连接。在标准工具栏上单击 ▣，单击【Connections】→【Joints】→【Body-Body】→【Translational】，参考体选择 cylbase 圆柱内圆表面，运动体选择 rod 圆柱外表面，如图 6-6 所示，其他默认。

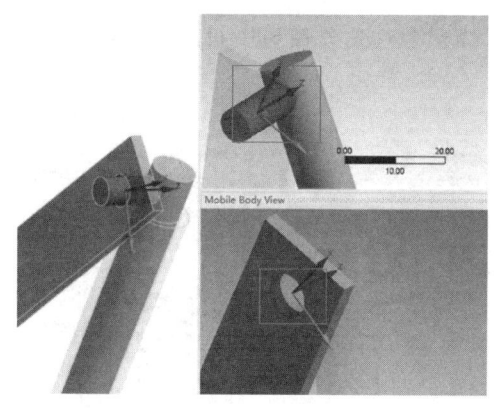

图 6-5 创建 rod 与 Pivot arm 连接

图 6-6 创建 cylbase 与 rod 连接

（6）创建Slider slot接地连接。在标准工具栏上单击 ⬚，单击【Connections】→【Joints】→【Body-Ground】→【Fixed】，参考体默认，运动体选择Slider slot底面表面，如图6-7所示，其他默认。

8. 划分网格

由于各部件为刚体，不会产生网格，直接右击【Mesh】→【Generate Mesh】，即可。

9. 施加边界条件

（1）设置时间步。单击【Transient（A5）】→【Analysis Settings】→【Details of "Analysis Settings"】→【Step Controls】→【Step End Time】=30s，其他默认。

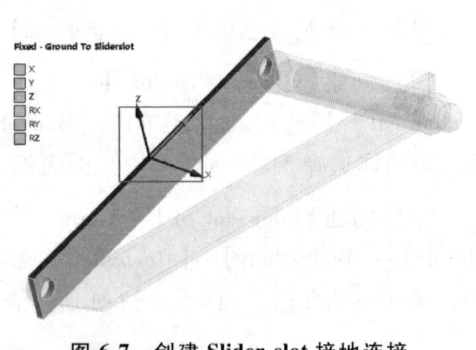

图6-7 创建Slider slot接地连接

（2）设置加速度。单击【Transient（A5）】→【Inertial】→【Acceleration】→【Details of "Acceleration"】→【Definition】→【Define By】=Component，Y Component=9806.6mm/s²。

（3）设置移动速度。单击【Connections】→【Joints】→【Translational-cylbase To rod】，按住不放直接拖动到【Transient（A5）】下，【Joints】→【Details of "Joint Load"】→【Definition】→【Type】=Velocity，【Magnitude】=2mm/s，其他默认，如图6-8所示。

10. 设置需要结果

在导航树上单击【Connections】→【Joints】→【Translational-cylbase To rod】，按住不放直接拖动到【Solution（A6）】下，【Joint Probe】→【Details of "Joint Probe"】→【Options】→【Result Selection】=X Axis，其他默认。

11. 求解与结果显示

（1）在Mechanical环境求解功能区单击 ⚡ 进行求解运算。

（2）求解结束后，单击【Joint Probe】，可以看到相应结果，如图6-9和图6-10所示。也可进行动画设置，显示机构运动。

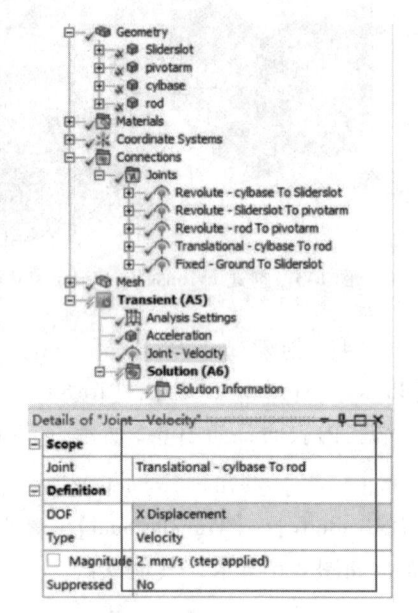

图6-8 设置移动速度

图6-9 位移结果

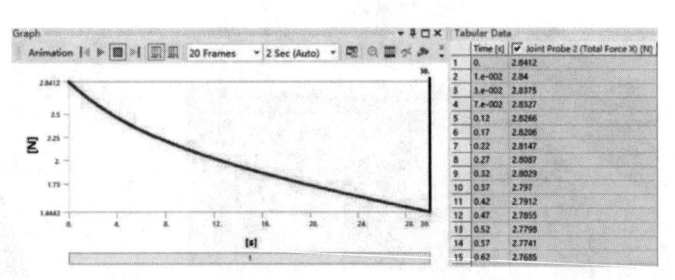

图6-10 运动轨迹及数据

第6章 机构刚柔耦合分析

12. 创建刚柔耦合分析

（1）创建分析项目。返回到 Workbench 主界面，在工具箱【Toolbox】的【Analysis Systems】中拖动多柔性系统动力学分析项目【Transient Structural】到项目分析流程图，并与刚体动力学分析项目连接共享【Engineering Data】、【Geometry】、【Model】3项，如图 6-11 所示。

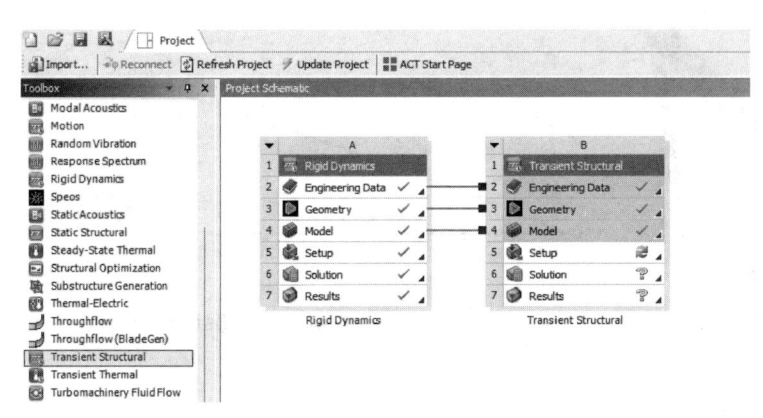

图 6-11 创建刚柔耦合分析

（2）在多系统动力学分析项目上右击【Setup】→【Edit...】进入 Mechanical 分析环境。

（3）转换回转臂刚性行为。在导航树上单击【Geometry】并展开，单击【pivot arm】→【Details of "pivot arm"】→【Definition】→【Stiffness Behavior】=Flexible，其他默认。

（4）划分网格。在标准工具栏上单击 ▣，选择实体，然后选择【pivot arm】，单击【Mesh】→【Insert】→【Sizing】→【Body Sizing】→【Details of "Body Sizing"-Sizing】→【Sizing】→【Element Size】=2mm；右击【Mesh】→【Generate Mesh】，图形区域显示程序生成的六面体单元为主体的网格模型，如图 6-12 所示。

（5）设置时间步。单击【Transient 2（B5）】→【Analysis Settings】→【Details of "Analysis Settings"】→【Step Controls】→【Step End Time】=30s，【Initial Time Step】=0.01s，【Minimum Time Step】=0.01s，【Maximum Time Step】=0.05s，其他默认。

（6）施加边界条件。单击【Transient（A5）】，选择【Acceleration】、【Joint-Velocity】，然后右击选择【Copy】，右击【Transient 2（B5）】，然后选择【Paste】，结果如图 6-13 所示。

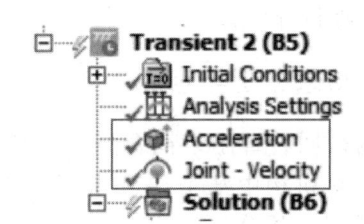

图 6-12 网格模型　　图 6-13 施加边界条件

（7）设置所需结果。在导航树上单击【Solution（B6）】，在 Mechanical 环境求解功能区单击【Deformation】→【Total】；【Stress】→【Equivalent Stress】。

13. 求解与结果显示

（1）在 Mechanical 环境求解功能区单击 ⚡ 进行求解运算。

（2）运算结束后，单击【Total Deformation】、【Equivalent Stress】，可以查看回转臂的变形和应力云图，如图 6-14～图 6-17 所示。

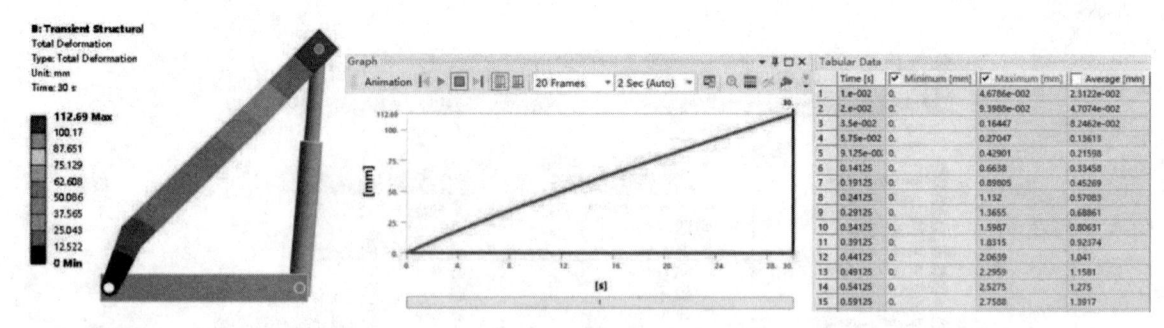

图 6-14　位移云图

图 6-15　位移轨迹及数据

图 6-16　应力云图

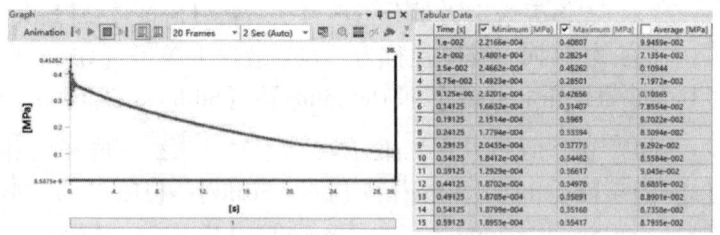

图 6-17　应力变化规律及数据

14. 保存与退出

（1）退出 Mechanical 分析环境。单击 Mechanical 主界面的菜单【File】→【Close Mechanical】退出分析环境，返回到 Workbench 主界面，此时主界面的项目分析流程图中显示的分析项目均已完成。

（2）单击 Workbench 主界面上的【Save】按钮，保存所有分析结果文件。

（3）退出 Workbench 环境。单击 Workbench 主界面的菜单【File】→【Exit】退出主界面，完成项目分析。

6.1.3　结果分析与点评

本例是回转臂刚柔耦合分析，从分析结果来看，较好地模拟了机构动力学的刚柔耦合问题，对机构中某个构件需要看为柔性体，分析其强度和疲劳破坏性能时，这种方法较为适用。从分析过程来看，本实例实际包含了两种分析问题和方法：第一种是刚体动力学分析，充分运用了独有显式的时间积分快捷求解技术。第二种刚柔耦合分析，采用了刚体与柔体结合的刚柔耦合分析。本例的关键点是运动关节选择创建、设置边界、设置时间步和后处理。

6.2 活塞式压气机曲柄连杆机构刚柔耦合分析

6.2.1 问题与重难点描述

1. 问题描述

某简易活塞式压气机曲柄连杆机构由活塞、连杆、曲柄、活塞销、机座 5 部分组成，发动机曲柄连杆机构模型如图 6-18 所示。若活塞式压气机曲柄连杆机构材料为结构钢，曲柄以 215rad/s 的速度转动，试求曲柄在连续转动过程中连杆所受的变形及应力。

2. 重难点提示

本实例重难点在于连杆与其他构件间的刚柔耦合关系、运动关节选择创建、边界设置、时间步设置和后处理。

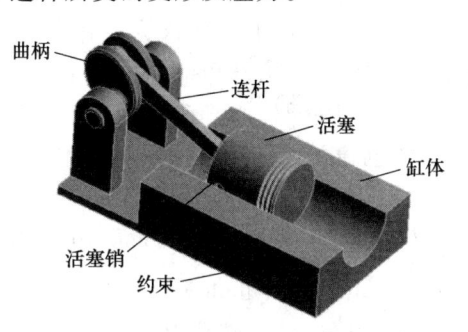

图 6-18 发动机曲柄连杆机构模型

6.2.2 实例详细解析过程

1. 启动 Workbench

在"开始"菜单中执行 ANSYS 2024R1/R2→Workbench 2024R1/R2 命令。

2. 创建刚体动力分析

（1）在工具箱【Toolbox】的【Analysis Systems】中双击或拖动结构瞬态分析【Transient Structural】到项目分析流程图，如图 6-19 所示。

（2）在 Workbench 的工具栏中单击【Save】，保存项目实例名称为 Compressor.wbpj。如工程实例文件保存在 D:\AWB\Chapter06 文件夹中。

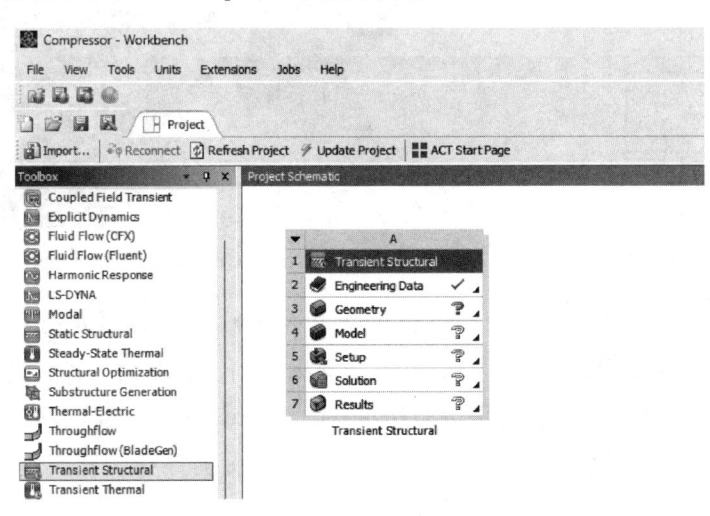

图 6-19 创建刚体动力分析

3. 创建材料参数

活塞式压气机曲柄连杆机构材料为结构钢，采用默认数据。

4. 导入几何模型

在结构瞬态分析上右击【Geometry】→【Import Geometry】→【Browse】，找到模型文件 Compressor.agdb，打开导入几何模型。如模型文件在 D:\AWB\Chapter06 文件夹中。

5. 进入 Mechanical 分析环境

（1）在结构瞬态分析上右击【Model】→【Edit…】进入 Mechanical 分析环境。

（2）在 Mechanical 的环境主页【Home】功能区单位【Units】中选择单位为 Metric（mm，kg，N，s，mV，mA）。

6. 为几何模型分配材料及模型体转换

（1）为几何模型分配材料。曲柄连杆机构材料为结构钢，自动分配。

（2）转换连杆刚性行为。在导航树上单击【Geometry】并展开，分别单击【Base】【Crank】【Piston】【Piston pin】→【Details of "Multiple Selection"】→【Definition】→【Stiffness Behavior】=Rigid，如图 6-20 所示，其他默认。

7. 创建关节连接

（1）在导航树上单击【Connections】并展开，删除【Contacts】，打开【Body Views】。

（2）创建 Crank 与 Connecting rod 连接。单击【Connections】，在连接工具栏单击【Body-Body】→【Cylindrical】，在标准工具栏单击 ▣，参考体选择 Crank 外表面，运动体选择 Connecting rod 大端孔内表面，如图 6-21 所示，其他默认。

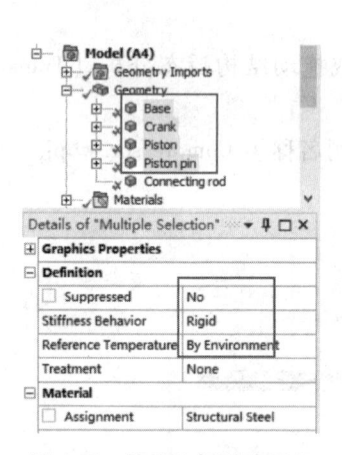

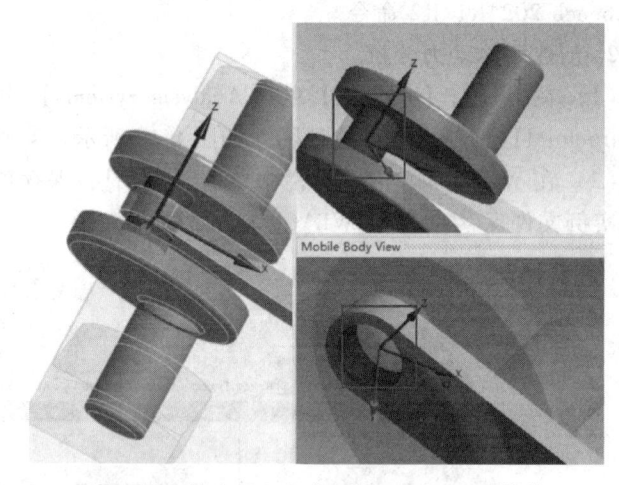

图 6-20 转换连杆刚性行为　　　　图 6-21 创建 Crank 与 Connecting rod 连接

（3）创建 Base 与 Crank 连接。单击【Connections】→【Joints】→【Body-Body】→【Cylindrical】，在标准工具栏单击 ▣，参考体选择 Base 支撑曲轴一侧孔内表面，运动体选择 Crank 一侧圆柱外表面，如图 6-22 所示；单击【Connections】→【Joints】→【Body-Body】→【Cylindrical】，在标准工具栏单击 ▣，参考体选择 Base 支撑曲轴另外一侧孔内表面，运动体选择 Crank 另外一侧圆柱外表面，如图 6-23 所示，其他默认。

（4）创建 Piston pin 与 Connecting rod 连接。单击【Connections】→【Joints】→【Body-Body】→【Cylindrical】，在标准工具栏单击 ▣，参考体选择 Connecting rod 小端孔内表面，运动体选择 Piston pin 外表面（中间长段），如图 6-24 所示，其他默认。

图 6-22 创建一侧 Base 与一侧 Crank 连接 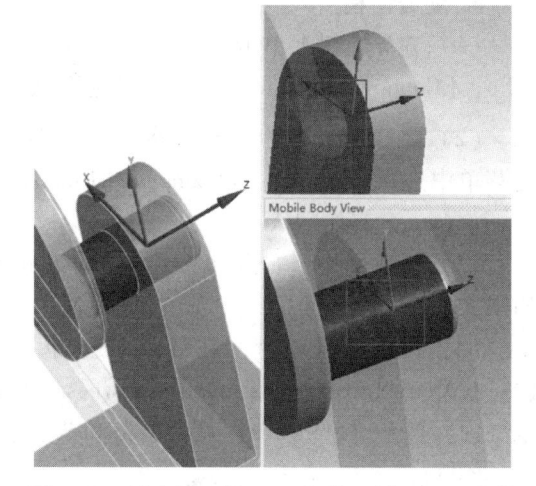　　　　图 6-23 创建另一侧 Base 与另一侧 Crank 连接

（5）创建 Piston pin 与 Piston 连接。单击【Connections】→【Joints】→【Body-Body】→【Cylindrical】，在标准工具栏单击 ▣，参考体选择 Piston 两端孔内表面，运动体选择 Piston pin 外表面（两侧短段），如图 6-25 所示，其他默认。

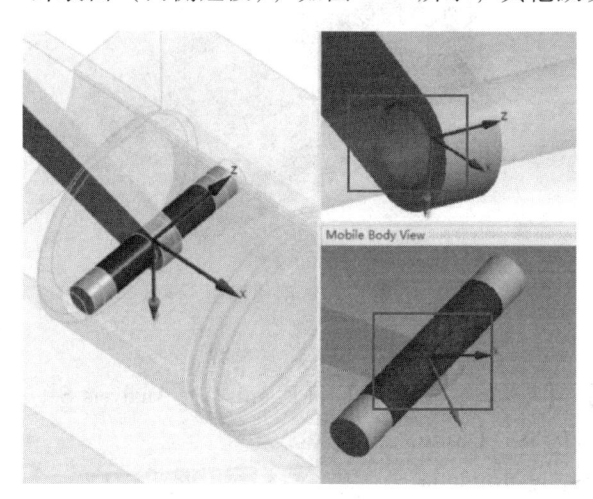

图 6-24 创建 Piston pin 与 Connecting rod 连接 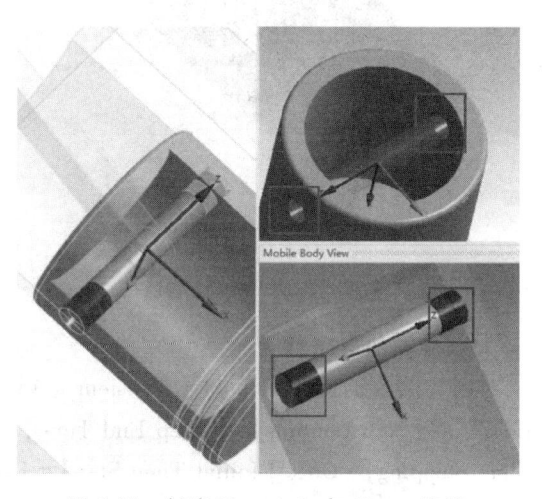　　　　图 6-25 创建 Piston pin 与 Piston 连接

（6）创建 Base 与 Piston 连接。单击【Connections】→【Joints】→【Body-Body】→【Cylindrical】，在标准工具栏单击 ▣，参考体选择 Base 半内圆柱表面，运动体选择 Piston 圆柱外表面，如图 6-26 所示，其他默认。

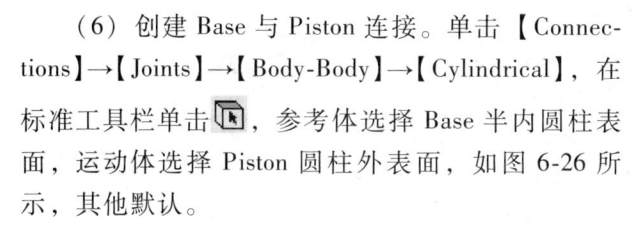

（7）创建 Base 接地连接。单击【Connections】→【Joints】→【Body-Ground】→【Fixed】，在标准工具栏单击 ▣，参考体默认，运动体选择 Base 底面，如图 6-27 所示，其他默认。

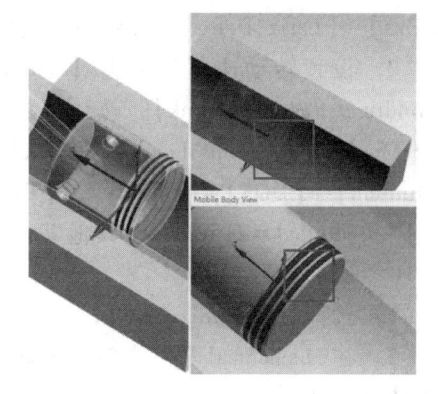

图 6-26 创建 Base 与 Piston 连接

8. 划分网格

(1) 在导航树上单击【Mesh】→【Details of "Mesh"】→【Sizing】→【Use Adaptive Sizing】= No；【Capture Curvature】= Yes，其他默认。

(2) 在标准工具栏上单击 ▣，选择连杆模型，在导航树上右击【Mesh】，从弹出的快捷菜单中选择【Insert】→【Sizing】→【Details of "Body Sizing"-Sizing】→【Definition】→【Element Size】= 4mm，其他默认。

(3) 生成网格。右击【Mesh】→【Generate Mesh】，图形区域显示程序生成的网格模型，如图 6-28 所示。

(4) 网格质量检查。在导航树上单击【Mesh】→【Details of "Mesh"】→【Quality】→【Mesh Metric】= Skewness，显示 Skewness 规则下网格质量详细信息，平均值处在良好的水平范围内，展开【Statistics】显示网格和节点数量。

图 6-27　创建 Base 接地连接

图 6-28　网格模型

9. 施加边界条件

(1) 设置时间步。单击【Transient (A5)】→【Analysis Settings】→【Details of "Analysis Settings"】→【Step Controls】→【Step End Time】= 0.058s，【Auto Time Stepping】= On，【Initial Time Step】= 1e-3s，【Minimum Time Step】= 1e-5s，【Maximum Time Step】= 1e-2s；【Solver Controls】→【Large Deflection】= On，其他默认。

(2) 设置转动速度。单击【Connections】→【Joints】→【Cylindrical-Base To Crank】，按住不放直接拖动到【Transient (A5)】下，【Joints Load】→【Details of "Joint Load"】→【Definition】→【DOF】= Rotation Z，【Type】= Rotational Velocity，【Magnitude】= 215rad/s，其他默认，如图 6-29 所示。

10. 设置需要结果

(1) 选择【Solution (A6)】。

(2) 在 Mechanical 环境求解功能区单击【Deformation】→【Total】。

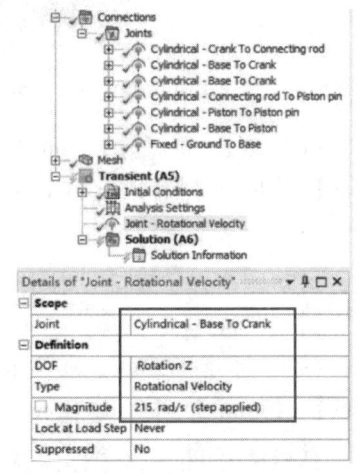

图 6-29　设置转动速度

(3) 在 Mechanical 环境求解功能区单击【Stress】→【Equivalent (von-Mises)】。

11. 求解与结果显示

(1) 在 Mechanical 环境求解功能区单击⚡进行求解运算。

(2) 求解结束后,单击【Solution (A6)】→【Total Deformation】,可以查看连杆的变形结果,如图 6-30 和图 6-31 所示。单击【Solution (A6)】→【Equivalent Stress】,可以查看连杆的应力云图,如图 6-32 和图 6-33 所示。

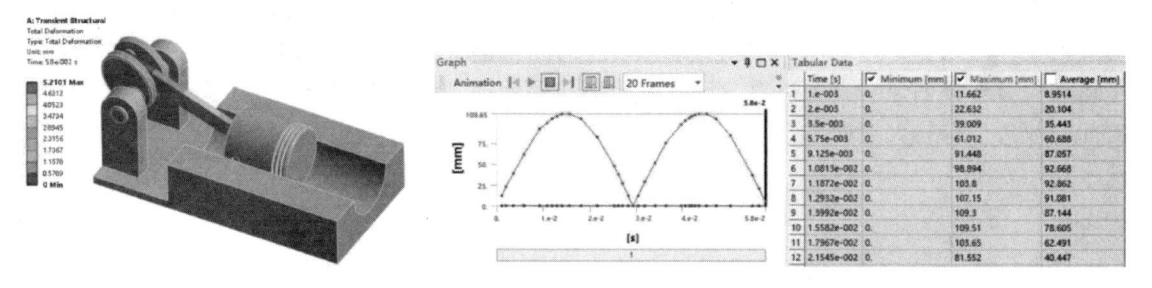

图 6-30　连杆变形云图

图 6-31　连杆变形轨迹及数据

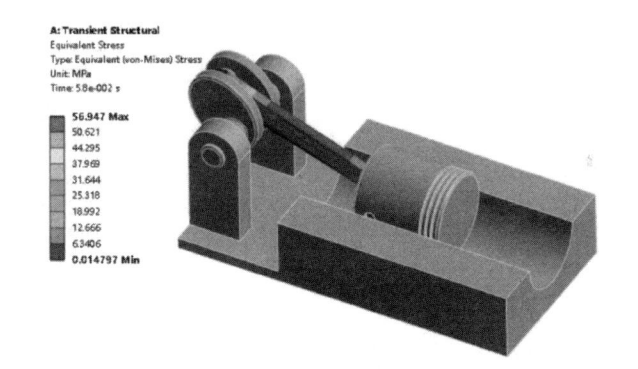

图 6-32　连杆等效应力云图

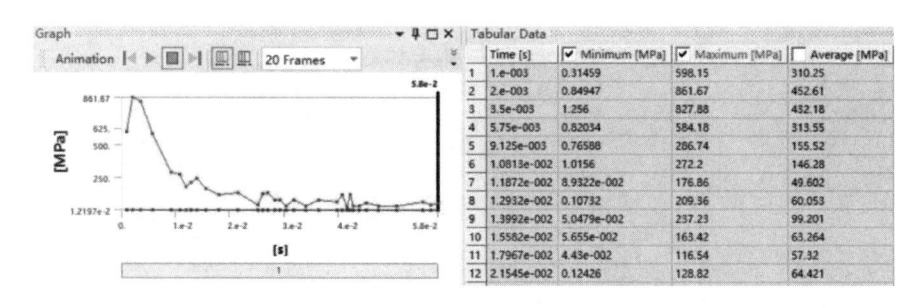

图 6-33　连杆运动等效应力轨迹及数据

12. 保存与退出

(1) 退出 Mechanical 分析环境。单击 Mechanical 主界面的菜单【File】→【Close Mechanical】退出分析环境,返回到 Workbench 主界面,此时主界面的项目分析流程图中显示的分析已完成。

(2) 单击 Workbench 主界面上的【Save】按钮，保存所有分析结果文件。

(3) 退出 Workbench 环境。单击 Workbench 主界面的菜单【File】→【Exit】退出主界面，完成分析。

6.2.3 结果分析与点评

本实例是活塞式压气机曲柄连杆机构刚柔耦合分析，从分析结果来看，在给定的条件下较好地模拟了曲柄连杆机构的刚柔耦合问题，从分析过程来看，直接指定了连杆为柔性体，而其他构件为刚体，即采用了刚体与柔体结合的刚柔耦合分析求连杆的应力。本例的关键点是运动关节选择创建、设置边界、设置时间步和后处理。注意本例开启了大变形选项，求解时间与收敛性有较大不同。

第7章 碰撞分析

7.1 双车相向碰撞显式动力学分析

7.1.1 问题与重难点描述

1. 问题描述

某型相同的两辆小汽车分别以 50000mm/s 的水平初速度相向撞击，小汽车简化为车身及外壳，其材料均为铝合金，双车相向碰撞模型如图 7-1 所示。试分析两辆小汽车相向碰撞结果情况。

图 7-1 双车相向碰撞模型

2. 重难点提示

本实例重难点在于两车相向撞击时的接触关系、边界设置以及收敛性处理。

7.1.2 实例详细解析过程

1. 启动 Workbench

在"开始"菜单中执行 ANSYS 2024R1/R2 → Workbench 2024R1/R2 命令。

2. 创建显式动力学分析

（1）在工具箱【Toolbox】的【Analysis Systems】中双击或拖动显式动力学分析【Explicit Dynamics】到项目分析流程图，如图 7-2 所示。

（2）在 Workbench 的工具栏中单击【Save】，保存项目实例名称为 Car.wbpj。如工程实例文件保存在 D:\

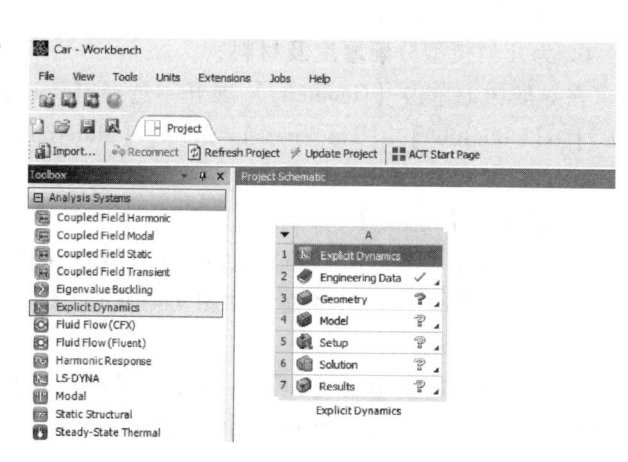

图 7-2 创建显式动力学分析

AWB\Chapter07 文件夹中。

3. 创建材料参数

（1）编辑工程数据单元，右击【Engineering Data】→【Edit...】。

（2）在工程数据属性中添加材料：在 Workbench 的工具栏上单击 进入工程材料库，此时的界面显示【Engineering Data Sources】和【Outline of Favorites】。单击【General materials】，从【Outline of General materials】里查找【Aluminum Alloy】材料，然后单击【Outline of General materials】表中的添加按钮 ，此时在 C 栏中显示标示 ，表明材料添加成功，如图 7-3 所示。

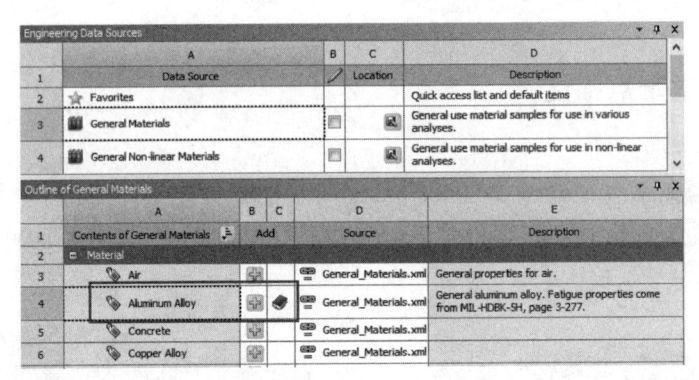

图 7-3 创建材料参数

（3）单击工具栏中的【A2：Engineering Data】关闭按钮，返回到 Workbench 主界面，新材料添加完毕。

4. 导入几何模型

在显式力分析上右击【Geometry】→【Import Geometry】→【Browse】，找到模型文件 Car.agdb，打开导入几何模型。如模型文件在 D:\AWB\Chapter07 文件夹中。

5. 进入 Mechanical 分析环境

（1）在显式力分析上右击【Model】→【Edit...】进入 Mechanical 分析环境。

（2）在 Mechanical 的环境主页【Home】功能区单位【Units】中选择单位为 Metric（mm，kg，N，s，mV，mA）。

6. 为几何模型分配厚度及材料

在导航树上单击【Geometry】展开→选择【Car1】、【Car2】→【Details of "Multiple Selection"】→【Definition】→【Thickness】=2mm；【Material】→【Assignment】=Aluminum Alloy，其他默认。

7. 接触设置

（1）在导航树上单击【Connections】→【Contact】→【Bonded】，在接触详细栏中的 Car1 接触区域选择 Car1 车牌处的面，如图 7-4 所示，Car2 目标区域选择 Car2 车牌处的面，其他默认，如图 7-5 所示。

（2）在导航树上单击【Connections】→【Contact】→【Bonded】，在接触详细栏中的 Car2 接触区域选择 Car2 车牌处的面，如图 7-6 所示，Car1 目标区域选择 Car1 车牌处的面，其他选项默认，如图 7-7 所示。

图 7-4 Car1 接触区域

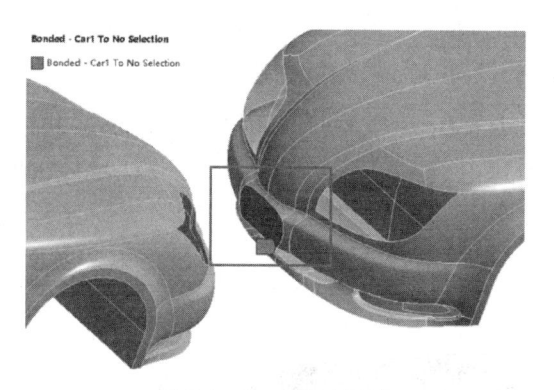

图 7-5 Car2 目标区域

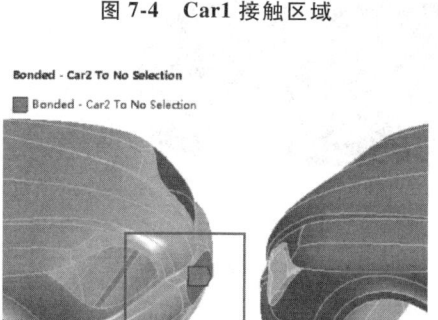

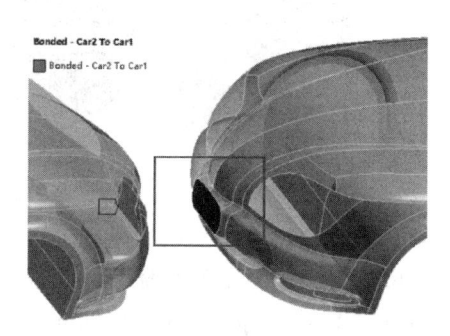

图 7-6 Car2 接触区域

图 7-7 Car1 目标区域

8. 划分网格

（1）在导航树上单击【Mesh】→【Details of "Mesh"】→【Defaults】→【Element Size】= 10mm；【Sizing】→【Use Adaptive Sizing】= No，【Capture Curvature】= Yes，【Curvature Min Size】= 3，其他默认。

（2）生成网格。右击【Mesh】→【Generate Mesh】，图形区域显示程序生成的网格模型，如图 7-8 所示。

（3）网格质量检查。在导航树上单击【Mesh】→【Details of "Mesh"】→【Quality】→【Mesh Metric】= Element Quality，显示 Element Quality 规则下网格质量详细信息，平均值处在良好的水平范围内，展开【Statistics】显示网格和节点数量。

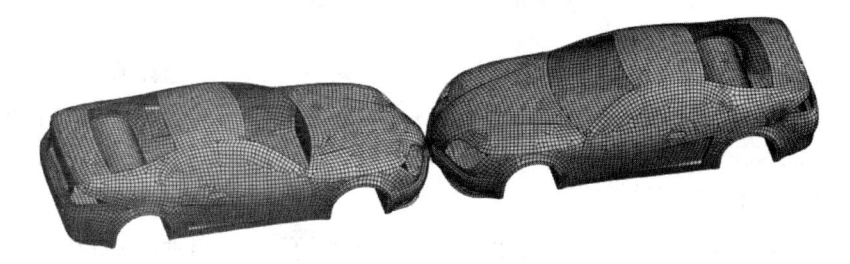

图 7-8 网格模型

9. 施加边界条件

（1）单击【Explicit Dynamics（A5）】。

（2）时间设置。单击【Analysis Settings】→【Details of "Analysis Settings"】→【Step Controls】→【Maximum Number of Cycles】= 10000，【End Time】= 2s，其他项默认。

（3）设置 Car1 初始条件。在标准工具栏上单击 ，选择 Car1，在导航树上右击【Initial Conditions】，从弹出的快捷菜单中选择【Velocity】；接着依次选择【Velocity】→【Details of "Velocity"】→【Definition】→【Define By】= Components，【X Component】= −50000mm/s，如图 7-9 所示。

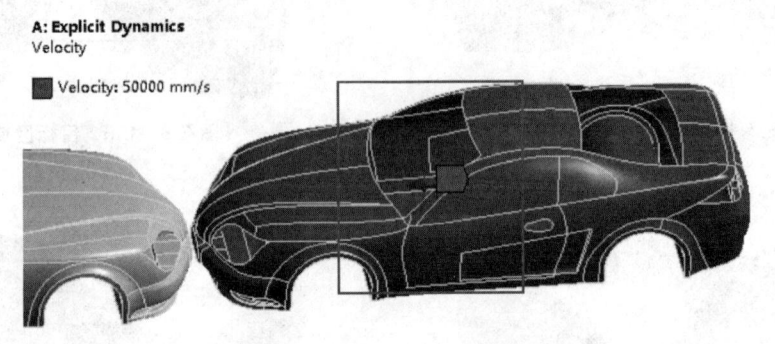

图 7-9 设置 Car1 初始条件

（4）设置 Car2 初始条件。在标准工具栏上单击 ，选择 Car2，在导航树上右击【Initial Conditions】，从弹出的快捷菜单中选择【Velocity】；接着依次选择【Velocity】→【Details of "Velocity"】→【Definition】→【Define By】= Components，【X Component】= 50000mm/s，如图 7-10 所示。

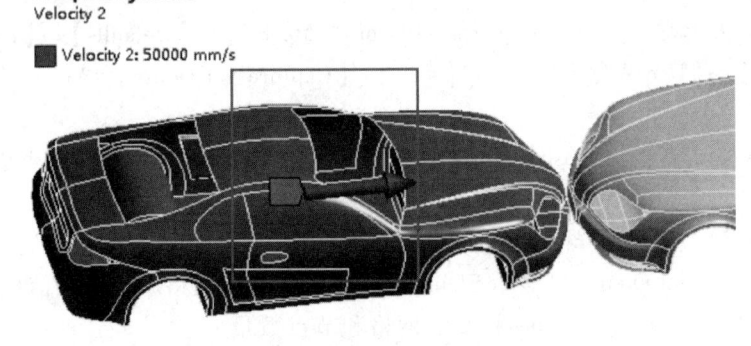

图 7-10 设置 Car2 初始条件

（5）施加 Car1 位移约束。首先在标准工具栏上单击 ，然后选择 Car1 底部边，接着在环境功能区单击【Supports】→【Displacement】→【Details of "Displacement"】→【Definition】→【Define By】= Components，【Y Component】= 0mm，【X Component】= Free，【Z Component】= Free，如图 7-11 所示。

（6）施加 Car2 位移约束。首先在标准工具栏上单击 ，然后选择 Car2 底部边，接着在环境功能区单击【Supports】→【Displacement】→【Details of "Displacement2"】→【Definition】→【Define By】= Components，【Y Component】= 0mm，【X Component】= Free，【Z Component】= Free，如图 7-12 所示。

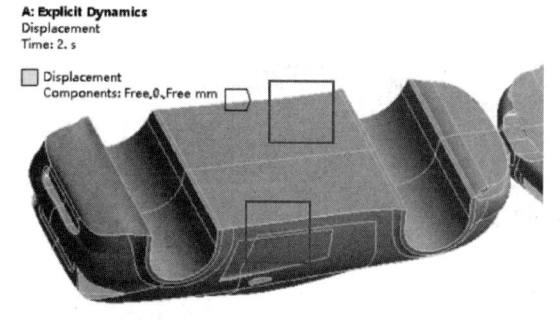

图 7-11　施加 Car1 位移约束 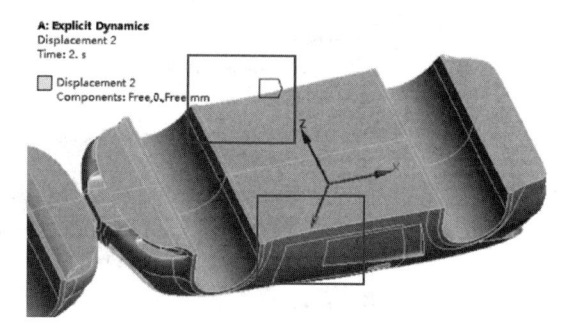　　　　　　图 7-12　施加 Car2 位移约束

10. 设置需要的结果

（1）在导航树上选择【Solution（A6）】。

（2）在 Mechanical 环境求解功能区单击【Deformation】→【Total】。

（3）在 Mechanical 环境求解功能区单击【Stress】→【Equivalent（von-Mises）】。

（4）在 Mechanical 环境求解功能区单击【Stress】→【Shear】。

11. 求解与结果显示

（1）在 Mechanical 环境求解功能区单击 进行求解运算。

（2）运算结束后，单击【Solution（A6）】→【Total Deformation】，图形区域显示显式动力学分析得到的变形分布云图，如图 7-13 所示；单击【Solution（A6）】→【Equivalent Elastic Strain】，显示等效应变分布云图，如图 7-14 所示；单击【Solution（A6）】→【Shear Stress】，显示剪切应力分布云图，如图 7-15 所示；单击【Solution（A6）】→【Solution Information】→【Details of "Solution Information"】→【Solution Information】→【Solution Output】= Energy 1Summary，查看各个能量曲线变化概要，也可在求解过程中查看实时的变化趋势。此外，读者也可通过动画观看小汽车撞击过程，在这不再展示。

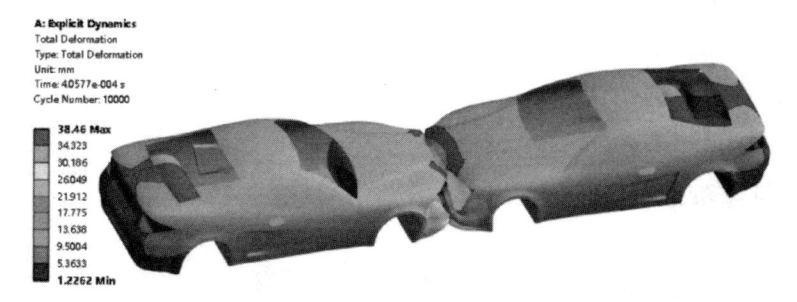

图 7-13　变形分布云图

图 7-14　等效应变分布云图

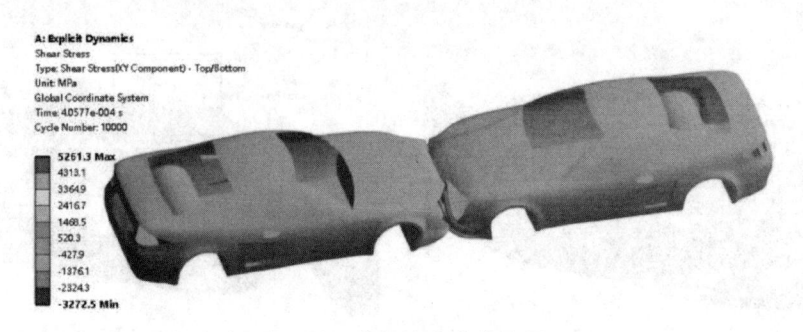

图 7-15 剪切应力分布云图

12. 保存与退出

（1）退出 Mechanical 分析环境。单击 Mechanical 主界面的菜单【File】→【Close Mechanical】退出分析环境，返回到 Workbench 主界面，此时主界面的项目分析流程图中显示的分析已完成。

（2）单击 Workbench 主界面上的【Save】按钮，保存所有分析结果文件。

（3）退出 Workbench 环境。单击 Workbench 主界面的菜单【File】→【Exit】退出主界面，完成分析。

7.1.3 结果分析与点评

本实例是双车相向碰撞显式动力学分析，从分析结果来看，在给定的条件下，双车相向碰撞后显然会造成破坏，最大剪切应力高达 5261.3MPa。本例在碰撞初期，动能快速下降，内能快速上升，动能转化为内能；当内能与动能达到交叉点后，动能继续下降，内能仍上升，直至结束。本例中对双车模型处理及双车间关系处理、求解时间、边界设置是关键点。汽车正式投产前为检测汽车性能而进行的碰撞试验来检验驾驶员和乘客的安全性，可用本实例方法进行类似的碰撞试验分析。

7.2 下颌骨撞击分析

7.2.1 问题与重难点描述

1. 问题描述

下颌骨下颌角的切除是治疗某些颌面部疾病的手术方法，但是切除后对下颌骨的强度是否有影响需要进行分析。下颌角受到撞击模型如图 7-16 所示，本例通过撞击物模拟拳头以初速度 2780mm/s 的速度撞击下颌角，试对下颌骨在遭受撞击作用下的性能进行分析。

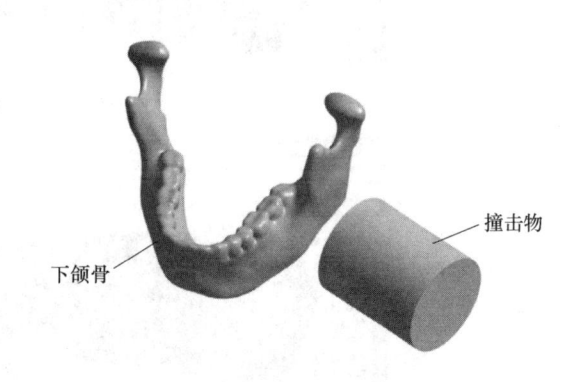

图 7-16 下颌角受到撞击模型

2. 重难点提示

本实例重难点在于撞击物与下颌骨间距

的设定、边界设置、收敛性设置以及后处理设置。

7.2.2 实例详细解析过程

1. 启动 Workbench

在"开始"菜单中执行 ANSYS 2024R1/R2→Workbench 2024R1/R2 命令。

2. 创建显式动力学分析

(1) 在工具箱【Toolbox】的【Analysis Systems】中双击或拖动【LS-DYNA】到项目分析流程图,如图 7-17 所示。

(2) 在 Workbench 的工具栏中单击【Save】,保存项目实例名称为 Mandible.wbpj。如工程实例文件保存在 D:\AWB\Chapter07 文件夹中。

3. 创建材料参数

(1) 编辑工程数据单元,右击【Engineering Data】→【Edit...】。

(2) 在工程数据属性中创建新材料:【Outline of Schematic A2:Engineering Data】→【Click here to add a new material】,输入新材料名称 Cortical。

(3) 在左侧单击【Physical Properties】展开,双击【Density】,设置【Properties of Outline Row 3:Cortical】→【Density】= 1740kg m^-3。

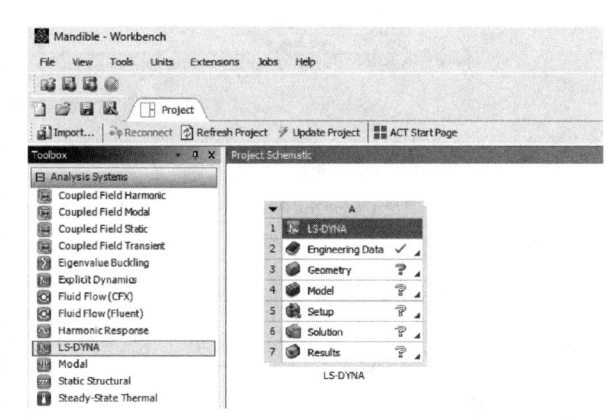

图 7-17 创建显式动力学分析

(4) 在左侧单击【Linear Elastic】展开,双击【Isotropic Elasticity】,设置【Properties of Outline Row 3:Cortical】→【Young's Modulus】= 13700MPa。

(5) 设置【Properties of Outline Row 3:Cortical】→【Poisson's Ratio】= 0.326,如图 7-18 所示。

(6) 在左侧单击【Plasticity】展开,双击【Bilinear Isotropic Hardening】,设置【Properties of Outline Row 3:Cortical】→【Bilinear Isotropic Hardening】→【Yield strength】= 153MPa,【Tangent Modulus】= 300MPa。

(7) 单击工具栏中的【A2:Engineering Data】关闭按钮,返回到 Workbench 主界面,新材料创建完毕。

4. 导入几何模型

在显式力分析上右击【Geometry】→【Import Geometry】→【Browse】,找到模型文件 Mandible.scdoc,打开导入几何模型。如模型文件在 D:\AWB\Chapter07 文件夹中。

5. 进入 Mechanical 分析环境

(1) 在显式力分析上右击【Model】→【Edit...】进入 Mechanical 分析环境。

(2) 在 Mechanical 的环境主页【Home】功能区单位【Units】中选择单位为 Metric (mm, kg, N, s, mV, mA)。

95

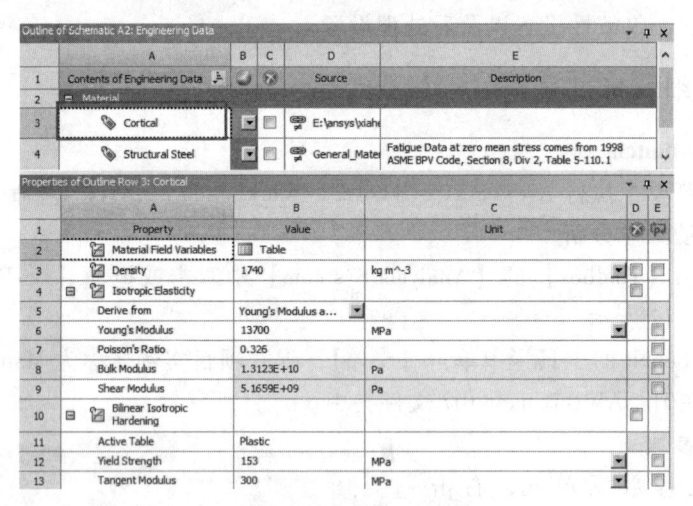

图 7-18 创建材料参数

6. 为几何模型分配材料

在导航树上单击【Geometry】展开→【Fist、Mandible】→【Details of "Multiple Selection"】→【Material】→【Assignment】= Cortical。

7. 创建撞击物局部坐标

在标准工具栏上单击 选择撞击物 Fist，然后单击【Coordinate System】，如图 7-19 所示。

8. 接触设置

在导航树上单击【Connections】展开，右击【Contacts】，从弹出的快捷菜单中单击【Delete】删除接触。

9. 划分网格

（1）在导航树上单击【Mesh】→【Details of "Mesh"】→【Sizing】→【Use Adaptive Sizing】= No，【Capture Curvature】= Yes，其他默认。

（2）生成网格。右击【Mesh】→【Generate Mesh】，图形区域显示程序生成的网格模型，如图 7-20 所示。

图 7-19 创建撞击物局部坐标

图 7-20 网格模型

(3) 网格质量检查。在导航树上单击【Mesh】→【Details of "Mesh"】→【Quality】→【Mesh Metric】=Skewness，显示 Skewness 规则下网格质量详细信息，平均值处在良好的水平范围内，展开【Statistics】显示网格和节点数量。

10. 施加边界条件

(1) 单击【LS-DYNA（A5）】。

(2) 时间设置。单击【Analysis Settings】→【Details of "Analysis Settings"】→【Step Controls】→【End Time】=0.01，其他项默认。

(3) 设置初始条件。在标准工具栏上单击 ，选择撞击物，在导航树上右击【Initial Conditions】，从弹出的快捷菜单中选择【Velocity】；接着依次选择【Velocity】→【Details of "Velocity"】→【Definition】→【Define By】=Components，【Coordinate System】=Coordinate System，【X Component】=-2780mm/s，如图 7-21 所示。

(4) 设置约束。在标准工具栏上单击 ，分别选择两侧关节面，然后在环境功能区上单击【Supports】→【Remote Displacement】，单击【Remote Displacement】→【Details of "Remote Displacement"】→【Definition】→【X Component】=5mm，【Y Component】=1mm，【Behavior】=Rigid，其他分项为 0，如图 7-22 所示。

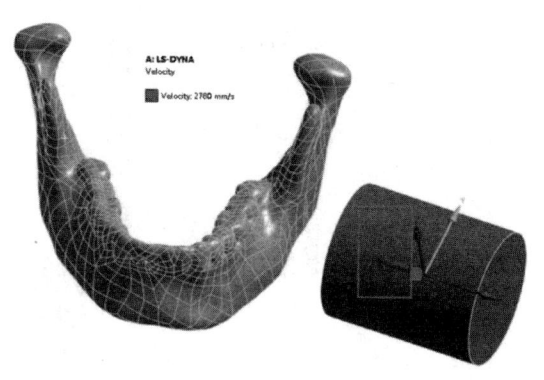

图 7-21 设置初始条件

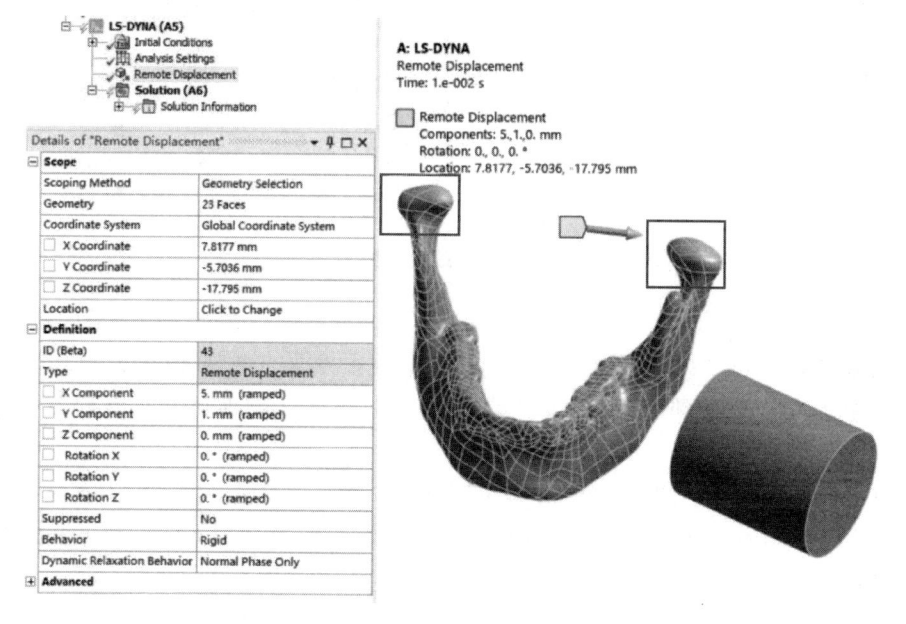

图 7-22 设置约束

11. 设置需要的结果

(1) 在导航树上选择【Solution（A6）】。

（2）在标准工具栏上单击 ⬚，选择下颌骨，在 Mechanical 环境求解功能区单击【Stress】→【Equivalent（von-Mises）】。

12. 求解与结果显示

（1）在 Mechanical 环境求解功能区单击 ⚡ 进行求解运算。

（2）运算结束后，单击【Solution（A6）】→【Equivalent Stress】，显示等效应力分布云图及数据，如图 7-23 和图 7-24 所示。

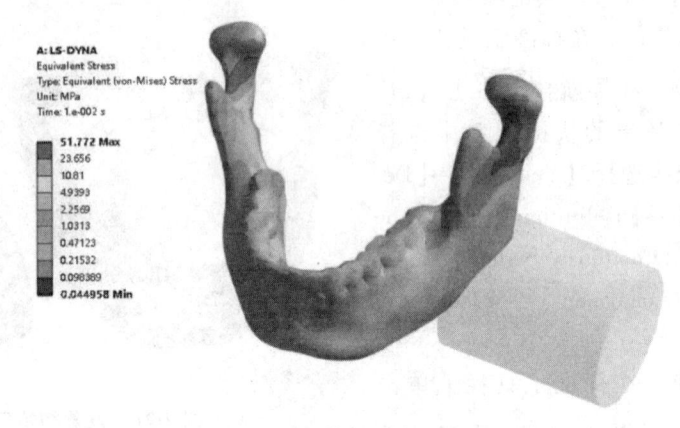

图 7-23 等效应力云图

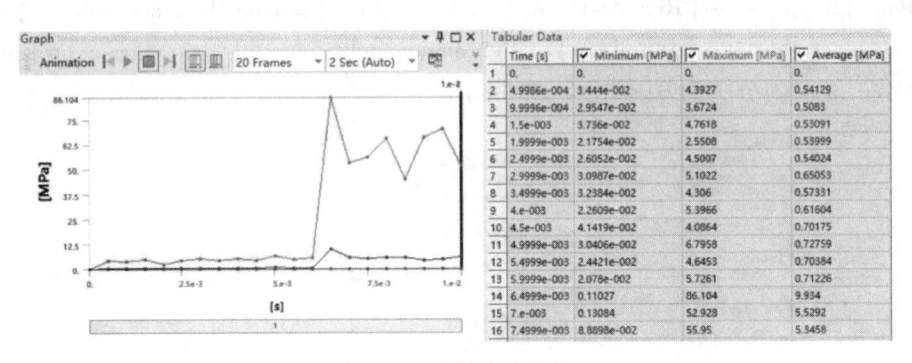

图 7-24 等效应力数据

13. 保存与退出

（1）退出 Mechanical 分析环境。单击 Mechanical 主界面的菜单【File】→【Close Mechanical】退出分析环境，返回到 Workbench 主界面，此时主界面的项目分析流程图中显示的分析已完成。

（2）单击 Workbench 主界面上的【Save】按钮，保存所有分析结果文件。

（3）退出 Workbench 环境。单击 Workbench 主界面的菜单【File】→【Exit】退出主界面，完成分析。

7.2.3 结果分析与点评

本实例是下颌骨的下颌角被切除后模拟受到拳头撞击的显式动力学分析，从分析结果来看，在给定的条件下，下颌骨最大应力 51.772MPa，出现在下颌颈部，没有超出材料强度极限，加之为活动关节受到周围组织保护，不会出现断裂。同时看到切除处应力较小，不会影响的整体下颌骨的强度。因此在切除范围有限的情况下，对下颌骨强度影响有限，说明这种手术方法是可行的。

7.3 钢板冲压显式动力学分析

7.3.1 问题与重难点描述

1. 问题描述

冲压是靠压力机和模具对板材、带材、管材和型材等施加外力，使之产生塑性变形或分离，从而获得所需形状和尺寸的工件（冲压件）的成形加工方法，已被广泛应用。已知被冲压板材料为 SS 304，其他结构材料为结构钢。若冲压模以 15000mm/s 的垂直速度冲击板材使之与弯曲模贴合产生弯曲变形，冲压模型如图 7-25 所示，试分析钢板冲压成形情况。

2. 重难点提示

本实例重难点在于 LS-DYNA 应用以及涉及的接触设置、边界施加、收敛性设置和结果后处理。

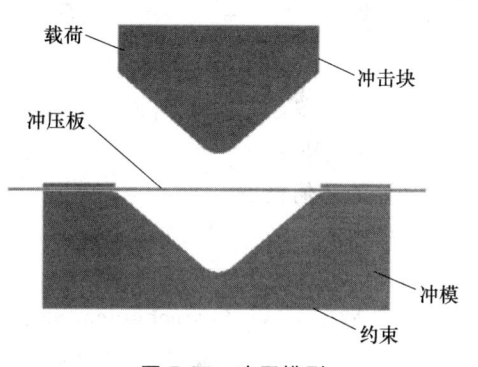

图 7-25 冲压模型

7.3.2 实例详细解析过程

1. 启动 Workbench

在"开始"菜单中执行 ANSYS 2024R1/R2→Workbench 2024R1/R2 命令。

2. 创建显式动力学分析

（1）在工具箱【Toolbox】的【Analysis Systems】中双击或拖动【LS-DYNA】到项目分析流程图，如图 7-26 所示。

（2）在 Workbench 的工具栏中单击【Save】，保存项目实例名称为 Stamping.wbpj。如工程实例文件保存在 D:\AWB\Chapter07 文件夹中。

3. 创建材料参数

（1）编辑工程数据单元，右击【Engineering Data】→【Edit...】。

（2）在工程数据属性中添加材料：在 Workbench 的工具栏上单击 进入工程材料

图 7-26 创建显示动力学分析

库，此时的界面显示【Engineering Data Sources】和【Outline of Favorites】。单击【Explicit Materials】，从【Outline of General materials】里查找【STEEL4340】材料，然后单击【Outline of Explicit Materials】表中的添加按钮 ，此时在 C167 栏中显示标示 ，表明材料添

加成功，如图 7-27 所示。

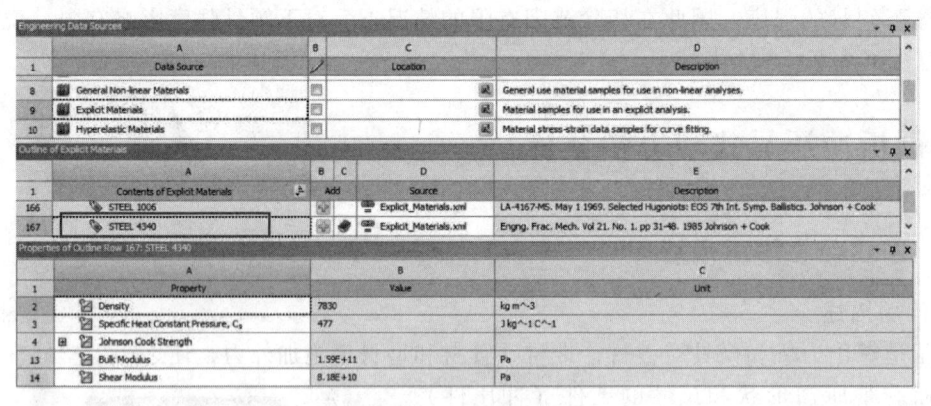

图 7-27 创建材料参数

（3）单击工具栏中的【A2：Engineering Data】关闭按钮，返回到 Workbench 主界面，新材料添加完毕。

4. 导入几何模型

在 LS-DYNA 分析上右击【Geometry】→【Import Geometry】→【Browse】，找到模型文件 Stamping.agdb，打开导入几何模型。如模型文件在 D:\AWB\Chapter07 文件夹中。

5. 进入 LS-DYNA-Mechanical 分析环境

（1）在显式力分析上右击【Model】→【Edit...】进入 Mechanical 分析环境。

（2）在 Mechanical 的环境主页【Home】功能区单位【Units】中选择单位为 Metric（mm，kg，N，s，mV，mA）。

6. 为几何模型分配厚度及材料

（1）在导航树上单击【Geometry】展开→【Plate】→【Details of "Plate"】→【Material】→【Assignment】=STEEL4340，其他默认。

（2）转换 Block 刚性行为。单击【Block】→【Details of "Block"】→【Definition】→【Stiffness Behavior】=Rigid，其他默认。

（3）转换 Impact 刚性行为。单击【Impact】→【Details of "Impact"】→【Definition】→【Stiffness Behavior】=Rigid，其他默认。

（4）转换 Baffle1 刚性行为。单击【Baffle1】→【Details of "Baffle1"】→【Definition】→【Stiffness Behavior】=Rigid，其他默认。

（5）转换 Baffle2 刚性行为。单击【Baffle2】→【Details of "Baffle2"】→【Definition】→【Stiffness Behavior】=Rigid，其他默认。

7. 接触设置

（1）在导航树上单击【Connections】→【Contact】→【Frictionless】，在接触详细栏，接触区域选择 Plate 下平面，无摩擦设置接触面如图 7-28 所示，目标区域选择 Black V 型面（共 7 个面），其他默认，无摩擦设置目标面如图 7-29 所示。

（2）设置绑定接触面。在导航树上单击【Connections】→【Contact】→【Bonded】，在接触详细栏，接触区域选择 Plate 上平面，目标区域选择 Baffle1 与 Plate 上平面对应的面，其他默认，如图 7-30 所示。

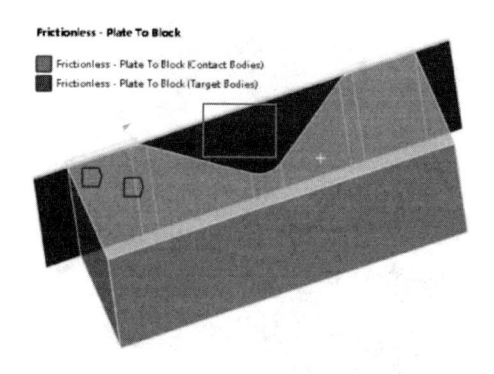

图 7-28 无摩擦设置接触面

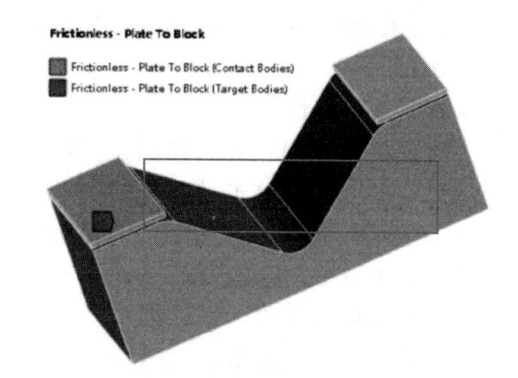

图 7-29 无摩擦设置目标面

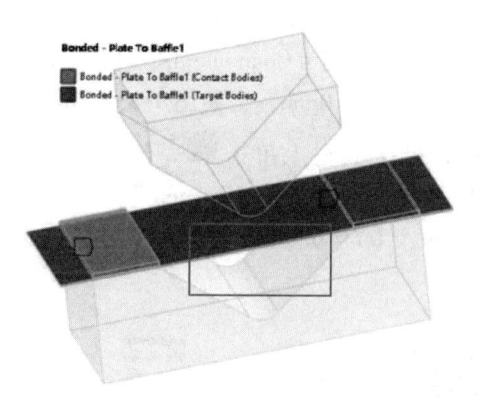

图 7-30 设置绑定接触面

(3) 设置绑定目标面。在导航树上单击【Connections】→【Contact】→【Bonded】，在接触详细栏，接触区域选择 Plate 上平面，目标区域选择 Baffle2 与 Plate 上平面对应的面，其他默认，如图 7-31 所示。

8. 划分网格

(1) 在导航树上单击【Mesh】→【Details of "Mesh"】→【Sizing】→【Use Adaptive Sizing】= Yes；【Resolution】= 6，其他默认。

(2) 在标准工具栏上单击 ，选择 Plate 模型，然后在导航树上右击【Mesh】，从弹出的快捷菜单中选择【Insert】→【Sizing】→【Details of "Body Sizing" - Sizing】→【Definition】→【Element Size】= 5mm，其他默认。

(3) 生成网格。右击【Mesh】→【Generate Mesh】，图形区域显示程序生成的六面体网格模型，如图 7-32 所示。

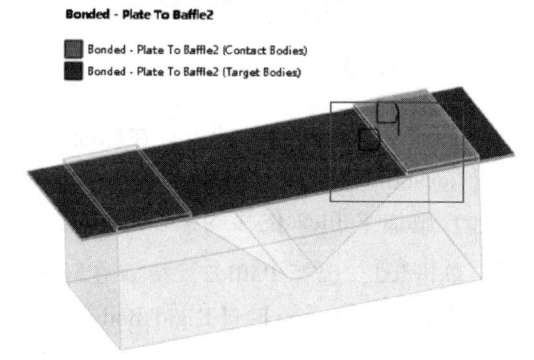

图 7-31 设置绑定目标面

(4) 网格质量检查。在导航树上单击【Mesh】→【Details of "Mesh"】→【Quality】→【Mesh Metric】= Element Quality，显示 Element Quality 规则下网格质量详细信息，平均值处在

良好的水平范围内，展开【Statistics】显示网格和节点数量。

9. 施加边界条件

（1）单击【LS-DYNA（A5）】。

（2）时间设置。单击【Analysis Settings】→【Details of "Analysis Settings"】→【Step Controls】→【End Time】= 0.005s，其他项默认。

（3）设置初始条件。在标准工具栏上单击 ![icon]，选择 Impact，在导航树上右击【Initial Conditions】，从弹出的快捷菜单中选择【Velocity】；接着依次选择【Velocity】→【Details of "Velocity"】→【Definition】→【Define By】= Components，【X Component】= 0mm/s，【Y Component】= -15000mm/s，【Z Component】= 0mm/s，如图 7-33 所示。

图 7-32 六面体网格模型

（4）施加位移约束。在标准工具栏上单击 ![icon]，选择 Impact，接着在环境功能区单击【Supports】→【Displacement】→【Details of "Displacement"】→【Definition】→【Define By】= Components，【X Component】= 0mm，【Y Component】= Free，【Z Component】= 0mm，如图 7-34 所示。

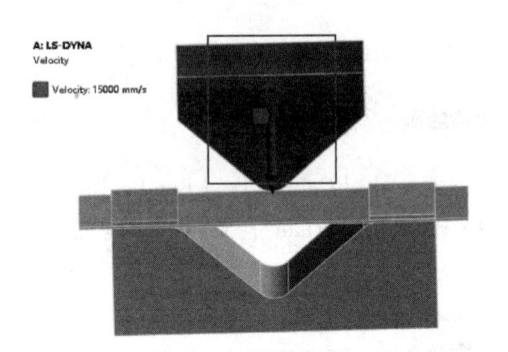

图 7-33 设置初始条件

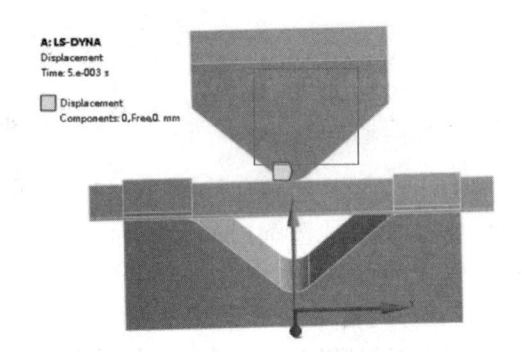

图 7-34 施加位移约束

（5）施加 Baffle1 位移约束。在标准工具栏上单击 ![icon]，选择 Baffle1，接着在环境功能区单击【Constraint】→【Rigid Body Constraint】，如图 7-35 所示。

（6）施加 Baffle2 位移约束。在标准工具栏上单击 ![icon]，选择 Baffle2，接着在环境功能区单击【Constraint】→【Rigid Body Constraint】，如图 7-36 所示。

（7）施加 Block 约束。在标准工具栏上单击 ![icon]，选择 Block，接着在环境功能区单击【Supports】→【Fixed Support】，如图 7-37 所示。

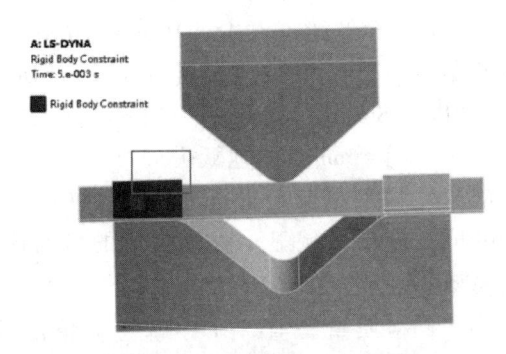

图 7-35 施加 Baffle1 位移约束

图 7-36 施加 Baffle2 位移约束 　　　　　图 7-37 施加 Block 约束

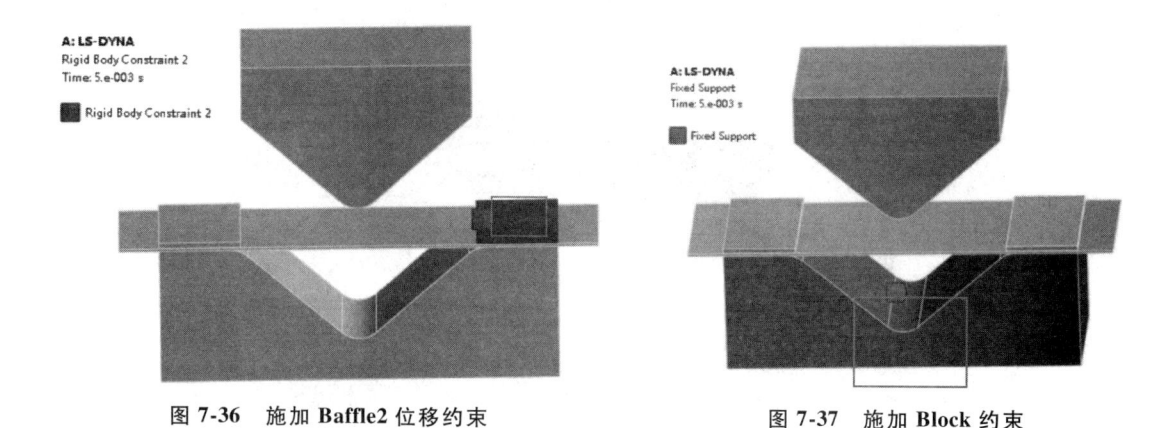

10. 设置需要的结果

(1) 在导航树上单击【Solution（A6）】。

(2) 在 Mechanical 环境求解功能区单击【Deformation】→【Total】。

(3) 在 Mechanical 环境求解功能区单击【Stress】→【Equivalent（von-Mises）】。

11. 求解与结果显示

(1) 在 Mechanical 环境求解功能区单击⚡进行求解运算。

(2) 运算结束后，单击【Solution（A6）】→【Total Deformation】，图形区域显示钢板冲压成形的整体变形分布云图及数据，如图 7-38 所示；单击【Solution（A6）】→【Equivalent（von-Mises）】，图形区域显示钢板冲压成形的等效应力分布云图及数据，如图 7-39 所示。

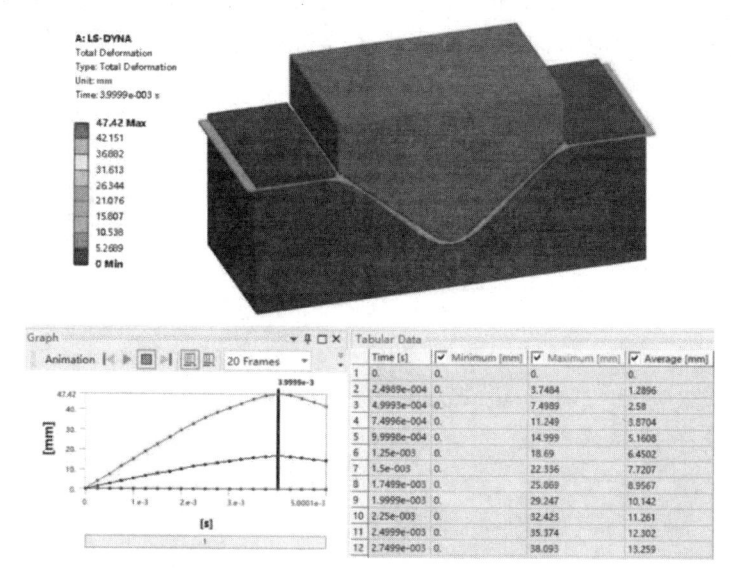

图 7-38 整体变形分布云图及数据

12. 保存与退出

(1) 退出 Workbench LS-DYNA-Mechanical 分析环境。单击 Mechanical 主界面的菜单【File】→【Close Mechanical】退出分析环境，返回到 Workbench 主界面，此时主界面的项目分析流程图中显示的分析已完成。

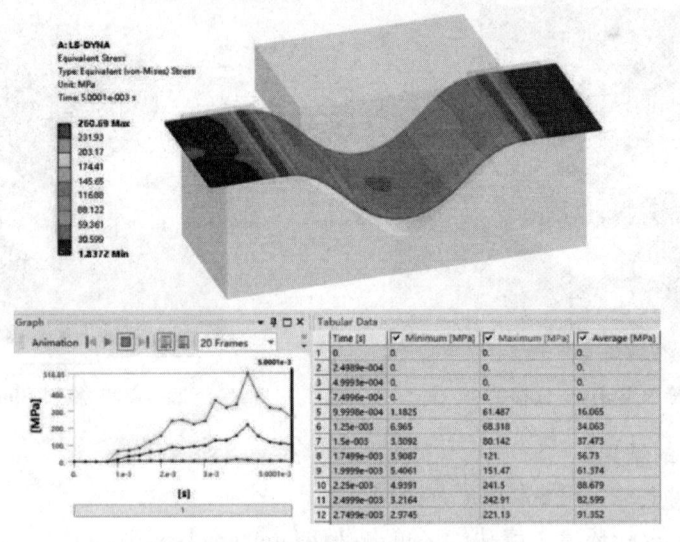

图 7-39 等效应力分布云图及数据

（2）单击 Workbench 主界面上的【Save】按钮，保存所有分析结果文件。

（3）退出 Workbench 环境。单击 Workbench 主界面的菜单【File】→【Exit】退出主界面，完成分析。

7.3.3 结果分析与点评

本实例是钢板冲压显式动力学分析，从分析结果来看，完整模拟了钢板冲击成形的过程以及在冲击过程中变形和应力的变化曲线。在分析过程中主要注意接触设置和边界条件设置。

第8章 热力学分析

8.1 直齿轮水冷淬火瞬态热分析

8.1.1 问题与重难点描述

1. 问题描述

直齿轮放置在方形水槽进行淬火处理,以提高齿轮强度、硬度等性能,散热模型如图 8-1 所示。已知直齿轮材料为结构钢,淬火温度 780℃,水槽中水温度为 40℃,水的密度为 1000kg/m³,导热系数为 0.61W/m·℃,比热容为 4178J/kg·℃,水槽外为空气有对流作用,对流系数为 5W/m²·℃。试求 120 秒后的直齿轮温度场分布。

2. 重难点提示

本实例重难点在于直齿轮放置在方形水槽瞬态热分析淬火过程,包括水域模型创建、边界设置、收敛性设置。

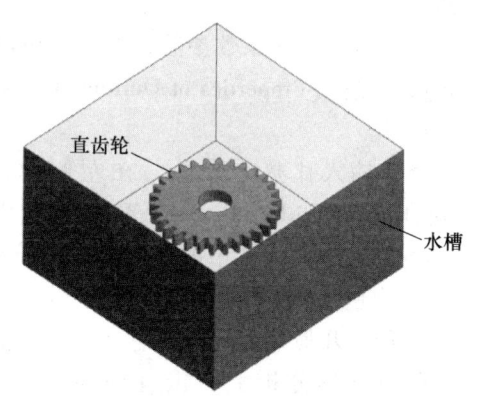

图 8-1 散热模型

8.1.2 实例详细解析过程

1. 启动 Workbench

在"开始"菜单中执行 ANSYS 2024R1/R2→Workbench 2024R1/R2 命令。

2. 创建稳态热分析

(1) 在工具箱【Toolbox】的【Analysis Systems】中拖动稳态热分析【Steady-State Thermal】到项目分析流程图,如图 8-2 所示。

(2) 在 Workbench 的工具栏中单击【Save】,保存项目实例名称为 Spur gear.wbpj。如工程实例文件保存在 D:\AWB\Chapter08 文件夹中。

3. 创建材料参数

(1) 编辑工程数据单元,右击【Engineering Data】→【Edit...】。

(2) 在工程数据属性中创建新材料:【Outline of Schematic A2:Engineering Data】→【Click here to add a new material】,输入材料名称 Water。

(3) 输入密度参数。单击工具栏【Filter Engineering Data】,在左侧单击【Physical Properties】展开,双击【Density】,设置【Properties of Outline Row 4:Water】→【Density】=

图 8-2 创建稳态热分析

1000 kg m^-3。

（4）输入导热系数参数。在左侧单击【Thermal】展开，双击【Isotropic thermal Conductivity】，设置【Properties of Outline Row 4：Water】→【Isotropic thermal Conductivity】= 0.61W m^-1 C^-1。

（5）输入比热容参数。在左侧单击【Thermal】展开，双击【Specific Heat】，设置【Properties of Outline Row 4：Water】→【Specific Heat】= 4178J kg^-1 C^-1。

（6）单击工具栏中的【A2：Engineering Data】关闭按钮，返回到 Workbench 主界面，新材料创建完毕，如图 8-3 所示。

4. 导入几何

在稳态热分析上右击【Geometry】→【Import Geometry】→【Browse】，找到模型文件 Spur gear.agdb，打开导入几何模型。如模型文件在 D:\AWB\Chapter08 文件夹中。

5. 进入 Mechanical 分析环境

（1）在稳态热分析上右击【Model】→【Edit...】进入 Mechanical 分析环境。

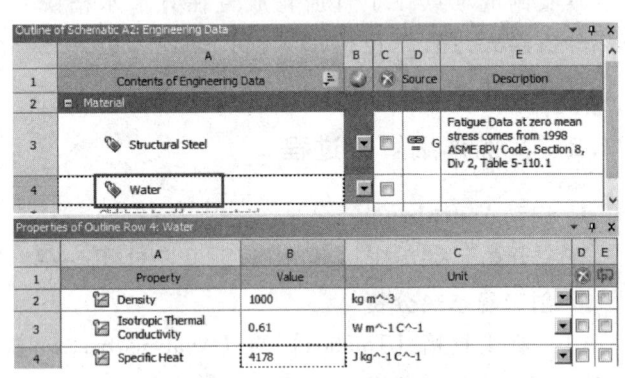

图 8-3 创建材料参数

（2）在 Mechanical 的环境主页【Home】功能区单位【Units】中选择单位为 Metric（mm，kg，N，s，mV，mA）。

6. 为几何模型分配材料

（1）为水分配材料。单击【Model】→【Geometry】→【Water】→【Detail of "Water"】→【Material】→【Assignment】= Water。

（2）为直齿轮分配材料。直齿轮材料为默认结构钢。

7. 几何模型划分网格

（1）在导航树上单击【Mesh】→【Details of "Mesh"】→【Sizing】→【Use Adaptive Sizing】=

No;【Capture Curvature】= Yes，其他默认。

（2）在标准工具栏上单击 ▣，先将水槽中的水模型隐藏，然后选择直齿轮模型，在导航树上右击【Mesh】，从弹出的快捷菜单中选择【Insert】→【Sizing】→【Details of "Body Sizing" - Sizing】→【Definition】→【Element Size】= 1mm，其他默认。

（3）生成网格。右击【Mesh】→【Generate Mesh】，图形区域显示程序生成的网格模型，如图 8-4 所示。

（4）网格质量检查。在导航树上单击【Mesh】→【Details of "Mesh"】→【Quality】→【Mesh Metric】= Element Quality，显示 Element Quality 规则下网格质量详细信息，平均值处在良好的水平范围内，展开【Statistics】显示网格和节点数量。

8. 施加边界条件

（1）选择【Steady-State Thermal（A5）】。

（2）为直齿轮施加温度。在标准工具栏里单击 ▣，选择直齿轮模型，然后在环境功能区单击【Temperature】。单击【Temperature】→【Details of "Temperature"】→【Definition】→【Magnitude】= 780℃，其他默认，如图 8-5 所示。

图 8-4 网格模型

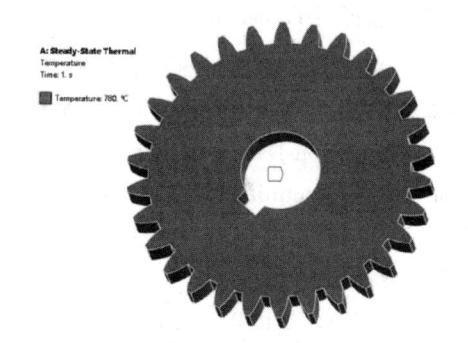

图 8-5 为直齿轮施加温度

（3）为水槽中的水施加温度。在标准工具栏里单击 ▣，空白处右击选择【Show All Bodies】，然后选择水槽中的水模型，在环境功能区单击【Temperature】。单击【Temperature】→【Details of "Temperature"】→【Definition】→【Magnitude】= 40℃，其他默认，如图 8-6 所示。

9. 设置需要的结果

（1）选择【Solution（A6）】。

（2）在 Mechanical 环境求解功能区单击【Thermal】→【Temperature】。

10. 求解与结果显示

（1）在 Mechanical 环境求解功能区单击 ⚡ 进行求解运算。

（2）在导航树上选择【Solution（A6）】→【Temperature】，图形区域显示稳态热传导计算得到的温度变化，如图 8-7 所示。

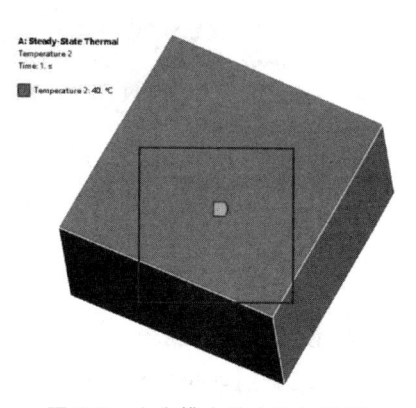

图 8-6 为水槽中的水施加温度

11. 创建瞬态热分析

返回到 Workbench 窗口，右击稳态热分析单元格的【Solution】→【Transfer Data To New】→【Transient Thermal】创建瞬态热分析，如图 8-8 所示。

图 8-7　稳态热传导计算得到的温度变化

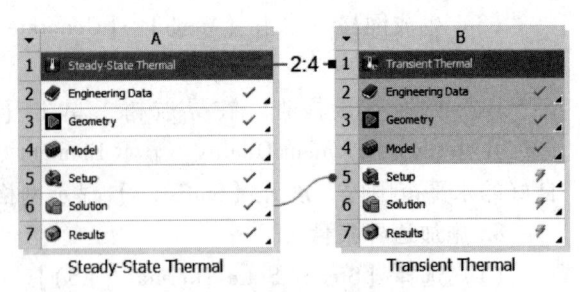

图 8-8　创建瞬态热分析

12. 施加边界条件

（1）返回到【Mechanical】分析环境。

（2）选择【Transient Thermal（B5）】。

（3）为水槽外施加对流。在标准工具栏里单击，选择水槽表面（Named Selections 下选择 Wall，选择 Wall 面以外的一个面），共 1 个面，然后在环境功能区单击【Convection】。单击【Convection】→【Details of "Convection"】→【Definition】→【Film Coefficient】= $5W/m^2 \cdot ℃$，【Definition】→【Ambient Temperature】= 40℃，其他默认，如图 8-9 所示。由于水槽除底部之外均可与空气发生传热，因此需要在水槽表面施加对流边界条件。

13. 分析设置

（1）在导航树上单击【Transient Thermal（B5）】。

（2）瞬态分析设置。单击【Analysis Settings】→【Details of "Analysis Settings"】→【Step Controls】→【Number Of Steps】= 1，【Current Step Number】= 1，【Step End Time】= 120s，【Auto Time Stepping】= Off，【Define By】= Time，【Time Step】= 5s，【Time Integration】= On，如图 8-10 所示。

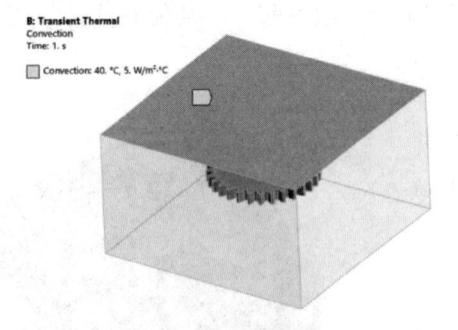

图 8-9　为水槽外施加对流

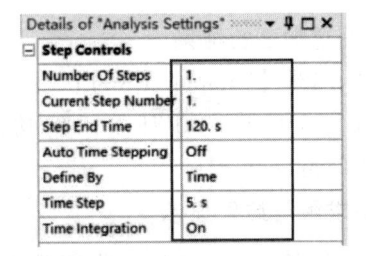

图 8-10　瞬态分析设置

14. 设置需要的结果

（1）选择【Solution（B6）】。

（2）在标准工具栏里单击，选择直齿轮模型，然后在 Mechanical 环境求解功能区单击【Thermal】→【Temperature】。

15. 求解与结果显示

（1）在 Mechanical 环境求解功能区单击 ⚡ 进行求解运算。

（2）在导航树上选择【Solution（B6）】→【Temperature】，图形区域显示瞬态下温度场分布及瞬态下温度变化趋势及数据，如图 8-11 和图 8-12 所示。

16. 保存与退出

（1）退出 Mechanical 分析环境。单击 Mechanical 主界面的菜单【File】→【Close Mechanical】退出分析环境，返回到 Workbench 主界面，此时主界面的项目分析流程图中显示的分析已完成。

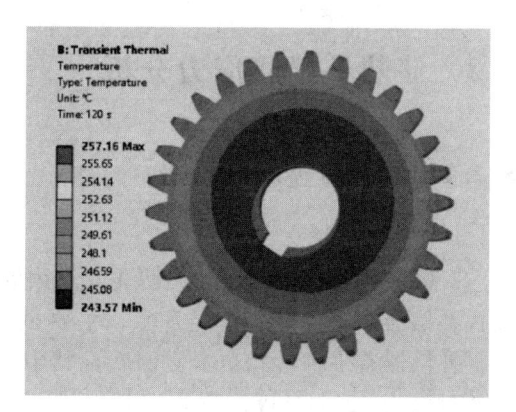

图 8-11 瞬态下温度场分布

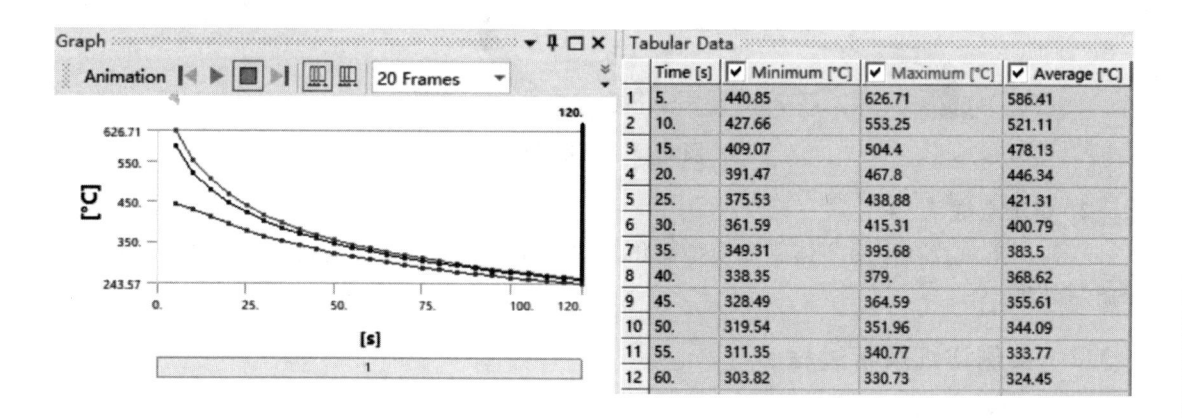

图 8-12 瞬态下温度变化趋势及数据

（2）单击 Workbench 主界面上的【Save】按钮，保存所有分析结果文件。

（3）退出 Workbench 环境。单击 Workbench 主界面的菜单【File】→【Exit】退出主界面，完成分析。

8.1.3 结果分析与点评

本实例是直齿轮水冷淬火瞬态热分析，从结果分析来看，齿轮加热到 780℃后放入 20℃的水槽中开始冷却，各个时段的温度最高点均集中在齿轮的中心，中心温度下降速度较慢，降温 60s 之后，齿轮中心温度降到 330.73℃，逐步进入马氏体的转变温度区，意味着金相组织转换还未完成，随着水温持续上升，这一过程将会放缓。由此可见，淬火过程中，如果降温速率过慢，组织一部分可能会转变为贝氏体，直接会影响齿轮淬火后的整体力学性能。本实例包含两步：前一步是稳态热分析，后一步是瞬态热分析。除了创建导热材料和热载荷施加，对于这类热分析还要注意创建流体域。

8.2 储热补偿管应力分析

8.2.1 问题与重难点描述

1. 问题描述

对复杂储热管道系统,为防止管道因温度升高引起热伸长产生的应力而遭到破坏,通常设置补偿器来避免以上情况发生,主要是利用管道弯曲管段的弹性变形来补偿管道的热伸长。补偿器有多种形式,本实例就是其中的一种,补偿管模型如图 8-13 所示。已知补偿器管的材料为 12Cr1MoV,热膨胀系数为 $1.2E-5C^{-1}$,弹性模量为 $2.14E+11Pa$,泊松比为 0.286。假设补偿器管内部温度 500℃,内壁压力 0.1MPa,两端固定,试求补偿器管的整体变形、剪切应力。

图 8-13 补偿管模型

2. 重难点提示

本实例重难点在于对实体管道模型简化、边界施加、梁单元管道结果后处理、管道应力求解后处理。

8.2.2 实例详细解析过程

1. 启动 Workbench

在"开始"菜单中执行 ANSYS 2024R1/R2→Workbench 2024R1/R2 命令。

2. 创建静态结构分析

(1) 在工具箱【Toolbox】的【Analysis Systems】中双击或拖动静态结构分析【Static Structural】到项目分析流程图,如图 8-14 所示。

(2) 在 Workbench 的工具栏中单击【Save】,保存项目实例名称为 Pipe.wbpj。如工程实例文件保存在 D:\AWB\Chapter08 文件夹中。

3. 创建材料参数

(1) 编辑工程数据单元,右击【Engineering Data】→【Edit...】。

(2) 在工程数据属性中创建新材料:【Outline of Schematic A2: Engineering Data】→【Click here to add a

图 8-14 创建静态结构分析

new material】,输入材料名称 12Cr1MoV。

(3) 输入线热膨胀系数。单击工具栏【Filter Engineering Data】,在左侧单击【Physical Properties】展开,双击【Isotropic Secant Coefficient of Thermal Expansion】,设置【Properties of Outline Row 4:12Cr1MoV】→【Coefficient of Thermal Expansion】=1.2E-5C^-1。

(4) 在左侧单击【Liner Elastic】展开,双击【Isotropic Elasticity】,设置【Properties of Outline Row 4:12Cr1MoV】→【Isotropic Elasticity】→【Young's Modulus】=2.14E+11Pa。

(5) 设置【Isotropic Elasticity】→【Poisson's Ratio】=0.286。

(6) 单击工具栏中的【A2:Engineering Data】关闭按钮,返回到 Workbench 主界面,新材料创建完毕,如图 8-15 所示。

图 8-15 创建材料参数

4. 导入几何

(1) 在静态结构分析上右击【Geometry】→【Import Geometry】→【Browse】,找到模型文件 Pipe.x_t,打开导入几何模型。如模型文件在 D:\AWB\Chapter08 文件夹中。

(2) 在静态结构分析上右击【Geometry】→【Edit Geometry in SpaceClaim...】进入 SpaceClaim 环境。

5. 模型简化处理

(1) 单击【Prepare】→【Beams】→【Extract】,然后框选整个模型,如图 8-16 所示。

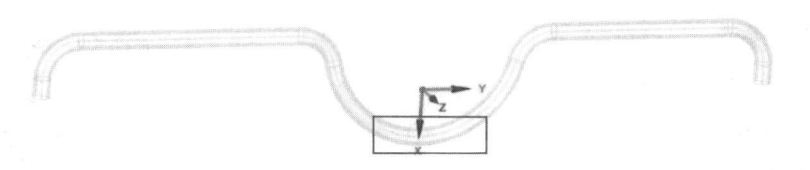

图 8-16 模型简化处理

(2) 单击 SpaceClaim 主界面的菜单【File】→【Exit SpaceClaim】退出几何建模环境。

(3) 返回 Workbench 主界面,单击 Workbench 主界面上的【Save】按钮保存。

6. 进入 Mechanical 分析环境

（1）在静态结构分析上右击【Model】→【Edit...】进入 Mechanical 分析环境。

（2）在 Mechanical 的环境主页【Home】功能区单位【Units】中选择单位为 Metric（mm，kg，N，s，mV，mA）。

7. 为几何模型分配属性及材料

在导航树上单击【Geometry】展开，选择【SYS\Extracted Beam（Extracted Profile1）】→【Details of "Multiple Selection"】→【Definition】→【Model Type】=Pipe；【Material】→【Assignment】=12Cr1MoV，其他默认。

8. 几何模型划分网格

（1）在导航树上单击【Mesh】→【Details of "Mesh"】→【Sizing】→【Use Adaptive Sizing】=Yes；【Resolution】=4，其他默认。

（2）生成网格。右击【Mesh】→【Generate Mesh】，图形区域显示程序生成的网格模型，如图 8-17 所示。

图 8-17 网格模型

（3）网格质量检查。在导航树上单击【Mesh】→【Details of "Mesh"】→【Quality】→【Mesh Metric】=Element Quality，显示 Element Quality 规则下网格质量详细信息，平均值处在良好的水平范围内，展开【Statistics】显示网格和节点数量。

9. 节点融合设置

（1）在导航树上右击【Mesh】，从弹出的快捷菜单中选择【Insert】→【Node Merge】，【Node Merge Group】→【Details of "Node Merge Group"】→【Tolerance Value】=0.01mm。

（2）在导航树上右击【Node Merge Group】，从弹出的快捷菜单中选择【Detect Connections】，自动探测在容差范围下可融合的节点连接。

（3）删除有问号第一个【Node Merge】。

（4）右击【Node Merge Group】，从弹出的快捷菜单中选择【Generate】，产生融合节点，如图 8-18 所示。

10. 施加边界条件

（1）选择【Static Structural（A5）】。

（2）施加管压力。在标准工具栏单击 ，选择所有管道模型，然后在环境功能区单击【Loads】→【Pipe Pressure】。单击【Pipe Pressure】→【Details of "Pipe Pressure"】→【Definition】→【Magnitude】=0.1MPa，其他默认，如图 8-19 所示。

（3）施加管温度。在标准工具栏单击 ，选择所有管

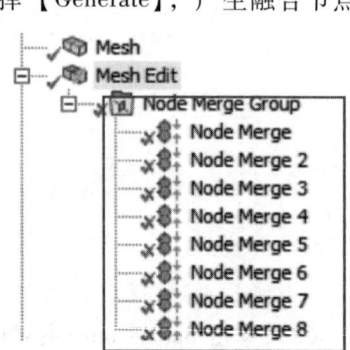

图 8-18 节点融合设置

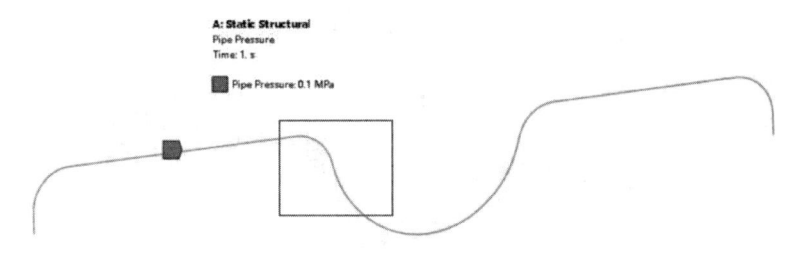

图 8-19 施加管压力

道模型,然后在环境功能区单击【Loads】→【Pipe Temperature】。单击【Pipe Temperature】→【Details of "Pipe Temperature"】→【Definition】→【Magnitude】= 500℃,其他默认,如图 8-20 所示。

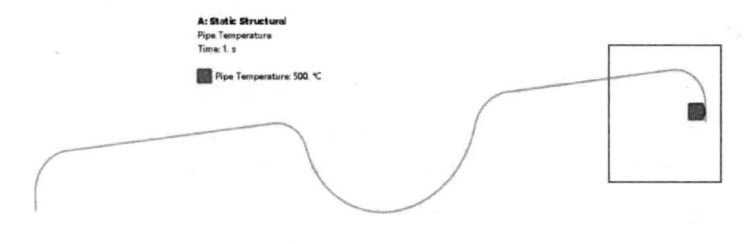

图 8-20 施加管温度

(4) 施加管变形。在标准工具栏单击 ,选择管道的 5 个弯管处,然后在环境功能区单击【Conditions】→【Pipe Idealization】,其他默认,如图 8-21 所示。

图 8-21 施加管变形

(5) 施加约束。在标准工具栏上单击选择点图标 ,选择管的一端,接着在环境功能区上单击【Supports】→【Fixed Support】,如图 8-22 所示。然后选择管的另一端,在环境功能区上单击【Supports】→【Fixed Support】,如图 8-23 所示。

图 8-22 施加管一端约束

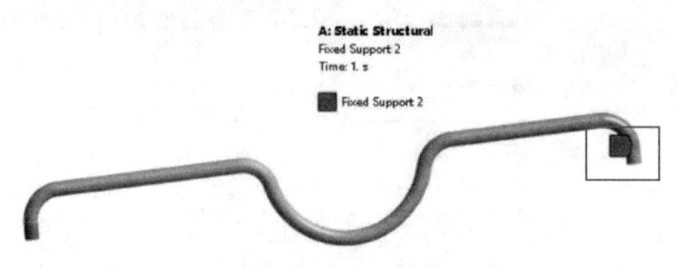

图 8-23　施加管另一端约束

11. 设置需要的结果

（1）选择【Solution（A6）】。

（2）在 Mechanical 环境求解功能区单击【Deformation】→【Total】。

（3）在 Mechanical 环境求解功能区单击【Beam Results】→【Shear Force】。

12. 求解与结果显示

（1）在 Mechanical 环境求解功能区单击 ⚡ 进行求解运算。

（2）在导航树上选择【Solution（A6）】→【Total Deformation】，图形区域显示补偿管总变形分布云图，如图 8-24 所示；选择【Solution（A6）】→【Total Shear Force】，图形区域显示补偿管总剪切应力分布云图，如图 8-25 所示。

图 8-24　补偿管总变形分布云图

图 8-25　补偿管总剪切应力分布云图

13. 保存与退出

（1）退出 Mechanical 分析环境。单击 Mechanical 主界面的菜单【File】→【Close Mechanical】退出分析环境，返回到 Workbench 主界面，此时主界面的项目分析流程图中显示的分析已完成。

（2）单击 Workbench 主界面上的【Save】按钮，保存所有分析结果文件。

（3）退出 Workbench 环境。单击 Workbench 主界面的菜单【File】→【Exit】退出主界面，完成分析。

8.2.3 结果分析与点评

本实例是储热补偿管应力分析，从分析结果来看，管道补偿器片中间部位变形较大，而剪切应力集中在弯管处，最大应力主要在可活动的右端。这主要是因为管受到热载荷和压力载荷所致。本实例主要应用基于 ASME B31.8-2012《气体传输和分配管道系统》ANSYS ACT 客户化管道评估插件进行分析，该客户化插件适用于管道应力校核，可进行环向应力、纵向应力及组合应力评估，可方便地将实体复杂管道简化为线体管道进行分析。注意：使用管道评估插件功能之前，需要先加载该插件。

第9章　裂纹扩展与寿命分析

9.1　钢筋混凝土开裂分析

9.1.1　问题与重难点描述

1. 问题描述

某长方形钢筋混凝土块模型如图 9-1 所示。混凝土长宽高分别为 3000mm、500mm、250mm，混凝土块的内部均匀配筋 36 根，每根间距 50mm，钢筋截面半径为 6mm。边界条件施加按照《混凝土结构设计规范》标准，试件两端均保持端部转动且水平方向可以有位移，其他方向受到约束。在实验过程中，若混凝土块受到 14MPa 压力冲击，试分析在冲击下混凝土块开裂情况。

2. 重难点提示

本实例重难点在于设置混凝土 Solid65 单元模型和钢筋 Link80 单元以及利用命令流实现两单元材料的耦合、求解及后处理。

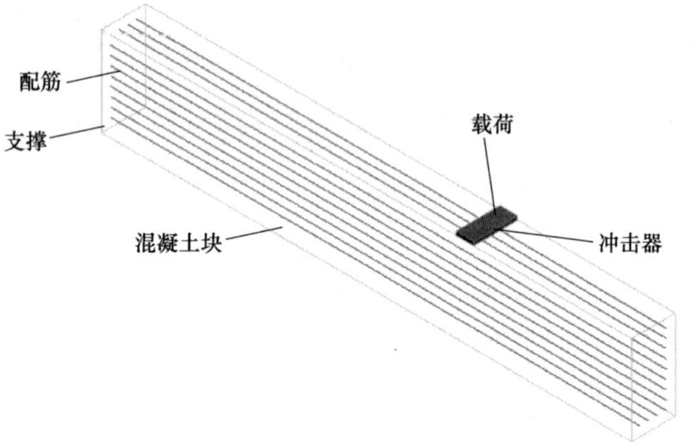

9.1.2　实例详细解析过程

1. 启动 Workbench

在"开始"菜单中执行 ANSYS 2024R1/R2→Workbench 2024R1/R2 命令。

图 9-1　某长方形钢筋混凝土块模型

2. 创建静态结构分析

（1）在工具箱【Toolbox】的【Analysis Systems】中双击或拖动静态结构分析【Static Structural】到项目分析流程图，如图 9-2 所示。

（2）在 Workbench 的工具栏中单击【Save】，保存项目实例名称为 Reinforced concrete.wbpj。如工程实例文件保存在 D:\AWB\Chapter09 文件夹中。

3. 创建材料参数

冲击器材料默认结构钢，钢筋材料以命令流形式体现，混凝土应力应变图峰值为 30MPa，应力应变曲线数据以命令流形式定义。

4. 导入几何

在静态结构分析上右击【Geometry】→【Import Geometry】→【Browse】，找到模型文件 Re-

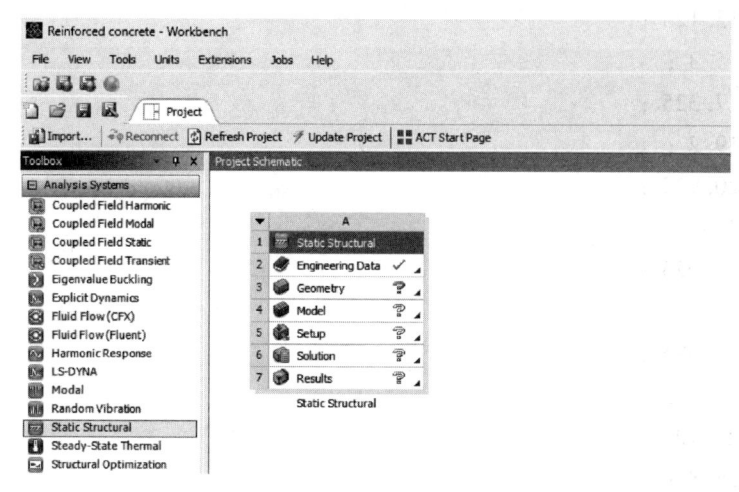

图 9-2 创建静态结构分析

inforced concrete.agdb，打开导入几何模型。如模型文件在 D：\AWB\Chapter09 文件夹中。

5. 进入 Mechanical 分析环境

（1）在静态结构分析上右击【Model】→【Edit...】进入 Mechanical 分析环境。

（2）在 Mechanical 的环境主页【Home】功能区单位【Units】中选择单位为 Metric（mm，kg，N，s，mV，mA）。

6. 为几何模型确定单元类型及材料

（1）定义混凝土单元类型及材料。单击【Model】→【Geometry】→【Concrete】，右击【Concrete】→【Insert】→【Commands】，然后在 Commands 窗口插入如下命令流。

ET,MATID,SOLID65   ！定义混凝土 Solid65 单元；
R,MATID,0,0,0,0,0,0   ！定义实常数，分别表示配筋的材料、体积和角度；
RMORE,0,0,0,0,0;

MP,EX,MATID,29250   ！定义混凝土杨氏模量；
MP,PRXY,MATID,0.2   ！定义混凝土泊松比；
MPTEMP,MATID,0 ;
！定义混凝土材料参数，开裂的剪力传递系数为 0.3-0.5,闭合的剪力传递系数为 1.0；
TB,CONCR,MATID,1,9 ;
TBTEMP,22 ;
TBDATA,1,0.3,0.8,1.5,25 ;

TB,MISO,MATID,1,35,0 ;
TBTEMP,22 ;
TBPT,,0.0001,2.925 ;
TBPT,,0.0002,5.7 ;
TBPT,,0.0003,8.325 ;
TBPT,,0.0004,10.8 ;

TBPT,,0.0005,13.125 ;
TBPT,,0.0006,15.3 ;
TBPT,,0.0007,17.325 ;
TBPT,,0.0008,19.2 ;
TBPT,,0.0009,20.925 ;
TBPT,,0.001,22.5 ;
TBPT,,0.0011,23.925 ;
TBPT,,0.0012,25.2 ;
TBPT,,0.0013,26.325 ;
TBPT,,0.0014,27.3 ;
TBPT,,0.0015,28.125 ;
TBPT,,0.0016,28.8 ;
TBPT,,0.0017,29.325 ;
TBPT,,0.0018,29.7 ;
TBPT,,0.0019,29.925 ;
TBPT,,0.002,30 ;
TBPT,,0.0021,30 ;
TBPT,,0.0022,30 ;
TBPT,,0.0023,30 ;
TBPT,,0.0024,30 ;
TBPT,,0.0025,30 ;
TBPT,,0.0026,30 ;
TBPT,,0.0027,30 ;
TBPT,,0.0028,30 ;
TBPT,,0.0029,30 ;
TBPT,,0.003,30 ;
TBPT,,0.0031,30 ;
TBPT,,0.0032,30 ;
TBPT,,0.0033,30 ;
TBPT,,0.0034,30 ;
TBPT,,0.0035,30 ;

（2）定义冲击器【Impactor】材料。冲击器材料为默认结构钢。

（3）定义钢筋单元类型及材料。单击【Model】→【Geometry】→【Rebar】→【Line Body】，右击【Line Body】→【Insert】→【Commands】，然后在 Commands 窗口插入如下命令流，其他余下 35 个 Line Body 下也插入该命令流。

ET,MATID,LINK180   ！定义钢筋单元 LINK180 单元 ；
MPDATA,EX,MATID,,2e5   ！定义钢筋杨氏模量 ；
MPDATA,PRXY,MATID,,0.3   ！定义钢筋泊松比 ；
TB,BISO,MATID,1,2 ；

TBDATA,,460,2100；

R,MATID,12,,0；

7. 创建对称

（1）首先在标准工具栏上单击 ![icon]，选择混凝土截面，如图9-3所示；然后右击【Model（A4）】→【Insert】→【Symmetry】，再右击【Symmetry】→【Insert】→【Symmetry Region】。

（2）选择【Symmetry Normal】=X Axis。

8. 创建接触连接

（1）在导航树上展开【Connections】→【Contacts】，单击【Contact Region】，默认程序自动识别的接触面与目标面。右击【Contact Region】，从弹出的快捷菜单中选择【Rename Based On Definition】，重新命名目标面与接触面。

（2）接触设置。单击【Bonded-Concrete To Impactor】→【Details of "Bonded-Concrete To Impactor"】→【Definition】→【Type】=No Separation；【Advanced】→【Formulation】=MPC，【Small Sliding】=Off，其他默认，如图9-4所示。

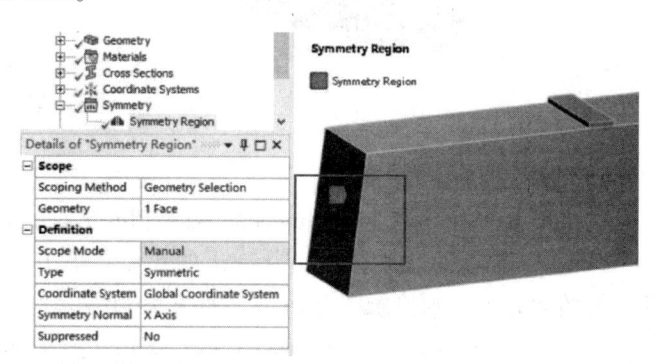

图9-3 创建对称

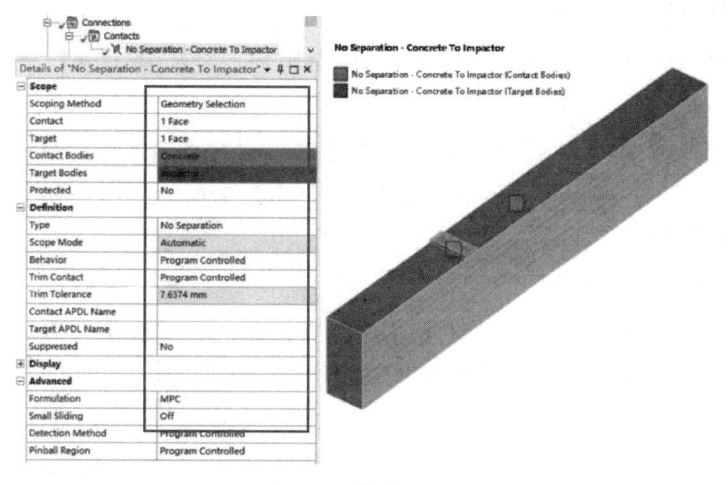

图9-4 接触设置

9. 划分网格

（1）在导航树上单击【Mesh】→【Details of "Mesh"】→→【Defaults】→【Element Size】=50mm；【Sizing】→【Use Adaptive Sizing】=Yes，【Resolution】=2，其他默认。

（2）生成网格。右击【Mesh】→【Generate Mesh】，图形区域显示程序生成的网格模型，如图9-5所示。

（3）网格质量检查。在导航树上单击【Mesh】→【Details of "Mesh"】→【Quality】→【Mesh Metric】=Skewness，显示Skewness规则下网格质量详细信息，平均值处在良好的水平范围内，展开【Statistics】显示网格和节点数量。

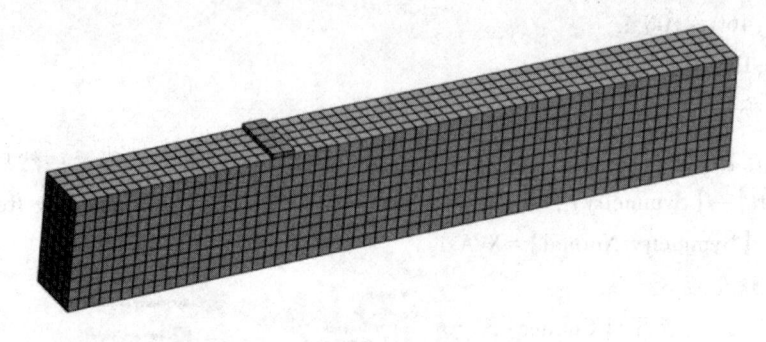

图 9-5 网格模型

10. 接触初始检测

（1）在导航树上右击【Connections】→【Insert】→【Contact Tool】。

（2）右击【Contact Tool】，从弹出的快捷菜单中选择【Generate Initial Contact Results】，经过初始运算，得到接触状态信息，如图 9-6 所示。

Name	Contact Side	Type	Status	Number Contacting	Penetration (mm)	Gap (mm)	Geometric Penetration (mm)	Geometric Gap (mm)	Resulting Pinball (mm)	Real Constant
No Separation - Concrete To Impactor	Contact	No Separation	Inactive	N/A	N/A	N/A	N/A	N/A	N/A	39.
No Separation - Concrete To Impactor	Target	No Separation	Closed	10.	0.	0.	0.	0.	5.	40.

图 9-6 接触状态信息

11. 创建支撑节点

（1）在工具栏单击 ![icon]，图形窗口显示坐标系图标，然后在工具栏单击节点选择图标 ![icon]，依次选择 Z 轴方向 6 个节点。

（2）在图形窗口右击，从弹出的快捷菜单中选择【Create Name Selection (N)】，弹出【Selection Name】窗口，然后输入 Support，单击【OK】关闭，如图 9-7 所示。

12. 施加边界条件

（1）选择【Static Structural (A5)】。

（2）施加冲击力。在 Mechanical 标准工具栏单击 ![icon]，选择冲击器表面，然后在环境功能区单击【Loads】→【Pressure】→【Details of "Pressure"】→【Definition】→【Magnitude】= 14MPa，如图 9-8 所示。

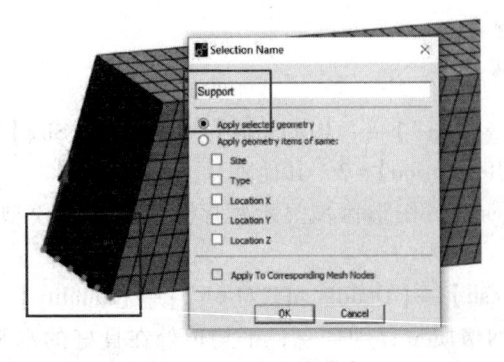

图 9-7 创建支撑节点　　　　　图 9-8 施加冲击力

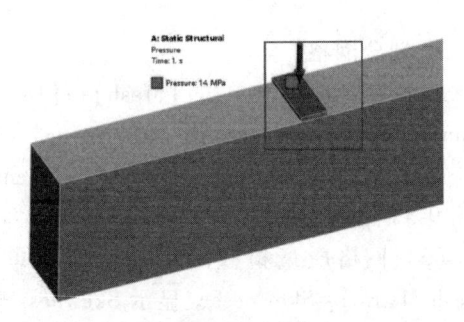

(3) 施加节点支撑。在环境功能区单击【Direct FE】→【Nodal Displacement】→【Details of "Nodal Displacement"】→【Scope】→【Name Selection】= Support；【Definition】→【X Component】= Free，【Y Component】= 0mm，【Z Component】= 0mm，如图9-9所示。

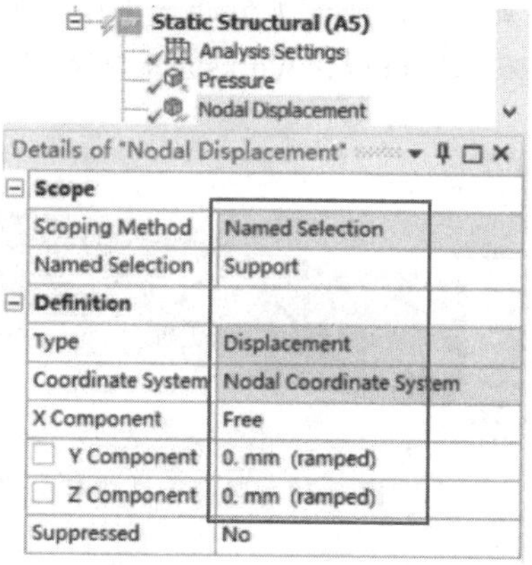

(4) 右击【Static Structural（A5）】→【Insert】→【Commands】，然后在Commands窗口插入如下命令流。

```
/PREP7              !进入前处理；
ESEL,S,ENAME,,65    !选择所有单元类型Solid65；
ESEL,A,ENAME,,180   !选择所有单元类型Link180；
ALLSEL,BELOW,ELEM   !选择所有实体和有限元要素；
CEINTF,0.001,       !将连个不相容网格形式的区域连接起来生成约束，在两者界面的节点处设立约束方程,0.001表示为约束方程公差；
ALLSEL,ALL    !一个在Workbench Commands中的必须输入项；
/SOLU；
OUTRES,ALL,ALL   !输出所有求解选项,载荷步的每一步结果都写入；
```

图 9-9 施加节点支撑

13. 设置需要的结果

(1) 选择【Solution（A6）】。

(2) 在求解工具栏上单击【Strain】→【Equivalent（von-Mises）】。

(3) 在标准工具栏上单击 ，然后在求解工具栏上单击【Stress】→【Equivalent（von-Mises）】。

(4) 右击【Solution（A6）】→【Insert】→【Commands】，然后在Commands窗口插入如下命令流。

```
/SHOW,png    !显示结果方式；
/ANG,1,1；
/VIEW,1,0,0,0  !设置视角；
SET,1,1；
/DEVICE,VECTOR,ON   !云图为等值线图；
! PLNSOL,s,eqv；
! SET,lstep,1；
SET,last   ；
PLCRACK      !Solid65单元后处理显示拉裂压碎状态；
```

14. 求解与结果显示

(1) 在Mechanical环境求解功能区单击 进行求解运算。

(2) 在导航树上选择【Solution（A6）】→【Equivalent Elastic Strain】，图形区域显示混凝土块应变分布，如图9-10所示；选择【Solution（A6）】→【Equivalent Stress】，图形区域显示

混凝土块等效应力分布,如图 9-11 所示;选择【Solution（A6）】→【Commands（APDL）】→【Post Output】,Worksheet 显示混凝土块裂纹开裂结果,如图 9-12 所示。

图 9-10 混凝土块应变分布

图 9-11 混凝土块等效应力分布

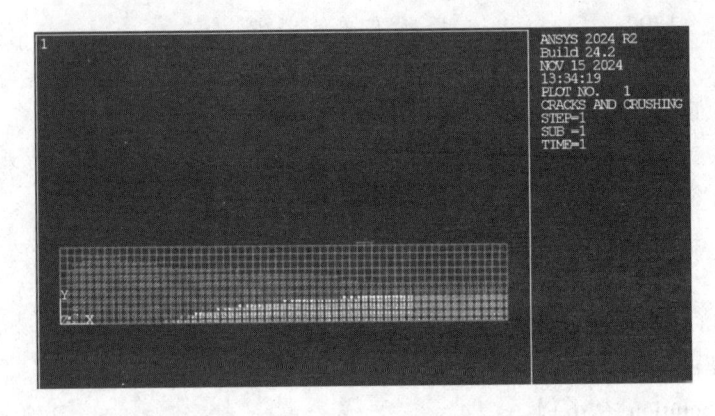

图 9-12 混凝土块裂纹开裂结果

15. 保存与退出

（1）退出 Mechanical 分析环境。单击 Mechanical 主界面的菜单【File】→【Close Mechanical】退出分析环境,返回到 Workbench 主界面,此时主界面的项目分析流程图中显示的分析已完成。

（2）单击 Workbench 主界面上的【Save】按钮,保存所有分析结果文件。

（3）退出 Workbench 环境。单击 Workbench 主界面的菜单【File】→【Exit】退出主界面,完成分析。

9.1.3 结果分析与点评

本实例是钢筋混凝土开裂分析,从结果分析来看,根据本例问题描述给出的条件,基本模拟出了钢筋混凝土开裂的情况,由于真实开裂是个复杂过程,其结果有待具体实验来检验,不过其中的方法值得借鉴。本例中,使用了混凝土 Solid65 单元,Solid65 是种无中间节点的 8 节点空间实体单元,包含了混凝土三维强度准则,可以定义弥散钢筋单元组成的钢筋模型,在空间方向设置不同的钢筋位置、配筋率、角度等参数,而钢筋采用 Link180 单元,如本例模型分配了 36 根钢筋。在本例中,使用了各种有效的方法,如采用对称方法、命令流辅助完成求解以及为避免约束端应力集中而先被破坏,采用节点位移约束,采用六面体网格便于求解收敛等。

9.2 某种球形压力容器裂纹分析

9.2.1 问题与重难点描述

1. 问题描述

某圆柱形接管球形压力容器，容器结构参数：球内径 180mm，球外径 200mm，圆柱形接管尺寸，内径 30mm，外径 50mm，长 70mm，接管外伸长度 150mm，焊缝外侧过渡圆角半径 5mm，压力容器模型如图 9-13 所示。不考虑温度影响，球形压力容器工作压力为 1MPa，假设容器焊缝外侧过渡圆角有半椭圆形裂纹，材料为结构钢，试用预裂纹法求容器壁厚的线性化等效应力、I 型应力强度因子及变化情况。

2. 重难点提示

本实例重难点在于创建球形压力容器预裂纹、对称边界施加、利用命令流求解及后处理。

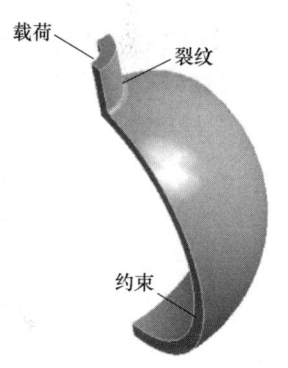

图 9-13 压力容器模型

9.2.2 实例详细解析过程

1. 启动 Workbench

在"开始"菜单中执行 ANSYS 2024R1/R2 → Workbench 2024R1/R2 命令。

2. 创建静态结构分析

（1）在工具箱【Toolbox】的【Analysis Systems】中双击或拖动静态结构分析【Static Structural】到项目分析流程图，如图 9-14 所示。

（2）在 Workbench 的工具栏中单击【Save】，保存项目实例名称为 Spherical vessel.wbpj。如工程实例文件保存在 D:\AWB\Chapter09 文件夹中。

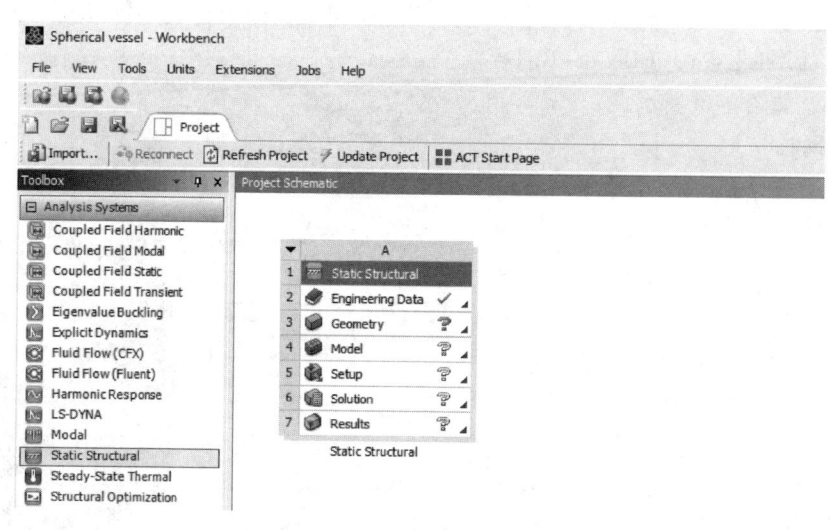

图 9-14 创建静态结构分析

3. 创建材料参数（默认结构钢）

4. 导入几何模型

在静态结构分析上右击【Geometry】→【Import Geometry】→【Browse】，找到模型文件 Spherical vessel.agdb，打开导入几何模型。如模型文件在 D：\AWB\Chapter09 文件夹中。

5. 进入 Mechanical 分析环境

（1）在静态结构分析上右击【Model】→【Edit...】进入 Mechanical 分析环境。

（2）在 Mechanical 的环境主页【Home】功能区单位【Units】中选择单位为 Metric（mm，kg，N，s，mV，mA）。

6. 为几何模型分配材料（材料默认为结构钢）

7. 创建构造线

在导航树上单击【Model（A4）】→【Construction Geometry】，单击【Construction Geometry】→【Path】→【Details of "Path"】→【Definition】→【Path Type】=Edge；在工具栏单击 ，然后选择容器厚度方向底边线，在路径详细栏确认选择，如图 9-15 所示。

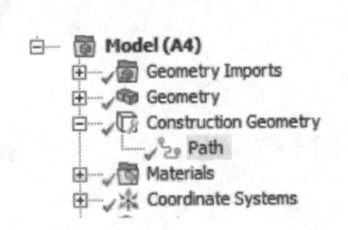

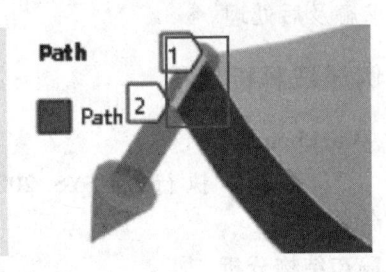

图 9-15 创建构造线

8. 定义局部坐标

（1）在 Mechanical 标准工具栏单击 ，选择容器接头管圆角表面上合适点。然后右击，从弹出的快捷菜单中选择【Create Coordinate System Aligned With Hit Point】。

（2）单击【Coordinate Systems】→【Details of "Coordinate Systems"】→【Orientation About Principal Axis】→【Axis】=Y，【Define By】=Global Y Axis，如图 9-16 所示。

9. 划分网格

（1）在导航树上单击【Mesh】→【Details of "Mesh"】→【Sizing】→【Use Adaptive Sizing】=No；【Capture Curvature】=Yes，其他均默认。

（2）在标准工具栏单击 ，选择球形容器模型，然后右击【Mesh】，从弹出的快捷菜单中选择【Insert】→【Method】→【Details of "Automatic Method"】→【Definition】→【Method】=Tetrahedrons，【Algorithm】=Patch Conforming，

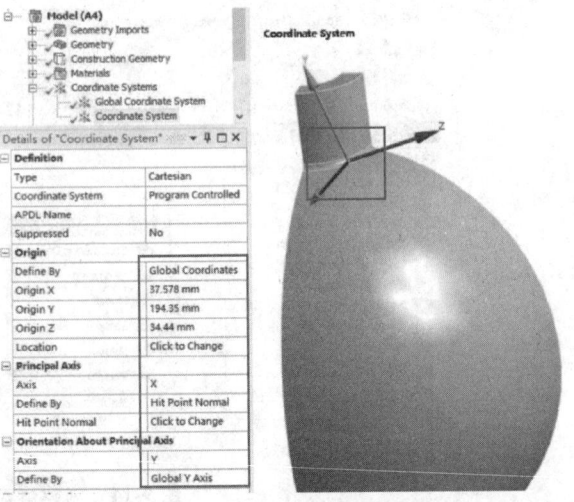

图 9-16 定义局部坐标

其他默认。

（3）在标准工具栏单击 ▣，选择球形容器模型，右击【Mesh】→【Insert】→【Sizing】，【Body Sizing】→【Details of "Body Sizing"-Sizing】→【Element Size】=6mm。

（4）生成网格。右击【Mesh】→【Generate Mesh】，图形区域显示程序生成的四面体网格模型，如图9-17所示。

（5）网格质量检查。在导航树上单击【Mesh】→【Details of "Mesh"】→【Quality】→【Mesh Metric】=Skewness，显示Skewness规则下网格质量详细信息，平均值处在良好的水平范围内，展开【Statistics】显示网格和节点数量。

10. 定义裂纹

（1）在导航树上右击【Model（A4）】→【Insert】→【Fracture】插入断裂工具。

（2）选择三通接头管模型，右击【Fracture】→【Insert】→【Semi-Elliptical Crack】，单击【Semi-Elliptical Crack】→【Details of "Semi-Elliptical Crack"】→【Definition】→【Coordinate System】=Coordinate System，【Major Radius】=4mm，【Minor Radius】=3mm，【Largest Contour Radius】=1mm，【Crack Front Divisions】=50，【Circumferential Divisions】=16，【Mesh Contours】=20，其他默认，如图9-18所示。

图 9-17　四面体网格模型

（3）生成裂纹网格。右击【Fracture】→【Generate All Crack Meshes】生成裂纹网格，如图9-19所示。

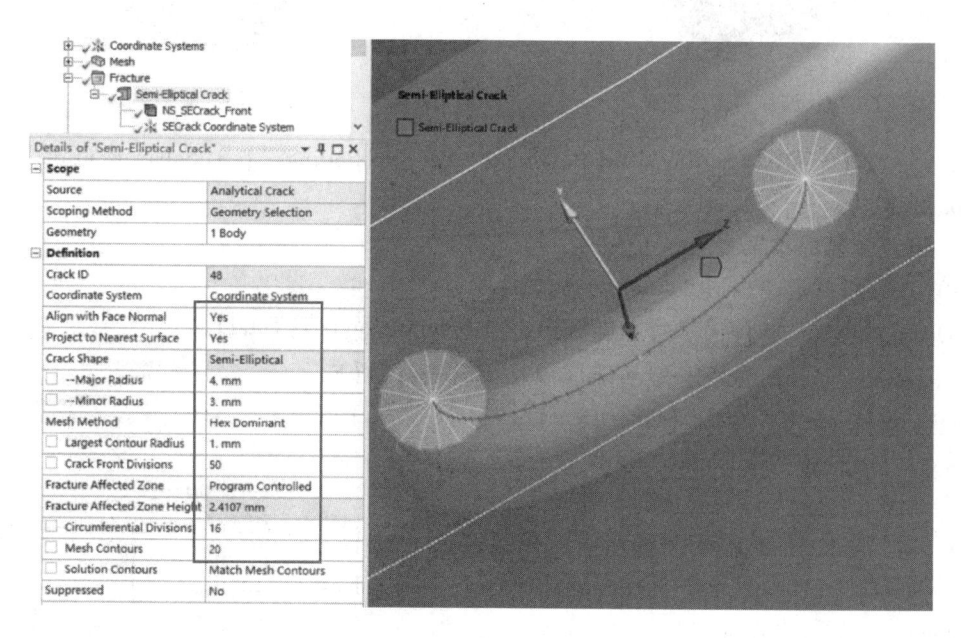

图 9-18　定义裂纹

11. 施加边界条件

（1）单击【Static Structural（A5）】。

（2）施加内压力载荷。在标准工具栏单击 ▣，选择容器内径表面及接管内表面，接着在环境功能区单击【Loads】→【Pressure】→【Details of "Pressure"】→【Definition】→【Define By】= Normal To，【Magnitude】= 1MPa，如图 9-20 所示。

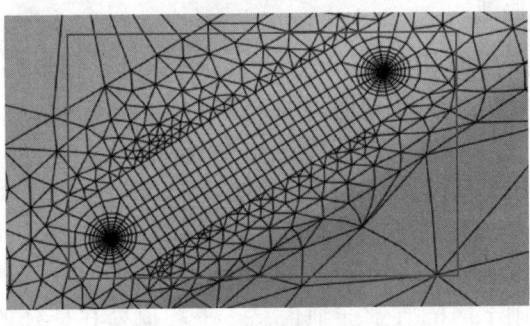

图 9-19　裂纹网格

（3）施加约束。在标准工具栏单击 ▣，选择侧面及接头端面，接着在环境功能区单击【Supports】→【Frictionless Support】，如图 9-21 所示。

图 9-20　施加内压力载荷

图 9-21　施加约束

（4）设置【Analysis Settings】→【Details of "Analysis Settings"】→【Solver Controls】→【Solver Type】= Direct。

12. 设置需要的结果

（1）在导航树上单击【Solution（A6）】。

（2）在 Mechanical 环境求解功能区单击【Deformation】→【Total】。

（3）在 Mechanical 环境求解功能区单击【Stress】→【Equivalent（von-Mises）】，单击【Linearized Equivalent Stress】→【Details of "Linearized Equivalent Stress"】→【Scope】→【Scope Method】= Path，【Path】= Path，其他默认。

（4）在 Mechanical 环境求解功能区单击【Toolbox】→【Fracture Tool】→【Details of "Fracture Tool"】→【Crack Selection】= Semi-Elliptical Crack。

（5）单击【Fracture Tool】→【SIFS（K1）】→【Details of "SIFS（K1）"】→【By】= Result Set，其他默认，如图 9-22

图 9-22　设置需要的结果

所示。

（6）右击【Solution（A6）】→【Insert】→【Commands】，然后在 Commands 窗口插入如下命令流。

```
/SOLU

CINT,NEW,1
CINT,TYPE,TSTR              ! CALCULATE T-STRESS
CINT,CTNC,NS_SECrack_Front  ! CRACK ID
CINT,NCON,10                ! NUMBER OF COUNTOURS

CINT,LIST
ALLSEL,ALL
/Show,png                   ! output to png format
/POST1
/OUT,
PLCINT,,,TSTRESS
```

（7）单击【Commands】，然后在工具栏单击【New Figure or Image】图标，再单击【Image】图标。

13. 求解与结果显示

（1）在 Mechanical 环境求解功能区单击 进行求解运算。

（2）运算结束后，单击【Solution（A6）】→【Total Deformation】，图形区域显示球形压力容器变形分布云图，如图 9-23 所示；单击【Solution（A6）】→【Linearized Equivalent Stress】，查看线性化等效应力云图及数据，如图 9-24 和图 9-25 所示；单击【Fracture Tool】→【SIFS（K1）】，查看 I 型应力强度因子结果云图及数据，如图 9-26 和图 9-27 所示；单击【Solution（A6）】→【Image】，查看 II 型应力强度因子结果视图与数据如图 9-28 所示。

图 9-23 球形压力容器变形分布云图

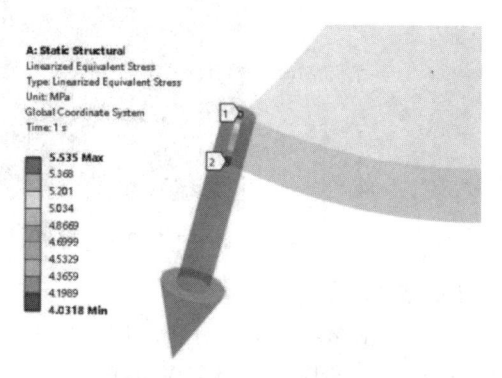

图 9-24 线性化等效应力云图

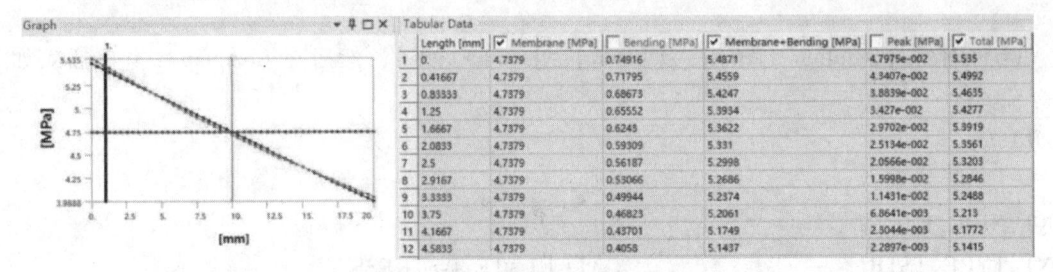

图 9-25 线性化等效应力数据

图 9-26 Ⅰ型应力强度因子结果云图

图 9-27 Ⅰ型应力强度因子结果视图与数据

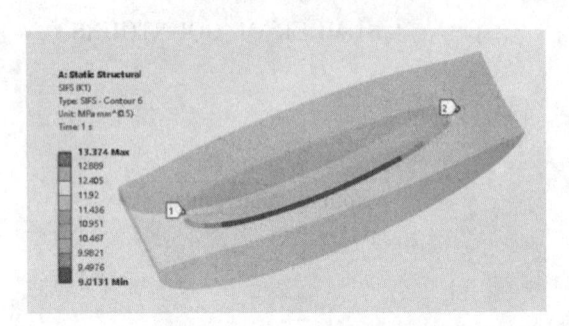

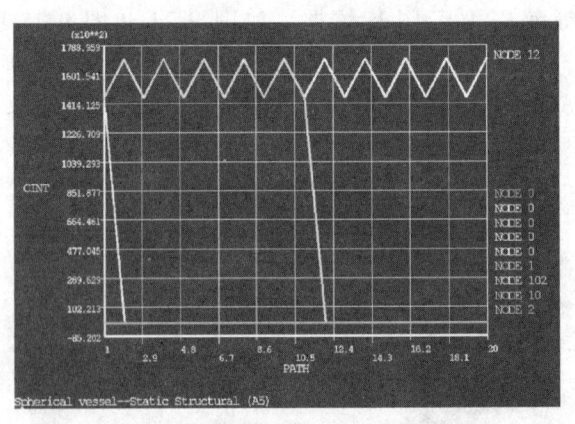

图 9-28 Ⅱ型应力强度因子结果视图与数据

14. 保存与退出

（1）退出 Mechanical 分析环境。单击 Mechanical 主界面的菜单【File】→【Close Mechanical】退出分析环境，返回到 Workbench 主界面，此时主界面的项目分析流程图中显示的分析已完成。

（2）单击 Workbench 主界面上的【Save】按钮，保存所有分析结果文件。

(3) 退出 Workbench 环境。单击 Workbench 主界面的菜单【File】→【Exit】退出主界面，完成分析。

9.2.3 结果分析与点评

本实例是某种球形压力容器裂纹分析，从分析结果来看，包含了两个重要知识点：预裂纹创建和断裂工具应用。在本例中如何创建预裂纹、采用何种裂纹扩展分析方法是关键，这牵涉到实例模型及裂纹创建、裂纹扩展方法选择、对应的边界条件设置、断裂裂纹求解及后处理。实际上，在裂纹扩展分析方法一定可选的情况下，裂纹扩展分析的主要任务是根据实际情况创建合适的裂纹。目前可以创建任意形状裂纹，这为裂纹扩展分析带来了便利。

9.3 某型股骨柄疲劳分析

9.3.1 问题与重难点描述

1. 问题描述

某型包含金属股骨头的生物型植入物钛合金股骨柄，柄颈部常为薄弱位置，其模型如图 9-29 所示。金属股骨柄长时间植入人体除了本身强度要有保证外，疲劳强度也是考虑的重要因素，因此对股骨柄进行疲劳寿命分析是必要的。由于股骨柄植入人体运动复杂，本实例只考虑全逆疲劳载荷，假设股骨柄远端固定，并承受 2300N 的力载荷，SN 曲线根据 JB 4732—2005 中表 C-1 确定，如表 9-1 所示。试求钛合金股骨柄总体变形、应力，颈部应力及疲劳情况。

表 9-1 钛合金材料的疲劳数据（SN 数据）

循环次数(N)	1e1	2e1	5e1	1e2	2e2	5e2	1e3	2e3
交变应力(S)/MPa	4000	2828	1897	1414	1069	724	572	441
循环次数(N)	5e3	1e4	2e4	5e4	1e5	2e5	5e5	1e6
交变应力(S)/MPa	331	262	214	159	138	114	93.1	86.2

2. 重难点提示

本实例重难点在于股骨柄载荷边界设置、疲劳载荷、疲劳平均应力修正选择、疲劳求解及后处理。

9.3.2 实例详细解析过程

1. 启动 Workbench

在"开始"菜单中执行 ANSYS 2024R1/R2 → Workbench 2024R1/R2 命令。

2. 创建静态结构分析

(1) 在工具箱【Toolbox】的【Analysis Systems】中双击或拖动静态结构分析项目【Static Structural】到项目分析流程图，如图 9-30 所示。

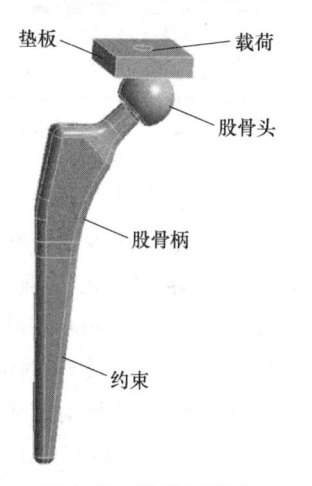

图 9-29 股骨柄模型

（2）在 Workbench 的工具栏中单击【Save】，保存项目工程名称为 Femur.wbpj。如工程实例文件保存在 D：\AWB\Chapter09 文件夹中。

图 9-30 创建静态结构分析

3. 创建材料参数

（1）编辑工程数据单元，右击【Engineering Data】→【Edit...】。

（2）在工程数据属性中添加材料：在 Workbench 的工具栏上单击 进入工程材料库，此时的界面显示【Engineering Data Sources】和【Outline of Favorites】。选择 A4 栏【General materials】，从【Outline of General materials】里查找钛合金【Titanium Alloy】材料，然后单击【Outline of General Material】表中的添加按钮 ，此时在 C14 栏中显示标示 ，表明材料添加成功，如图 9-31 所示。

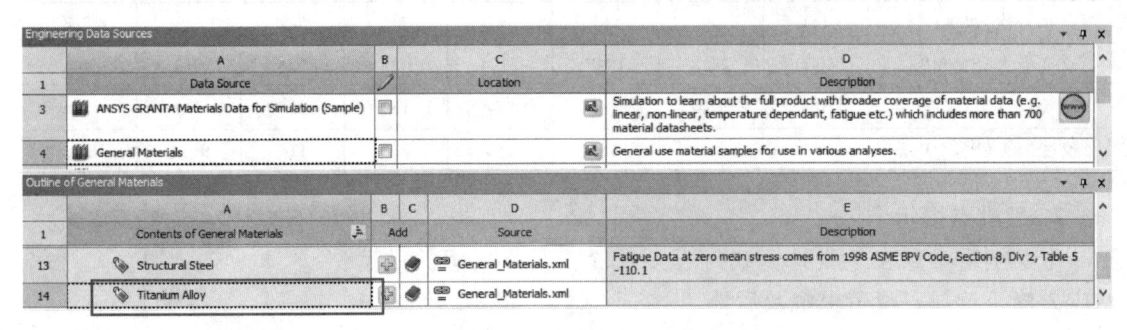

图 9-31 创建材料参数

（3）创建钛合金材料交变应力。在 Workbench 的工具栏上单击 进入工程材料库，然后返回主界面；在左侧单击【Life】展开，双击【Alternating Stress Mean Stress】，设置【Properties of Outline Row 4：Titanium Alloy】→【Alternating Stress Mean Stress】→【Interpolation】=Log-Log；【Table of Properties Row 9：Alternating Stress Mean Stress】→【Mean Stress（Pa）】=0Pa，然后对应表把数据输入 B 列 Cycles 和 C 列 Alternating Stress（Pa）中，输入完毕后可得钛合金材料的 SN 曲线，如图 9-32 所示。

（4）单击工具栏中的【A2：Engineering Data】关闭按钮，返回到 Workbench 主界面，

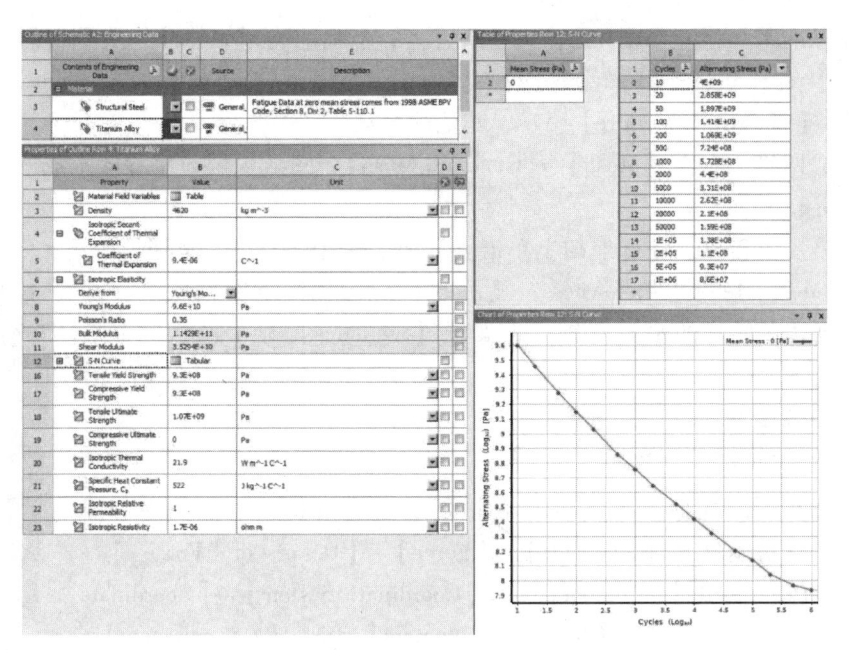

图 9-32 创建钛合金材料交变应力

新材料创建完毕。

4. 导入几何模型

在静态结构分析项目上右击【Geometry】→【Import Geometry】→【Browse】，找到模型文件 Femur.adgb，打开导入几何模型。如模型文件在 D:\AWB\Chapter09 文件夹中。

5. 进入 Mechanical 分析环境

（1）在静态结构分析项目上右击【Model】→【Edit...】进入 Mechanical 分析环境。

（2）在 Mechanical 的环境主页【Home】功能区单位【Units】中选择单位为 Metric（mm，kg，N，s，mV，mA）。

6. 为几何模型分配厚度及材料

（1）为股骨柄与股骨头分配材料。在导航树上单击【Geometry】展开，选择【Hip】、【Head】→【Details of "Multiple Selection"】→【Definition】→【Material】→【Assignment】= Titanium Alloy，其他默认。

（2）块材料自动分配为结构钢

7. 接触设置

在导航树上展开【Connections】→【Contacts】，单击【Contact Region】，默认程序自动识别的接触面与目标面。右击【Contact Region】，从弹出的快捷菜单中选择【Rename Based On Definition】，重新命名目标面与接触面。

8. 划分网格

（1）在导航树上单击【Mesh】→【Details of "Mesh"】→【Sizing】→【Use Adaptive Sizing】= No；【Capture Curvature】= Yes，其他均默认。

（2）在标准工具栏上单击 ，选择块，右击【Mesh】→【Insert】→【Method】，单击【Automatic Method】→【Details of "Automatic Method" -Method】→【Method】= Hex Dominant。

(3) 在标准工具栏上单击 ▣，选择所有体，然后右击【Mesh】，从弹出的快捷菜单中选择【Insert】→【Sizing】,【Body Sizing】→【Details of "Body Sizing"】→【Element Size】=2mm;【Advanced】→【Capture Curvature】=Yes，其他均默认。

(4) 生成网格。右击【Mesh】→【Generate Mesh】，图形区域显示程序生成的四面体网格模型，如图 9-33 所示。

(5) 网格质量检查。在导航树上单击【Mesh】→【Details of "Mesh"】→【Quality】→【Mesh Metric】=Skewness，显示 Skewness 规则下网格质量详细信息，平均值处在良好的水平范围内，展开【Statistics】显示网格和节点数量。

9. 施加边界条件

(1) 单击【Static Structural（A5）】。

(2) 施加载荷。在标准工具栏上单击 ▣，首先选择板端面的中心圆面，接着在环境功能区单击【Loads】→【Force】→【Details of "Force"】→【Definition】→【Define By】=Components,【Coordinate System】→【Coordinate System】,【Y Component】=-2300N,【X Component】=0N,【Z Component】=0N，如图 9-34 所示。

图 9-33 四面体网格模型

(3) 施加固定约束。在标准工具栏上单击 ▣，选择股骨柄远端表面（共 17 个面），接着在环境功能区单击【Supports】→【Fixed Support】，如图 9-35 所示。

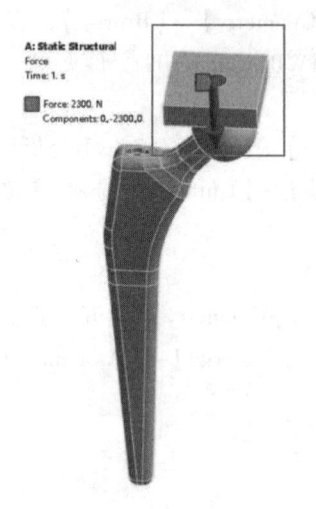

图 9-34 施加载荷

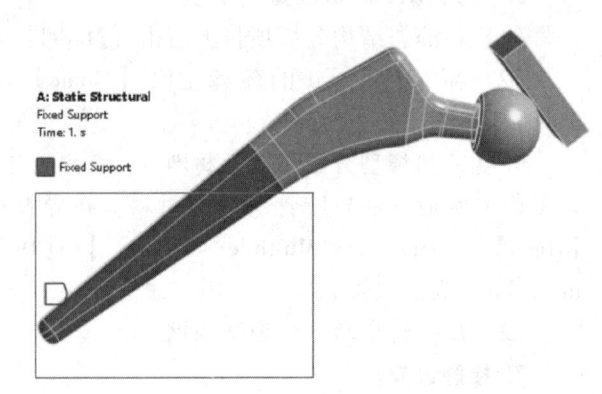

图 9-35 施加固定约束

10. 设置需要结果

(1) 在导航树上单击【Solution（A6）】。

(2) 在 Mechanical 环境求解功能区单击【Deformation】→【Total】。

(3) 在标准工具栏上单击 ▣，选择所有股骨柄，然后在 Mechanical 环境求解功能区单击【Stress】→【Equivalent Stress】。

(4) 在标准工具栏上单击 ▣，选择所有股骨柄颈，然后在 Mechanical 环境求解功能区单击【Stress】→【Equivalent Stress】。

（5）在 Mechanical 环境求解功能区单击 ⚡ 进行求解运算，求解结果如图 9-36～图 9-38 所示。

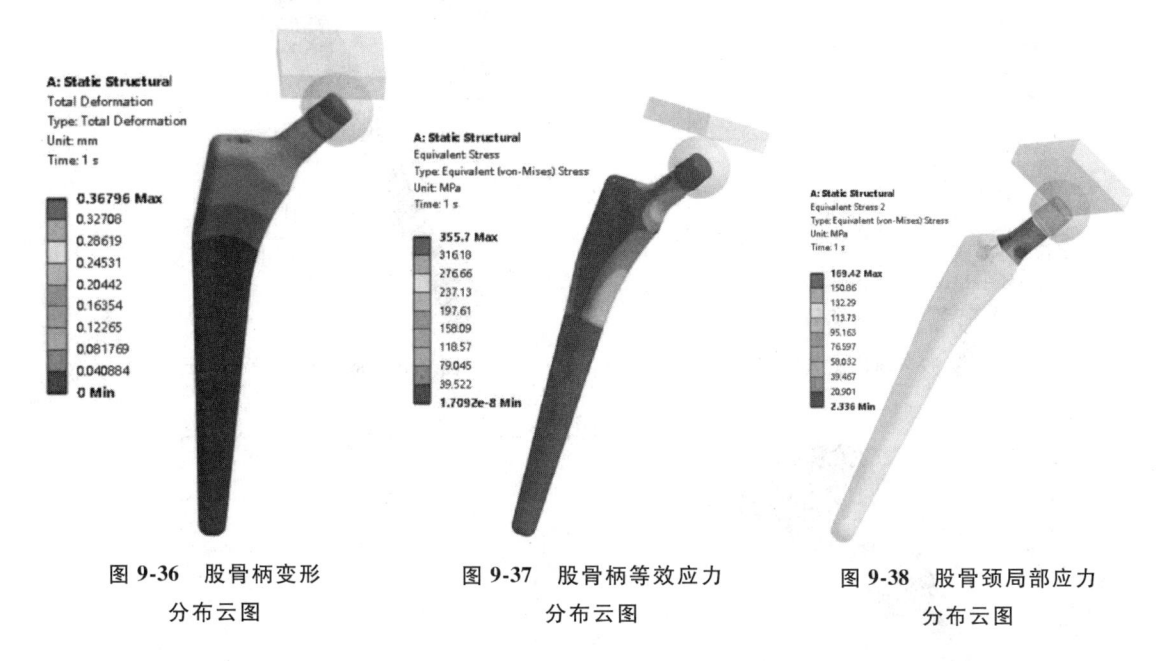

图 9-36　股骨柄变形分布云图

图 9-37　股骨柄等效应力分布云图

图 9-38　股骨颈局部应力分布云图

11. 创建疲劳分析

（1）在导航树上单击【Solution（A6）】。

（2）在求解工具栏上单击【Tools】→【Fatigue Tool】。

（3）设置【Fatigue Tool】→【Fatigue Strength Factor（Kf）】=0.8；【Loading】→【Type】= Full Reversed，【Scale Factor】=2；【Options】→【Analysis Type】= Stress Life，【Mean Stress Theory】= Goodman，【Stress Component】= Equivalent（Von Mises），【Life Units】→【Units Name】= cycles；其他默认，如图 9-39 所示。

（4）设置所需结果。在疲劳求解工具上单击【Contour Results】→【Life】，【Equivalent Alternating Stress】；单击【Graph Results】→【Fatigue Sensitivity】。

12. 求解与结果显示

（1）在 Mechanical 环境求解功能区单击 ⚡ 进行求解运算。

（2）运算结束后，单击【Fatigue Tool】→【Life】，图形区域显示股骨柄寿命分布云图，如图 9-40 所示。单击【Fatigue Tool】→【Equivalent Alternating Stress】，查看股骨柄交变应力分布云图，如图 9-41 所示；单击【Fatigue Tool】→【Fatigue Sensitivity】，查看股骨柄疲劳敏感性图，如图 9-42 所示。

13. 保存与退出

（1）退出 Mechanical 分析环境。单击 Mechanical 主界面的菜单【File】→【Close Mechanical】退出分析环境，返回到 Workbench 主界面，此时主界面的项目分析流程图中显示的分析已完成。

图 9-39　创建疲劳分析

图 9-40　股骨柄寿命分布云图

图 9-41　股骨柄交变应力分布云图

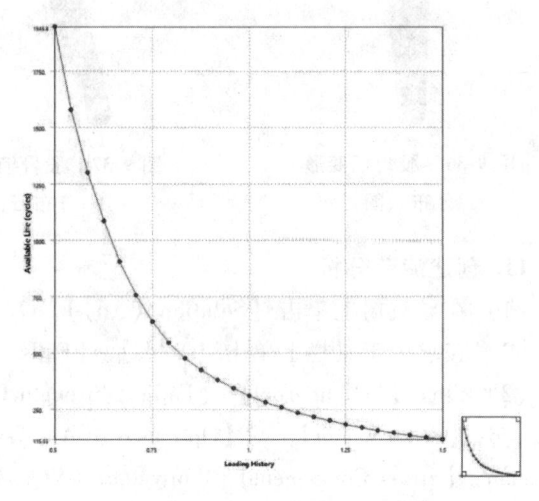

图 9-42　股骨柄疲劳敏感性图

（2）单击 Workbench 主界面上的【Save】按钮，保存所有分析结果文件。

（3）退出 Workbench 环境。单击 Workbench 主界面的菜单【File】→【Exit】退出主界面，完成项目分析。

9.3.3　结果分析与点评

本实例是某型股骨柄疲劳分析，从分析结果来看，股骨柄颈部是整个股骨柄的最薄弱处，应力大，同时该处也易疲劳，交变应力大，也是易断裂处，因此对此处的设计及制造应特别注意。本实例涉及了疲劳工具应用及随机疲劳载荷处理。在本例中采用何种疲劳分析方法及疲劳载荷求解是关键，这牵涉到股骨柄实际工作过程及疲劳载荷、疲劳平均应力修正选择、对应的边界条件设置、疲劳求解及后处理。实际上，本例疲劳分析是把瞬态结构动力分析转化为静态的疲劳分析，这样处理与瞬态结构分析结果相比，差距可忽略，但大大节省了计算成本，推荐使用。

9.4 某型自行车前叉疲劳分析

9.4.1 问题与重难点描述

1. 问题描述

自行车前叉部件在自行车结构中处于前方部位,它的上端与车把部件相连,车架部件与前管配合,下端与前轴部件配合,组成自行车的导向系统,自行车前叉模型如图 9-43 所示。自行车前叉的作用主要在于减少车架振动幅度,使行驶更平稳,提升可控性。前叉部件的受力情况属于悬臂梁性质,故前叉部件必须具有足够的强度、耐疲劳性等性质。本实例自行车前叉材料为铝合金,假设前叉受 500N 力载荷,属于全逆疲劳载荷,试求自行车前叉最大应力、变形、疲劳安全因子分布及交变应力情况。

2. 重难点提示

本实例重难点在于前叉载荷边界设置、网格处理、疲劳载荷、疲劳平均应力修正选择、疲劳求解及后处理。

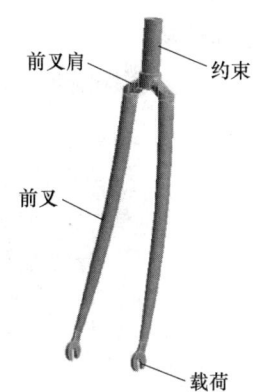

图 9-43 自行车前叉模型

9.4.2 实例详细解析过程

1. 启动 Workbench

在"开始"菜单中执行 ANSYS 2024R1/R2→Workbench 2024R1/R2 命令。

2. 创建静态结构分析

(1) 在工具箱【Toolbox】的【Analysis Systems】中双击或拖动静态结构分析项目【Static Structural】到项目分析流程图,如图 9-44 所示。

(2) 在 Workbench 的工具栏中单击【Save】,保存项目工程名称为 Bicycle fork.wbpj。

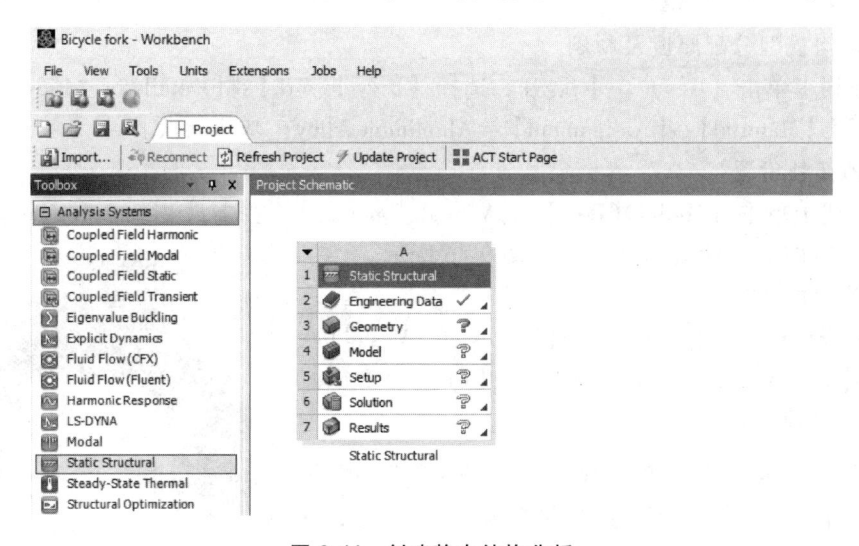

图 9-44 创建静态结构分析

如工程实例文件保存在 D:\AWB\Chapter09 文件夹中。

3. 创建材料参数

（1）编辑工程数据单元，右击【Engineering Data】→【Edit...】。

（2）在工程数据属性中添加材料：在 Workbench 的工具栏上单击 进入工程材料库，此时的界面显示【Engineering Data Sources】和【Outline of Favorites】。选择 A4 栏【General materials】，从【Outline of General materials】里查找铝合金【Aluminum Alloy】材料，然后单击【Outline of General Material】表中的添加按钮 ，此时在 C4 栏中显示标示 ，表明材料添加成功，如图 9-45 所示。

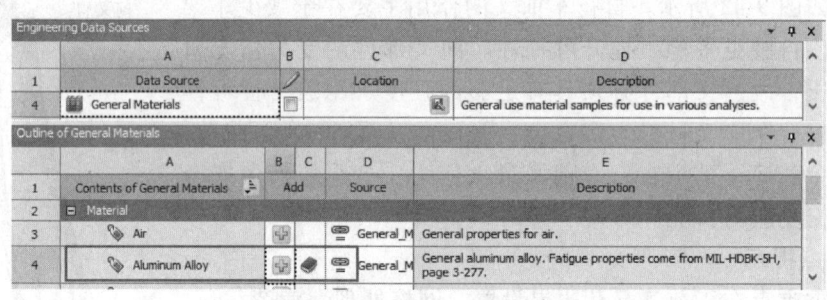

图 9-45 创建材料参数

（3）单击工具栏中的【A2：Engineering Data】关闭按钮，返回到 Workbench 主界面，新材料添加完毕。

4. 导入几何模型

在静态结构分析项目上右击【Geometry】→【Import Geometry】→【Browse】，找到模型文件 Bicycle fork.adgb，打开导入几何模型。如模型文件在 D:\AWB\Chapter09 文件夹中。

5. 进入 Mechanical 分析环境

（1）在静态结构分析项目上右击【Model】→【Edit...】进入 Mechanical 分析环境。

（2）在 Mechanical 的环境主页【Home】功能区单位【Units】中选择单位为 Metric（mm，kg，N，s，mV，mA）。

6. 为几何模型分配厚度及材料

在导航树上单击【Geometry】展开，选择【Bicycle fork】→【Details of "Bicycle fork"】→【Definition】→【Material】→【Assignment】= Aluminum Alloy，其他默认。

7. 虚拟拓扑设置

在导航树上单击【Model（B4）】→【Virtual Topology】，右击【Virtual Topology】→【Generate Virtual Cell】，产生虚拟拓扑，如图 9-46 所示。

8. 划分网格

（1）在导航树上单击【Mesh】→【Details of "Mesh"】→【Sizing】→【Use Adaptive Sizing】= No；【Capture Curvature】= Yes，其他均默认。

（2）在标准工具栏上单击 ，选择所有体，然后右击【Mesh】，从弹出的快捷菜单中选择【Insert】→【Sizing】，【Body Sizing】→【Details of "Body Sizing"】→

图 9-46 虚拟拓扑设置

【Element Size】= 2mm。

(3) 生成网格。右击【Mesh】→【Generate Mesh】，图形区域显示程序生成的四面体网格模型，如图 9-47 所示。

(4) 网格质量检查。在导航树上单击【Mesh】→【Details of "Mesh"】→【Quality】→【Mesh Metric】= Skewness，显示 Skewness 规则下网格质量详细信息，平均值处在良好的水平范围内，展开【Statistics】显示网格和节点数量。

9. 施加边界条件

(1) 单击【Static Structural（A5）】。

图 9-47 四面体网格模型

(2) 施加载荷。在标准工具栏上单击 ，首先选择前轮轴孔（共 6 个面），接着在环境功能区单击【Loads】→【Remote Force】→【Details of "Remote Force"】→【Definition】→【Define By】= Components，【Coordinate System】→【Coordinate System】，【X Component】= 500N，【Y Component】= 0N，【Z Component】= 0N，如图 9-48 所示。

(3) 施加固定约束。在标准工具栏上单击 ，选择上端表面，接着在环境功能区单击【Supports】→【Fixed Support】，如图 9-49 所示。

图 9-48 施加载荷

图 9-49 施加固定约束

(4) 施加重力加速度。单击【Inertial】→【Standard Earth Gravity】→【Details of "Standard Earth Gravity"】→【Definition】→【Direction】= -Y Direction，其他默认。

10. 设置需要结果

(1) 在导航树上单击【Solution（A6）】。

(2) 在 Mechanical 环境求解功能区单击【Deformation】→【Total】。

(3) 在 Mechanical 环境求解功能区单击【Stress】→【Equivalent（von-Mises）】。

(4) 在 Mechanical 环境求解功能区单击 进行求解运算，求解结果如图 9-50 和图 9-51 所示。

11. 创建疲劳分析

(1) 在导航树上单击【Solution（A6）】。

图 9-50 前叉变形云图　　　图 9-51 前叉等效应力云图

（2）在 Mechanical 环境求解功能区单击【Toolbox】→【Fatigue Tool】。

（3）设置【Details of "Fatigue Tool"】→【Materials】→【Fatigue Strength Factor（Kf）】= 0.8；【Loading】→【Type】= Full Reversed，【Scale Factor】= 1；【Options】→【Analysis Type】= Stress Life，【Mean Stress Theory】= Goodman，【Stress Component】= Equivalent（Von Mises），【Life Units】→【Units Name】= cycles，【1cycles is equal to】= 1000 cycles，其他为默认设置，如图 9-52 所示。

（4）设置所需结果。在疲劳求解工具上单击【Contour Results】→【Safety Factor】，【Equivalent Alternating Stress】。

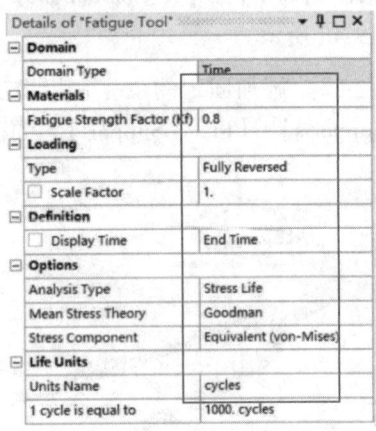

图 9-52 创建疲劳分析

12. 求解与结果显示

（1）在 Mechanical 环境求解功能区单击 ⚡ 进行求解运算。

（2）运算结束后，单击【Fatigue Tool】→【Safety Factor】，图形区域显示前叉安全因子分布云图，如图 9-53 所示。单击【Fatigue Tool】→【Equivalent Alternating Stress】，查看前叉交变应力分布云图，如图 9-54 所示。

13. 保存与退出

（1）退出 Mechanical 分析环境。单击 Mechanical 主界面的菜单【File】→【Close Mechanical】退出分析环境，返回到 Workbench 主界面，此时主界面的项目分析流程图中显示的分析已完成。

（2）单击 Workbench 主界面上的【Save】按钮，保存所有分析结果文件。

（3）退出 Workbench 环境。单击 Workbench 主界面的菜单【File】→【Exit】退出主界面，完成项目分析。

9.4.3 结果分析与点评

本实例是某型自行车前叉疲劳分析，从分析结果来看，非安全区与交变应力较大的区是

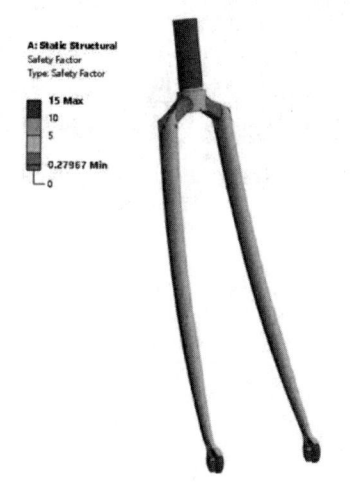

图 9-53　前叉安全因子分布云图 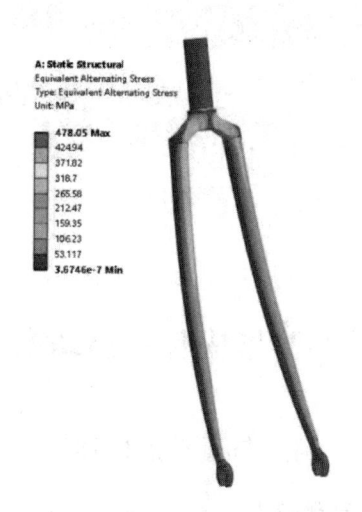　　　　图 9-54　前叉交变应力分布云图

一致的，前叉肩与前叉腿易产生疲劳损坏，这可能主要由于该区域不平滑、弯折较多，导致应力集中，容易影响焊接质量等，因此在设计与使用中应加强设计和多关注此处。本实例采用恒幅正弦载荷，有别于不规则的实际载荷，这是由于非恒定随机疲劳载荷需要实际测量积累，也是这类疲劳分析相对难以确定的参数和需注意的地方，但本例所采用的疲劳分析方法及给定的疲劳载荷求解方法是可借鉴的。我国《自行车　前叉》标准 QB 1881—2008 分别对自行车前叉的疲劳性能和能量吸收性能做了具体规定，可供参考。尽管本例分析求解有局限性，但分析过程完整，特别是对疲劳平均应力修正选择、对应的边界条件设置、疲劳求解及后处理，都是本例中的重点。

第10章　蠕变与松弛分析

10.1　某型紧固件高温蠕变松弛分析

10.1.1　问题与重难点描述

1. 问题描述

某U型支架材料为结构钢，螺栓材质为Q345，紧固件模型如图10-1所示。若在450℃高温环境中使用，在使用一段时间后会发生高温蠕变变形，使螺母不能紧固，导致无法继续使用，高温蠕变损伤是引起螺栓失效的一种主要机理。假设螺栓预紧力与支架之间的摩擦系数为0.15，工作时预调紧0.5mm，与Q345材质相关的蠕变模型为Combined Time hardening，弹性模量为2.09E+11 Pa，泊松比为0.3，7个相关的蠕变常数分别为：4.38E-5、13.5、-0.15、33500、1.04E-10、2.5和1400。试求在高温环境下预调紧U型支架时螺栓的最大应力与变形及螺栓蠕变情况。

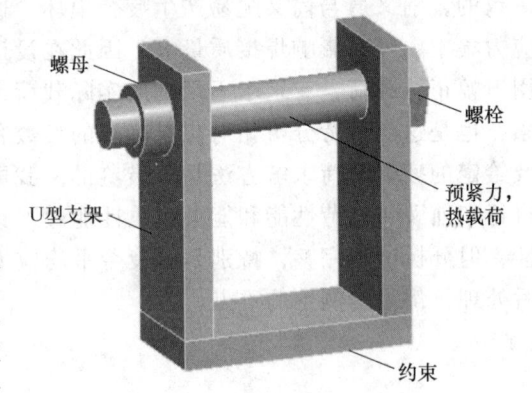

图 10-1　紧固件模型

2. 重难点提示

本实例重难点在于多接触对分析，对带有螺栓预紧的U型支架怎样进行非线性接触设置、边界载荷设置、分析设置以及蠕变收敛问题处理。

10.1.2　实例详细解析过程

1. 启动Workbench

在"开始"菜单中执行ANSYS 2024R1/R2→Workbench 2024R1/R2命令。

2. 创建静态结构分析

（1）在工具箱【Toolbox】的【Analysis Systems】中双击或拖动静态结构分析项目【Static Structural】到项目分析流程图，如图10-2所示。

（2）在Workbench的工具栏中单击【Save】，保存项目工程名称为Fastener.wbpj。如实例分析文件保存在D:\AWB\Chapter10文件夹中。

3. 创建材料参数

（1）编辑工程数据单元，右击【Engineering Data】→【Edit...】。

第10章 蠕变与松弛分析

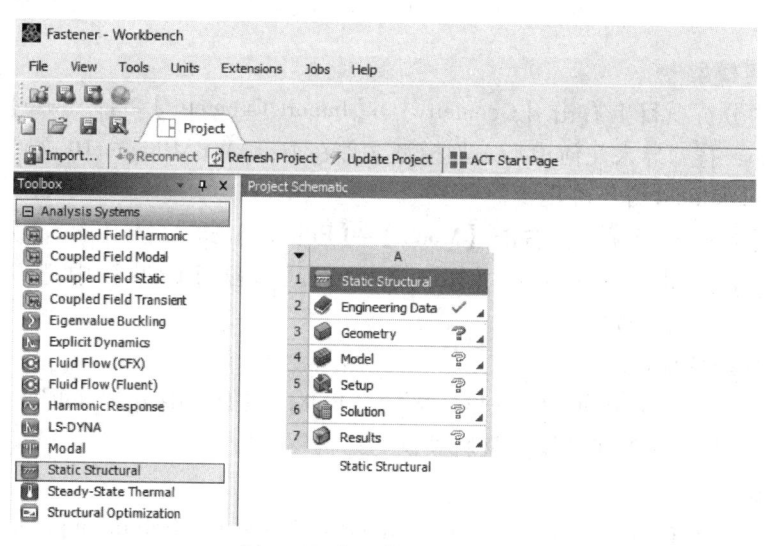

图 10-2 创建静态结构分析

（2）在工程数据属性中创建新材料：【Outline of Schematic A2：Engineering Data】→【Click here to add a new material】，输入新材料名称 Q345。

（3）在左侧单击【Creep】展开，双击【Combined Time hardening】，设置【Properties of Outline Row 4：Q345】→【Isotropic Elasticity】→【Young's Modulus】= 2.09E+11Pa。

（4）设置【Isotropic Elasticity】→【Poisson's Ratio】= 0.3。

（5）设置【Combined Time hardening】→【Reference Units】= mm，s，k，tonne，mm s^-2，【Creep Constant 1】= 4.38E-5，【Creep Constant 2】= 13.5，【Creep Constant 3】= -0.15，【Creep Constant 4】= 33500，【Creep Constant 5】= 1.04E-10，【Creep Constant 6】= 2.5，【Creep Constant 7】= 1400，如图 10-3 所示。

（6）单击工具栏中的【A2：Engineering Data】关闭按钮，返回到 Workbench 主界面，

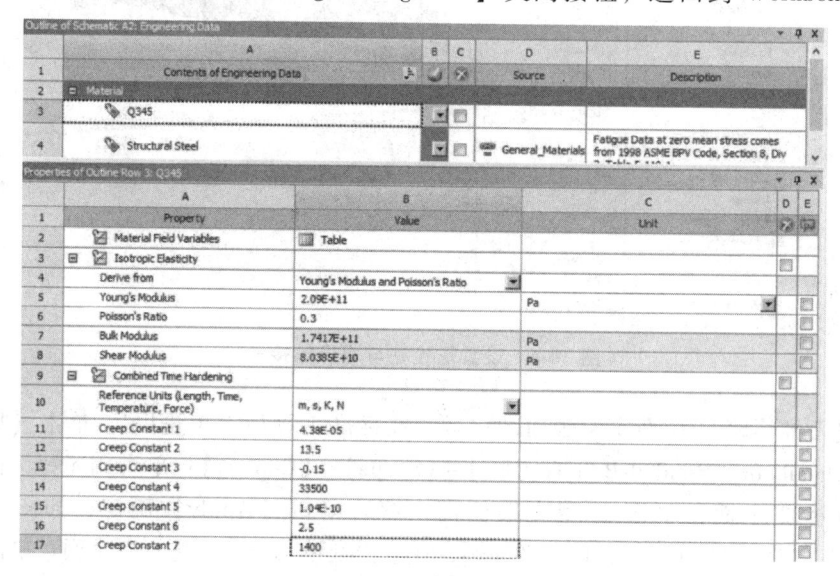

图 10-3 创建材料参数

新材料创建完毕。

4. 导入几何模型

在静态结构分析项目上右击【Geometry】→【Import Geometry】→【Browse】，找到模型文件 Fastener.agdb，打开导入几何模型。如模型文件在 D:\AWB\Chapter10 文件夹中。

5. 进入 Mechanical 分析环境

（1）在静态结构分析项目上右击【Model】→【Edit...】进入 Mechanical 分析环境。

（2）在 Mechanical 的环境主页【Home】功能区单位【Units】中选择单位为 Metric（mm, kg, N, s, mV, mA）。

6. 为几何模型分配材料

在导航树上单击【Geometry】展开，选择【Bolt】→【Details of "Bolt"】→【Material】→【Assignment】= Q345，其他几何模型材料默认为结构钢。

7. 接触设置

（1）在导航树上右击【Connections】→【Rename Based On Definition】，重新命名目标面与接触面。

（2）右击接触对【Bonded-U To Bolt】→【Duplicate】，复制并创建新接触对。

（3）设置螺栓柱与螺母的接触。单击【Bonded-Bolt To Nut】→【Details of "Bonded-Bolt To Nut"】→【Definition】→【Behavior】= Symmetric；【Advanced】→【Formulation】= Pure Penalty，【Detection Method】= On Gauss Point，其他默认，如图 10-4 所示。

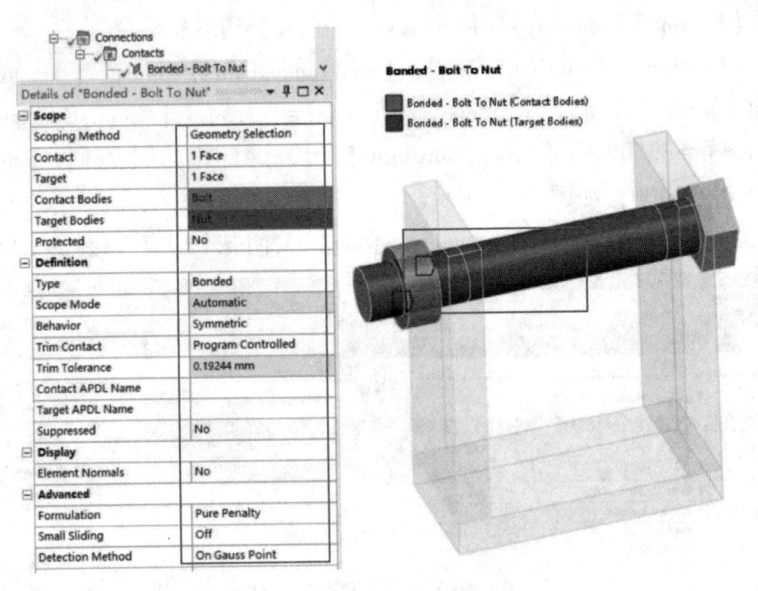

图 10-4 设置螺栓柱与螺母的接触

（4）设置螺栓帽与 U 型支架表面的接触。在标准工具栏上单击 ，单击【Bonded-Bolt To UL】→【Details of "Bonded-Bolt To UL"】→【Scope】→【Contact】：单击 2Faces，在空白处单击取消预选择 2 个面，单击 U 型支架侧面，然后单击【Apply】确定，如图 10-5 所示；【Target】：隐藏整个 U 型支架，单击 2Faces，在空白处单击取消预选择 2 个面，单击 U 型支架对应的螺栓头面，然后单击【Apply】确定，如图 10-6 所示；然后继续设置【Definition】→

【Type】=Frictional,【Frictional Coefficient】=0.15,【Behavior】=Symmetric;【Advanced】→【Formulation】=Augmented Lagrange,【Detection Method】=On Gauss Point,【Geometric Modification】→【Interface Treatment】=Add Offset, Ramped Effects, 其他默认, 如图10-7所示。

图 10-5 设置摩擦接触面

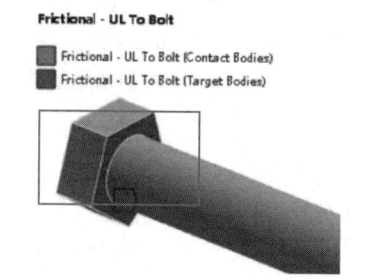

图 10-6 设置摩擦接触目标面

（5）设置螺栓柱与U型支架的接触。在标准工具栏上单击，单击【Bonded-Bolt To UR】→【Details of "Bonded-Bolt To UR"】→【Scope】→【Target】: 隐藏整个螺栓柱, 单击1Faces, 在空白处单击取消预选择1个面, 单击两个螺栓孔内面, 然后单击【Apply】确定, 如图10-8所示; 单击【Bonded-Bolt To Multiple】→【Details of "Bonded-Bolt To Multiple"】→【Definition】→【Type】=Frictionless,【Behavior】=Symmetric;【Advanced】→【Formulation】=Augmented Lagrange,【Detection Method】=On Gauss Point;【Geometric Modification】→【Interface Treatment】=Add Offset, No Ramping, 右击【Frictionless-Bolt To Multiple】→【Flip Contact/Target】, 其他默认, 如图10-9所示。

（6）设置螺母与U型支架表面的接触。单击【Bonded-Nut To UR】→【Details of "Bonded-Nut To UR"】→【Definition】→

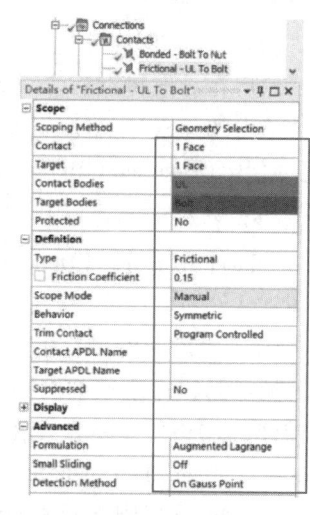

图 10-7 摩擦接触设置

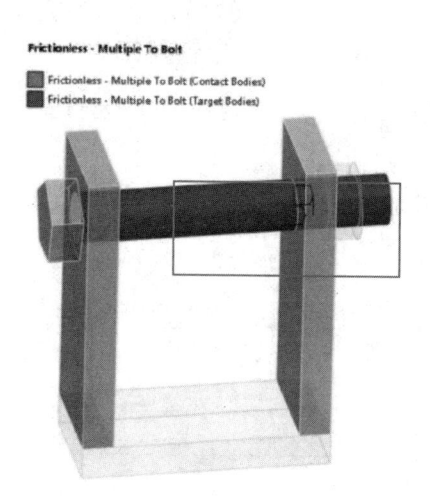

图 10-8 设置无摩擦接触面

图 10-9 无摩擦接触设置

【Type】= Frictional,【Frictional Coefficient】= 0.15,【Behavior】= Symmetric;【Advanced】→【Formulation】= Augmented Lagrange,【Detection Method】= On Gauss Point,【Geometric Modification】→【Interface Treatment】= Add Offset, Ramped Effects,右击【Frictional-Nut To UR】→【Flip Contact/Target】,其他默认,如图 10-10 所示。

8. 划分网格

(1) 在导航树上单击【Mesh】→【Details of "Mesh"】→【Sizing】→【Use Adaptive Sizing】= No;【Capture Curvature】= Yes,其他均默认。

(2) 在标准工具栏上单击 ,选择螺栓柱,然后在导航树上右击【Mesh】,从弹出的快捷菜单中选择【Insert】→【Method】→【Details of "Automatic Mesh"】→【Definition】→【Method】→【Hex Dominant Method】。

(3) 在标准工具栏上单击 ,选择螺栓柱,右击【Mesh】,从弹出的快捷菜单中选择【Insert】→【Sizing】→【Details of "Body Sizing"-Sizing】→【Definition】→【Element Size】= 1mm,其他默认。

(4) 生成网格。右击【Mesh】→【Generate Mesh】,图形区域显示程序生成的网格模型,如图 10-11 所示。

(5) 网格质量检查。在导航树上单击【Mesh】→【Details of "Mesh"】→【Quality】→【Mesh Metric】= Skewness,显示 Skewness 规则下网格质量详细信息,平均值处在良好的水平范围内,展开【Statistics】显示网格和节点数量。

9. 接触初始状态检测

(1) 在导航树上右击【Connections】→【Insert】→【Contact Tool】。

(2) 右击【Contact Tool】,从弹出的快捷菜单中选择【Generate Initial Contact Results】,经过初始运算,得到初始接触信息,如图 10-12 所示。注意图示接触状态值是按照网格设置后的状态,也可不先设置网格,查看接触初始状态。

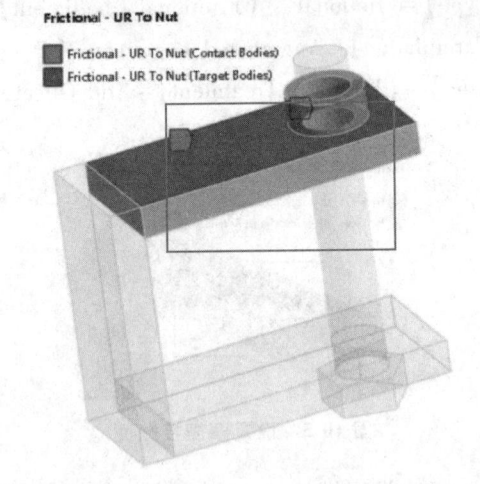

图 10-10 设置螺母与 U 型支架表面的接触

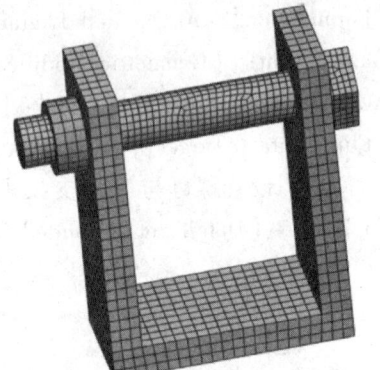

图 10-11 网格模型

Name	Contact Side	Type	Status	Number Contacting	Penetration (mm)	Gap (mm)	Geometric Penetration (mm)	Geometric Gap (mm)	Resulting Pinball (mm)	Real Constant
Bonded - Bolt To Nut	Contact	Bonded	Closed	171.	2.6588e-014	0.	3.7516e-004	4.6467e-005	0.30526	7.
Bonded - Bolt To Nut	Target	Bonded	Closed	171.	2.6588e-014	0.	3.7516e-004	4.6467e-005	0.30526	8.
Frictional - UL To Bolt	Contact	Frictional	Closed	91.	7.1054e-015	0.	7.1054e-015	3.5527e-015	1.5371	9.
Frictional - UL To Bolt	Target	Frictional	Closed	91.	7.1054e-015	0.	7.1054e-015	3.5527e-015	1.5371	10.
Frictionless - Multiple To Bolt	Contact	Frictionless	Closed	309.	1.9671e-003	0.	1.9671e-003	1.0127e-006	1.0646	11.
Frictionless - Multiple To Bolt	Target	Frictionless	Closed	309.	1.9671e-003	0.	1.9671e-003	1.0127e-006	1.0646	12.
Frictional - UR To Nut	Contact	Frictional	Closed	49.	3.5527e-015	0.	0.	0.	1.6667	13.
Frictional - UR To Nut	Target	Frictional	Closed	49.	3.5527e-015	0.	0.	0.	1.6667	14.

图 10-12 接触初始状态

10. 施加边界条件

（1）单击【Static Structural（A5）】。

（2）分析设置。单击【Analysis Settings】→【Details of "Analysis Settings"】→【Step Controls】→【Number Of Steps】=3，【Current Step Number】=1，【Step End Time】=0.1s，【Auto Time Stepping】=Program Controlled，【Creep Controls】→【Creep Effects】=Off；【Current Step Number】=2，【Step End Time】=60s，【Auto Time Stepping】=On，【Initial Time Step】=0.01s，【Minimum Time Step】=0.01s，【Maximum Time Step】=5s，【Creep Controls】→【Creep Effects】=On，【Creep Limit Ratio】=10；【Current Step Number】=3，【Step End Time】=1200s，【Auto Time Stepping】=On，【Initial Time Step】=60s，【Minimum Time Step】=60s，【Maximum Time Step】=100s，【Creep Controls】→【Creep Effects】=On，【Creep Limit Ratio】=10；其他设置默认。

（3）施加预紧力。在标准工具栏上单击 ![icon]，选择螺栓柱面，接着在环境功能区单击【Loads】→【Bolt Pretension】→【Details of "Bolt Pretension"】→【Definition】→【Define By】=Adjustment，【Pre adjustment】=0.5mm，另外两步设为 lock，如图 10-13 所示。

（4）定义热载荷。在标准工具栏上单击 ![icon]，选择螺栓柱，接着在环境功能区单击【Loads】→【Thermal Condition】→【Details of "Thermal Condition"】→【Definition】→【Magnitude】=Tabular Data，具体设置，如图 10-14 所示。

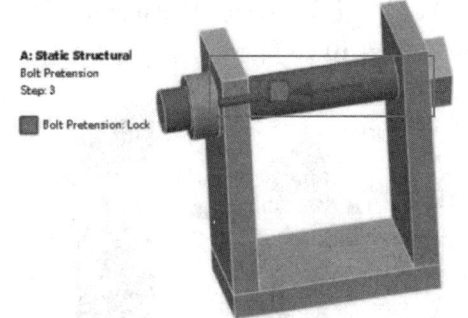

图 10-13　施加预紧力

（5）施加约束。在标准工具栏上单击 ![icon]，然后选择 U 型支架底面，接着在环境功能区单击【Supports】→【Fixed Support】，如图 10-15 所示。

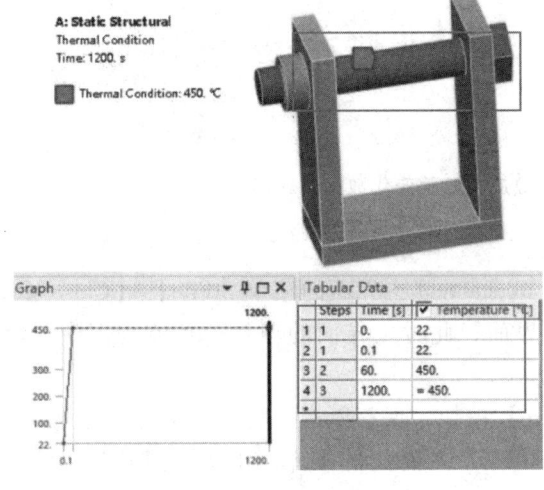

图 10-14　定义热载荷　　　　　图 10-15　施加约束

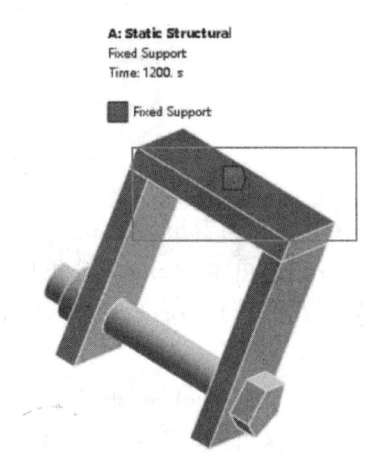

11. 设置需要的结果

（1）在导航树上单击【Solution（A6）】。

（2）在 Mechanical 环境求解功能区单击【Deformation】→【Total】。

（3）在 Mechanical 环境求解功能区单击【Stress】→【Equivalent（von-Mises）】。

（4）在 Mechanical 环境求解功能区单击【Strain】→【Equivalent Creep】。

12. 求解与结果显示

（1）在 Mechanical 环境求解功能区单击 ⚡ 进行求解运算。

（2）运算结束后，单击【Solution（A6）】→【Total Deformation】，图形区域显示分析得到的紧固件变形分布云图，图 10-16 所示；单击【Solution（A6）】→【Equivalent Stress】，显示紧固件等效应力分布云图及松弛变化数据曲线图，图 10-17 和图 10-18 所示，单击【Solution（A6）】→【Equivalent Creep Strain】，显示紧固件等效蠕变分布云图及数据曲线图，图 10-19 和图 10-20 所示。

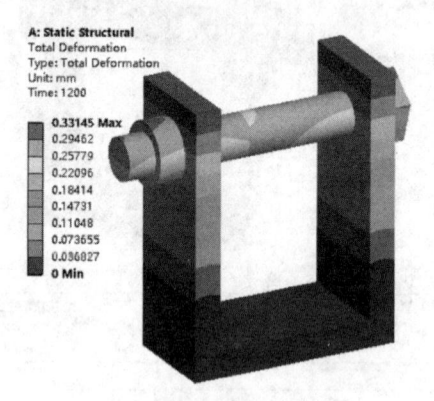

图 10-16　紧固件变形分布云图

图 10-17　紧固件等效应力分布云图

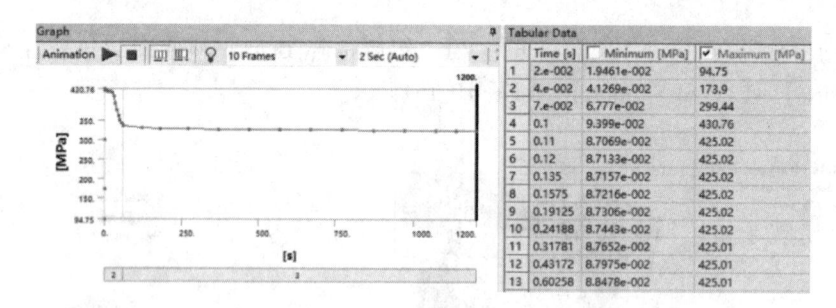

图 10-18　紧固件等效应力松弛变化数据曲线图

13. 保存与退出

（1）退出 Mechanical 分析环境。单击 Mechanical 主界面的菜单【File】→【Close Mechanical】退出分析环境，返回到 Workbench 主界面，此时主界面的项目分析流程图中显示的分析已完成。

（2）单击 Workbench 主界面上的【Save】按钮，保存所有分析结果文件。

（3）退出 Workbench 环境。单击 Workbench 主界面的菜单【File】→【Exit】退出主界面，完成项目分析。

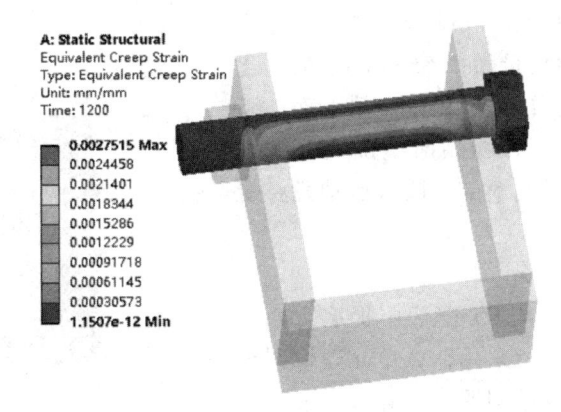

图 10-19 紧固件等效蠕变分布云图

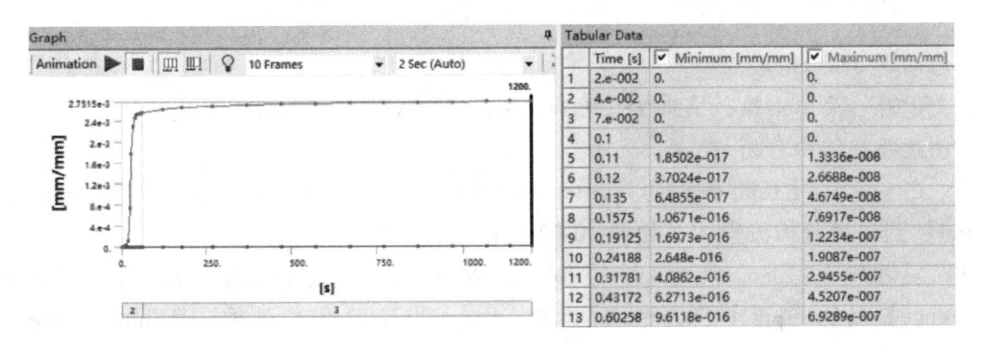

图 10-20 紧固件等效蠕变数据曲线图

10.1.3 结果分析与点评

本实例为某型紧固件高温蠕变松弛分析，从分析结果来看，等效蠕变的整体趋势体现为急速增加，然后再缓慢增加；等效应力的整体趋势则相反，先急剧减少，然后再缓慢减少。对于蠕变本构关系收敛，特别对于这种多边界条件情况，求解收敛不易，要根据问题描述慎重合理选择应用蠕变本构关系。不过，对于应变较小的蠕变求解比较容易收敛，可通过调整时间步、最大蠕变率数值来调节收敛性，在这个过程中，注意把单位设为一致。当产生大应变时，应打开大变形开关，如果预先不确定，可以打开大变形开关，但会增加求解时间。

10.2 腰椎椎间盘蠕变分析

10.2.1 问题与重难点描述

1. 问题描述

人体脊柱的结构非常复杂，本实例取其中一段腰椎模型如图 10-21 所示，包括上下腰椎，椎间盘（中央部的髓核和周围部的纤维环）。临床研究表明下腰疼痛与椎间盘的力学行为有关，基本因素是椎间盘退变，但某些诱发因素可致使椎间隙压力增高，引起髓核突出；退变的椎间盘比正常椎间盘的渗透性低。假设腰椎材料的弹性模量为 3.5E+9Pa，泊松比为

0.2；髓核材料的弹性模量为 1.5E+6Pa，泊松比为 0.1；纤维环材料的弹性模量为 2.5E+6Pa，泊松比为 0.1；假设 500N 的力作用在上脊椎的上面，下脊椎的下底面固定。试求在初始时施加全部的载荷，并保持随后的蠕变时间 5 天，腰椎运动段在受压时的蠕变响应。

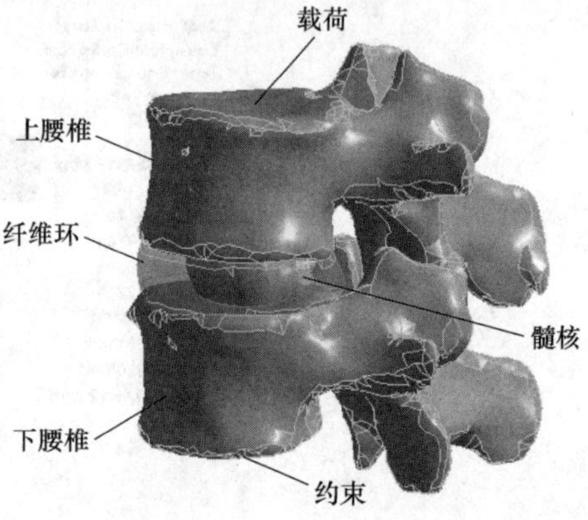

2. 重难点提示

本实例重难点是如何从 CT 图像中提取重建椎间盘和上下腰椎三维模型、采用什么单元建模、组织之间的连接以及蠕变收敛问题。

图 10-21　腰椎模型

10.2.2　实例详细解析过程

1. 启动 Workbench

在"开始"菜单中执行 ANSYS 2024R1/R2→Workbench 2024R1/R2 命令。

2. 创建静态结构分析

（1）在工具箱【Toolbox】的【Analysis Systems】中双击或拖动静态结构分析【Static Structural】到项目分析流程图，如图 10-22 所示。

（2）激活 Finite Element Modeler 功能。在 Workbench 主界面选择【Tools】→【Options】→【Appearance】→【Unsupported Features】。注：Ansys 2024R2 版本不再支持 Finite Element Modeler 功能。

（3）右击静态结构分析的单元格【Geometry】→【Transfer Data From New】→【Mechanical Model】，右击【Mechanical Model】的单元格【Geometry】→【Transfer Data From New】→【Finite Element Modeler】，然后删除它们三者之间的连接线，重新连接；首先将【Finite Element Modeler】的单元格【Model】与【Mechanical Model】的单元格【Model】连接，然后将【Mechanical Model】的单元格【Model】与【Static Structural】的单元格【Model】连接。

（4）单击【Finite Element Modeler】左上角黑色倒三角，从弹出的快捷菜单中选择【Duplicate】，复制 3 次；单击【Mechanical Model】左上角黑色倒三角，从弹出的快捷菜单中选择【Duplicate】，复制 3 次。

（5）连接项目单元格。首先将 A【Finite Element Modeler】的单元格【Model】与 B【Mechanical Model】的单元格【Model】连接，然后将 B【Mechanical Model】的单元格【Model】与 C【Static Structural】的单元格【Model】连接；接着将 D【Finite Element Modeler】的单元格【Model】与 E【Mechanical Model】的单元格【Model】连接，E【Mechanical Model】的单元格【Model】与 C【Static Structural】的单元格【Model】连接；接着将 F【Finite Element Modeler】的单元格【Model】与 G【Mechanical Model】的单元格【Model】连接，G【Mechanical Model】的单元格【Model】与 C【Static Structural】的单元格【Model】连接；接着将 H【Finite Element Modeler】的单元格【Model】与 I【Mechanical Model】的单元格【Model】连接，I【Mechanical Model】的单元格【Model】与 C【Static Structural】的单元格【Model】连接。

（6）重命名新连接项目把 A、B 项目重名为 sui he，把 D、E 项目重名为 xian wei，把 F、

G 项目重名为 shang zhui，把 H、I 项目重名为 xia zhui。

（7）在 Workbench 的工具栏中单击【Save】，保存项目实例名称为 Lumbar.wbpj。如工程实例文件保存在 D：\AWB\Chapter10 文件夹中。

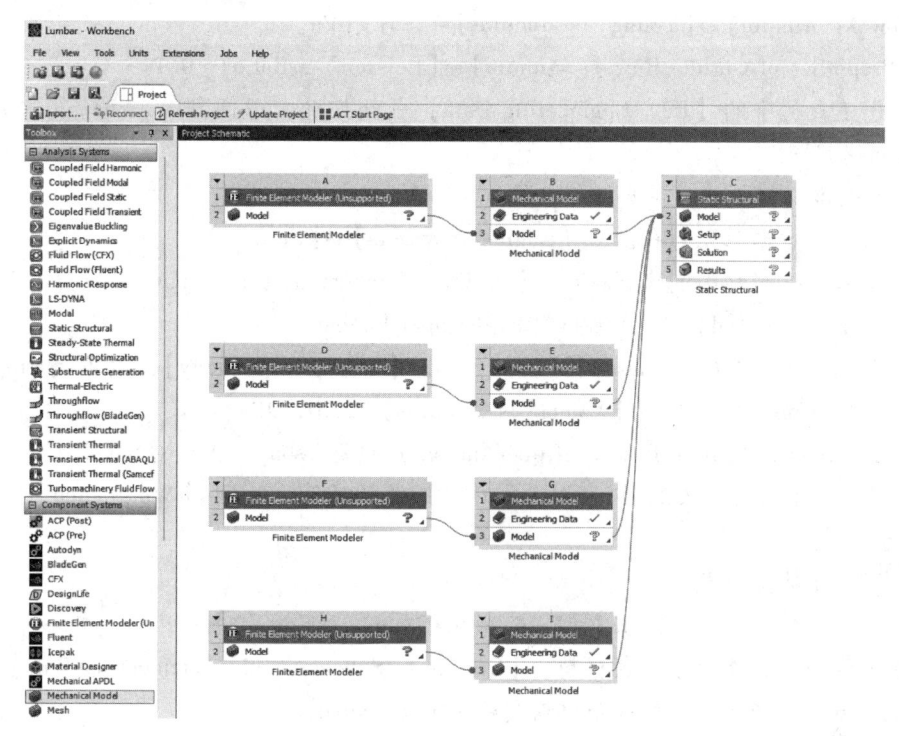

图 10-22 创建静态结构分析

3. 创建材料参数

（1）髓核材料创建

① 编辑工程数据单元，右击 B【Engineering Data】→【Edit...】。

② 在工程数据属性中创建新材料：【Outline of Schematic B2：Engineering Data】→【Click here to add a new material】，输入新材料名称 Pulposus。

③ 在左侧单击【Linear Elastic】展开，双击【Isotropic Elasticity】，设置【Properties of Outline Row 4：Pulposus】→【Young's Modulus】=1.5E+6Pa。

④【Properties of Outline Row 4：Pulposus】→【Poisson's Ratio】=0.1，如图 10-23 所示。

⑤ 单击工具栏中的【B2：Engineering Data】关闭按钮，返回到 Workbench 主界面，髓核材料创建完毕。

（2）纤维环材料创建

① 编辑工程数据单元，右击 E【Engineering Data】→【Edit...】。

② 在工程数据属性中创建新材料：【Out-

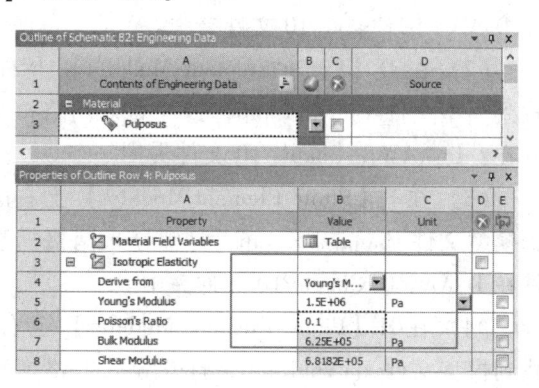

图 10-23 髓核材料创建

line of Schematic E2：Engineering Data】→【Click here to add a new material】，输入新材料名称 Annulu。

③ 在左侧单击【Linear Elastic】展开，双击【Isotropic Elasticity】，设置【Properties of Outline Row 4：Annulu】→【Young's Modulus】= 2.5E+6Pa。

④【Properties of Outline Row 4：Annulu】→【Poisson's Ratio】= 0.1。

⑤ 单击工具栏中的【E2：Engineering Data】关闭按钮，返回到 Workbench 主界面，纤维环材料创建完毕。

（3）上腰椎材料创建

① 编辑工程数据单元，右击 G【Engineering Data】→【Edit...】。

② 在工程数据属性中创建新材料：【Outline of Schematic G2：Engineering Data】→【Click here to add a new material】，输入新材料名称 Upper lumbar。

③ 在左侧单击【Linear Elastic】展开，双击【Isotropic Elasticity】，设置【Properties of Outline Row 4：Upper lumbar】→【Young's Modulus】= 3.5E+9Pa。

④【Properties of Outline Row 4：Upper lumbar】→【Poisson's Ratio】= 0.2。

⑤ 单击工具栏中的【G2：Engineering Data】关闭按钮，返回到 Workbench 主界面，上腰椎材料创建完毕。

（4）下腰椎材料创建

① 编辑工程数据单元，右击 I【Engineering Data】→【Edit...】。

② 在工程数据属性中创建新材料：【Outline of Schematic I2：Engineering Data】→【Click here to add a new material】，输入新材料名称 Lower lumbar。

③ 在左侧单击【Linear Elastic】展开，双击【Isotropic Elasticity】，设置【Properties of Outline Row 4：Lower lumbar】→【Young's Modulus】= 3.5E+9Pa。

④【Properties of Outline Row 4：Lower lumbar】→【Poisson's Ratio】= 0.2。

⑤ 单击工具栏中的【I2：Engineering Data】关闭按钮，返回到 Workbench 主界面，下腰椎材料创建完毕。

4. 导入网格模型

（1）在 A【Finite Element Modeler】上右击【Model】→【Add Input mesh】→【Browse】，找到模型文件 sui he.inp，打开导入网格模型；然后右击【Model】→【Update】，如模型文件在 D：\AWB\Chapter10 文件夹中。

（2）在 D【Finite Element Modeler】上右击【Model】→【Add Input mesh】→【Browse】，找到模型文件 xian wei.inp，打开导入网格模型；然后右击【Model】→【Update】，如模型文件在？D：\AWB\Chapter10 文件夹中。

（3）在 F【Finite Element Modeler】上右击【Model】→【Add Input mesh】→【Browse】，找到模型文件 shang zhui.inp，打开导入网格模型；然后右击【Model】→【Update】，如模型文件在 D：\AWB\Chapter10 文件夹中。

（4）在 H【Finite Element Modeler】上右击【Model】→【Add Input mesh】→【Browse】，找到模型文件 xia zhui.inp，打开导入网格模型；然后右击【Model】→【Update】，如模型文件在 D：\AWB\Chapter10 文件夹中。

5. 进入 Mechanical 环境并分配材料

（1）进入 Mechanical 环境并分配髓核材料

① 在 B【Mechanical Model】上右击【Model】→【Edit...】进入 Mechanical 环境。

② 在 Mechanical 的环境主页【Home】功能区单位【Units】中选择单位为 Metric（mm，kg，N，s，mV，mA）。

③ 为髓核分配材料。在导航树上单击【Geometry】展开→【Solid 1】→【Details of "Solid 1"】→【Material】→【Assignment】= Pulposus；然后右击【Model】→【Update】。

（2）进入 Mechanical 环境并分配纤维环材料

① 在 E【Mechanical Model】上右击【Model】→【Edit...】进入 Mechanical 环境。

② 在 Mechanical 的环境主页【Home】功能区单位【Units】中选择单位为 Metric（mm，kg，N，s，mV，mA）。

③ 为纤维环分配材料。在导航树上单击【Geometry】展开→【Solid 1】→【Details of "Solid 1"】→【Material】→【Assignment】= Annulu，然后右击【Model】→【Update】。

（3）进入 Mechanical 环境并分配上腰椎材料

① 在 E【Mechanical Model】上右击【Model】→【Edit...】进入 Mechanical 环境。

② 在 Mechanical 的环境主页【Home】功能区单位【Units】中选择单位为 Metric（mm，kg，N，s，mV，mA）。

③ 为上腰椎分配材料。在导航树上单击【Geometry】展开→【Solid 1】→【Details of "Solid 1"】→【Material】→【Assignment】= Upper lumbar，然后右击【Model】→【Update】。

（4）进入 Mechanical 环境并分配下腰椎材料

① 在 E【Mechanical Model】上右击【Model】→【Edit...】进入 Mechanical 环境。

② 在 Mechanical 的环境主页【Home】功能区单位【Units】中选择单位为 Metric（mm，kg，N，s，mV，mA）。

③ 为下腰椎分配材料。在导航树上单击【Geometry】展开→【Solid 1】→【Details of "Solid 1"】→【Material】→【Assignment】= Lower lumbar，然后右击【Model】→【Update】。

6. 进入 Mechanical 分析环境并分配单元类型

① 在 C【Static Structural】上右击【Model】→【Edit...】进入 Mechanical 分析环境。

② 在 Mechanical 的环境主页【Home】功能区单位【Units】中选择单位为 Metric（mm，kg，N，s，mV，mA）。

③ 为髓核分配单元。在导航树上单击【Geometry】展开→【Solid 1（sui he）】→【Insert】→【Commands】，然后在右侧【Commands】窗口输入如下命令：

et,matid,217   ! 217 单元；
fpx2 = 3e-4   ! 流体渗透率；
tb,pm,matid,,,perm   ;
tbdata,1,fpx2,fpx2,fpx2;

④ 为纤维环分配单元。在导航树上单击【Geometry】展开→【Solid 1（xian wei）】→【Insert】→【Commands】，然后在右侧【Commands】窗口输入如下命令：

et,matid,217   ! 217 单元；
fpx1 = 3e-4   ! 流体渗透率；

tb,pm,matid,,,perm ;
tbdata,1,fpx1,fpx1,fpx1 ;

7. 接触设置

在导航树上单击【Connections】展开，右击【Contacts】，从弹出的快捷菜单中单击【Delete】删除接触。

8. 节点融合设置

（1）在导航树上右击【Mesh】，从弹出的快捷菜单中选择【Insert】→【Node Merge】，【Node Merge Group】→【Details of "Node Merge Group"】→【Tolerance Value】= 0.5mm。

（2）在导航树上右击【Node Merge Group】，从弹出的快捷菜单中选择【Detect Connections】，自动探测在容差范围下可融合的节点连接。

（3）删除有问号的第一个【Node Merge】和第六个【Node Merge】。

（4）右击【Node Merge Group】，从弹出的快捷菜单中选择【Generate】，产生融合节点，如图10-24所示。

图10-24 节点融合设置

9. 施加边界条件

（1）单击【Static Structural（C3）】。

（2）分析设置。单击【Analysis Settings】→【Details of "Analysis Settings"】→【Step Controls】→【Step End Time】= 432000s，【Auto Time Stepping】= Off，【Define By】= Substeps，【Number Of Substeps】= 50，其他默认。

（3）施加载荷。在标准工具栏单击 ，选择上腰椎端面，接着在环境功能区单击【Loads】→【Force】→【Details of "Force"】→【Definition】→【DefineBy】= Components，【Z Component】= -500N，然后在右侧【Tabular Data】第一行的 Z 列输入 -500，如图10-25所示。

（4）施加约束。在标准工具栏单击 ，选择下腰椎端面，接着在环境功能区单击【Supports】→【Fixed Support】，如图10-26所示。

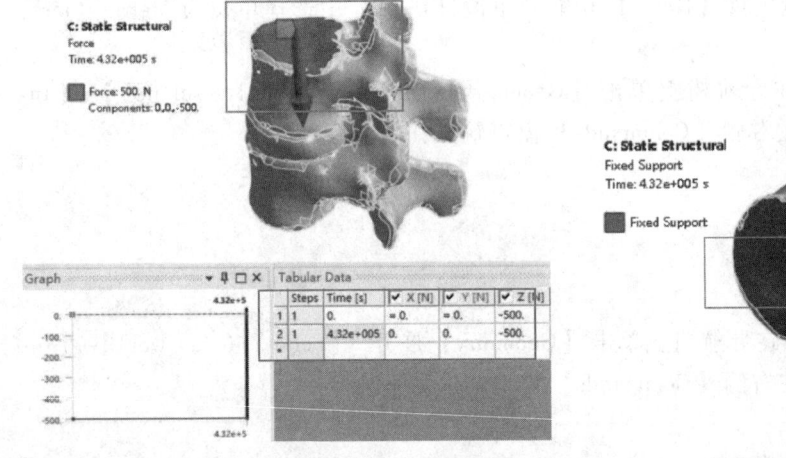

图10-25 施加载荷　　　　图10-26 施加约束

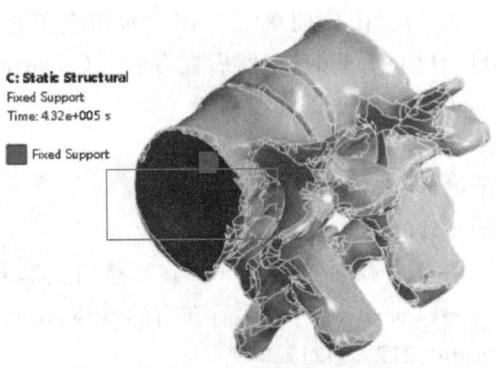

10. 设置需要结果

（1）在导航树上单击【Solution（C4）】。

（2）在求解工具栏上单击【Deformation】→【Directional】，【Directional Deformation】→【Details of "Directional Deformation"】→【Definition】→【Orientation】=Z Axis。

（3）在标准工具栏上单击 ![icon]，选择椎间盘（髓核和纤维环），在 Mechanical 环境求解功能区单击【Stress】→【Equivalent Stress】。

11. 求解与结果显示

（1）在 Mechanical 环境求解功能区单击 ![icon] 进行求解运算。

（2）运算结束后，单击【Solution（C4）】→【DirectionalDeformation】，显示腰椎 Z 方向的变形分布云图及数据曲线图，如图 10-27 和图 10-28 所示；单击【Solution（C4）】→【EquivalentStress】，显示椎间盘等效应力分布云图及松弛变化曲线及数据，如图 10-29 和图 10-30 所示。

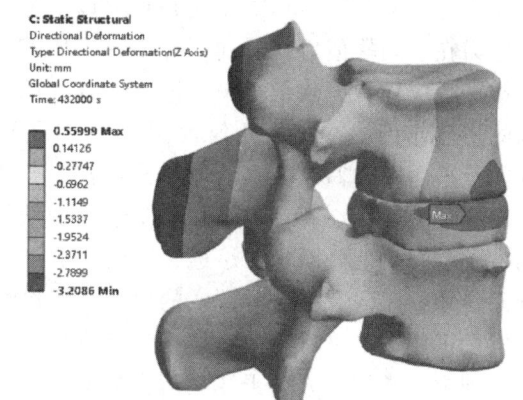

图 10-27 腰椎 Z 方向的变形分布云图

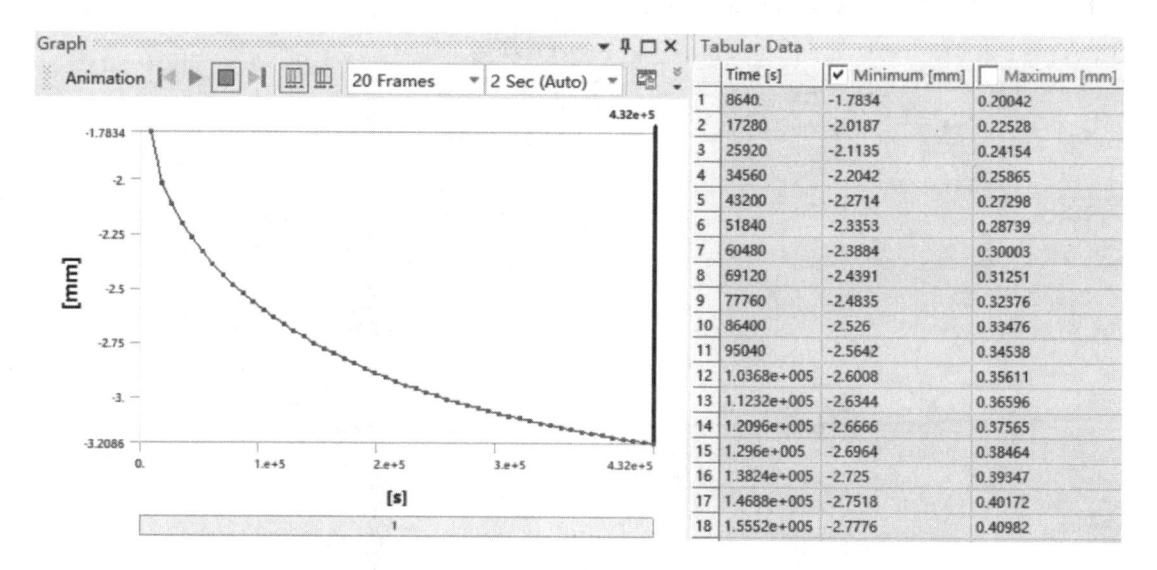

	Time [s]	Minimum [mm]	Maximum [mm]
1	8640.	-1.7834	0.20042
2	17280	-2.0187	0.22528
3	25920	-2.1135	0.24154
4	34560	-2.2042	0.25865
5	43200	-2.2714	0.27298
6	51840	-2.3353	0.28739
7	60480	-2.3884	0.30003
8	69120	-2.4391	0.31251
9	77760	-2.4835	0.32376
10	86400	-2.526	0.33476
11	95040	-2.5642	0.34538
12	1.0368e+005	-2.6008	0.35611
13	1.1232e+005	-2.6344	0.36596
14	1.2096e+005	-2.6666	0.37565
15	1.296e+005	-2.6964	0.38464
16	1.3824e+005	-2.725	0.39347
17	1.4688e+005	-2.7518	0.40172
18	1.5552e+005	-2.7776	0.40982

图 10-28 腰椎 Z 方向的变形数据曲线图

12. 保存与退出

（1）退出 Mechanical 分析环境。单击 Mechanical 主界面的菜单【File】→【Close Mechanical】退出分析环境，返回到 Workbench 主界面，此时主界面的项目分析流程图中显示的分析已完成。

（2）单击 Workbench 主界面上的【Save】按钮，保存所有分析结果文件。

（3）退出 Workbench 环境。单击 Workbench 主界面的菜单【File】→【Exit】退出主界面，完成分析。

10.2.3 结果分析与点评

本实例是腰椎椎间盘的蠕变分析，通过结果变形云图及 Graph 中曲线趋势可以看出，随着竖向位移的增加，孔隙压力逐渐消失；通过整体应力云图及 Graph 中曲线趋势可以明显看到应力在达到峰值后随时间缓慢变化，压缩下的蠕变响应证明了软组织中的固体和其间的流体的扩散作用。本实例几何模型从外部导入，椎间盘采用 CPT217 空隙压力单元建模，骨头采用 SOLID187 实体单元。由于在整个加载期间，腰椎椎间盘的侧面可以渗透，因此，采用空隙压力单元来模拟腰椎椎间盘运动段，为退化的椎间盘的临床研究提供了真实的模型。生物医学模拟中的软组织多为率相关的材料非线性，本实例中用命令将已有单元切换为 CPT217 空隙压力单元，并附上特殊材料属性。在非线性后处理中，常需要人为干涉载荷步中子步数量，以获得详细的输出响应，但计算量也相应增加。本实例有一定难度，分析操作过程也相对繁琐，不过也可以看出 ANSYS Workbench 强大的功能和便捷性，如可以把外部模型可以汇聚到一个分析项目中。

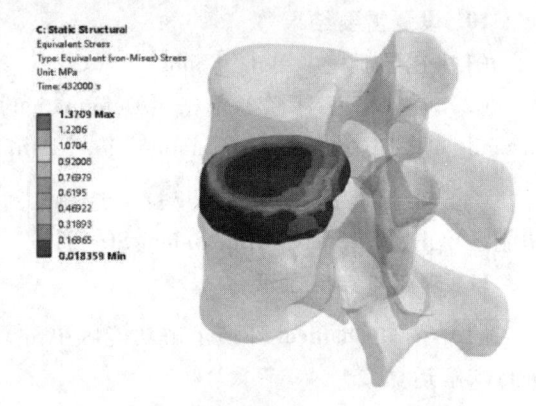

图 10-29　椎间盘等效应力分布云图

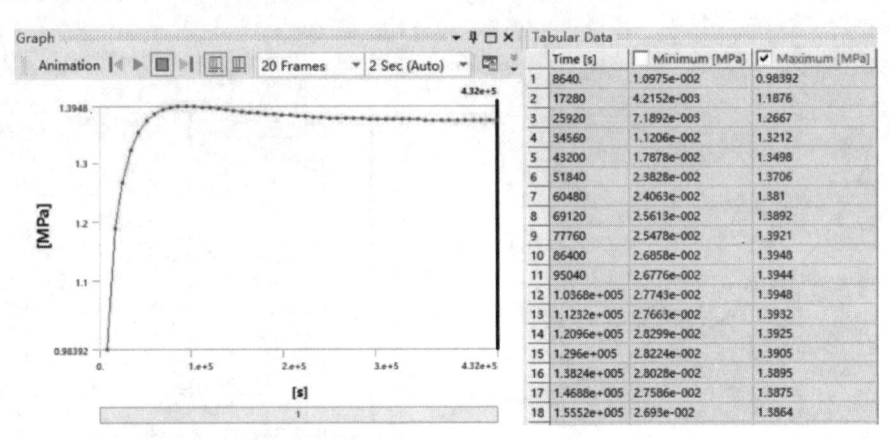

图 10-30　椎间盘等效应力松弛变化曲线及数据

第11章 复合材料分析

11.1 冲浪板复合材料分析

11.1.1 问题与重难点描述

1. 问题描述

冲浪板是人们用于冲浪运动的运动器材,本节分析的冲浪板长1.8623m、宽0.42m、厚7~10cm,冲浪板结构轻而平,前后两端稍窄小,后下方有一个起稳定作用的尾鳍,冲浪板模型如图11-1所示。该冲浪板采用复合材料Epoxy Carbon和Core,具体材料数据参看Engineering Data,试对冲浪板进行复合材料分析。

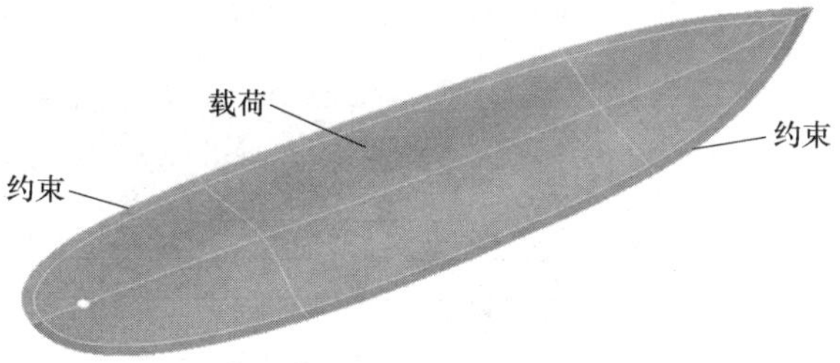

2. 重难点提示

本实例重难点是冲浪板的铺层设置以及复合材料的后处理。

图11-1 冲浪板模型

11.1.2 实例详细解析过程

1. 启动Workbench

在"开始"菜单中执行ANSYS 2024R1/R2→Workbench 2024R1/R2命令。

2. 创建复合材料分析

(1) 在工具箱【Toolbox】的【Component Systems】中双击或拖动复合材料前处理【ACP(Pre)】到项目分析流程图,如图11-2所示。

(2) 在Workbench的工具栏中单击【Save】,保存项目实例名称为Surfboard.wbpj。如工程实例文件保存在D:\AWB\Chapter11文件夹中。

3. 创建材料参数

(1) 编辑工程数据单元,右击【Engineering Data】→【Edit...】。

(2) 在工程数据属性中添加材料:在Workbench的工具栏上单击 进入工程材料库,此时的界面显示【Engineering Data Sources】。单击【Click here to add a new library】右侧添加位置图标 ,找到【EngineeringData】,如该文件存放在D:\AWB\Chapter11文件夹中,然后单击【Outline of EngineeringData】表中Epoxy Carbon和Core的添加按钮 ,此时在

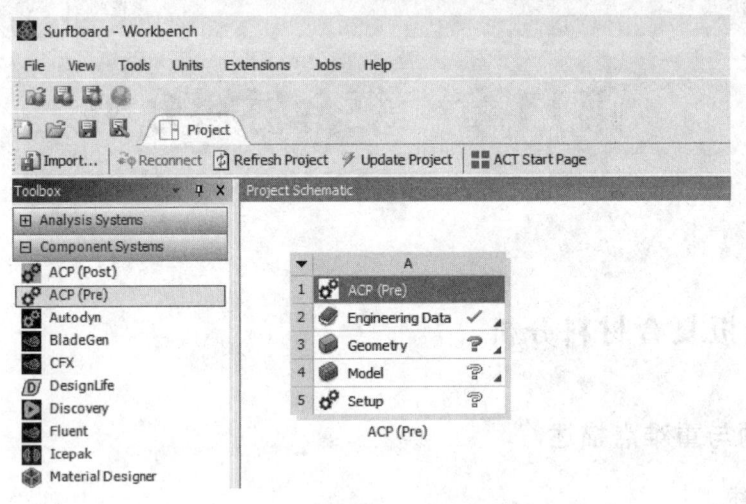

图 11-2 创建复合材料分析

C3、C4 栏中显示标示 ，表明材料添加成功，如图 11-3 所示。

图 11-3 创建材料参数

（3）单击工具栏中的【A2：EngineeringData】关闭按钮，返回到 Workbench 主界面，新材料添加完毕。

4. 导入几何模型

在复合材料前处理上右击【Geometry】→【Import Geometry】→【Browse】，找到模型文件 Surfboard.agdb，打开导入几何模型。如模型文件在 D:\AWB\Chapter11 文件夹中。

5. 进入 Mechanical 分析环境

（1）在复合材料前处理上右击【Model】→【Edit...】进入 Mechanical 分析环境。

（2）在 Mechanical 的环境主页【Home】功能区单位【Units】中选择单位为 Metric（mm, kg, N, s, mV, mA）。

6. 为几何模型分配厚度及材料

在导航树上单击【Geometry】展开→【Back】【Lead】【Main back】【Main lead】→【Details of "Multiple Selection"】→【Definition】→【Thickness】=1mm；【Back】【Lead】→【Details of "Multiple Selection"】→【Material】→【Assignment】=Epoxy Carbon；【Main back】、【Main lead】→【Details of "Multiple Selection"】→【Material】→【Assignment】= Core，其他默认。

7. 划分网格

（1）在导航树上单击【Mesh】→【Details of "Mesh"】→【Sizing】→【Use Adaptive Sizing】= Yes，【Resolution】= 4，其他均默认。

（2）在标准工具栏单击 ，选择冲浪板 4 个表面，右击导航树上【Mesh】→【Insert】→【Sizing】,【Face Sizing】→【Details of "Face Sizing"-Sizing】→【Definition】→【Element Size】= 10mm，其他默认。

（3）生成网格。右击【Mesh】→【Generate Mesh】，图形区域显示程序生成的网格模型，如图 11-4 所示。

（4）网格质量检查。在导航树上单击【Mesh】→【Details of "Mesh"】→【Quality】→【Mesh Metric】= Element Quality，显示 Element Quality 规则下网格质量详细信息，平均值处在良好的水平范围内，展开【Statistics】显示网格和节点数量。

图 11-4 网格模型

（5）退出 Mechanical 分析环境。单击 ACP（Pre）-Mechanical 主界面的菜单【File】→【Close Mechanical】退出分析环境。

8. 进行复合材料铺层处理

（1）进入 ACP 工作环境

返回到 Workbench 界面，右击 ACP（Pre）Model 单元，从弹出的快捷菜单中选择【Update】把网格数据导入 ACP（Pre）。

（2）右击 ACP（Pre）Setup 单元，从弹出的快捷菜单中选择【Edit...】进入 ACP（Pre）环境。

9. 材料数据

（1）单击并展开【Material Data】，右击【Fabrics】，从弹出的快捷菜单中选择【Create Fabric...】，弹出织物属性对话框，Material = Epoxy Carbon，Thickness = 3.2，其他默认，单击【OK】关闭对话框，如图 11-5 所示。

（2）单击并展开【Material Data】，右击【Fabrics】，从弹出的快捷菜单中选择【Create Fabric...】，弹出织物属性对话框，Material = Core，Thickness = 11.8，其他默认，单击【OK】关闭对话框，如图 11-6 所示。

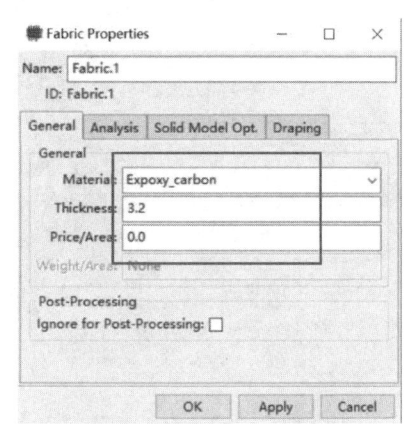

图 11-5 织物属性对话框

(3) 在工具栏中单击 ⚡ 更新数据。

(4) 右击【Stackups】，从弹出的快捷菜单中选择【Create Stackup...】，弹出层叠属性对话框，Fabric=Fabric.1，Angle=-45.0、0.0、45.0，其他默认，单击【OK】关闭对话框，如图 11-7 所示。

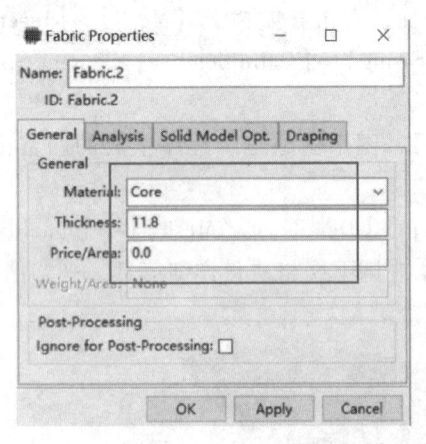

图 11-6　织物属性对话框

图 11-7　层叠属性对话框

(5) 在工具栏中单击 ⚡ 更新数据。

10. 创建参考坐标

(1) 右击【Rosettes】，从弹出的快捷菜单中选择【Create Rosette...】，弹出 Rosette 属性对话框，如图 11-8 所示，【Type】=Parallel，【Origin】=(-19.90000，63.80000，755.0000)，【Direction1】=(1.0000，0.0000，0.0000)，【Direction2】=(0.0000，1.0000，0.0000)，单击工具栏单元边线显示图标 ▦，参考视图坐标系确定位置，其他默认，单击【OK】关闭对话框。

(2) 在工具栏中单击 ⚡ 更新数据。

11. 创建方向选择集

(1) 右击【Oriented Selection Sets】，从弹出的快捷菜单中选择【Create Oriented Selection Sets...】，弹出方向选择属性对话框，如图 11-9 所示，【Element Sets】=All_Elements，

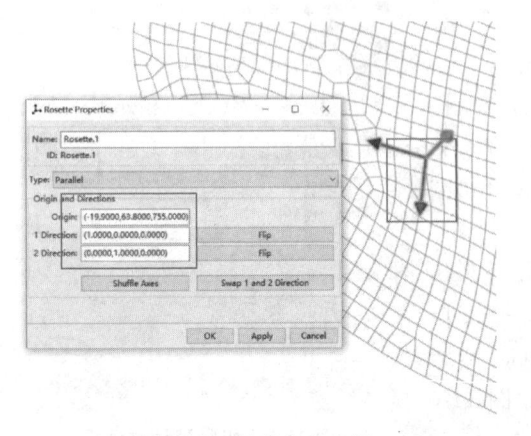

图 11-8　创建参考坐标

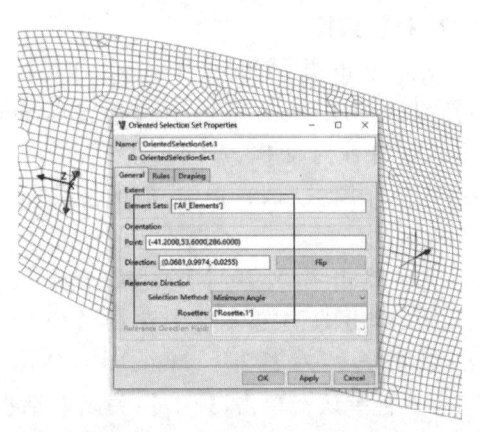

图 11-9　方向选择属性对话框

【Orientation】→【Point】=(-41.2000,53.6000,286.6000),【Direction】=(0.0681,0.9974,-0.0255),【Rosettes】=Rosette.1,其他默认,单击【OK】关闭对话框。

(2) 创建 Lift、Right 单元集。右击【Oriented Selection Sets】,从弹出的快捷菜单中选择【Create Oriented Selection Sets...】,弹出方向选择属性对话框,如图 11-10 所示,【Element Sets】=Lift、Right,【Orientation】→【Point】=(117.1000,31.5000,340.2000),【Direction】=(0.0621,0.9975,-0.0350),【Rosettes】=Rosette.1,其他默认,单击【OK】关闭对话框。

(3) 创建 Mainback、Mainlead 单元集。右击【Oriented Selection Sets】,从弹出的快捷菜单中选择【Create Oriented Selection Sets...】,弹出方向选择属性对话框,如图 11-11 所示,【Element Sets】=Mainback、Main lead,【Orientation】→【Point】=(-40.90000,56.1000,387.1000),【Direction】=(0.0471,0.9986,-0.0233),【Rosettes】=Rosette.1,其他默认,单击【OK】关闭对话框。

(4) 在工具栏中单击 更新数据。

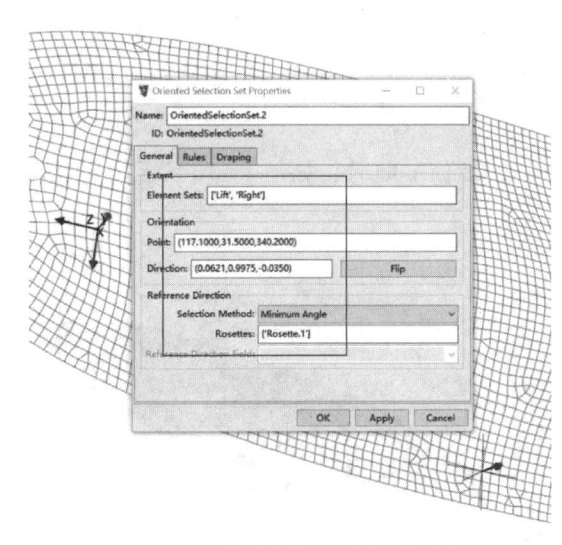

图 11-10 创建 Lift、Right 单元集 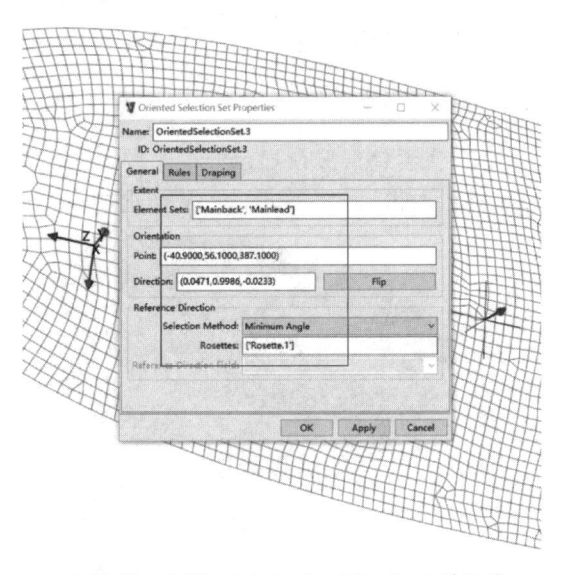　　图 11-11 创建 Mainback、Mainlead 单元集

12. 创建铺层组【Modeling Groups】

(1) 右击【Modeling Groups】,从弹出的快捷菜单中选择【Create Modeling Groups...】,弹出创建铺层组属性对话框,默认铺层组命名,单击【OK】关闭对话框。

(2) 创建 0°铺层角。右击【Modeling Groups.1】,从弹出的快捷菜单中选择【Create Ply...】,弹出创建铺层属性对话框,如图 11-12 所示,【Oriented Selection Sets】=Oriented Selection Sets.1,【Ply Material】=Stackup.1,【Ply Angle】=0,【Number of Layers】=1,其他默认,单击【OK】关闭对话框。

(3) 创建-30°铺层角。右击【Modeling Groups.1】,从弹出的快捷菜单中选择【Create Ply...】,弹出创建铺层属性对话框,如图 11-13 所示,【Oriented Selection Sets】=Oriented Selection Sets.2,【Ply Material】=Fabric.1,【Ply Angle】=0.0,【Number of Layers】=1,其他默认,单击【OK】关闭对话框。

(4) 创建0°铺层角。右击【Modeling Groups.1】，从弹出的快捷菜单中选择【Create Ply...】，弹出创建铺层属性对话框，如图11-14所示，【Oriented Selection Sets】= Oriented Selection Sets.3，【Ply Material】= Fabric.2，【Ply Angle】= 0.0，【Number of Layers】= 1，其他默认，单击【OK】关闭对话框。

(5) 在工具栏中单击 ⚡ 更新数据。

(6) 单击铺层显示工具，查看铺层信息，如图11-15所示。

图11-12 创建底部建模层　　图11-13 创建边缘建模层　　图11-14 创建核心建模层

13. 查看铺层厚度显示

(1) 右击【Thickness】，从弹出的快捷菜单中选择【Update】，如图11-16所示。

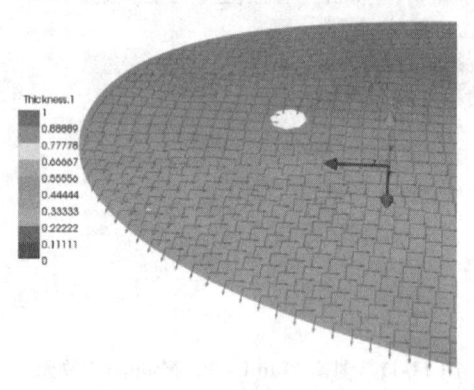

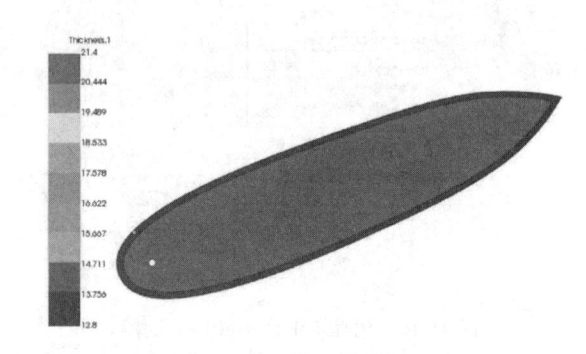

图11-15 铺层信息　　图11-16 铺层厚度显示

(2) 单击【File】→【Exit】退出ACP-Pre环境。

14. 进入到静态结构分析环境

(1) 返回到Workbench主界面，在工具箱【Toolbox】的【Analysis Systems】中双击或拖动静态结构分析项目【Static Structural】到项目分析流程图。

(2) 前处理数据导入静态结构环境。单击复合材料前处理项目单元格【Setup】，拖动到静态结构分析项目单元格【Model】并选择【Transfer Shell Composite Data】，如图11-17所示。

(3) 右击ACP【Setup】→【Update】，更新

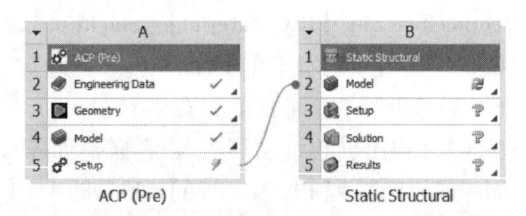

图11-17 前处理数据导入静态结构环境

并把数据传递到静态结构分析项目单元格【Model】中。

(4) 右击静态结构分析单元格【Model】→【Edit...】,进入静态结构分析环境。

15. 施加边界

(1) 在导航树上单击【Static Structural (B3)】。

(2) 施加固定约束。在标准工具栏上单击 ![icon],然后选择冲浪板前后边线(共 4 条),接着在环境功能区上单击【Supports】→【Fixed Support】,如图 11-18 所示。

(3) 施加压力。在标准工具栏上单击 ![icon],然后选择冲浪板中间位置,接着在环境功能区上单击【Loads】→【Force】→【Details of "Force"】→【Definition】→【Magnitude】= -1000N,如图 11-19 所示。

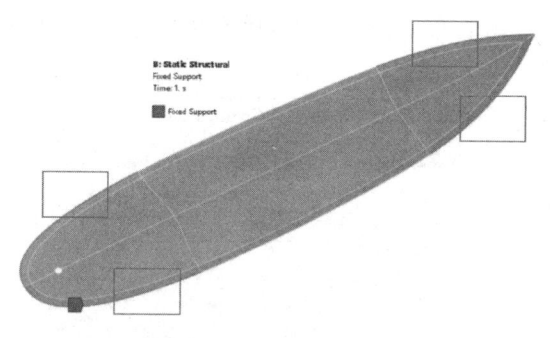

图 11-18 施加固定约束

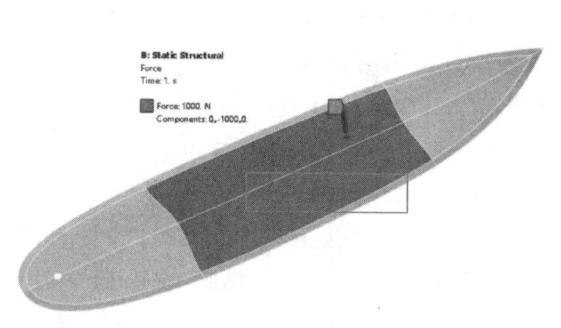

图 11-19 施加压力

16. 设置需要的结果、求解及显示

(1) 在导航树上单击【Solution (B4)】。

(2) 在 Mechanical 环境求解功能区单击【Deformation】→【Total】。

(3) 在 Mechanical 环境求解功能区单击 ![icon] 进行求解运算。

(4) 运算结束后,单击【Solution (B4)】→【Total Deformation】,可以查看冲浪板变形分布云图,如图 11-20 所示。

(5) 退出静态结构分析环境。单击 Mechanical 主界面的菜单【File】→【Close Mechanical】退出分析环境。

17. 进入 ACP-Post 环境

(1) 返回到 Workbench 主界面,在工具箱【Toolbox】的【Component Systems】中拖动复合材料前处理项目【ACP (Post)】到项目分析流程图,并分别与【ACP (Pre)】的【Engineering Data】【Geometry】【Model】相连接。

图 11-20 冲浪板变形分布云图

(2) 复合材料后处理连接。单击静态结构前处理项目单元格【Solution】,并拖动到复合材料后处理项目单元格【Results】,如图 11-21 所示。

(3) 右击静态结构前处理项目单元格【Solution】→【Update】,更新并把数据传递复合材料后处理项目单元格【Results】中。

(4) 右击【ACP (Post) Results】→【Edit...】,进入复合材料后处理环境。

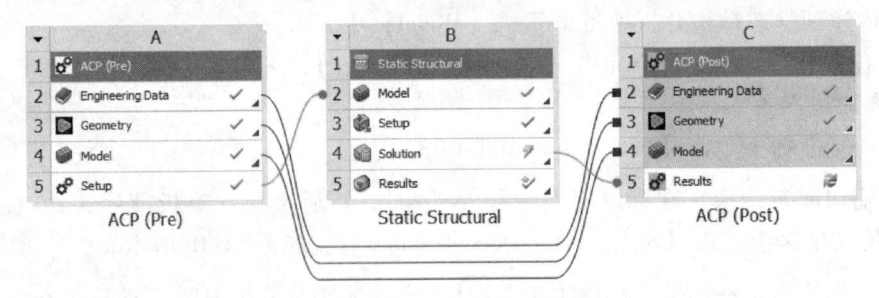

图 11-21 复合材料后处理连接

18. 定义失效准则

（1）右击【Definitions】，从弹出的快捷菜单中选择【Create Failure Criteria...】，弹出失效准则定义对话框，选择最大应力失效准则，其他默认，单击【OK】关闭对话框，如图 11-22 所示。

（2）在工具栏中单击 更新数据。

19. 求解后处理

（1）单击并展开【Solutions】→【Solutions.1】，右击【Solutions.1】，从弹出的快捷菜单中选择【Create Deformation...】，弹出变形对话框，默认设置，单击【OK】关闭对话框。

（2）右击【Solutions.1】，从弹出的快捷菜单中选择【Create Failure...】，弹出失效对话框，选择【Failure Criteria Definition】= FailureCriteria.1，其他默认设置，单击【OK】关闭对话框。

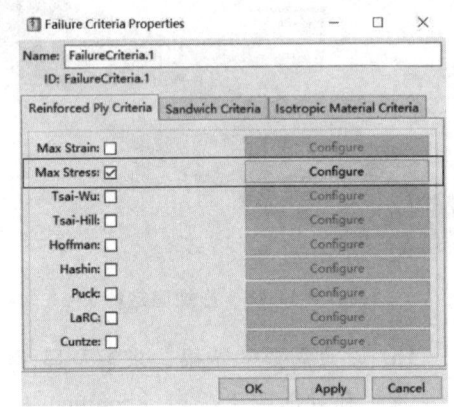

图 11-22 失效准则定义对话框

（3）在工具栏中单击 更新数据。

（4）在特征树上右击【Deformation.1】→【Show】，显示变形结果云图，如图 11-23 所示。

（5）在特征树上右击【Failure.1】→【Show】，显示失效结果云图及参数，如图 11-24 和图 11-25 所示，其中 s2t 表示：最大应力失效准则 2 方向（纤维的横向）拉伸失效关键层是第 1 层。

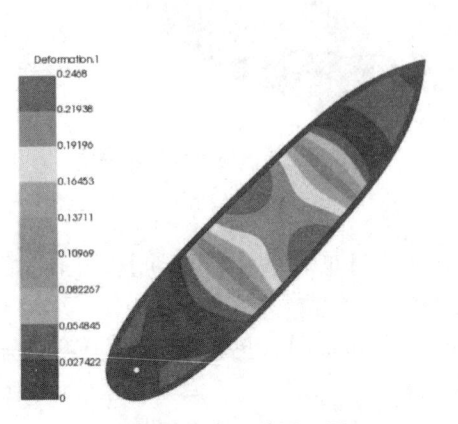

图 11-23 变形结果云图

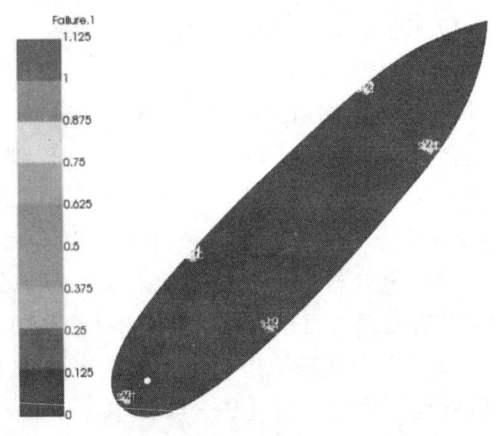

图 11-24 失效结果云图

20. 保存与退出

（1）退出复合材料后处理环境。单击复合材料后处理主界面的菜单【File】→【Exit】退出后处理环境，返回到 Workbench 主界面，此时主界面的项目分析流程图中显示的分析已完成。

（2）单击 Workbench 主界面上的【Save】按钮，保存所有分析结果文件。

（3）退出 Workbench 环境。单击 Workbench 主界面的菜单【File】→【Exit】退出主界面，完成项目分析。

图 11-25 失效结果云图及参数

11.1.3 结果分析与评价

本实例是冲浪板复合材料分析，从分析结果来看，在给定条件下，创建的冲浪板复合材料的铺层设置，最大应力失效准则 2 方向（纤维的横向）拉伸失效关键层是第 1 层。本实例包含了两个重要知识点，一方面是复合材料分析 ACP 前后处理，另一方面是线性静力分析。在本例中如何进行复合材料前处理、后处理是关键，这牵涉到铺层组创建、对应的边界条件设置、失效准则给定、求解及后处理。本例诠释了 ACP 复合材料分析易用性，脉络清晰，过程完整。

11.2 储热管复合材料分析

11.2.1 问题与重难点描述

1. 问题描述

已知用于补偿储热管道的光滑弯管方形补偿管长为 1400mm，管截面半径 30mm，储热管模型如图 11-26 所示。该管采用复合材料 Epoxy Carbon Woven（235GPa）Wet，材料数据如表 11-1 和表 11-2 所示，试对储热管进行复合材料分析。

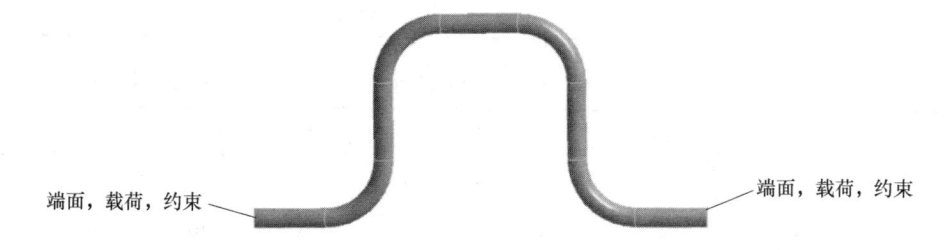

图 11-26 储热管模型

2. 重难点提示

本实例重难点是创建材料、创建储热管铺层组、设置对应的边界条件、处理实体复合材料模型、求解及后处理。

表 11-1　Epoxy Carbon Woven（235GPa）Wet 材料参数

类型	属性	数据	单位
密度	密度	1.251E-09	tonne mm^-3
正交各向异性割线热膨胀系数	X 方向	2.2e-6	℃^-1
	Y 方向	2.2e-6	℃^-1
	Z 方向	1.0e-5	℃^-1
	参考温度	20	℃
正交各向异性弹性材料	弹性模量 X 向	见表 11-2	MPa
	弹性模量 Y 向		MPa
	弹性模量 Z 向		MPa
	泊松比 XY		
	泊松比 YZ		
	泊松比 XZ		
	剪切模量 XY		MPa
	剪切模量 YZ		MPa
	剪切模量 XZ		MPa
正交各向异性应力极限	拉伸 X 向	510	MPa
	拉伸 Y 向	510	MPa
	拉伸 Z 向	50	MPa
	压缩 X 向	-437	MPa
	压缩 Y 向	-437	MPa
	压缩 Z 向	-150	MPa
	剪切 XY	120	MPa
	剪切 YZ	55	MPa
	剪切 XZ	55	MPa
正交各向异性导热系数	导热系数 X	0.0003	W mm^-1℃^-1
	导热系数 Y	0.0003	W mm^-1℃^-1
	导热系数 Z	0.0002	W mm^-1℃^-1
层的类型	类型	Woven	

表 11-2　Epoxy Carbon Woven（235GPa）Wet 的正交各向异性弹性材料参数

温度/℃	X 向弹性模量/MPa	Y 向弹性模量/MPa	Z 向弹性模量/MPa	泊松比 XY	泊松比 YZ	泊松比 XZ	XY 剪切模量/MPa	YZ 剪切模量/MPa	XZ 剪切模量/MPa
20	59160	59160	7500	0.04	0.3	0.3	17500	2700	2700
40	39440	39440	5000	0.027	0.2	0.2	11667	1800	1800
60	29580	29580	3750	0.02	0.15	0.15	8750	1050	1050
80	23664	23664	3000	0.016	0.12	0.12	7000	1080	1080
100	19720	19720	2500	0.010	0.1	0.1	5833	900	900

(续)

温度/℃	X向弹性模量/MPa	Y向弹性模量/MPa	Z向弹性模量/MPa	泊松比XY	泊松比YZ	泊松比XZ	XY剪切模量/MPa	YZ剪切模量/MPa	XZ剪切模量/MPa
120	16903	16903	2143	0.011	0.08	0.08	5000	771	771
140	14790	14790	1875	0.01	0.075	0.075	4375	675	675
160	10147	10147	1667	0.009	0.067	0.067	3888	600	600
180	11832	11832	1500	0.008	0.06	0.06	3500	540	540

11.2.2 实例详细解析过程

1. 启动 Workbench

在"开始"菜单中执行 ANSYS 2024R1/R2→Workbench 2024R1/R2 命令。

2. 创建复合材料分析

（1）在工具箱【Toolbox】的【Component Systems】中双击或拖动复合材料前处理【ACP（Pre）】到项目分析流程图，如图 11-27 所示。

（2）在 Workbench 的工具栏中单击【Save】，保存项目实例名称为 Heat pipe.wbpj。如工程实例文件保存在 D:\AWB\Chapter11 文件夹中。

3. 创建材料参数

（1）编辑工程数据单元，右击【Engineering Data】→【Edit】。

（2）在工程数据属性中创建新材料：【Outline of Schematic A2：Engineering Data】→【Click here to add a new material】输入新材料名称 Epoxy Carbon Woven（235GPa）Wet。

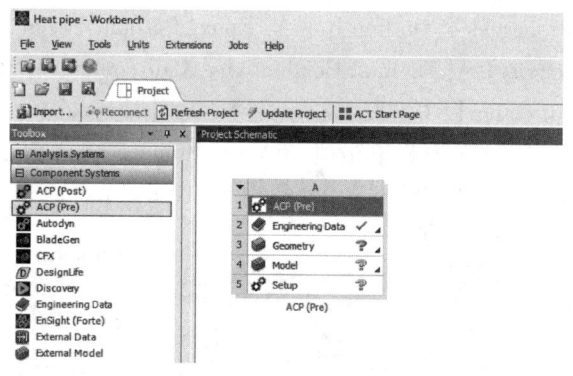

图 11-27 创建复合材料分析

（3）在左侧单击【Physical Properties】展开，双击【Density】，设置【Properties of Outline Row 4：Epoxy Carbon Woven（235GPa）Wet】→【Table of Properties Row 2：Density】→【Density】= 1.251e-09 tonne mm^-3。

（4）在左侧单击【Physical Properties】，双击【Orthotropic Secant Coefficient of Thermal Expansion】，设置【Properties of Outline Row 4：Epoxy Carbon Woven（235GPa）Wet】→【Coefficient of Thermal Expansion】→【Coefficient of Thermal Expansion X direction】= 2.2e-6 ℃^-1，【Coefficient of Thermal Expansion Y direction】= 2.2e-6 ℃^-1，【Coefficient of Thermal Expansion Z direction】= 1e-5 ℃^-1，【Reference Temperature】= 20℃。

（5）在左侧单击【Linear Elastic】展开，双击【Orthotropic Elasticity】，设置【Properties of Outline Row 4：Epoxy Carbon Woven（235GPa）Wet】→【Orthotropic Elasticity】→【Young's Modulus X direction】→【Table of Properties Row 10：Orthotropic Elasticity】= 表 11-2 对应的数据，【Young's Modulus Y direction：Scale】→【Table of Properties Row 12：Orthotropic Elasticity】=表11-2对应的数据，【Young's Modulus Z direction：Scale】→【Table of Properties Row 14：Orthotropic Elasticity】=表11-2对应的数据；【Poisson's Ratio XY：Scale】→【Table of Properties Row 16：Orthotropic Elasticity】=表11-2对应的数据，【Poisson's Ratio YZ：Scale】→【Table of Properties Row 18：Orthotropic Elasticity】=表11-2对应的数据，【Poisson's Ratio XZ：Scale】→【Table of Properties Row 20：Orthotropic Elasticity】=表11-2对应的数据；【Shear Modulus XY：Scale】→【Table of Properties Row 22：Orthotropic Elasticity】=表11-2对应的数据，【Shear Modulus YZ：Scale】→【Table of Properties Row 24：Orthotropic Elasticity】=表11-2对应的数据，【Shear Modulus XZ：Scale】→【Table of Properties Row 26：Orthotropic Elasticity】=表11-2对应的数据。

（6）在左侧单击【Strength】展开，双击【Orthotropic Stress Limits】，设置【Properties of Outline Row 4：Epoxy Carbon Woven（235GPa）Wet】→【Orthotropic Stress Limits】→【Tensile X direction】=510MPa，【Tensile Y direction】=510MPa，【Tensile Z direction】=50MPa；【Compressive X direction】=-437MPa，【Compressive Y direction】=-437MPa，【Compressive Z direction】=-150MPa；【Shear XY】=120MPa，【Shear YZ】=55MPa，【Shear XZ】=55MPa。

（7）在左侧单击【Thermal】展开，双击【Orthotropic Thermal Conductivity】，设置【Properties of Outline Row 4：Epoxy Carbon Woven（235GPa）Wet】→【Orthotropic Thermal Conductivity】→【Thermal Conductivity X direction】=0.0003 W mm^-1℃^-1，【Thermal Conductivity Y direction】=0.0003 W mm^-1℃^-1，【Thermal Conductivity Z direction】=0.0002 W mm^-1℃^-1。

（8）在左侧单击【Physical Properties】，双击【Ply Type】，设置【Properties of Outline Row 4：Epoxy Carbon Woven（235GPa）Wet】→【Type】=Woven，如图11-28所示。

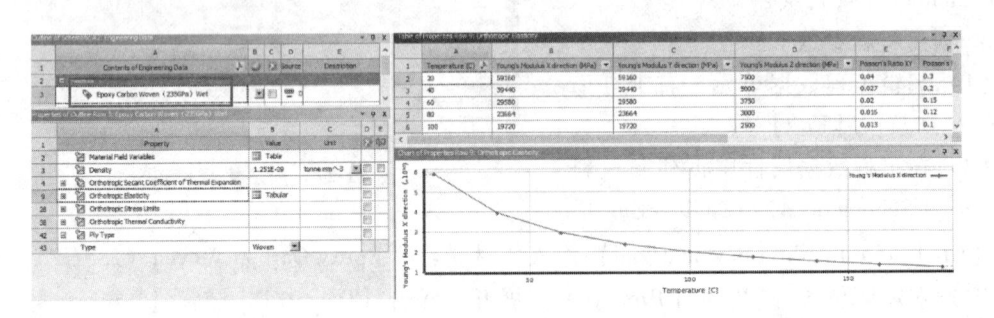

图11-28 创建材料参数

（9）单击工具栏中的【A2：Engineering Data】关闭按钮，返回到 Workbench 主界面，新材料创建完毕。

4. 导入几何模型

在复合材料前处理上右击【Geometry】→【Import Geometry】→【Browse】，找到模型文件 Heat Pipe.x_t，打开导入几何模型。如模型文件在 D:\AWB\Chapter07 文件夹中。

5. 进入 Mechanical 分析环境

（1）在复合材料前处理上右击【Model】→【Edit...】进入 Mechanical 分析环境。

（2）在 Mechanical 的环境主页【Home】功能区单位【Units】中选择单位为 Metric（mm，kg，N，s，mV，mA）。

6. 为几何模型分配厚度及材料

在导航树上单击【Geometry】展开→【Compensator】→【Details of "Compensator"】→【Definition】→【Thickness】= 0.0000254mm；【Material】→【Assignment】= Epoxy Carbon Woven（235GPa）Wet，其他默认，如图 11-29 所示。

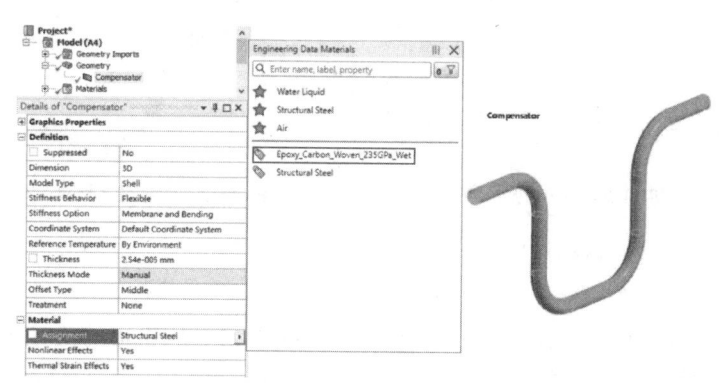

图 11-29 为几何模型分配厚度及材料

7. 划分网格

（1）在导航树上单击【Mesh】→【Details of "Mesh"】→【Defaults】→【Element Order】= Quadratic；【Sizing】→【Use Adaptive Sizing】= No，【Capture Curvature】= Yes，其他均默认。

（2）在标准工具栏单击，选择管 18 个表面，右击导航树上【Mesh】→【Insert】→【Sizing】，【Face Sizing】→【Details of "Face Sizing"-Sizing】→【Definition】→【Element Size】= 10mm；【Advanced】→【Capture Curvature】= Yes，其他默认。

（3）在标准工具栏单击，选择管 18 个表面，右击导航树上【Mesh】→【Insert】→【Face Meshing】，其他默认。

（4）生成网格。右击【Mesh】→【Generate Mesh】，图形区域显示程序生成的网格模型，如图 11-30 所示。

（5）网格质量检查。在导航树上单击【Mesh】→【Details of "Mesh"】→【Quality】→【Mesh Metric】= Element Quality，显示 Element Quality 规则下网格质量详细信息，平均值处在良好的水平范围内，展开【Statistics】显示网格和节点数量。

8. 创建名称选择

（1）创建 Outer_edge 名称选择。在标准工具栏上单击

图 11-30 网格模型

，选择管外边线（9 条），右击从弹出的快捷菜单中选择【Create Named Selection】，弹出名称选择，输入 Outer_edge，单击【OK】关闭菜单，如图 11-31 所示。

（2）创建 Inner_edge 名称选择。在标准工具栏上单击，选择管内边线（9 条），右击从弹出的快捷菜单中选择【Create Named Selection】，弹出名称选择，输入 Inner_edge，单击【OK】关闭菜单，如图 11-32 所示。

（3）退出 Mechanical 分析环境。单击 Mechanical 主界面的菜单【File】→【Close Mechanical】退出分析环境。

图 11-31　创建 Outer_edge 名称选择

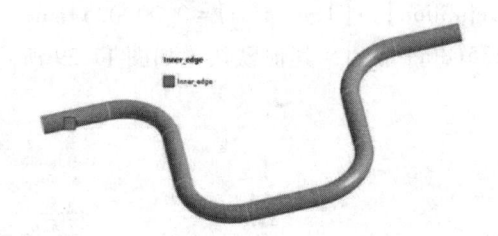

图 11-32　创建 Inner_edge 名称选择

9. 进行复合材料铺层处理

（1）进入 ACP 工作环境

返回到 Workbench 界面，右击 ACP（Pre）Model 单元，从弹出的快捷菜单中选择【Update】，把网格数据导入 ACP（Pre）。

（2）右击 ACP（Pre）Setup 单元，从弹出的快捷菜单中选择【Edit…】进入 ACP（Pre）环境。

10. 材料数据

（1）单击并展开【Material Data】，右击【Fabrics】，从弹出的快捷菜单中选择【Create Fabric…】，弹出织物属性对话框，【Material】= Epoxy Carbon Woven（235GPa）Wet，Thickness = 0.00101，其他默认，单击【OK】关闭对话框，如图 11-33 所示。

（2）在工具栏中单击 更新数据。

11. 创建参考坐标

（1）创建内边参考坐标。右击【Rosette】，从弹出的快捷菜单中选择【Create Rosette…】，弹出 Rosette 属性对话框，如图 11-34 所示，【Type】= Edge Wise，【Edge Set】= Inner_edge，【Origin】=（0.0000, 0.0000, 0.0000），【Direction1】=（1.0000, 0.0000, 0.0000），【Direction2】=（0.0000, 1.0000, 0.0000），其他默认，单击【OK】关闭对话框。

图 11-33　织物属性对话框

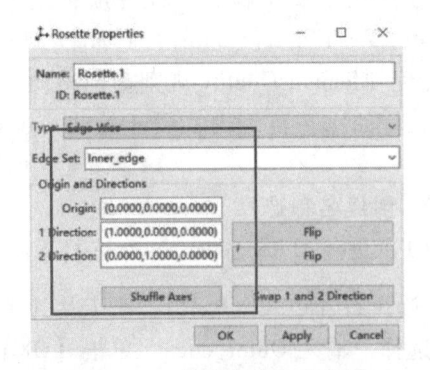

图 11-34　创建内边参考坐标

（2）创建外边参考坐标。右击【Rosette】，从弹出的快捷菜单中选择【Create Rosette…】，弹出 Rosette 属性对话框，如图 11-35 所示，【Type】= Edge Wise，【Edge Set】= Out_edge，【Origin】=（0.0000, 0.0000, 0.0000），【Direction1】=（1.0000, 0.0000, 0.0000），【Direction2】=(0.0000,1.0000,0.0000),其他默认,单击【OK】关闭对话框。

(3) 在工具栏中单击 ⚡ 更新数据。

12. 创建方向选择集

(1) 右击【Oriented Selection Sets】,从弹出的快捷菜单中选择【Create Oriented Selection Sets...】,弹出创建方向选择属性对话框,如图 11-36 所示,【Element Sets】=All_Elements,【Orientation】→【Point】=(0.0191,-0.8100,0.0232),【Direction】=(0.4916,0.0000,0.8708),【Rosettes】=Rosette.1,Rosette.2,其他默认,单击【OK】关闭对话框。

图 11-35　创建外边参考坐标

(2) 在工具栏中单击 ⚡ 更新数据。

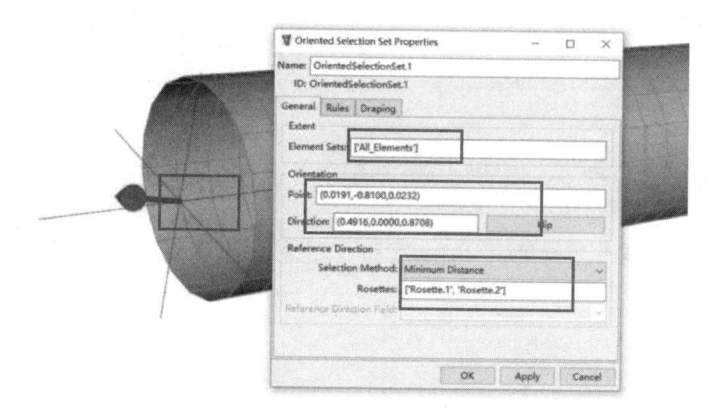

图 11-36　创建方向选择属性对话框

13. 创建铺层组【Modeling Groups】

(1) 右击【Modeling Groups】,从弹出的快捷菜单中选择【Create Modeling Groups...】,弹出创建铺层组属性对话框,默认铺层组命名,单击【OK】关闭对话框。

(2) 创建 0°铺层角。右击【Modeling Groups.1】,从弹出的快捷菜单中选择【Create Ply...】,弹出创建铺层属性对话框,【Oriented Selection Sets】=OrientedSelectionSet.1,【Ply Material】=Fabric.1,【Ply Angle】=0.0,【Number of Layers】=1,其他默认,如图 11-37 所示,单击【OK】关闭对话框。

(3) 创建-30°铺层角。右击【Modeling Groups.1】,从弹出的快捷菜单中选择【Create Ply...】,弹出创建铺层属性对话框,【Oriented Selection Sets】=OrientedSelectionSet.1,【Ply Material】=Fabric.1,【Ply Angle】=-30.0,【Number of Layers】=2,其他默认,如图 11-38 所示,单击【OK】关闭对话框。

(4) 创建 30°铺层角。右击【Modeling Groups.1】,从弹出的快捷菜单中选择【Create Ply...】,弹出创建铺层属性对话框,【Oriented Selection Sets】=OrientedSelectionSet.1,【Ply Material】=Fabric.1,【Ply Angle】=30.0,【Number of Layers】=2,其他默认,如图 11-39 所示,单击【OK】关闭对话框。

(5) 创建 0°铺层角。右击【Modeling Groups.1】,从弹出的快捷菜单中选择【Create Ply...】,弹出创建铺层属性对话框,【Oriented Selection Sets】= OrientedSelectionSet.1,【Ply Material】= Fabric.1,【Ply Angle】= 0.0,【Number of Layers】= 1,其他默认,如图 11-40 所示,单击【OK】关闭对话框。

(6) 在工具栏中单击 ⚡ 更新数据。

(7) 单击铺层显示工具查看铺层信息,如图 11-41 所示。

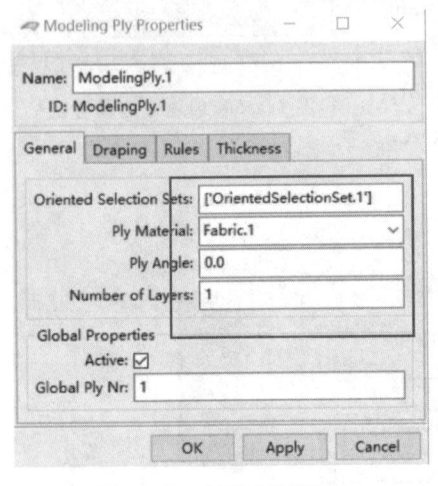

图 11-37 创建 0°铺层角

图 11-38 创建 −30°铺层角

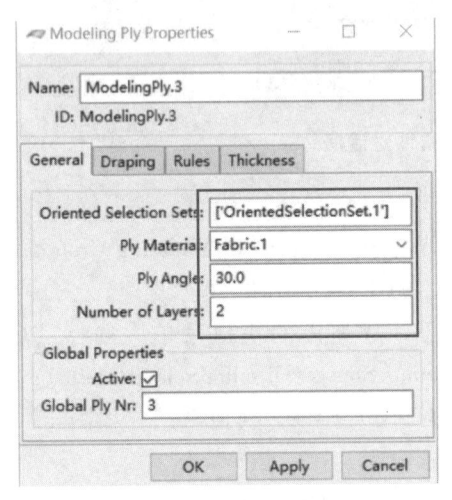

图 11-39 创建 30°铺层角

图 11-40 创建 0°铺层角

14. 创建实体模型

(1) 右击【Solid Models】,从弹出的快捷菜单中选择【Create Solid Models...】,弹出实体模型属性对话框,【Element Sets】= All_Elements,【Extrusion Method】= Monolithic,其他默认,单击【OK】关闭对话框。

(2) 在工具栏中单击 ⚡ 更新数据。

(3) 更新完毕后,查看实体模型网格,如图 11-42 所示。

（4）单击【File】→【Exit】退出 ACP-Pre 环境。

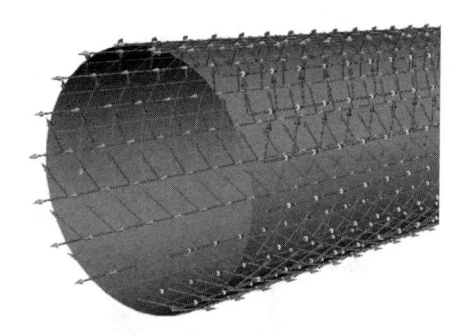

图 11-41　铺层信息

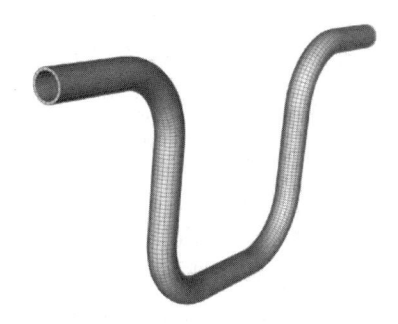

图 11-42　实体模型网格

15. 进入稳态热分析环境

（1）返回到 Workbench 主界面，在工具箱【Toolbox】的【Analysis Systems】中双击或拖动稳态热分析【Steady-State Thermal】到项目分析流程图。

（2）前处理数据导入稳态热分析环境。单击复合材料前处理单元格【Setup】，拖动到稳态热分析单元格【Model】并选择【Transfer Solid Composite Data】，如图 11-43 所示。

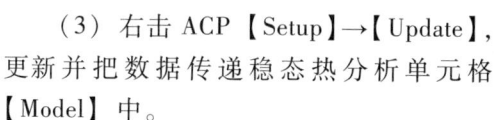

（3）右击 ACP【Setup】→【Update】，更新并把数据传递稳态热分析单元格【Model】中。

（4）右击稳态热分析单元格【Model】→【Edit...】进入稳态热分析环境。

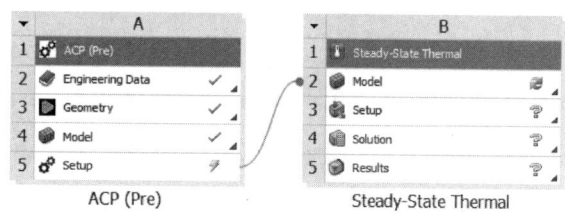

图 11-43　前处理数据导入稳态热分析环境

16. 稳态热分析环境边界设置

（1）在管一端施加热边界。在标准工具栏上单击，选择管一端的端面，环境功能区单击【Temperature】，【Temperature】→【Details of "Temperature"】→【Definition】→【Magnitude】=150，如图 11-44 所示。

（2）在管的另一端施加热边界。在标准工具栏上单击，选择管一端的端面，环境功能区单击【Temperature】，【Temperature】→【Details of "Temperature"】→【Definition】→【Magnitude】=180，如图 11-45 所示。

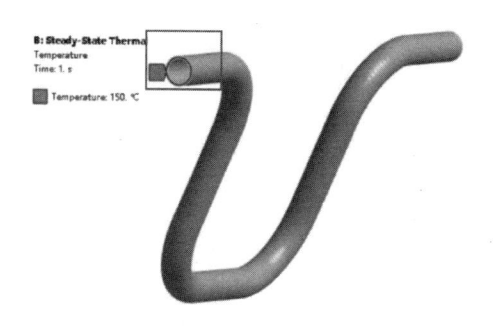

图 11-44　在管一端施加热边界

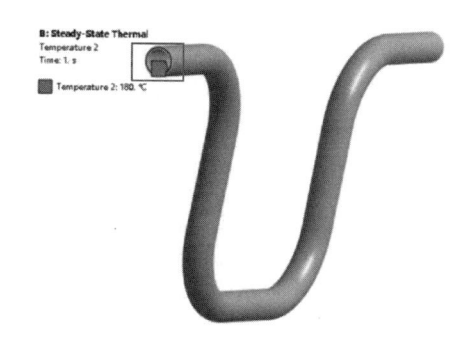

图 11-45　在管的另一端施加热边界

17. 设置需要的结果、求解及显示

(1) 在导航树上单击【Solution（B4）】。

(2) 在 Mechanical 环境求解功能区单击【Thermal】→【Temperature】。

(3) 在 Mechanical 环境求解功能区单击 ⚡ 进行求解运算。

(4) 运算结束后，单击【Solution（B4）】→【Temperature】，可以查看管的温度分布云图，如图 11-46 所示。

18. 进入到静态结构分析环境

(1) 返回到 Workbench 主界面，右击稳态热分析单元格的【Solution】→【Transfer Data To New】→【Static Structural】。

(2) 返回 Mechanical 环境，【Static Structural（C3）】出现在导航树中。

图 11-46 管的温度分布云图

19. 施加边界条件

(1) 在导航树上单击【Static Structural（C3）】。

(2) 施加标准地球重力。在环境功能区上单击【Inertial】→【Standard Earth Gravity】→【Details of "Standard Earth Gravity"】→【Definition】→【Direction】=-Z Direction。

(3) 施加管一端约束。在标准工具栏上单击 ▣，然后选择管的端面，接着在环境功能区上单击【Supports】→【Remote Displacement】，【Remote Displacement】→【Details of "Remote Displacement"】→【Definition】→【X Component】=0mm，【Y Component】=0mm，【Z Component】=0mm，【Rotation X】=0°，【Rotation Y】=0°，【Rotation Z】=0°。

(4) 施加管的另一端约束。在标准工具栏上单击 ▣，然后选择管的端面，接着在环境功能区上单击【Supports】→【Remote Displacement】，【Remote Displacement2】→【Details of "Remote Displacement2"】→【Definition】→【X Component】=0mm，【Y Component】=0mm，【Z Component】=0mm，【Rotation X】=0°，【Rotation Y】=0°，【Rotation Z】=0°，如图 11-47 所示。

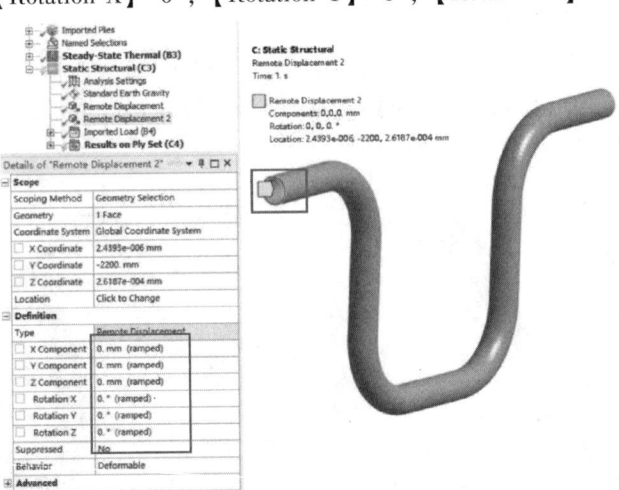

图 11-47 施加约束

第11章 复合材料分析

20. 设置需要的结果、求解及显示

（1）在导航树上单击【Solution（C4）】。

（2）在 Mechanical 环境求解功能区单击【Deformation】→【Total】。

（3）在 Mechanical 环境求解功能区单击 ⚡ 进行求解运算。

（4）运算结束后，单击【Solution（C4）】→【Total Deformation】，可以查看管的热变形分布云图，如图 11-48 所示。

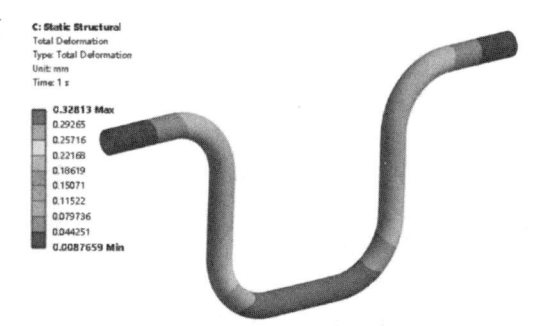

（5）在导航树上右击【Imported Plies】→【Insert for Environment...】→【Static Structural（C3）】→【Stress】→【Intensity】。

（6）右击【Solution（C4）】→【Evaluate All Results】。

（7）单击【Solution（C4）】→【Results on Ply Set】→【Elastic Strain Intensity-P1L1_ModelingPly.1（ACP（Pre））-End Time】，【Elastic Strain Intensity-P1L1_ModelingPly.2（ACP（Pre））-End Time】，【Elastic Strain Intensity-P2L1_ModelingPly.2（ACP（Pre））-End Time】，【Elastic Strain Intensity-P1L1_ModelingPly.3（ACP（Pre））-End Time】，【Elastic Strain Intensity-P2L1_ModelingPly.3（ACP（Pre））-End Time】，【Elastic Strain Intensity-P1L1_ModelingPly.4（ACP（Pre））-End Time】查看各铺层强度云图，如图 11-49～图 11-54 所示。

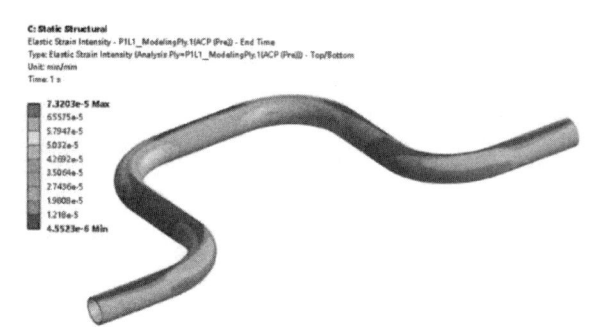

图 11-48　管的热变形分布云图

图 11-49　P1L1_ModelingPly.1 强度云图

图 11-50　P1L1_ModelingPly.2 强度云图

图 11-51　P2L1_ModelingPly.2 强度云图

图 11-52　P1L1_ModelingPly.3 强度云图

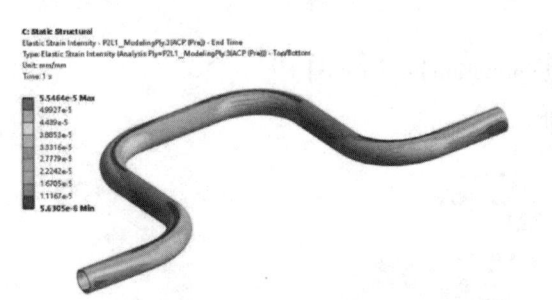

图 11-53　P2L1_ModelingPly.3 强度云图　　　　图 11-54　P1L1_ModelingPly.4 强度云图

21. 保存与退出

（1）退出静态结构分析环境。单击 Mechanical 主界面的菜单【File】→【Close Mechanical】退出分析环境，返回到 Workbench 主界面，此时主界面的项目分析流程图中显示的分析均已完成。

（2）单击 Workbench 主界面上的【Save】按钮，保存所有分析结果文件。

（3）退出 Workbench 环境。单击 Workbench 主界面的菜单【File】→【Exit】退出主界面，完成分析。

11.2.3　结果分析与点评

本实例是关于储热管复合材料分析，从分析结果来看，不同铺层分别受到不同拉压作用力，所表现出应力也各不相同，补偿管弯头应力总体对称分布，铺层应力从内到外依次递减。本实例实际上主要是关于热状态实体复合材料分析处理的问题。牵涉到复合材料数据创建、铺层组创建、对应的边界条件设置、实体复合材料模型处理、求解及后处理等方面。本实例相对复杂，诠释了 ACP 复合材料分析的易用性、全面性、脉络清晰、过程完整。新版本增强了精确仿真纤维的布局、固化过程等，有兴趣的读者可扩展应用。

第12章 多孔结构增材制造分析

12.1 多孔颈椎椎间融合器增材制造分析

12.1.1 问题与重难点描述

1. 问题描述

某型多孔型颈椎椎间融合器采用粉末床熔融增材制造方法制造,材料为Ti-6Al-4V钛合金,多孔颈椎椎间融合器模型增材制造示意图如图12-1所示。若以1000mm/s的速度扫描,其他相关参数在分析过程中体现。试分析多孔颈椎椎间融合器增材制造过程中是否存在反向干涉以及求解过程中热点、热应力、热应变。

2. 重难点提示

本实例重难点在多孔结构支撑设置、打印参数设置、求解及结果后处理。

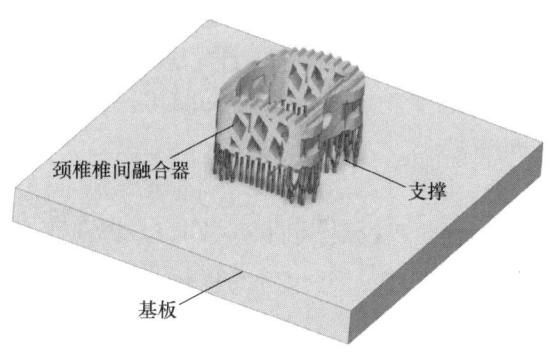

图12-1 多孔颈椎椎间融合器模型增材制造示意图

12.1.2 实例详细解析过程

1. 启动Workbench

在"开始"菜单中执行ANSYS 2024R1/R2→Workbench 2024R1/R2命令。

2. 创建粉末床融合热结构分析

(1) 在工具箱【Toolbox】的【Custom Systems】中双击或拖动粉末床融合热结构分析项目【AM LPBF Thermal Structural】到项目分析流程图,如图12-2所示。

(2) 在Workbench的工具栏中单击【Save】,保存项目实例名称为Cage.wbpj。如工程实例文件保存在D:\AWB\Chapter12文件夹中。

3. 导入几何模型

在粉末床融合热结构增材制造分析项目上右击【Geometry】→【Import Geometry】→【Browse】,找到模型文件Cage.scdoc,打开导入几何模型。如模型文件在D:\AWB\Chapter12文件夹中。

4. 进入Mechanical分析环境

(1) 在粉末床融合热结构增材制造分析项目上右击【Model】→【Edit...】进入Systems A, B-Mechanical分析环境。

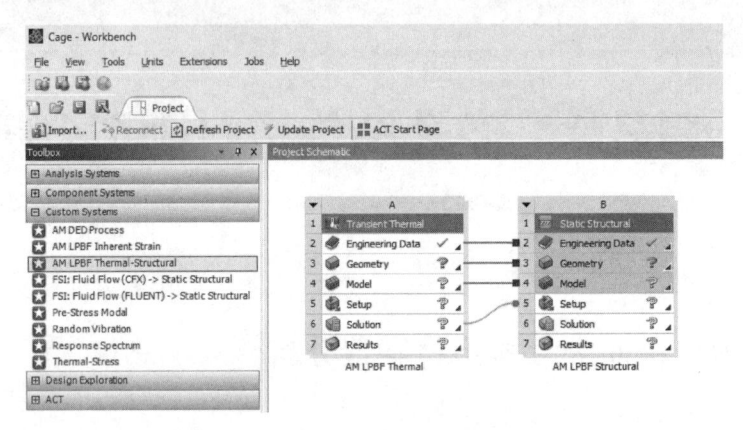

图 12-2 创建粉末床融合热结构分析

（2）在 Mechanical 环境功能区【Units】中设置单位为 Metric（mm，kg，N，s，mV，mA）。

5. 增材制造设置

（1）使用 LPBF 设置向导。在功能区单击【LPBF Process】→【LPBF Setup Wizard】后会在右侧自动弹出设置面板，首先进行模型设置，在标准工具栏上单击 。

（2）设置构建模型。【Build Geometry】→【Part Geometry Set...】选择 Cage 体，单击【Apply】。

（3）设置支撑。【Select Support】= New，【Support Type】= STL Supports，【Number of Supports】= Single，【STL Supports File】→【Edit】选择 STL 支撑，如在 D:\AWB\Chapter13\SupportCage.stl，【STL Support Type】= Volumeless。

（4）设置基板。【Base Geometry】→【Base Geometry Selection】选择 base 体，单击【Apply】。

（5）设置材料。【Material Assignment】→【Build Material】= Ti-6Al-4V，在这里构建模型颈椎椎间融合器基板，支撑都选用 Ti-6Al-4V 材料。

（6）设置网格。【Mesh Criteria】→【Mesh Method】= Cartesian，【Build Element Size】= 0.1mm，【Base Element Size】= 5mm。增材制造模型设置如图 12-3 所示，单击【Next】进行

图 12-3 增材制造模型设置

下一步设置。

（7）增材制造构建机器设置。【Build Settings】→【Inherent Strain Definition】= Isotropic→【Hatch Spacing】= 0.1mm，【Scan Speed】= 1000mm/s，【Dwell Time】= 5s，其他设置包括基板预热温度、边界条件等采取自动选择和默认设置，如图 12-4 所示。单击【Next】进行下一步设置。

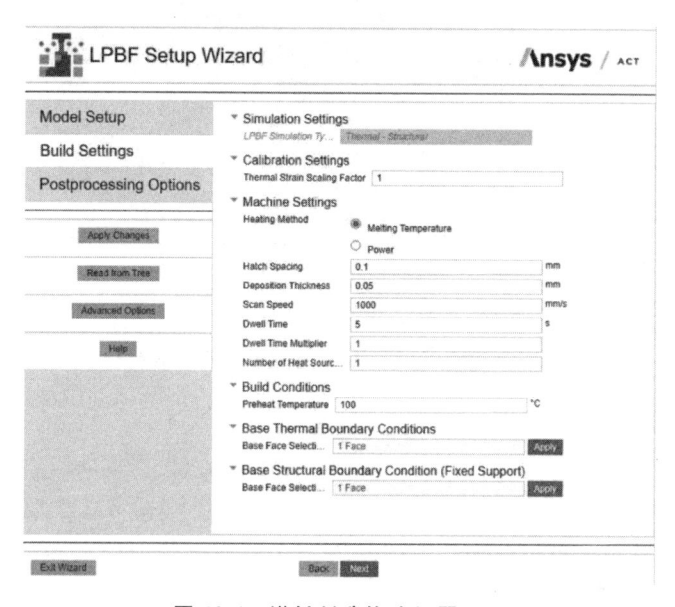

图 12-4　增材制造构建机器设置

（8）后处理设置。本例分析不进行基板移除、支撑移除，默认后处理结果设置，更多结果处理根据需要可自行设置，如图 12-5 所示。单击【Finish】程序自动完成所有设置，出现在左侧的导航树中，如图 12-6 所示。

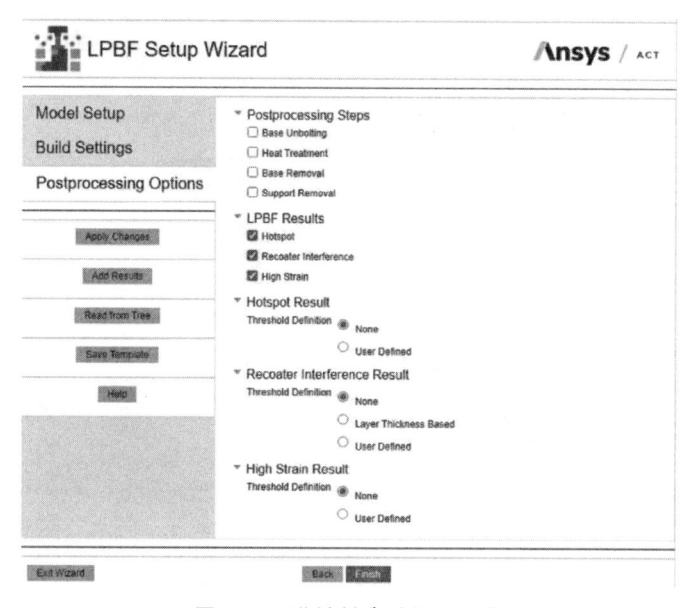

图 12-5　增材制造后处理设置

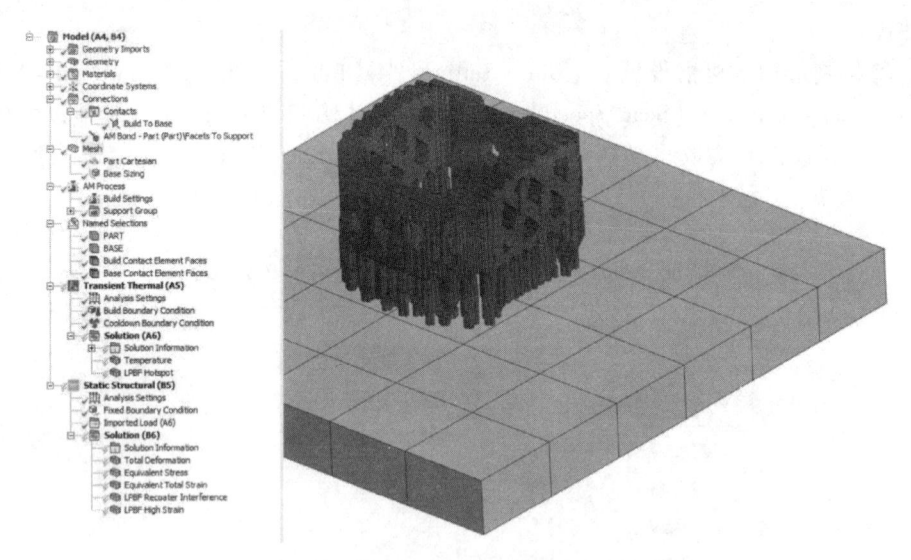

图 12-6 增材制造导航树完成设置及划分网格

6. 求解与结果显示

（1）在 Mechanical 环境求解功能区单击 ⚡ 进行求解运算。

（2）运算结束后，依次单击热分析系统下【Solution（A6）】→【Temperature】、【LPBF Hotspot】，图形区域显示颈椎椎间融合器增材过程中热产生的温度云图、温度数据和热点云图，如图 12-7～图 12-9 所示。

图 12-7 温度云图

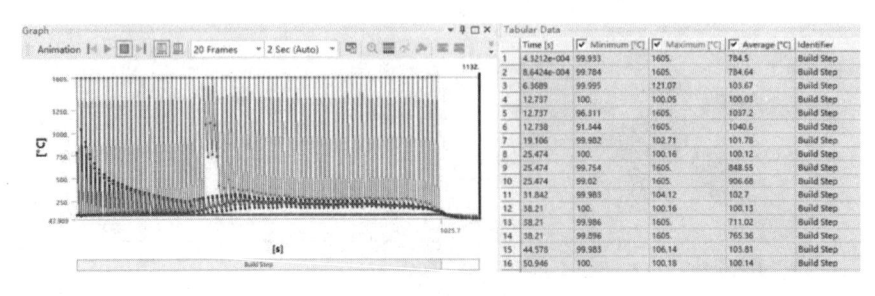

图 12-8 温度数据

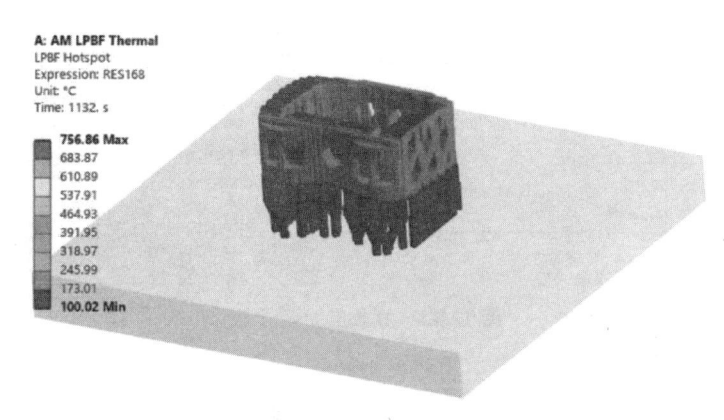

图 12-9 热点云图

(3) 依次单击结构分析系统下【Solution (B6)】→【Total Deformation】、【Equivalent Stress】、【Equivalent Total Strain】、【LPBF Recoater Interference】、【LPBF High Strain】，图形区域显示颈椎椎间融合器增材过程中产生的变形、等效应力、等效应变、反冲干涉、高应变云图，如图 12-10~图 12-16 所示。

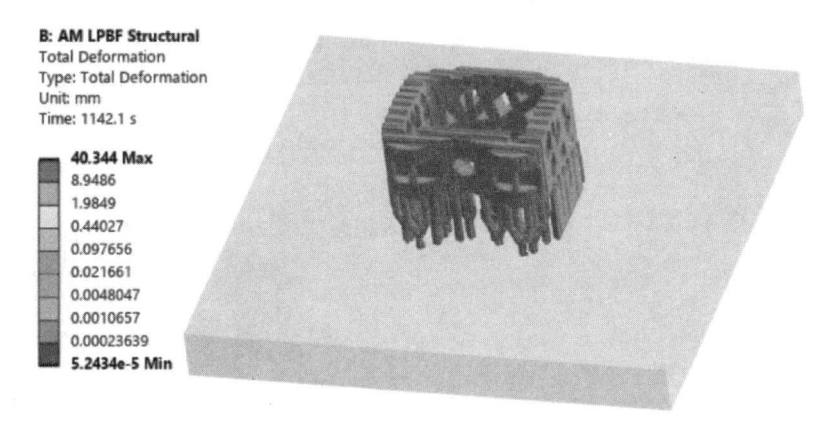

图 12-10 变形云图

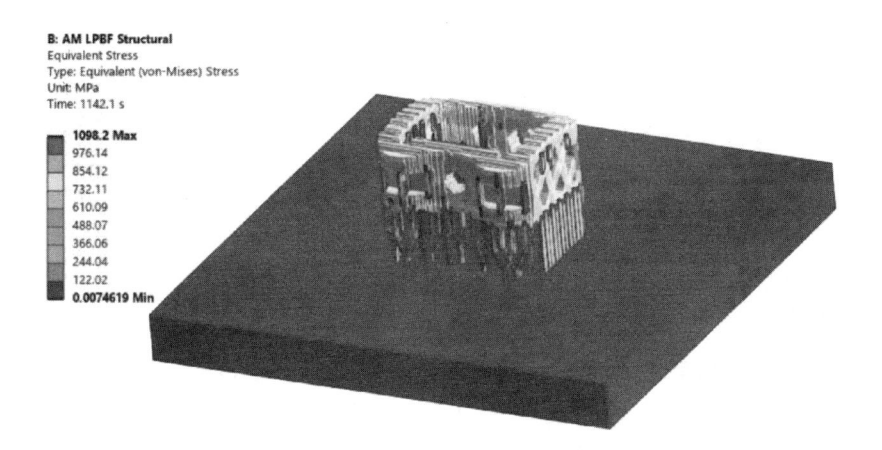

图 12-11 等效应力云图

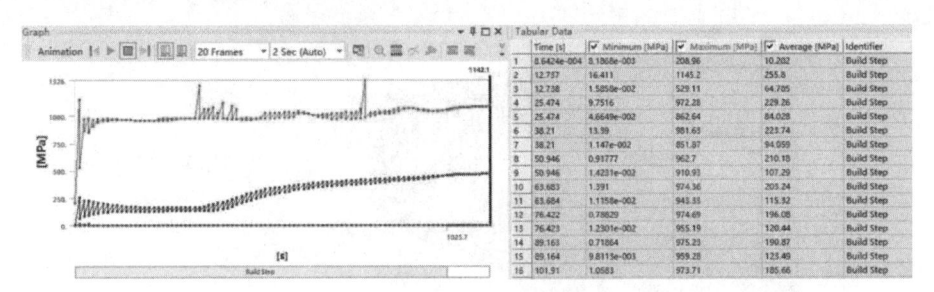

图 12-12　等效应力及数据

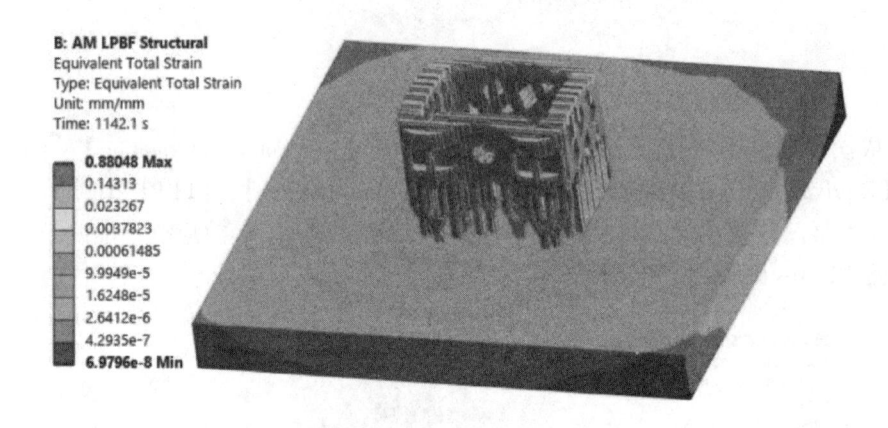

图 12-13　等效应变云图

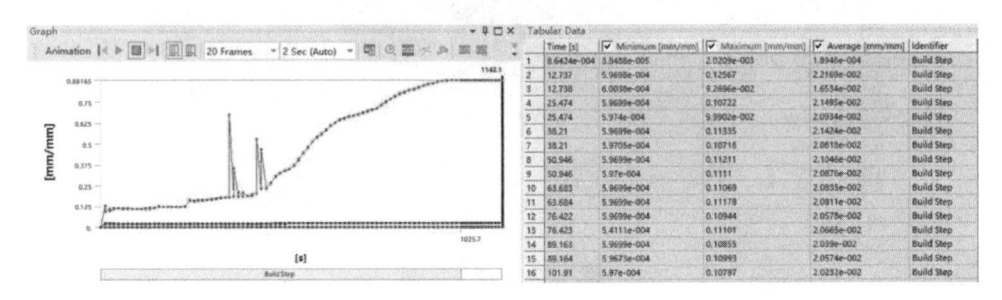

图 12-14　等效应变及数据

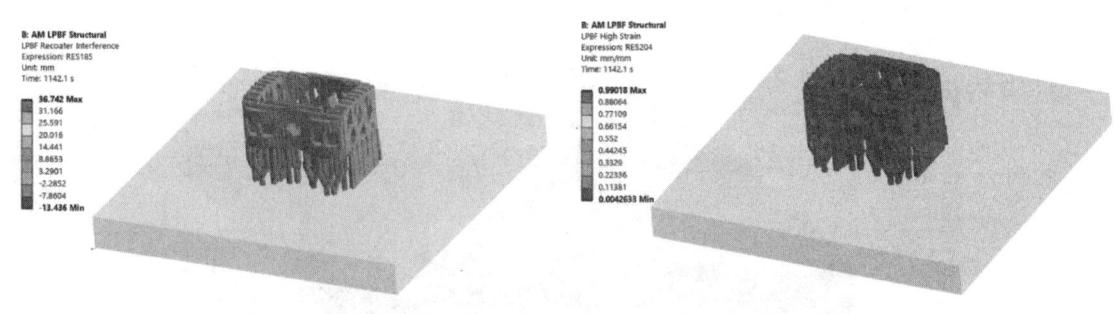

图 12-15　反冲干涉云图　　　　　　　图 12-16　高应变云图

7. 保存与退出

（1）退出 Mechanical 分析环境。单击 Mechanical 主界面的菜单【File】→【Close Mechanical】退出分析环境，返回到 Workbench 主界面，此时主界面的项目分析流程图中显示的分析项目均已完成。

（2）单击 Workbench 主界面上的【Save】按钮，保存所有分析结果文件。

（3）退出 Workbench 环境。单击 Workbench 主界面的菜单【File】→【Exit】退出主界面，完成项目分析。

12.1.3 结果分析与点评

本例中多孔颈椎椎间融合器采用的是粉末床熔融增材制造的方法，与传统方法相比，可以一次性生产这种多孔结构，在质量和效率方面有明显的优势。分析过程中采用定制的粉末床融合热结构分析流程模板，并采用向导设置，过程简单快速，可以自动完成导航树中的移植设置。粉末床熔融增材制造模拟中打印参数的设置和支撑的摆放方式对分析结果和实际的打印都有重要影响。限于篇幅内容，本例直接采用加载最优支撑文件的方式，没有说明如何加支撑，具体可参看本系列第一本《ANSYS Workbench 2024 有限元分析入门与应用》。

12.2 多向多孔轴套烧结增材制造分析

12.2.1 问题与重难点描述

1. 问题描述

多向多孔轴套模型增材制造示意图如图 12-17 所示，采用烧结增材制造方法制造，材料为 316 不锈钢，若在 1380℃下持续烧结 7200s，其他相关参数在分析过程中体现。试分析多向多孔轴套增材过程中的烧结变形、相对密度、烧结应力。

2. 重难点提示

本实例重难点在于模型打印位置摆放、打印参数设置、求解及结果后处理。

12.2.2 实例详细解析过程

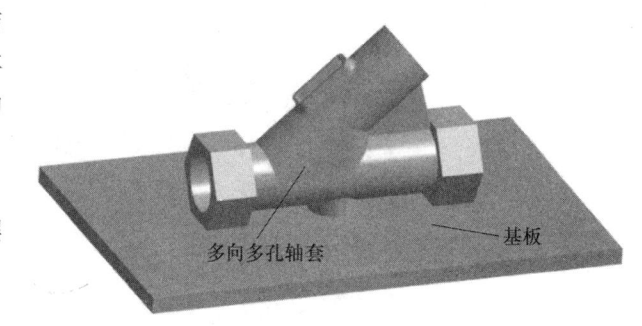

图 12-17 多向多孔轴套模型增材制造示意图

1. 启动 Workbench

在"开始"菜单中执行 ANSYS 2024R1/R2→Workbench 2024R1/R2 命令。

2. 创建静态结构分析

（1）在工具箱【Toolbox】的【Analysis Systems】中双击或拖动静态结构分析【Static Structural】到项目分析流程图，如图 12-18 所示。

（2）在 Workbench 的工具栏中单击【Save】，保存项目工程名称为 Multiway.wbpj。如有限元分析文件保存在 D:\AWB\Chapter12 文件夹中。

3. 导入几何模型

在结构分析项目上右击【Geometry】→【Import Geometry】→【Browse】，找到模型文件

Multiway.scdoc，打开导入几何模型。如模型文件在 D:\AWB\Chapter12 文件夹中。

4. 进入 Mechanical 分析环境

（1）在结构分析项目上右击【Model】→【Edit...】进入 Mechanical 分析环境。

（2）在 Mechanical 环境功能区【Units】中设置单位为 Metric（mm，kg，N，s，mV，mA）。

5. 增材制造设置

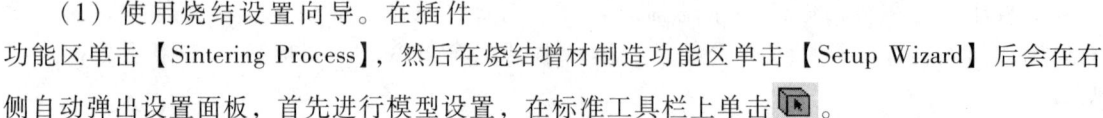

（1）使用烧结设置向导。在插件功能区单击【Sintering Process】，然后在烧结增材制造功能区单击【Setup Wizard】后会在右侧自动弹出设置面板，首先进行模型设置，在标准工具栏上单击 图标。

（2）设置构建模型。【Build Geometry】→【Part Geometry Set...】选择 Multiway 体，单击【Apply】。

（3）设置基板。【Base Geometry】→【Base Geometry Selection】选择 Baseplate 体，单击【Apply】，如图 12-19 所示，单击【Next】进行下一步设置。

图 12-18 创建结构分析

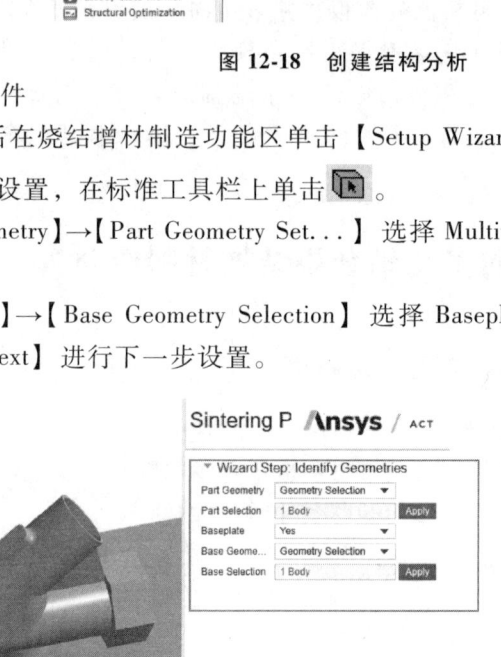

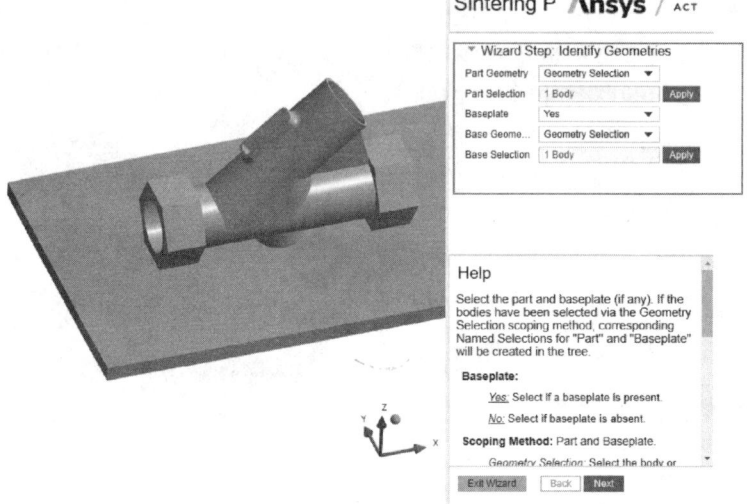

图 12-19 设置基板

（4）设置接触。选择【Selected Contact Region】=Contact Region（Id=29），【Friction Coefficient】=0.2，【Rigid Baseplate】=Yes，【Small Sliding】=Off，【Update Stiffness】=Each Iteration（Aggressive），【Adjust To Touch】=Yes，如图 12-20 所示，单击【Next】进行下一步设置。

（5）定义约束。设置【Constraint Type】=Fixed Support，然后选择基板底面，单击【Apply】，如图 12-21 所示，单击【Next】进行下一步设置。

图 12-20　设置接触

(6) 设置网格。设置【Mesh via Wizard】= Yes，【Element Size】= 1.5mm，【Contact Sizing】= Yes，如图 12-22 和图 12-23 所示。

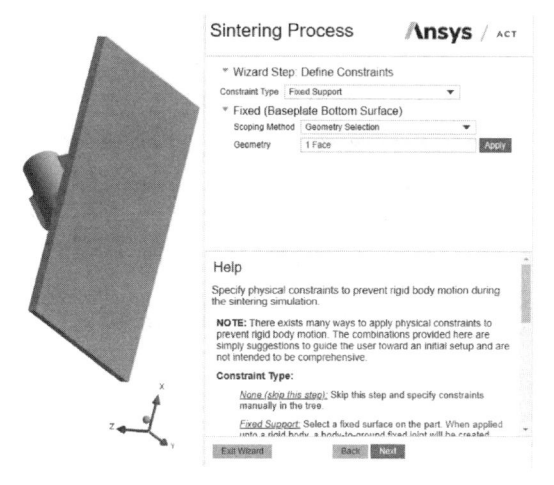

图 12-21　定义约束

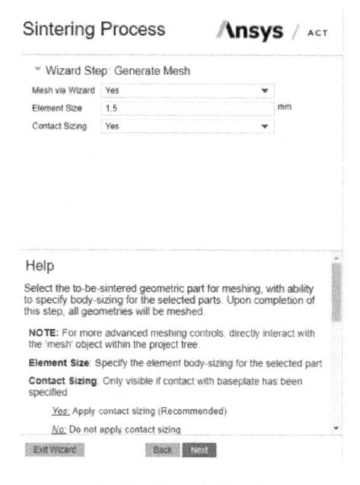

图 12-22　设置网格

(7) 设置重力加速度。【Gravity Direction】= -Z，如图 12-24 所示，单击【Next】进行下一步设置。

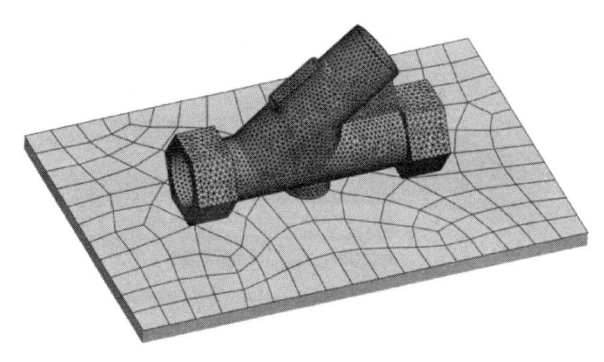

图 12-23　增材制造模型网格划分

图 12-24　设置重力加速度

（8）设置材料。【Material Selection】→【Material】= 316L（PIM），【Pre-defined Models】= Type 1，【Initial Relative Density】= 0.5，【Mean Powder Diameter】= 0.016mm，【Sinter Activation Temperature】= 1050℃，如图 12-25 所示。单击【Next】进行下一步设置。

（9）定义烧结热历程。首先保持舱室温度 22℃，增加设置【Temperature】和【Time/Duration】，分别为 1380℃ 和 7200Sec；1380℃ 和 3600Sec，如图 12-26 所示。单击【Next】进行下一步设置。

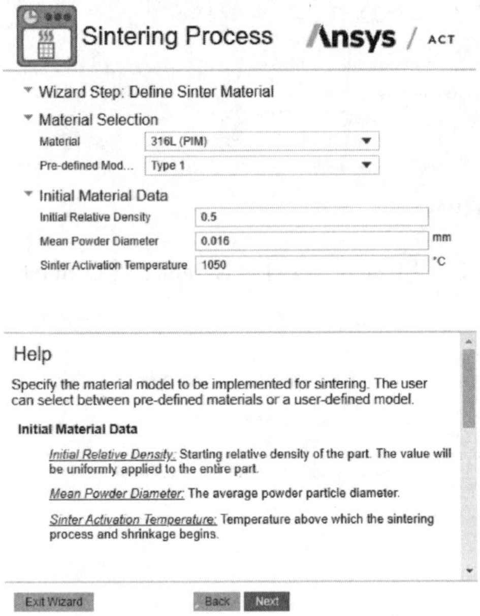

图 12-25　设置材料

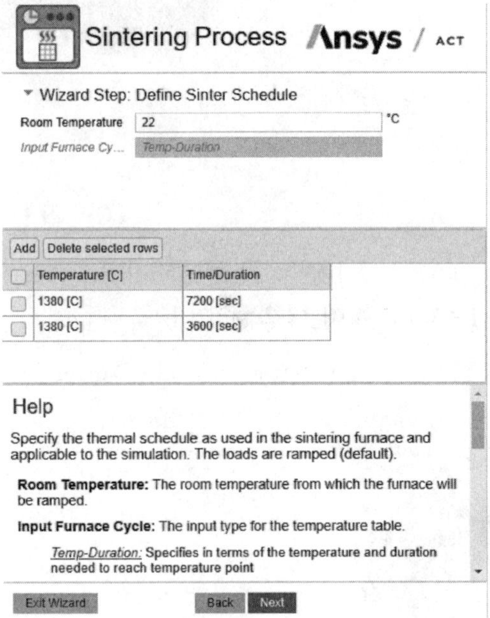

图 12-26　定义烧结热历程

（10）后处理设置。设置【Generate Result Objects】= Yes，【Large Deflection】= Yes，【Quasi-Static Solution】= Yes，【Auto Time Stepping】= Yes，【Min Time Step】= 1，【Max Time Step】= 1000，如图 12-27 所示。单击【Finish】完成设置，自动出现在左侧的导航树中，如图 12-28 所示。

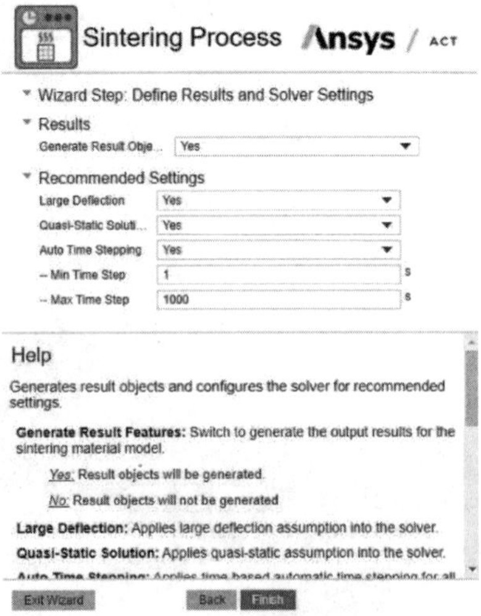

（11）生成烧结计划。在静态结构分析下，右击【Sinter Schedule】→【Generate】，如图 12-29 所示。

6. 求解与结果显示

（1）在 Mechanical 环境求解功能区单击 ⚡ 进行求解运算。

（2）依次单击结构分析系统下【Solution（B6）】→【Total Deformation】、【Relative Density】、【Sinter Stress】，图形区域显示多向多孔轴套增材过程中产生的变形、相对密度、烧结应力云图，如图 12-30～图 12-35 所示。

图 12-27　后处理设置

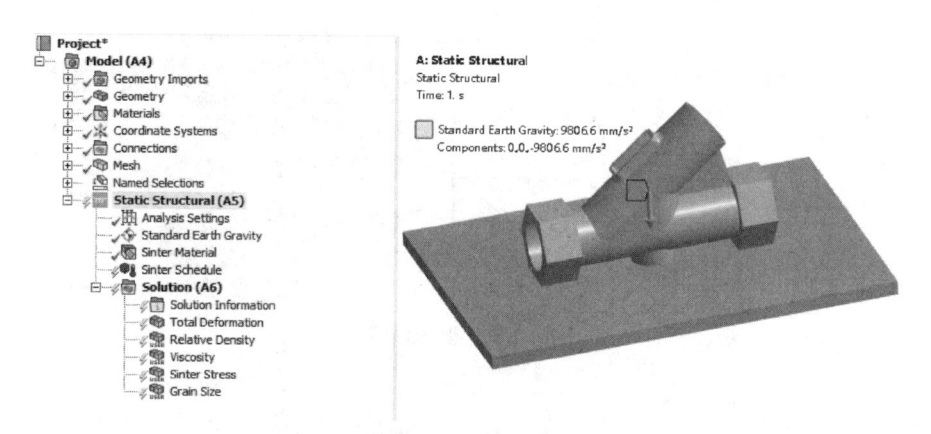

图 12-28　增材制造导航树完成设置

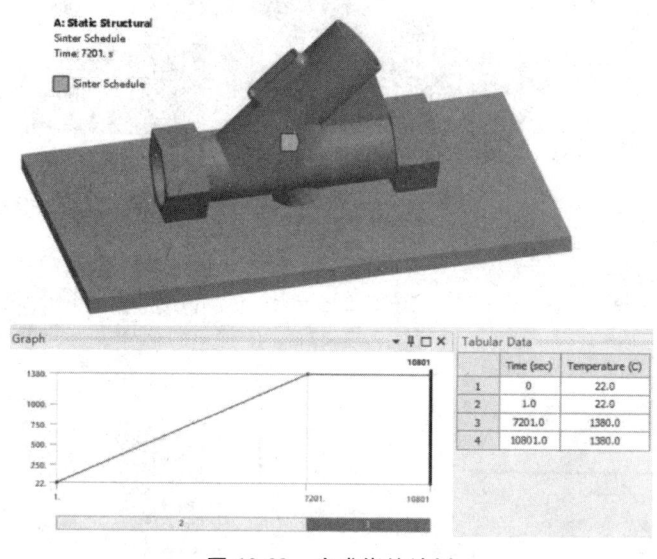

图 12-29　生成烧结计划

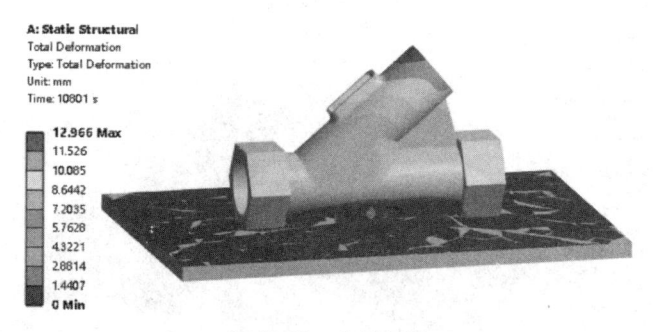

图 12-30　变形云图

7. 保存与退出

（1）退出 Mechanical 分析环境。单击 Mechanical 主界面的菜单【File】→【Close Mechanical】退出分析环境，返回到 Workbench 主界面，此时主界面的项目分析流程图中显示的分析项目均已完成。

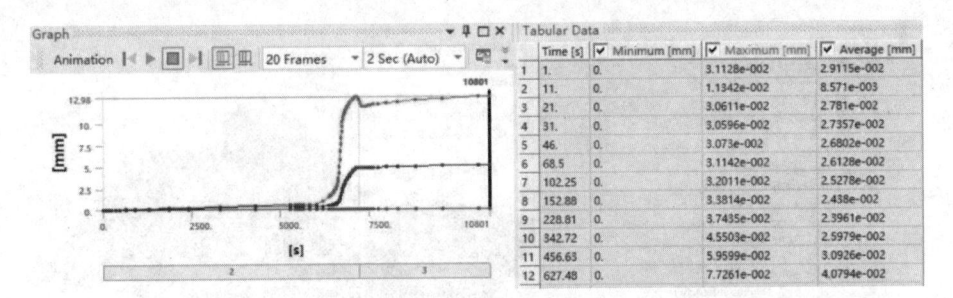

图 12-31　变形数据

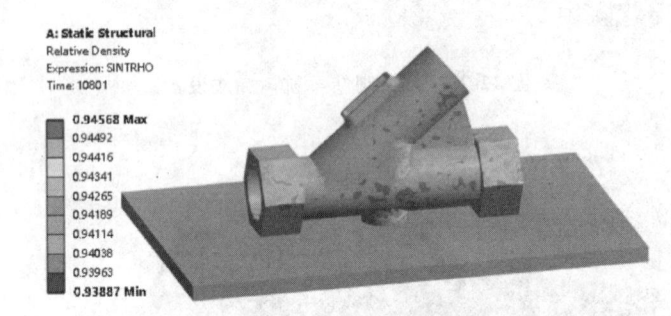

图 12-32　相对密度云图

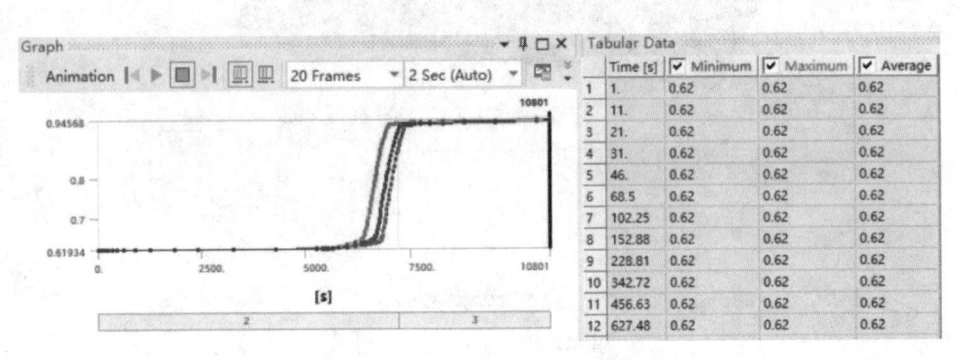

图 12-33　相对密度数据

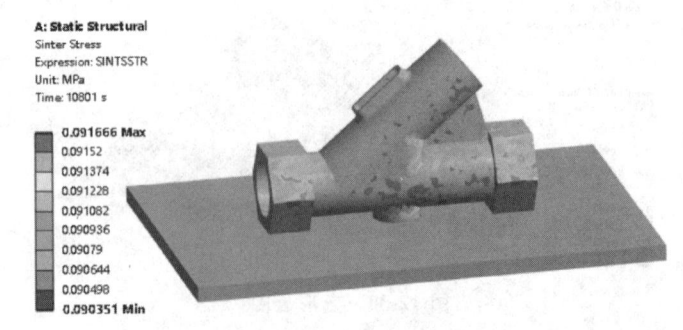

图 12-34　烧结应力云图

（2）单击 Workbench 主界面上的【Save】按钮，保存所有分析结果文件。

（3）退出 Workbench 环境。单击 Workbench 主界面的菜单【File】→【Exit】退出主界面，完成项目分析。

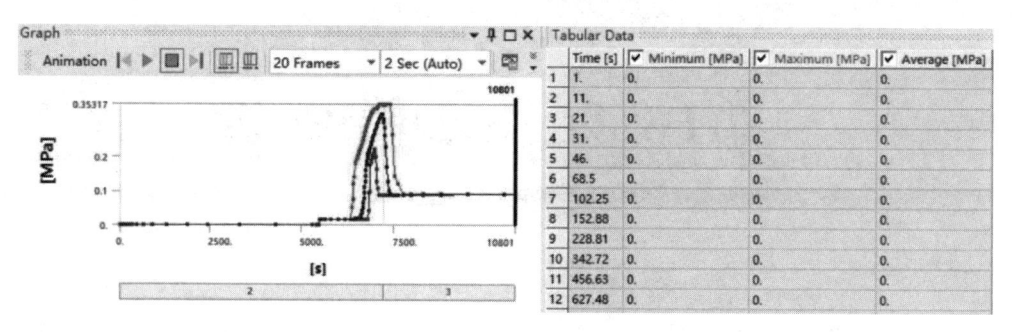

图 12-35　烧结应力数据

12.2.3　结果分析与点评

本例中多向多孔轴套采用的是黏合剂喷射烧结增材制造的方法，与传统方法相比，在质量和效率方面有明显的优势。分析过程中采用定制的烧结分析向导模板，并采用向导设置，过程简单快速，可自动完成导航树中的移植设置。该增材制造方法优点是无须加支撑，但要注意摆放方式和烧结历程及生成的烧结计划设置。

第13章 生死单元分析

13.1 生死接触单元分析

13.1.1 问题与重难点描述

1. 问题描述

某材料为结构钢的圆环由两部分组成，上半圆环截面小，直径为10mm，下半圆环截面大，直径为20mm，其中小直径部分受100N作用力，大直径部分受到约束，两部分圆环通过接触连接，其中一端接触连接固定，另一端接触存在摩擦且摩擦系数为0.1，圆环模型如图13-1所示。试求圆环在力载荷作用下具有摩擦关系一端的位移和应力情况。

2. 重难点提示

本实例重难点在于生死单元的应用，包括接触设置、边界施加、生死单元施加、分析设置和结果后处理等。

13.1.2 实例详细解析过程

1. 启动 Workbench

在"开始"菜单中执行 ANSYS 2024R1/R2→Workbench 2024R1/R2 命令。

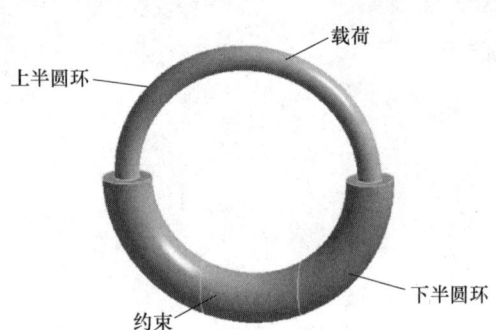

图 13-1 圆环模型

2. 创建静态结构分析

（1）在工具箱【Toolbox】的【Analysis Systems】中双击或拖动静态结构分析【Static Structural】到项目分析流程图，如图13-2所示。

（2）在Workbench的工具栏中单击【Save】，保存项目实例名称为BD element.wbpj。如工程实例文件保存在 D:\AWB\Chapter13 文件夹中。

3. 创建材料参数（材料默认）

4. 导入几何模型

在静态结构分析上右击【Geome-

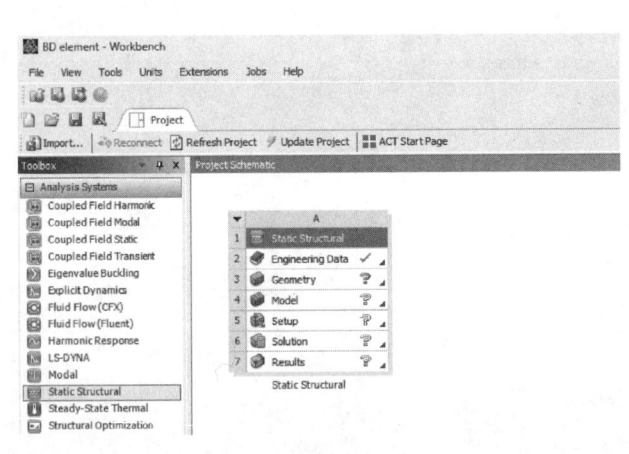

图 13-2 创建静态结构分析

try】→【Import Geometry】→【Browse】，找到模型文件 BD element.agdb，打开导入几何模型。如模型文件在 D:\AWB\Chapter16 文件夹中。

5. 进入 Mechanical 分析环境

（1）在静态结构分析上右击【Model】→【Edit...】进入 Mechanical 分析环境。

（2）在 Mechanical 的环境主页【Home】功能区单位【Units】中选择单位为 Metric（mm, kg, N, s, mV, mA）。

6. 为几何模型分配材料（材料默认）

7. 创建接触连接

（1）在导航树上展开【Connections】→【Contacts】，右击【Contact Region】→【Delete】。

（2）在导航树上右击【Contacts】，单击【Bonded-No Selection To No Selection】→【Details of "Bonded-No Selection To No Selection"】→【Scope】→【Contact】：隐藏 Big，单击 选择 Small 端面，然后单击【Apply】确定；【Target】：显示 Big，选择 Big 端面，然后单击【Apply】确定；【Definition】→【Type】= Bonded，【Behavior】= Symmetric；【Advanced】→【Formulation】= Augmented Lagrange，【Small sliding】= Off，其他默认，如图 13-3 所示。

图 13-3 创建接触连接

（3）接触设置。在导航树上右击【Contacts】，单击【Bonded-No Selection To No Selection】→【Details of "Bonded-No Selection To No Selection"】→【Scope】→【Contact】：隐藏 Big，单击 选择 Small 另一端端面，然后单击【Apply】确定；【Target】：显示 Big，选择 Big 另一端端面，然后单击【Apply】确定；【Definition】→【Type】= Frictional，【Frictional Coefficient】= 0.2，【Behavior】= Symmetric；【Advanced】→【Formulation】= Augmented Lagrange，【Small sliding】= Off，【Detection Method】= On Gauss Point，【Pinball Region】= Radius，【Pinball Radius】= 5mm，其他默认，如图 13-4 所示。

8. 划分网格

（1）在导航树上单击【Mesh】→【Details of "Mesh"】→【Sizing】→【Use Adaptive Sizing】= Yes；【Resolution】= 4，其他默认。

（2）在标准工具栏上单击 ，选择所有几何模型，然后在导航树上右击【Mesh】，从弹出的快捷菜单中选择【Insert】→【Sizing】→【Details of "Body Sizing"-Sizing】→【Definition】→【Element Size】= 3mm，其他默认。

（3）生成网格。右击【Mesh】→【Generate Mesh】，图形区域显示程序生成的六面体网格模型，如图 13-5 所示。

（4）网格质量检查。在导航树上单击【Mesh】→【Details of "Mesh"】→【Quality】→

图 13-4 接触设置

【Mesh Metric】= Skewness，显示 Skewness 规则下网格质量详细信息，平均值处在良好的水平范围内，展开【Statistics】显示网格和节点数量。

9. 接触初始检测

（1）在导航树上右击【Connections】→【Insert】→【Contact Tool】。

（2）右击【Contact Tool】，从弹出的快捷菜单中选择【Generate Initial Contact Results】，经过初始运算，得到接触状态信息，如图 13-6 所示。注意图示接触状态值是按照网格设置后的状态，也可不先设置网格，查看接触初始状态。

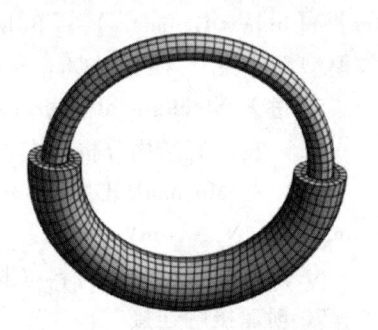

图 13-5　六面体网格模型

图 13-6　接触初始状态

10. 施加边界条件

（1）单击【Static Structural（A5）】。

（2）施加力载荷。在标准工具栏单击 ，选择 Small 面，接着在环境功能区单击【Loads】→【Force】→【Details of "Force"】→【Define By】= Components，【Coordinate System】= Global Coordinate System，【Y Component】= -100N，【X Component】= 0N，【Z Component】= 0N，如图 13-7 所示。

（3）施加约束。首先在标准工具栏上单击 ，然后选择 Big 中间面，接着在环境功能区单击【Supports】→【Remote Displacement】→【Details of "Remote Displacement"】→【Definition】→【X Component】= 0mm，【Y Component】= 0mm，【Z Component】= 0mm，【Rotation X】= 0°，【Rotation Y】= 0°，【Rotation Z】= 0°，其他默认，如图 13-8 所示。

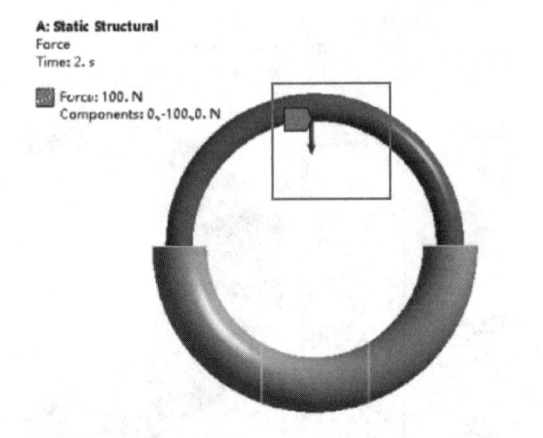

图 13-7　施加力载荷

图 13-8　施加约束

（4）施加生死单元。右击【Static Structural（A5）】→【Contact Step Control】→【Details of "Contact Step Control"】→【Scope】→【Contact Region】= Frictional-Small To Big，【Tabular Data】→

【Step1】= Alive，右击 Step1，从弹出的快捷菜单选择【Swap Status】，将状态改为杀死状态，其他默认，如图 13-9 所示。

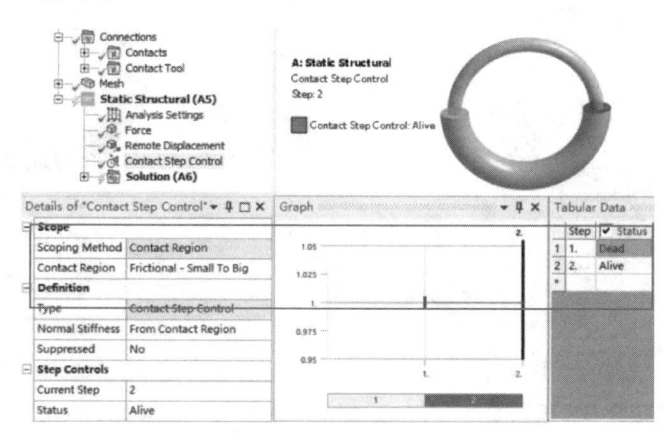

图 13-9 施加生死单元

（5）分析设置。单击【Analysis Settings】→【Details of "Analysis Settings"】→【Step Controls】→【Number Of Steps】= 2，【Current Step Number】= 1，【Step End Time】= 1s，【Auto Time Stepping】= Off，【Define By】= Substeps，【Number Of Substeps】= 10；【Current Step Number】= 2，【Step End Time】= 2s，【Auto Time Stepping】= Off，【Define By】= Substeps，【Number Of Substeps】= 10；【Solver Controls】→【Solver Type】= Direct；【Nonlinear Controls】→【Force Convergence】= On，其他默认，如图 13-10 所示。

11. 设置需要的结果

（1）在导航树上单击【Solution（A6）】。

（2）在 Mechanical 环境求解功能区单击【Deformation】→【Total】。

（3）在 Mechanical 环境求解功能区单击【Stress】→【Equivalent（von-Mises）】。

12. 求解与结果显示

（1）在 Mechanical 环境求解功能区单击 进行求解运算。

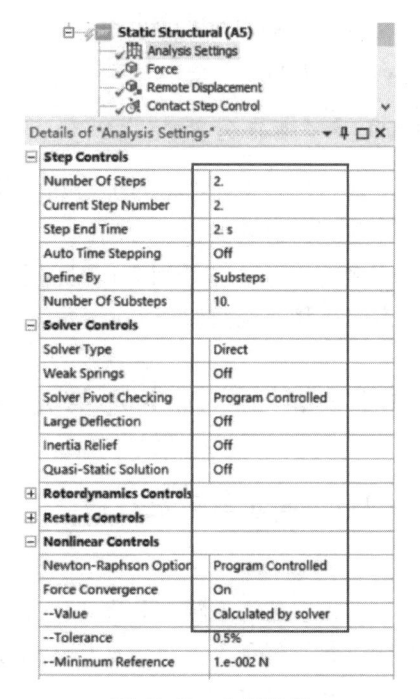

图 13-10 分析设置

（2）运算结束后，单击【Solution（A6）】→【Total Deformation】，图形区域显示分析得到的圆环变形分布云图及数据，如图 13-11 所示；单击【Solution（A6）】→【Equivalent Stress】，图形区域显示分析得到的圆环等效应力分布云图及数据，如图 13-12 所示。

13. 保存与退出

（1）退出 Mechanical 分析环境。单击 Mechanical 主界面的菜单【File】→【Close Mechanical】退出分析环境，返回到 Workbench 主界面，此时主界面的项目分析流程图中显示的分

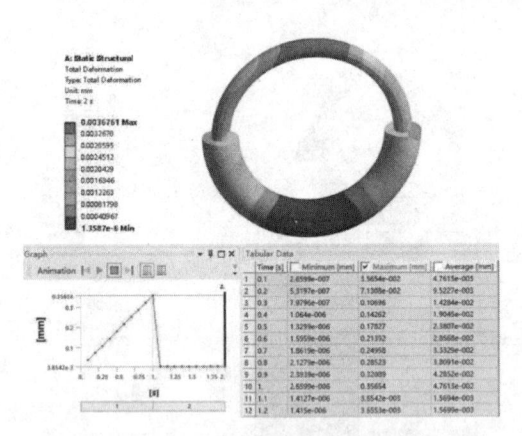

图 13-11　圆环变形分布云图及数据 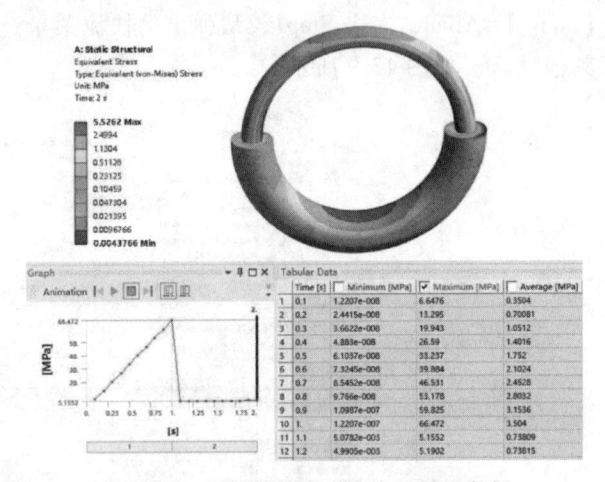　　　图 13-12　圆环等效应力分布云图及数据

析已完成。

（2）单击 Workbench 主界面上的【Save】按钮，保存所有分析结果文件。

（3）退出 Workbench 环境。单击 Workbench 主界面的菜单【File】→【Exit】退出主界面，完成分析。

13.1.3　结果分析与点评

本实例是生死接触单元分析，从分析结果位移来看，上半圆环左侧在 0~1.1s 时，位移逐渐变大，这是因为该时间段左侧接触单元全部被杀死，呈自由状态；在 1.1~2s 时，位移急剧变为 0mm，这是因为该时间段左侧接触单元被激活，呈现摩擦接触状态。圆环的应力状态与位移变化类似。

13.2　高斯热源生死单元分析

13.2.1　问题与重难点描述

1. 问题描述

平板上的焊道模型如图 13-13 所示，该焊道由多个焊点构成，在焊道形成过程中会产生大量热源，试用生死单元法模拟焊道生成过程中的温度分布。

2. 重难点提示

本实例重难点在于高斯热源的施加、生死单元的施加、分析设置和求解。

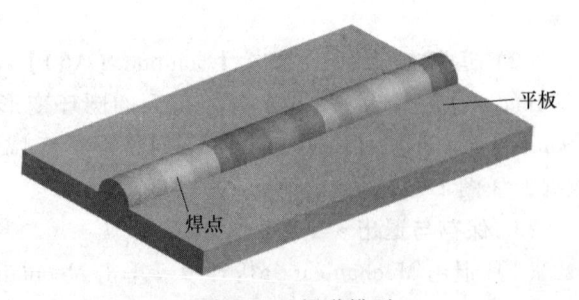

13.2.2　实例详细解析过程

1. 启动 Workbench

在"开始"菜单中执行 ANSYS 2024R1/R2→Workbench 2024R1/R2 命令。

图 13-13　焊道模型

2. 创建静态结构分析

（1）在工具箱【Toolbox】的【Analysis Systems】中双击或拖动瞬态热分析【Transient Thermal】到项目分析流程图，如图 13-14 所示。

（2）在 Workbench 的工具栏中单击【Save】，保存项目实例名称为 Gaussian.wbpj。如工程实例文件保存在 D:\AWB\Chapter13 文件夹中。

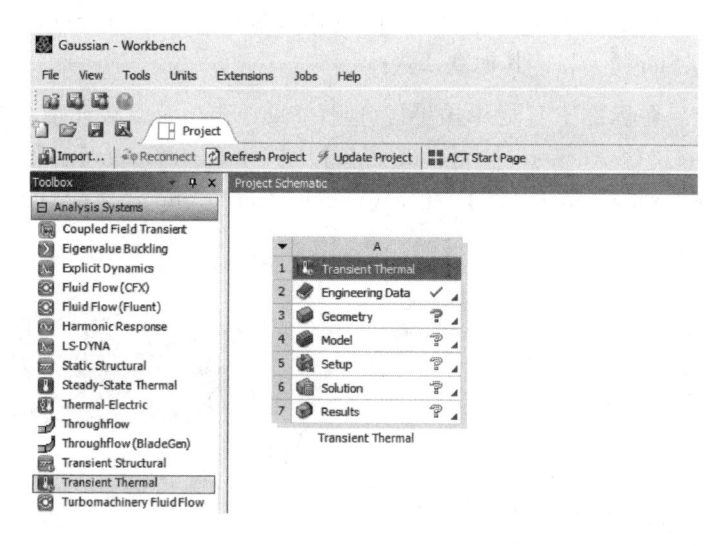

图 13-14　创建静态结构分析

3. 创建材料参数（材料默认）

4. 导入几何模型

在瞬态热分析上右击【Geometry】→【Import Geometry】→【Browse】，找到模型文件 Gaussian.agdb，打开导入几何模型。如模型文件在 D:\AWB\Chapter13 文件夹中。

5. 进入 Mechanical 分析环境

（1）在瞬态热分析上右击【Model】→【Edit...】进入 Mechanical 分析环境。

（2）在 Mechanical 的环境主页【Home】功能区单位【Units】中选择单位为 Metric（m, kg, N, s, V, A）。

6. 为几何模型分配材料（材料默认）

7. 创建接触连接

8. 划分网格

（1）在导航树上单击【Mesh】→【Details of "Mesh"】→【Sizing】→【Use Adaptive Sizing】= Yes；【Resolution】= 5,【Span Angle Center】= Medium，其他默认。

（2）生成网格。右击【Mesh】→【Generate Mesh】，图形区域显示程序生成的六面体网格模型，如图 13-15 所示。

（3）网格质量检查。在导航树上单击

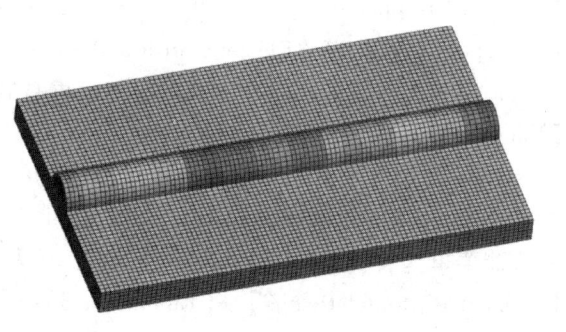

图 13-15　六面体网格模型

【Mesh】→【Details of "Mesh"】→【Quality】→【Mesh Metric】= Skewness，显示 Skewness 规则下网格质量详细信息，平均值处在良好的水平范围内，展开【Statistics】显示网格和节点数量。

9. 施加边界条件

（1）单击【Transient Thermal（A5）】。

（2）分析设置。单击【Analysis Settings】→【Details of "Analysis Settings"】→【Step Controls】→【Number Of Steps】= 25，其他默认。

（3）施加对流。在标准工具栏单击 ，选择 Plate 所有面，在环境功能区选择【Convection】→【Details of "Convection"】→【Definition】→【Film Coefficient】→【Import Temperature Dependent】→【Import Convection Data】→【Convection Data to import：】= Stagnant Air. Horizontal CyI，如图 13-16 所示。

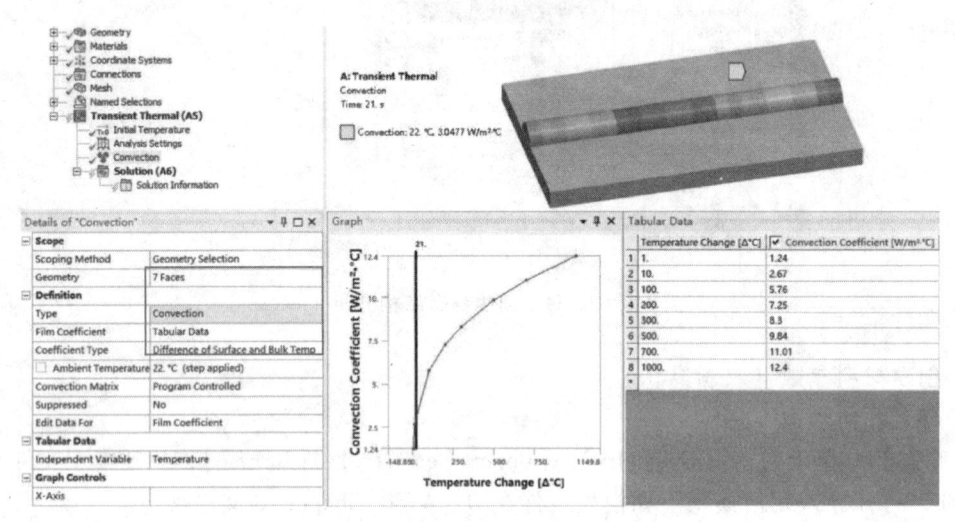

图 13-16 施加对流

（4）插入 APDL 命令流。右击【Transient Thermal（A5）】→【Insert】→【Commands】；单击【Commends（APDL）】，在右侧的命令窗口中输入如下命令，如图 13-17 所示。

（5）施加生死单元。右击【Transient Thermal（A5）】→【Insert】→【Element Birth and Death】；单击【Element Birth and Death】→【Details of "Element Birth and Death"】→【Scope】→【Scoping Method】= Named Selection，【Named Selection】= H1。然后右击【Element Birth and Death】→【Duplicate】复制，生成【Element Birth and Death2】；单击【Element Birth and Death2】→【Details of "Element Birth and Death2"】→【Scope】→【Scoping Method】= Named Selection，【Named Selection】= H2。同理，再复制 23 个到【Element Birth and Death25】，对应【Named Selection】= H25，如图 13-18 所示。

（6）设置生死单元。单击【Element Birth and Death】→【Tabular Data】→【Step1】= Alive；然后单击【Element Birth and Death2】→【Tabular Data】→【Step1】= Alive，右击 Step1，从弹出的快捷菜单选择【Swap Status】，将状态改为杀死状态【Dead】，如图 13-19 所示。单击【Element Birth and Death3】→【Tabular Data】→【Step1】、【Step2】= Alive，同时选中【Step1】、【Step2】，然后右击，从弹出的快捷菜单选择【Swap Status】，将状态改为杀死状态【Dead】，

如图 13-20 所示。同理,【Element Birth and Death4】,将【Step1】、【Step2】、【Step3】状态改为杀死状态【Dead】,直到【Element Birth and Death25】,【Step1】、【Step2】、【Step3】…【Step24】状态改为杀死状态【Dead】,如图 13-21 所示。

图 13-17　插入 APDL 命令流

图 13-18　施加生死单元

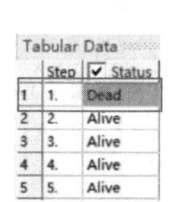

图 13-19　设置生死单元 2

图 13-20　设置生死单元 3

图 13-21　设置生死单元 25

10. 设置需要的结果

（1）在导航树上单击【Solution（A6）】。

（2）在 Mechanical 环境求解功能区单击【Thermal】→【Temperature】。

11. 求解与结果显示

（1）在 Mechanical 环境求解功能区单击⚡进行求解运算。

（2）运算结束后，单击【Solution（A6）】→【Temperature】，图形区域显示分析得到的焊道生成过程中温度分布云图及数据，如图 13-22 所示。

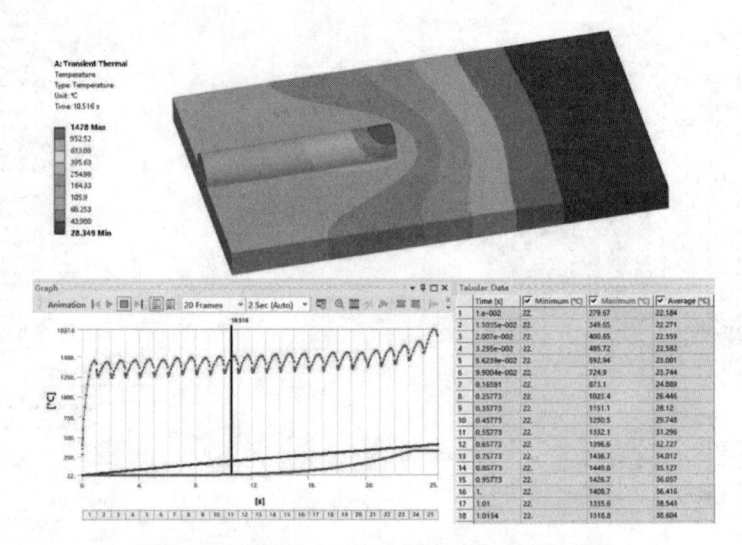

图 13-22 焊道生成过程中温度分布云图及数据

12. 保存与退出

（1）退出 Mechanical 分析环境。单击 Mechanical 主界面的菜单【File】→【Close Mechanical】退出分析环境，返回到 Workbench 主界面，此时主界面的项目分析流程图中显示的分析已完成。

（2）单击 Workbench 主界面上的【Save】按钮，保存所有分析结果文件。

（3）退出 Workbench 环境。单击 Workbench 主界面的菜单【File】→【Exit】退出主界面，完成分析。

13.2.3 结果分析与点评

本实例是高斯热源生死单元焊道的分析，分为两个知识点：一是高斯热源，二是生死单元。焊道在生成过程中一方面存在热，需要热源的驱动，另一方面需要单元的不断杀死和生成。插入热源命令流时需要通过 ANSYS 经典界面，在函数编辑器创建如下函数：$4e7 * \exp(-3*((\{Y\})^2 + \{\{X\}-0.002*\{TIME\}\})^2)/0.0025^2)$，保存后再导入生成高斯热源命令流。

在设置生死单元状态时应注意：第 1 单元的所有状态栏是活的，从第 2 单元起，第 2 单元的第 1 状态栏是死的状态，其他是活的，第 3 单元的第 1 个和第 2 个状态栏是死的，其他是活的，余下的单元依次类推，直至最后一个单元设置。

第14章 电池热电分析

14.1 单个锂离子电池分析

14.1.1 问题与重难点描述

1. 问题描述

如图 14-1 所示的单个锂离子电池模型，电池为 14.6Ah 的锰酸锂电池。已知锂电池正极极耳为铝，负极极耳为铜，与空气接触的面空气温度 300K，对流换热系数 5W/(m^2·K)，其他相关参数在分析过程中体现。试用 NTGK 电化学模型模拟电池的热电情况。

2. 重难点提示

本实例重难点在于构建 NTGK 电化学模型、材料参数、边界施加、求解及结果后处理。

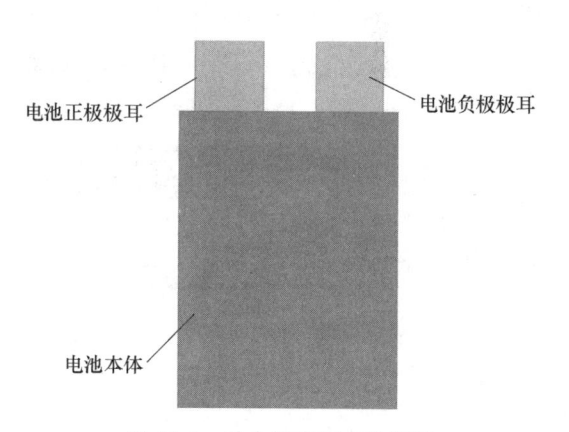

图 14-1 单个锂离子电池模型

14.1.2 实例详细解析过程

1. 启动 Workbench

在"开始"菜单中执行 ANSYS 2024R1/R2→Workbench 2024R1/R2 命令。

2. 创建流体动力学分析

（1）在工具箱【Toolbox】的【Analysis Systems】中双击或拖动流体动力学分析项目【Fluid Flow（Fluent with Fluent Meshing）】到项目分析流程图，如图 14-2 所示。

（2）在 Workbench 的工具栏中单击【Save】，保存项目工程名称为 Li-Ion Battery.wbpj。如工程实例文件保存在 D：\AWB\Chapter14 文件夹中。

3. 导入几何模型

在流体动力学分析项目上右击【Geometry】→【Import Geometry】→【Browse】，找到模型文件 Li-Ion Battery.agdb，打开导入几何模型。如模型文件在 D：\AWB\Chapter14 文件夹中。

4. 进入 Fluent Meshing 网格划分环境及网格划分

（1）右击【Mesh】→【Edit...】进入 Fluent Meshing 启动界面，设置双精度【Double Precision】，本地并行计算【Parallel（Local Machine）】→【Meshing Processes】= 8（根据用户计算机计算能力设置），如图 14-3 所示，然后单击【Start】进入 Fluent Meshing 环境。

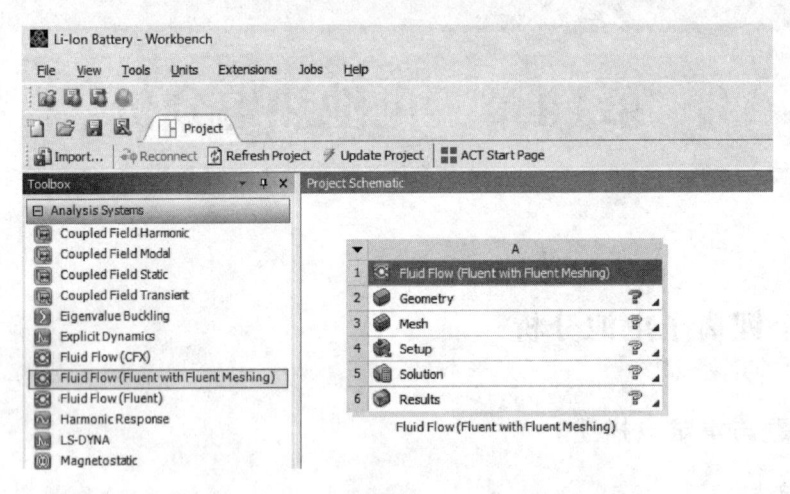

图 14-2 创建流体动力学分析

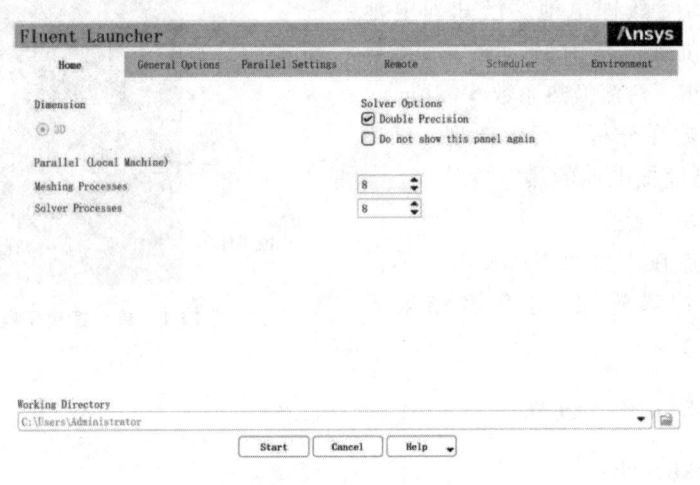

图 14-3 Fluent Meshing 启动界面

(2) 网格划分设置。在左侧导航树上单击【Generate the Surface Mesh】→【Minimum Size】= 0.001,【Maximum Size】= 0.002,其他默认,如图 14-4 所示。

(3) 单击【Generate the Volume Mesh】→【Max Cell Length】= 0.001,其他默认。

(4) 右击【Generate the Volume Mesh】→【Update】,生成网格,如图 14-5 所示。

5. 进入 Fluent 求解环境

(1) 单击 Ribbon 功能区【Solution】→【Switch to Solution】,从网格划分环境转到求解系环境窗口。

(2) 在控制面板上选择【General】→【Mesh】→【Check】,命令窗口出现所检测的信息。

(3) 在控制面板上选择【General】→【Mesh】→【Report Quality】,命令窗口出现所检测的信息,显示网格质量处于较好的水平。

(4) 单击 Ribbon 功能区【Setting Up Domain】→【Info】→【Size】,命令窗口出现所检测的信息,显示网格节点数量为 246265 个。

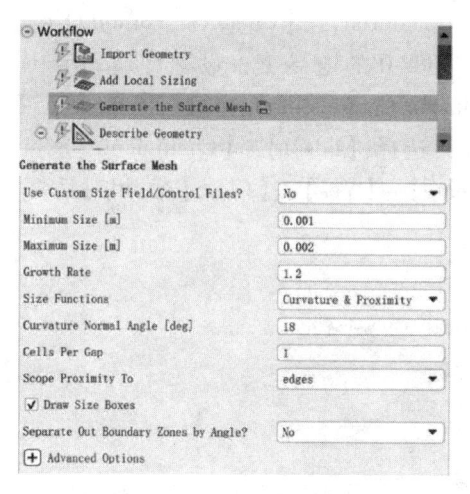

图 14-4　网格划分设置　　　　　图 14-5　网格

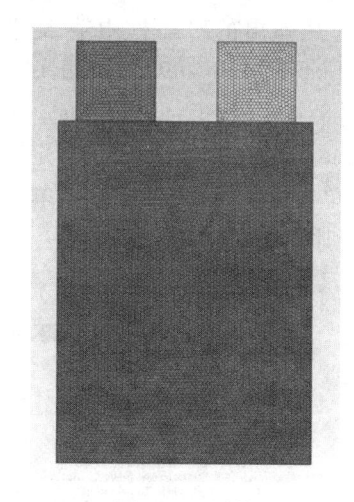

6. 指定求解类型

（1）求解类型设置。单击 Ribbon 功能区【Physics】，选择时间为瞬态【Transient】，求解类型为压力基【Pressure-Based】，速度方程为绝对值【Absolute】，如图 14-6 所示。

（2）单击 Ribbon 功能区【Physics】→【Models】，勾选【Energy】。

（3）单击 Ribbon 功能区【Solution】→【Control】→【Equations...】→【Equations】，排除 Flow、Turbulence，只选 Energy，然后单击【OK】关闭窗口。

（4）能量方程设置。单击 Ribbon 功能区【Solution】→【Control】→【Equations...】→【E-quations】，选中如图 14-7 所示的内容，单击【OK】关闭窗口。

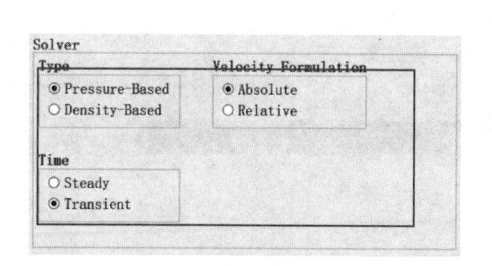

图 14-6　求解类型设置　　　　　图 14-7　能量方程设置

（5）NTGK 电化学模型设置：在右侧导航树上选择【Setup】→【Models】，双击【Battery Model（Off）】，从弹出的快捷菜单中勾选【Enable Battery Model】，弹出展开 Battery Model，如图 14-8 所示。导电区设置：【E-Chemistry Models】=ONTGK/DCIR Model，单击【Conductive Zones】→【Active Components】选择 cell_zone，【Passive Components】选择 n_zone、p_zone，如图 14-9 所示。电触点设置：单击【Electric Contacts】→【External Connectors】，【Negative Tab】选择 n_tab，【Positive Tab】选择 p_tab，选择【Print Battery System Connection Information】，如图 14-10 所示，然后单击【OK】关闭窗口。

7. 指定材料属性

（1）设置固体铝材料属性。创建材料：单击【Materials】→【aluminum】→【Create/

Edit...】,从弹出的对话框中输入【Name】= active_material,【Chemical Formula】= a_m,【Density [kg/m³]】= 2092,如图 14-11 所示。指定 uds-0 的电导率:设置【Electrical Conductivity [S/m]】= defined-per-uds,弹出【UDS Diffusion Coefficients】窗口,选择【uds-0】→【Coefficient [S/m]】= 1.19e6。指定 uds-1 的电导率:选择【uds-1】→【Coefficient [S/m]】= 9.83e5,单击【OK】关闭窗口,单击【Change/Create】→【Yes】→【Close】关闭对话框,如图 14-12 和图 14-13 所示。

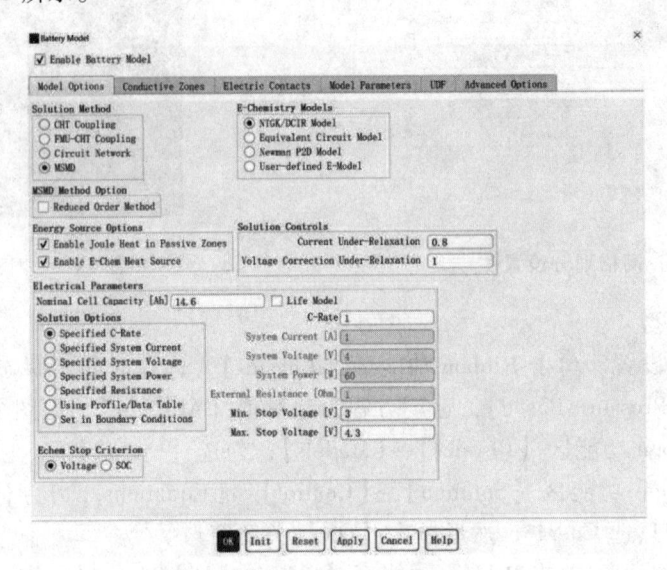

图 14-8 NTGK 电化学模型设置

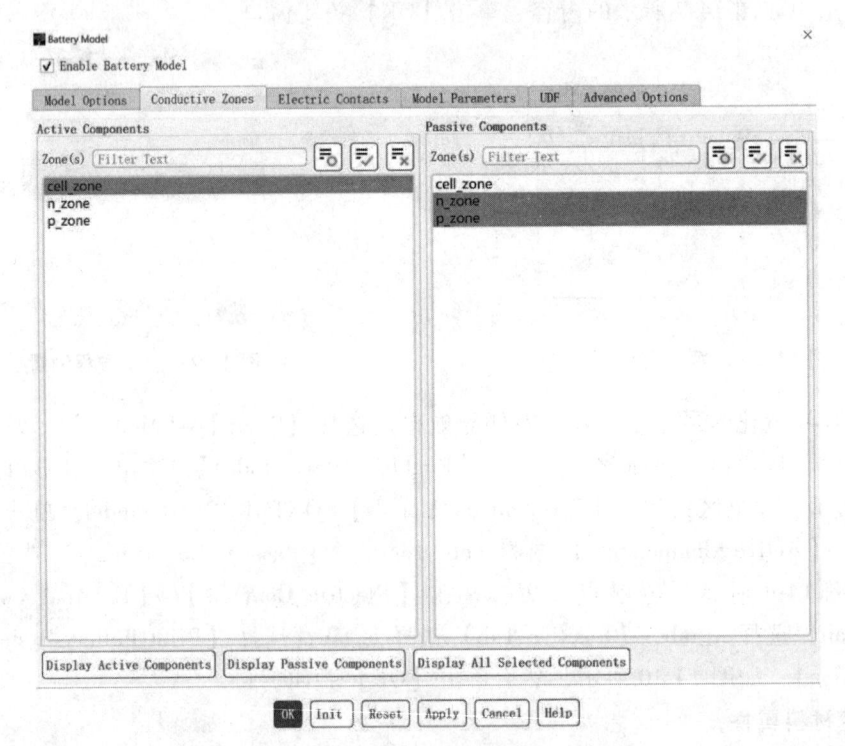

图 14-9 导电区设置

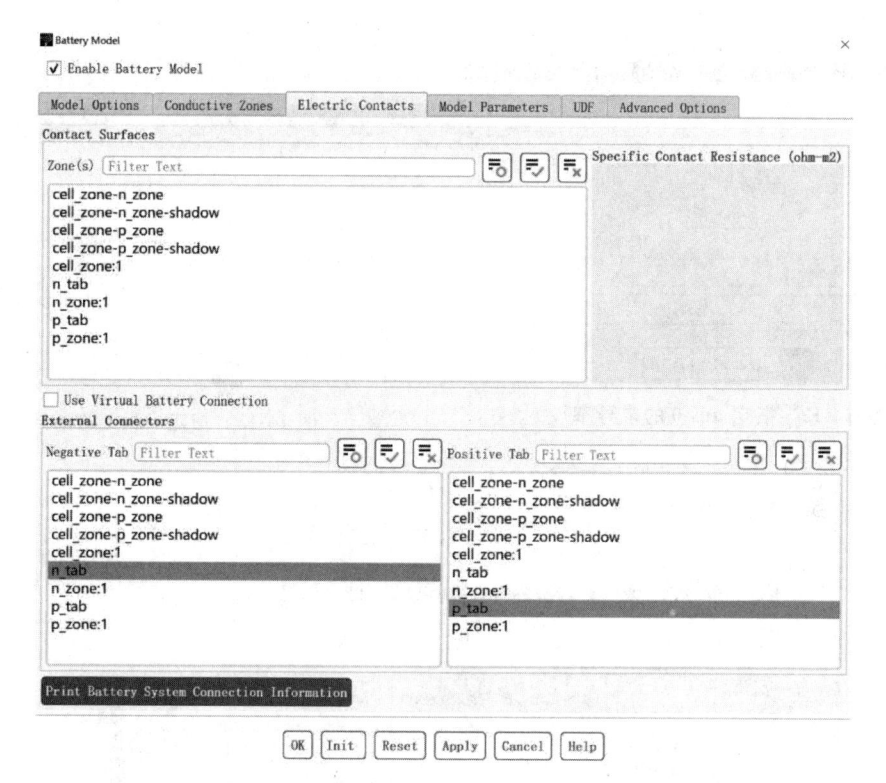

图 14-10 电触点设置

图 14-11 创建材料

（2）设置固体铜材料属性。单击【Materials】→【active_material】→【Create/Edit...】，在弹出的对话框中单击【Fluent Database...】，从弹出的对话框中选择【Material Type】= solid，【Fluent Solid Materials】= copper（cu）。复制铜材料属性：单击【Copy】，单击【Close】关闭窗口，单击【Close】关闭对话框，如图 14-14 和图 14-15 所示。

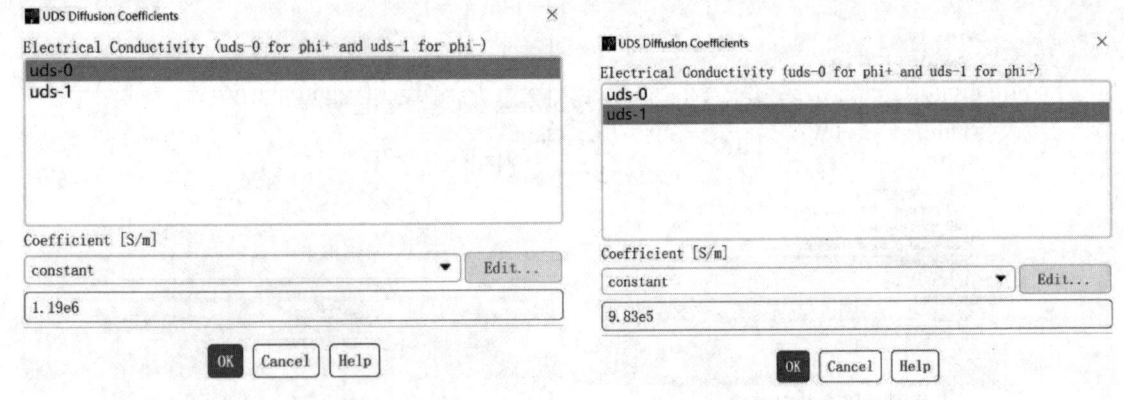

图 14-12　指定 uds-0 的电导率

图 14-13　指定 uds-1 的电导率

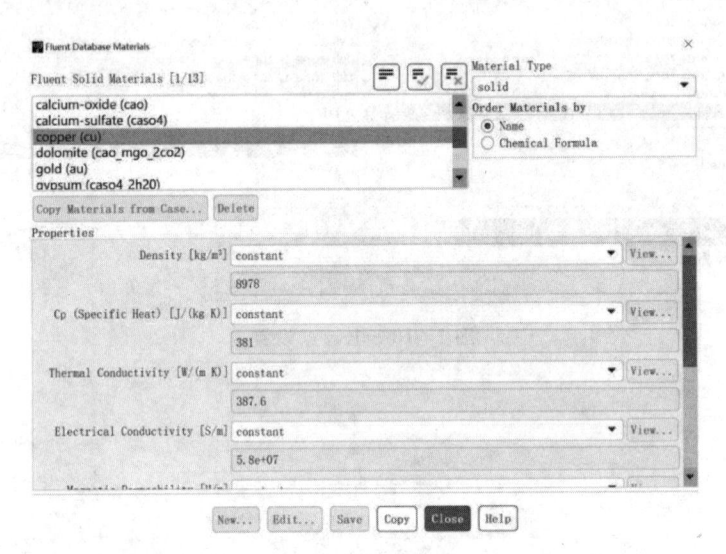

图 14-14　设置固体铜材料属性

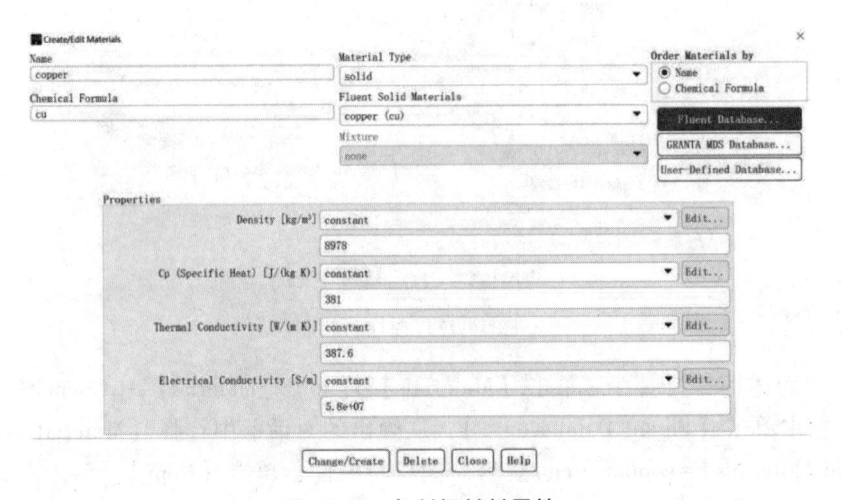

图 14-15　复制铜材料属性

(3) 设置电极材料属性。单击【Materials】→【copper】→【Create/Edit...】,从弹出的对话框中输入【Name】= tab_material,【Chemical Formula】= t_m;【Thermal Conductivity[w(mK)]】= orthotropic。设置正交电导率:单击【Edit...】弹出【Orthotropic Conductivity】对话框,设置【Conductivity1W/(mK)】= 32,【Conductivity2W/(mK)】= 32;【Electrical Conductivity[S/m]】= 1e7,单击【Change/Create】→【Yes】→【Close】关闭对话框,如图 14-16 和图 14-17 所示。

图 14-16 设置电极材料属性

(4) 设置电池本体材料:双击左侧导航板【Cell Zone Conditions】→【Task Page】→【Cell Zone Conditions】→【Zone】,单击【cell_zone】→【Type】→【solid】→【Edit...】,弹出对话框,选择【Material Name】= active_material,勾选【Source Terms】,数据保持默认,单击【Apply】→【Close】关闭窗口,如图 14-18 所示。设置电池负极材料:单击【n_zone】→【Type】→【solid】→【Edit...】,弹出对话框,选择【Material Name】= tab_material,勾选【Source Terms】,数据保持默认,单击【Apply】→【Close】关闭窗口,如图 14-19 所示。设置电池正极材料:单击【p_zone】→【Type】→【solid】→【Edit...】,弹出对话框,选择【Material Name】= tab_material,勾选【Source Terms】,数据保持默认,单击【Apply】→【Close】关闭窗口,如图 14-20 所示。

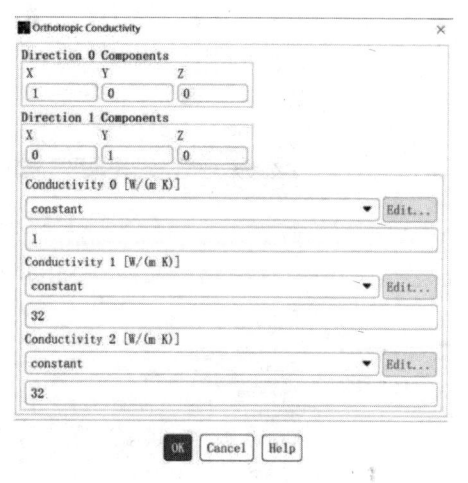

图 14-17 设置正交电导率

8. 边界条件

(1) 设置电池本体边界条件。单击 Ribbon 功能区【Physics】→【Zones】→【Boundaries】→【cell_zone:1】→【Type】→【Wall】→【Edit...】,从弹出的【Wall】对话框中选择【Convection】,【Heat Transfer Coefficient[W/(m^2K)]】= 5,【Material Name】= active_material,单击【Apply】→【Close】关闭窗口,如图 14-21 所示。

图 14-18 设置电池本体材料

图 14-19 设置电池负极材料

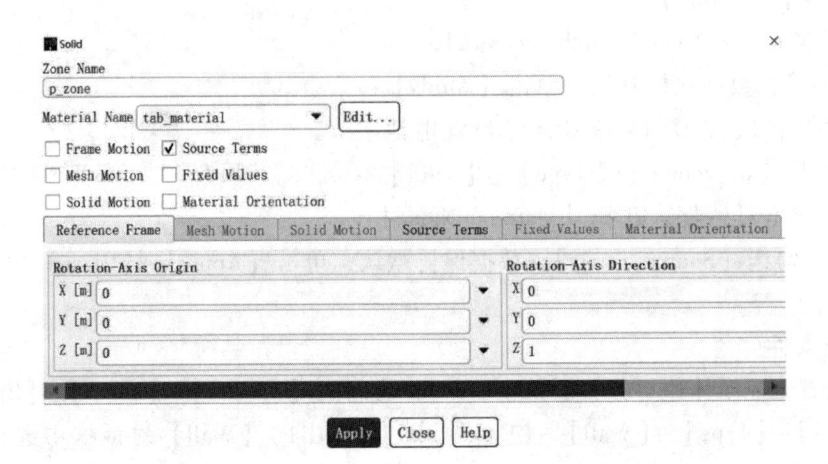

图 14-20 设置电池正极材料

图 14-21　设置电池本体边界条件

（2）设置电池正负极边界条件。单击 Ribbon 功能区【Physics】→【Zones】→【Boundaries】→【cell_zone：1】→【Type】→【Wall】→【Copy...】，弹出【Copy Conditions】对话框，选择【From Boundary Zone】= cell_zone：1，【To Boundary Zones】= n_zone：1、p_zone：1。单击【Copy】→【Yes】→【Close】关闭窗口，如图 14-22 所示。

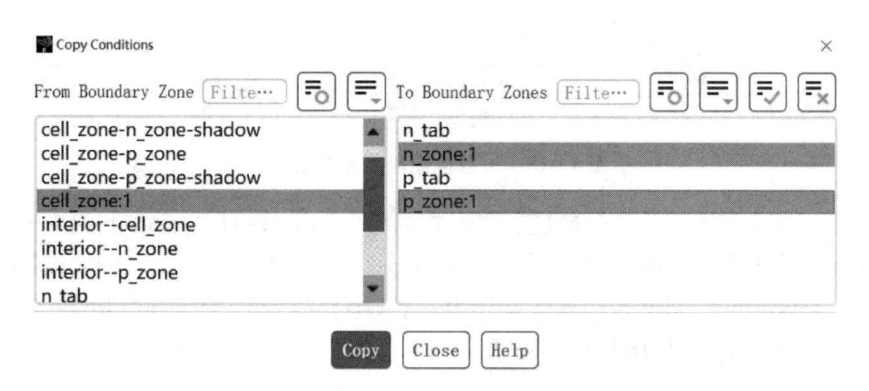

图 14-22　设置电池正负极边界条件

9. 指定求解设置

（1）取消残差监测。单击 Ribbon 功能区【Solution】→【Reports】→【Residuals...】→【Residuals Monitor】，勾选【Show Advanced Options】，【Convergence Criterion】= none，单击【OK】关闭窗口，如图 14-23 所示。

（2）设置监测电压。单击 Ribbon 功能区【Solution】→【Reports】→【Definitions】→【New】→【Surface Report】→【Area-Weighted Average】，【Name】= voltage_vp，【Report Type】= Area-Weighted Average，【Custom Vectors】→【Vectors of】= current-density-j，【Field Variable】= Battery Variables...，Passive Zone Potential，【Surfaces】= p_tab。勾选【Report File】、【Report Plot】、【Print to Console】，单击【OK】关闭窗口，如图 14-24 所示。

（3）设置监测电压报告名称。单击左侧【Solution】→【Monitors】→【Report Files】→【voltage_vp-rfile】，【File Name】= ntgk-1c.out，单击【OK】关闭窗口，如图 14-25 所示。

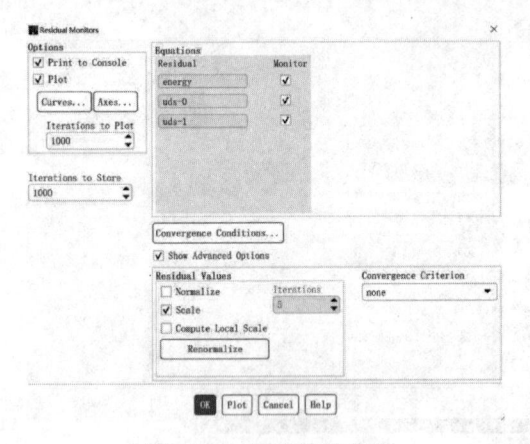

图 14-23 取消残差监测

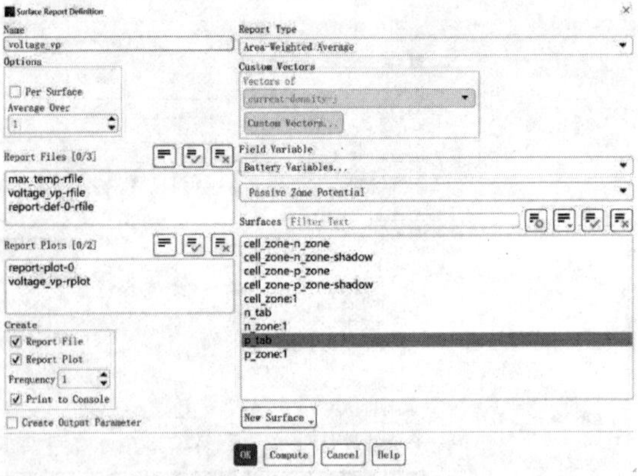

图 14-24 设置监测电压

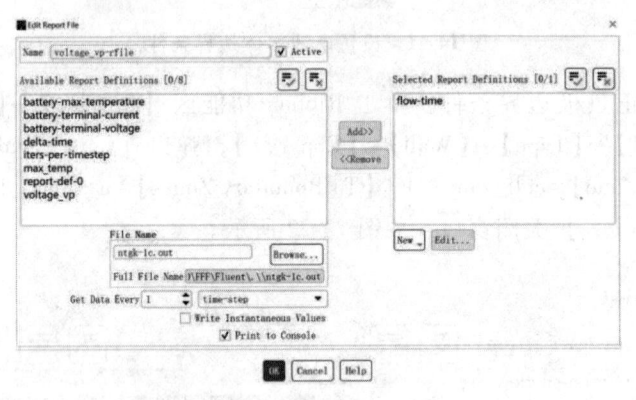

图 14-25 设置监测电压报告名称

（4）设置电压监控及 X、Y 轴精度。单击左侧【Solution】→【Monitors】→【Report Plots】→【voltage_vp-rplot】→【Get Data Every】= time-step；单击【Axes...】，弹出【Axes-Report Plots】，设置【Axis】= X→【Precision Size】= 0，【Axis】= Y→【Precision Size】= 2，分别单击【Apply】→【Close】，单击【OK】关闭窗口，如图 14-26~图 14-28 所示。

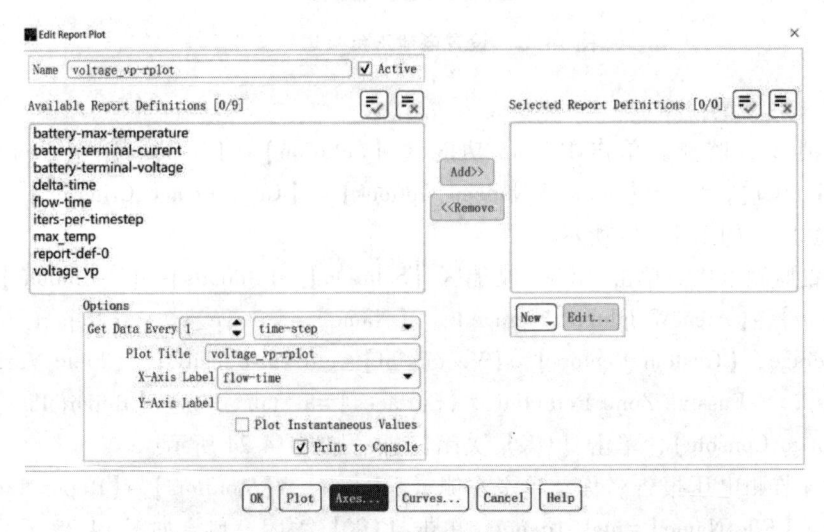

图 14-26 设置电压监控

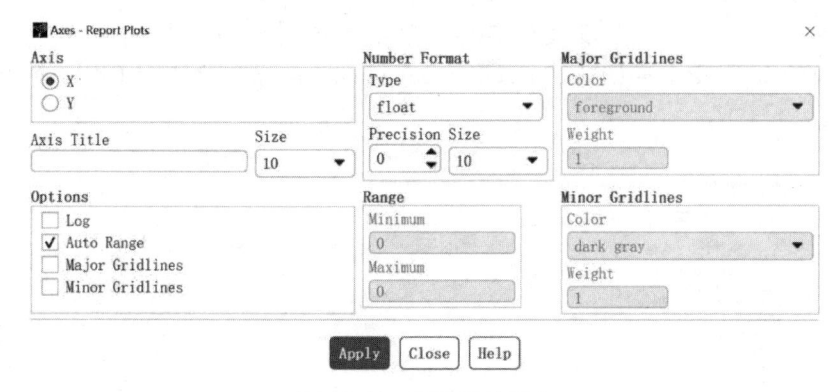

图 14-27 设置 X 轴精度

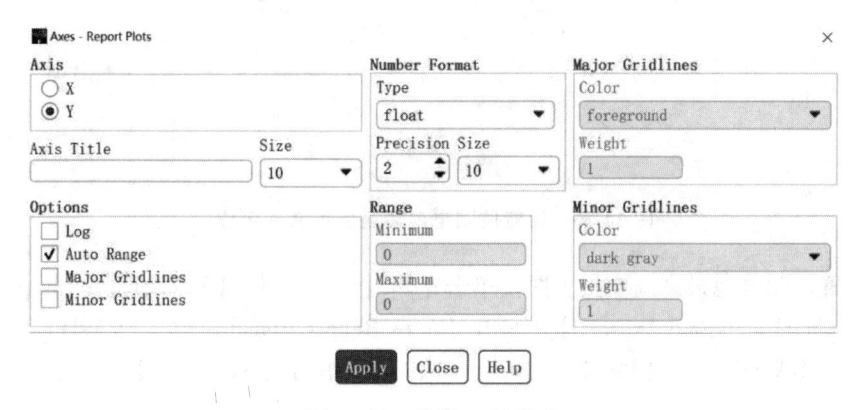

图 14-28 设置 Y 轴精度

（5）设置监测电池最高温度。单击 Ribbon 功能区【Solution】→【Reports】→【Definitions】→【New】→【Volume Report】→【Max...】,【Name】= max_temp,【Report Type】= Max,【Field Variable】= Temperature..., Static Temperature,【Cell Zones】= cell_zone、n_zone、p_zone。勾选【Report File】、【Report Plot】、【Print to Console】, 单击【OK】关闭窗口, 如图 14-29 所示。

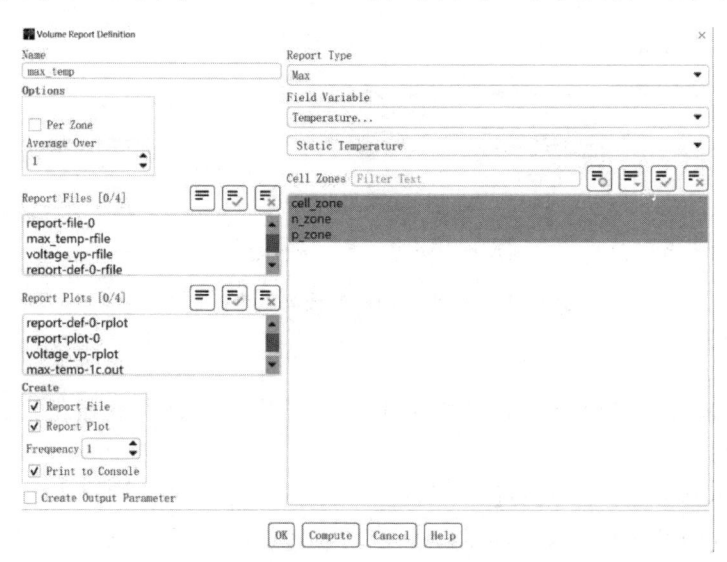

图 14-29 设置监测电池最高温度

（6）设置监测电池最高温度文件名称。单击左侧【Solution】→【Monitors】→【Report Files】→【max_temp-rfile】→【File Name】= max-temp-1c.out，单击【OK】关闭窗口，如图 14-30 所示。

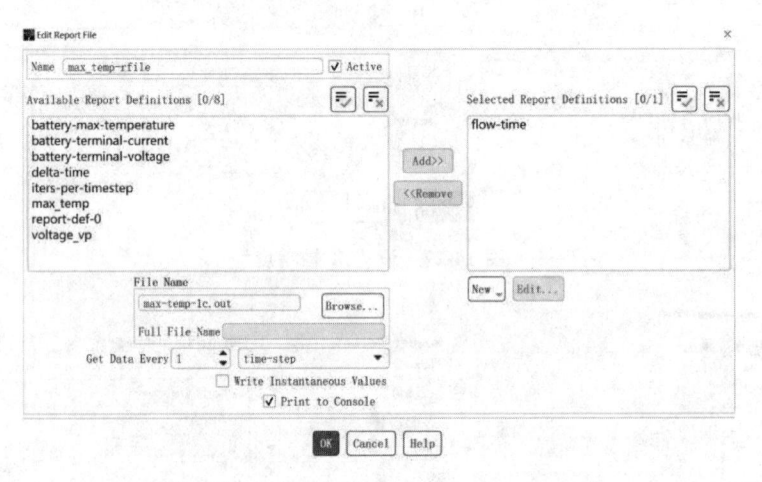

图 14-30　设置监测电池最高温度文件名称

（7）设置监测电池最高温度报告图。单击左侧【Solution】→【Monitors】→【Report Plots】→【max-temp-1c.out】；单击【Axes...】，弹出【Axes-Report Plots】，设置【Axis】= X→【Precision Size】= 0，【Axis】= Y→【Precision Size】= 2，分别单击【Apply】→【Close】，单击【OK】关闭窗口，如图 14-31 所示。

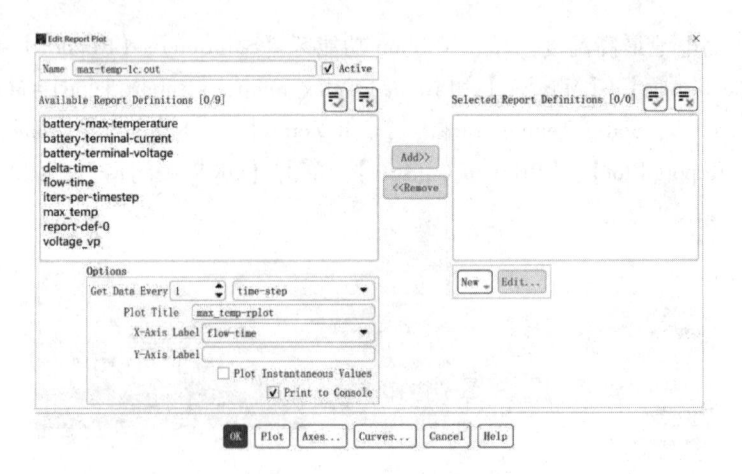

图 14-31　设置监测电池最高温度报告图

10. 初始化设置

单击 Ribbon 功能区【Solution】→【Hybrid】，单击【Initialize】初始化，如图 14-32 所示。

11. 运行求解

单击左侧【Run Calculation】→【Number of Time Steps】= 100，【Time Step Size［s］】= 30，【Max Iterations/Time Step】= 10，其他默认，求解设置如图 14-33 所示。设置完毕以后，单击【Calculate】进行求解，这需要一段时间，请耐心等待，求解迭代结果如图 14-34 所示。

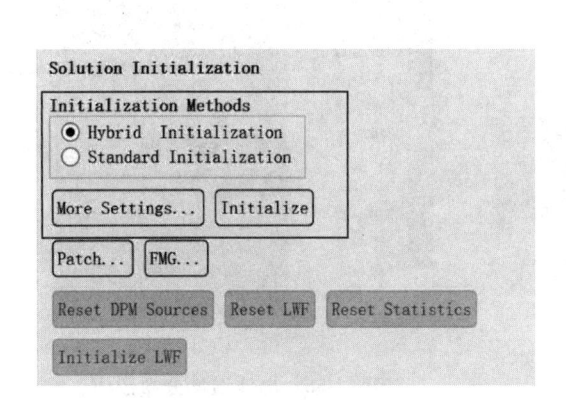

图 14-32　初始化设置　　　　　　　　图 14-33　求解设置

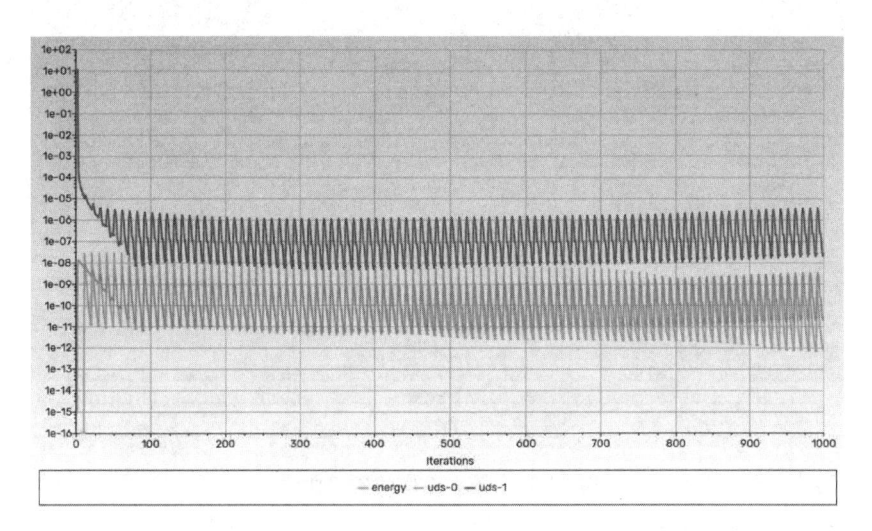

图 14-34　求解迭代结果

12. 创建后处理

（1）在菜单栏上单击【File】→【Save Project】，保存项目。

（2）右击【Results】→【Contours】，弹出 Countours 对话框，选择【Contours of】= Temperature...，Static Temperature，在【Surfaces】下选择所有壁面，单击【Save/Display】，其他默认，结果输出设置如图 14-35 所示，可以看到结果云图和曲线，如图 14-36~图 14-38 所示。

13. 保存与退出

（1）退出后处理环境。在菜单栏上单击【File】→【Close Fluent】，退出 Fluent 环境，然后回到 Workbench 主界面，此时主界面的项目分析流程图中显示的分析已完成。

（2）单击 Workbench 主界面上的【Save】按钮，保存所有分析结果文件。

（3）退出 Workbench 环境。单击 Workbench 主界面的菜单【File】→【Exit】退出主界面，完成项目分析。

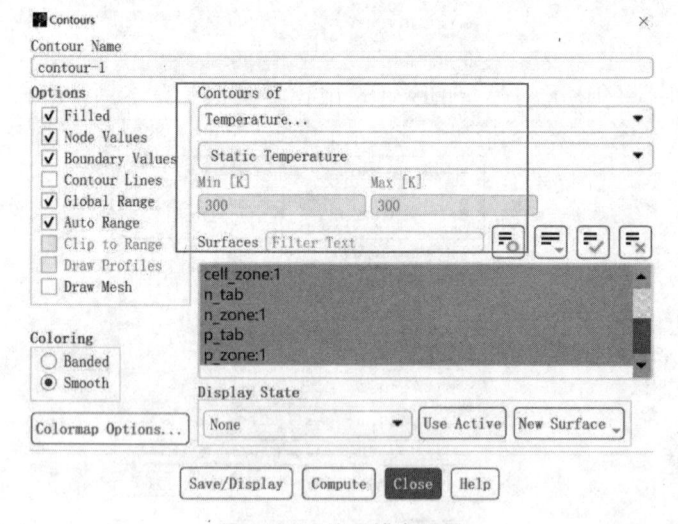

图 14-35　结果输出设置

图 14-36　电池温度分布云图

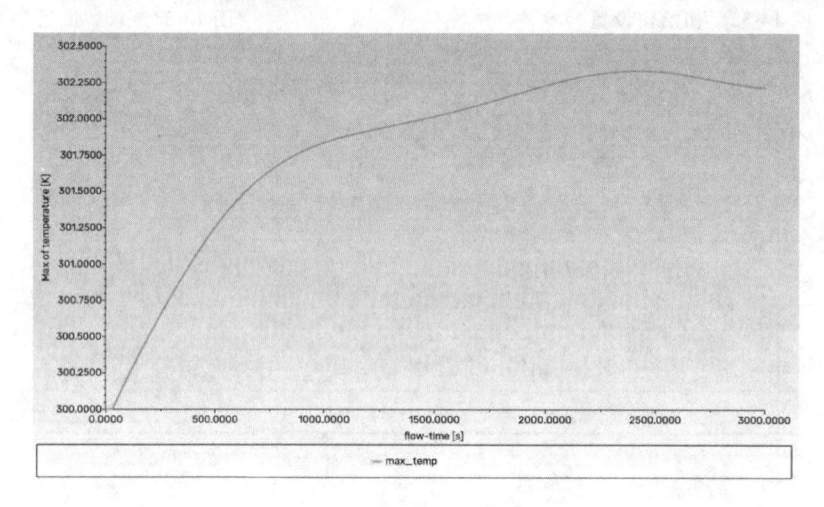

图 14-37　最高温度的历程曲线

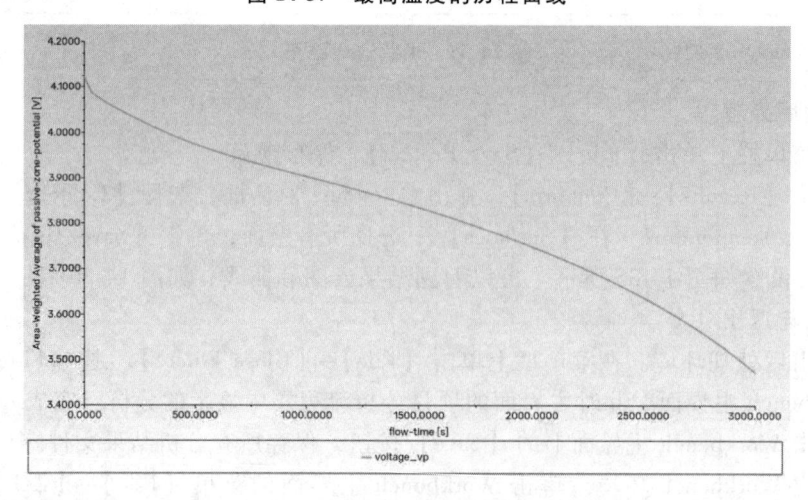

图 14-38　1C下放电曲线报告图

14.1.3 结果分析与点评

本例是单个锂离子电池分析，选用 MSMD 电池模型的 NTGK 电化学模型。在本例中进行 NTGK 电化学模型参数设置、导电区设置和电触点设置是关键，同时电池的材料设置、边界条件设置对求解结果也有重要影响。从分析结果看，本例很好地模拟了电池的热电情况，有利于电池的热电管理。

14.2 18 节锂离子电池组分析

14.2.1 问题与重难点描述

1. 问题描述

以空气和水为工作流体的 18 节锂离子电池组模型如图 14-39 所示。电池外壳材料为铝，电池组材料为空气，与空气接触面的温度为 300K，对流换热系数 $5W/(m^2 \cdot K)$，其他相关参数在分析过程中体现。试分析 18 节锂离子电池组工作时的生热情况。

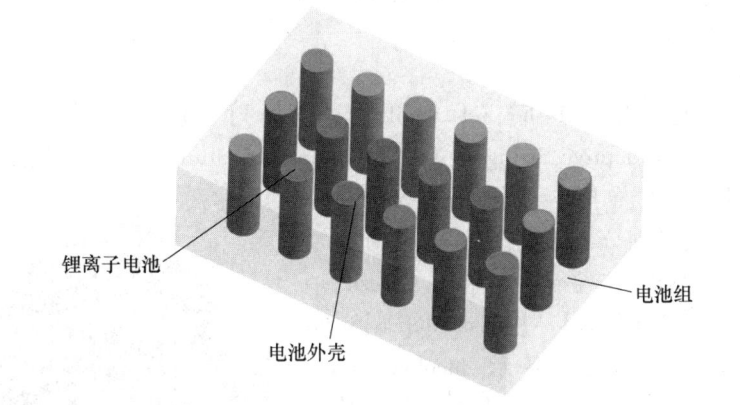

图 14-39 18 节锂离子电池组模型

2. 重难点提示

本实例重难点在于湍流模型设置、材料设置、边界施加、求解及结果后处理。

14.2.2 实例详细解析过程

1. 启动 Workbench

在"开始"菜单中执行 ANSYS 2024R1/R2→Workbench 2024R1/R2 命令。

2. 创建流体动力学分析

（1）在工具箱【Toolbox】的【Analysis Systems】中双击或拖动流体动力学分析项目【Fluid Flow（Fluent）】到项目分析流程图，如图 14-40 所示。

（2）在 Workbench 的工具栏中单击【Save】，保存项目工程名称为 18 Cell.wbpj。如工程实例文件保存在 D:\AWB\Chapter14 文件夹中。

3. 导入几何模型

在流体动力学分析项目上右击【Geometry】→【Import Geometry】→【Browse】，找到模型

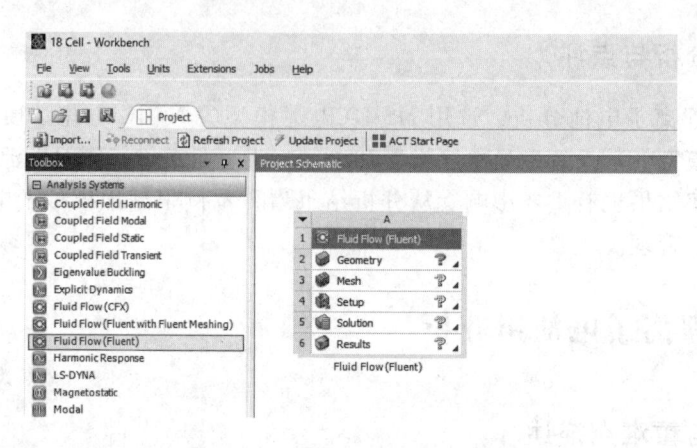

图 14-40 创建流体动力学分析

文件 18 Cell.agdb，打开导入几何模型。如模型文件在 D：\AWB\Chapter14 文件夹中。

4. 进入 Meshing 网格划分环境

（1）在流体动力学分析项目上右击【Mesh】→【Edit...】进入 Meshing 网格划分环境。

（2）在 Meshing 的环境主页【Home】功能区单位【Units】中选择单位为 Metric（mm，kg，N，s，mV，mA）。

5. 划分网格

（1）在导航树上单击【Mesh】→【Details of "Mesh"】→【Defaults】→【Element Size】= 1mm；【Sizing】→【Use Adaptive Sizing】= No，【Capture Curvature】= Yes，其他默认。

（2）生成网格。在导航树上右击【Mesh】→【Generate Mesh】，网格划分结果如图 14-41 所示。

（3）网格质量检查。在导航树上单击【Mesh】→【Details of "Mesh"】→【Quality】→【Mesh Metric】= Jacobian Ratio（Gauss Points），显示 Jacobian Ratio（Gauss Points）规则下网格质量详细信息，平均值处在良好的水平范围内，展开【Statistics】显示网格和节点数量。

（4）单击主菜单【File】→【Close Meshing】。

（5）返回 Workbench 主界面，右击流体系统【Mesh】，从弹出的快捷菜单中选择【Update】升级，把数据传递到下一单元中。

图 14-41 网格划分结果

6. 进入 Fluent 环境

右击流体系统【Setup】，从弹出的快捷菜单中选择【Edit...】进入 Fluent 启动界面，设置双精度【Double Precision】，本地并行计算【Parallel（Local Machine）】→【Solver Processes】= 8（根据用户计算机计算能力设置），如图 14-42 所示，然后单击【OK】进入 Fluent 环境。

7. 网格检查

（1）在控制面板上选择【General】→【Mesh】→【Check】，命令窗口出现所检测的信息。

第14章 电池热电分析

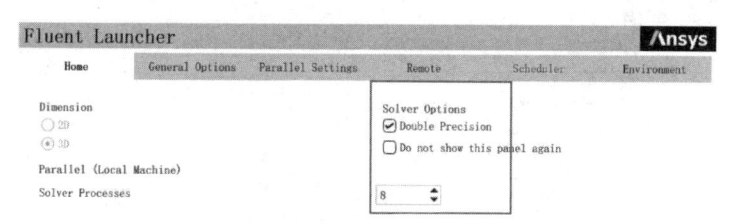

图 14-42 Fluent 启动界面

（2）在控制面板上选择【General】→【Mesh】→【Report Quality】，命令窗口出现所检测的信息，显示网格质量处于较好的水平。

（3）单击 Ribbon 功能区【Setting Up Domain】→【Info】→【Size】，命令窗口出现所检测的信息，显示网格节点数量为 3101162 个。

8. 指定求解类型

（1）求解算法设置。单击 Ribbon 功能区【Physics】，选择时间为瞬态【Transient】，求解类型为压力基【Pressure-Based】，速度方程为绝对值【Absolute】，如图 14-43 所示。

（2）操作条件设置。单击 Ribbon 功能区【Physics】，选择操作条件【Operation Conditions】，选择【Gravity】，【Y（m/s^2）】= -9.81，如图 14-44 所示。

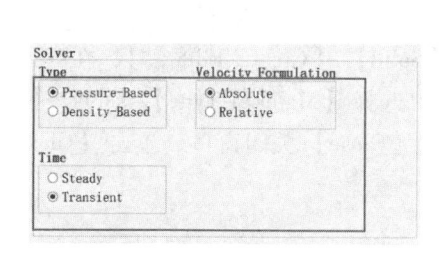

图 14-43 求解算法设置

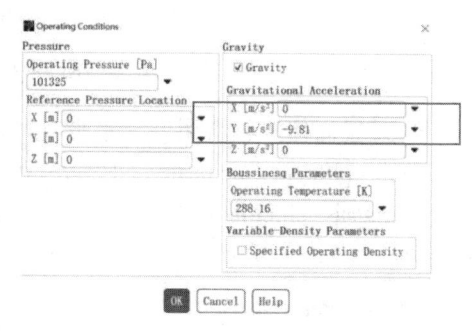

图 14-44 操作条件设置

9. 模型设置

（1）单击 Ribbon 功能区【Physics】→【Models】，勾选【Energy】。

（2）湍流模型设置。单击 Ribbon 功能区【Physics】→【Models】→【Viscous...】，从弹出的对话框中选择【k-epsilon（2eqn）】，【k-epsilon Model】= Standard，【Near-Wall Treatment】= Enhanced Wall Treatment，【Enhanced Wall Treatment Options】= Thermal Effects，【Options】= Curvature Correction，其他默认，如图 14-45 所示。

10. 指定材料属性

（1）设置流体材料属性。双击左侧导航板【Materials】→【Fluid】→【Create/Edit...】，从弹出的对话框中单击【Fluent Database...】，从弹出的对话框中选择【water-liquid（h2o<l>）】，单击【Copy】，单击【Close】关闭窗口，单击【Close】关闭对话框，如图 14-46 所示。

（2）设置固体锂电池材料属性。单击【Materials】→【Solid】→【Create/Edit...】，在弹出的对话框中输入【Name】= Lithium-cell，【Chemical Formula】= Lithium-cell，【Density［kg/m^3］】= 2775，【Cp（Specific Heat）［J/（kg K）］】= 880，【Thermal Conductivity［W/（m K）］】= 3，单击【Change/Create】，单击【Yes】，单击【Close】关闭对话框，如图 14-47 所示。

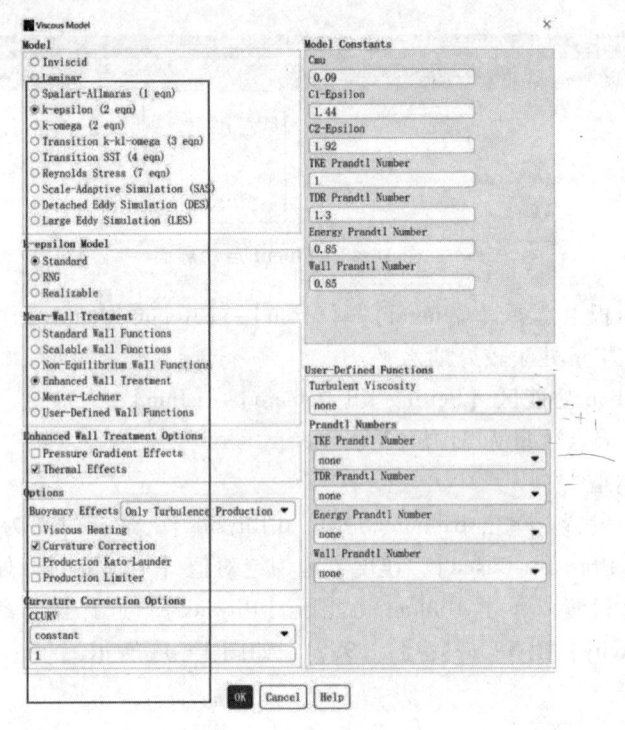

图 14-45 湍流模型设置

（3）设置固体铝材料属性。单击【Materials】→【Solid】→【Create/Edit...】，在弹出的对话框中单击【Fluent Database...】，从弹出的对话框中选择【Material Type】=solid，【Fluent Solid Materials】=aluminum（al），单击【Copy】，单击【Close】关闭窗口，单击【Close】关闭对话框，如图 14-48 所示。

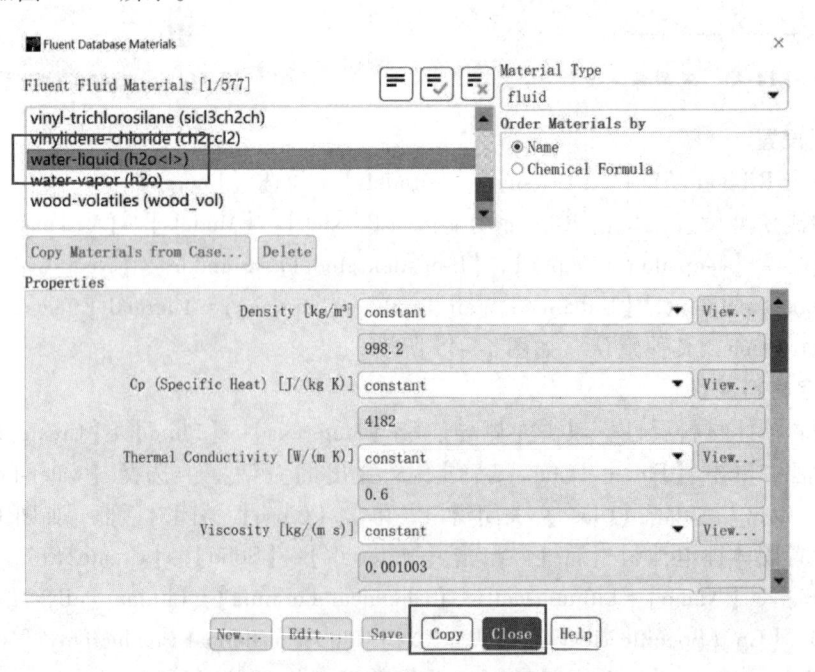

图 14-46 设置流体材料属性

图 14-47　设置固体锂电池材料属性

图 14-48　设置固体铝材料属性

（4）设置电池组材料：双击左侧导航板【Cell Zone Conditions】→【Task Page】→【Cell Zone Conditions】→【Zone Type】（在图 F 选择）。然后单击【pack】→【Type】→【fluid】→【Edit...】，弹出对话框，保持默认设置，如图 14-49 所示。设置电池外壳材料：单击【Casing】→【Type】→【Solid】→【Edit...】，弹出对话框，选择【Material Name】= aluminum，如图 14-50 所示。设置锂离子电池材料：单击【Cell】→【Type】→【Solid】→【Edit...】，弹出对话框，选择【Material Name】= Lithium-cell，勾选【Source Terms】，【Source Terms】→【Edit...】→【Number of Energy sources】= 1，【Constant】= 47579（1.[W/m^3]），然后单击【OK】→【Apply】→【Close】关闭窗口，如图 14-51 所示。

11. 边界条件

（1）设置入口边界。单击 Ribbon 功能区【Physics】→【Zones】→【Boundaries】→【inlet】→【Type】→【Velocity-inlet】→【Edit...】，从弹出的对话框中选择【Velocity Magnitude [m/s]】= 0.25，单击【Apply】→【Close】关闭窗口，如图 14-52 所示。

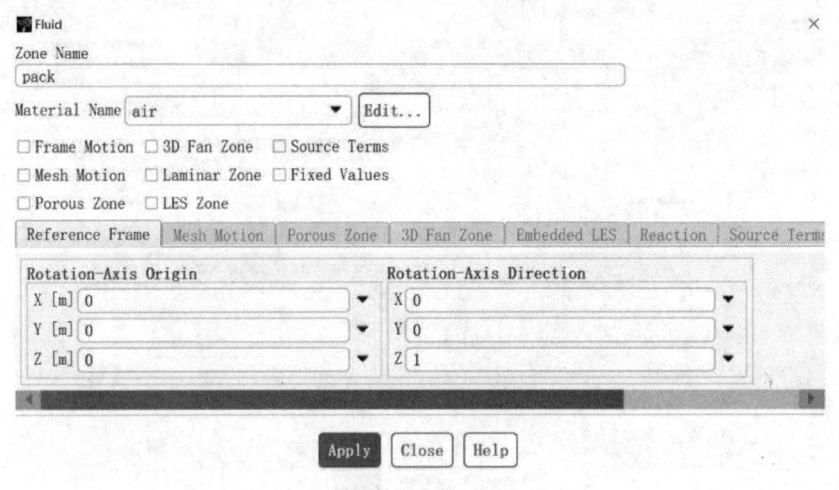

图 14-49　设置电池组材料

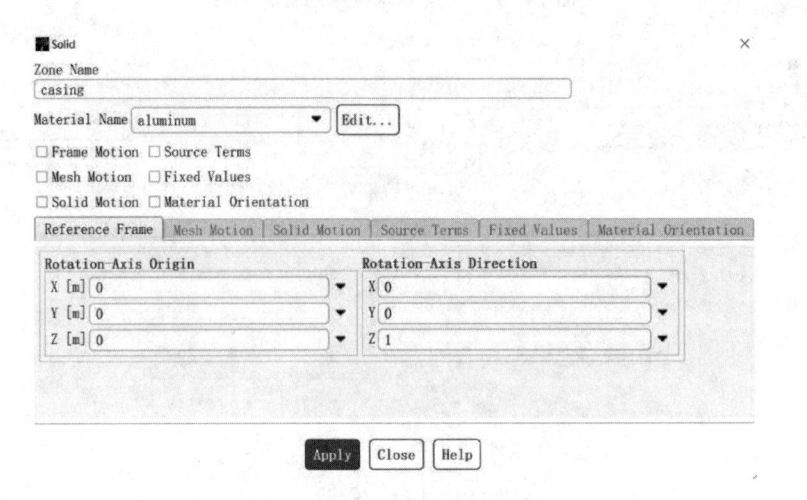

图 14-50　设置电池外壳材料

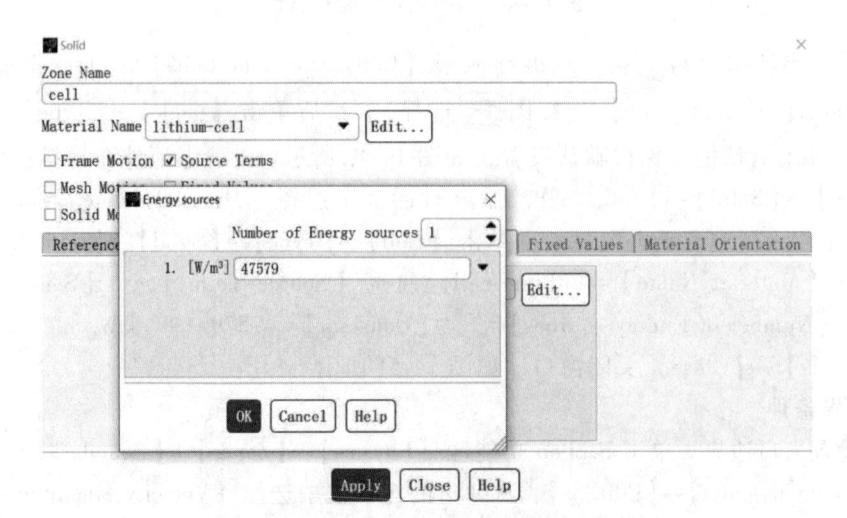

图 14-51　设置锂离子电池材料

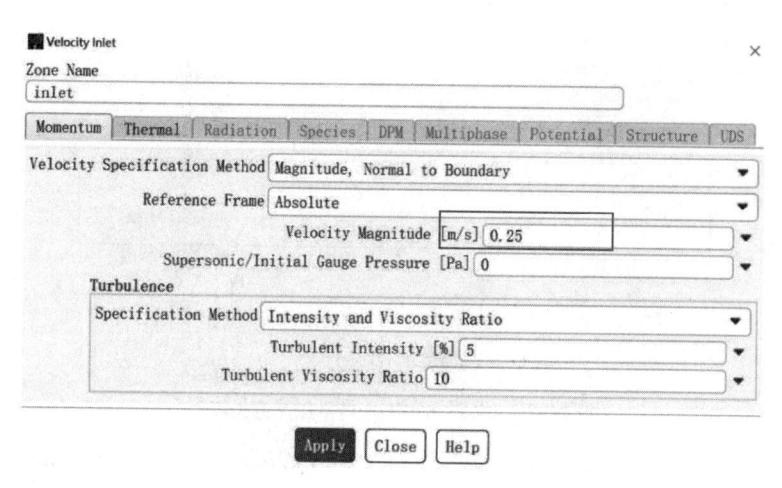

图 14-52 设置入口边界

（2）单击 Ribbon 功能区【Physics】→【Zones】→【Boundaries】→【casingconvection-contact region-contact region 19-contact region 37-trg】→【Type】→【Interface】→【Edit...】，从弹出的【Interface】对话框中选择【Edit...】，从弹出的【Wall】对话框中选择【Convection】，【Heat Transfer Coefficient［W/（m²K）］】=5，【Material Name】=aluminum，单击【Apply】→【Close】关闭窗口，单击【Interface】对话框，单击【Apply】→【Close】关闭窗口，-contact region37-trg 设置如图 14-53 所示。

（3）按照同样的方法设置余下边界。分别设置【-contact region 46-trg】、【-contact region 47-trg】、【-contact region 48-trg】、【-contact region 49-trg】、【-contact region 50-trg】、【-contact region 51-trg】、【-contact region 52-trg】、【-contact region 53-trg】、【-contact region 54-trg】、【-contact region 38-trg】、【-contact region 39-trg】、【-contact region 40-trg】、【-contact region 5-trg】、【-contact region 6-trg】、【-contact region 7-trg】、【-contact region 8-trg】、【-contact region 9-trg】，设置典型-contact region 9-trg 边界如图 14-54 所示。

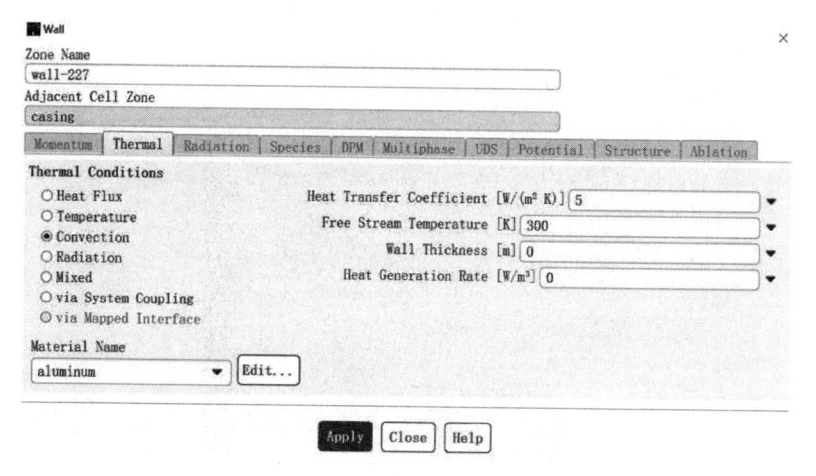

图 14-53 设置-contact region 37-trg 边界

（4）设置电池外壳边界：单击 Ribbon 功能区【Physics】→【Zones】→【Boundaries】→【Wall-casing】→【Type】→【Wall】→【Edit...】，从弹出的【Wall】对话框中选择【Convec-

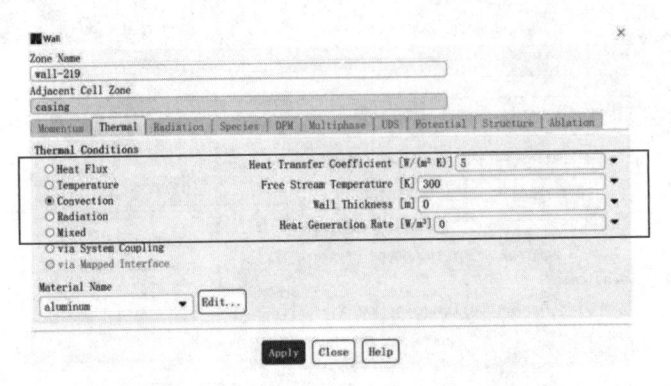

图 14-54　设置-contact region 9-trg 边界

tion】,【Heat Transfer Coefficient [W/(m²K)]】=5,【Material Name】=aluminum,单击【Apply】→【Close】关闭窗口,如图 14-55 所示。设置锂离子电池边界:单击【Wall-casing】→【Type】→【Wall】→【Edit...】,从弹出的【Wall】对话框中选择【Material Name】= Lithium-cell,其他默认,如图 14-56 所示。

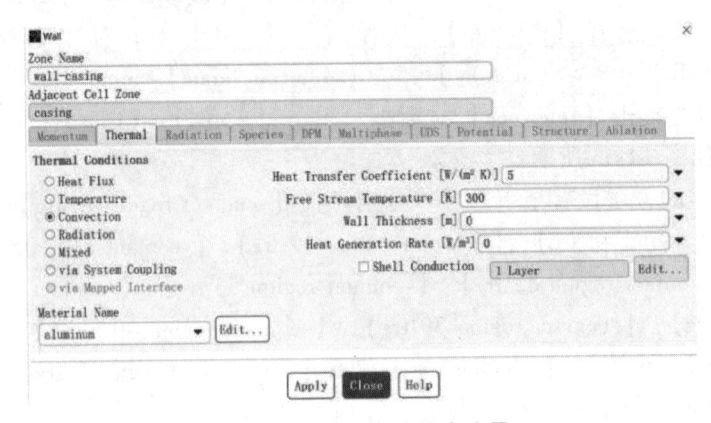

图 14-55　设置电池外壳边界

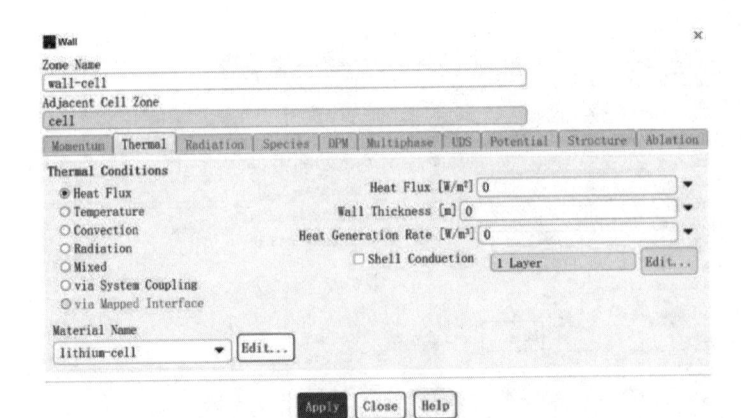

图 14-56　设置锂离子电池边界

12. 求解报表定义

(1) 设置出口边界结果。双击左侧导航板【Report Definitions】弹出设置窗口,选择

【New】→【Surface Report】→【Area-Weighted Average...】→【Surface Report Definition】,【Field Variable】=Temperature，Total Temperature,【Surfaces】=outlet；勾选【Create Output Parameter】;【Name】=total-temp-outlet，如图 14-57 所示。

（2）设置整体结果。再次选择【New】→【Surface Report】→【Area-Weighted Average...】→【Surface Report Definition】,【Field Variable】=Temperature，Total Temperature,【Surfaces】选择所有；勾选【Create Output Parameter】;【Name】=total-temp-system，如图 14-58 所示。

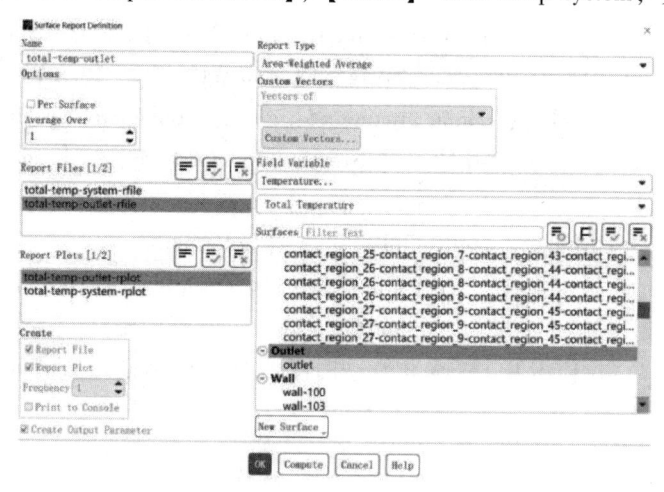

图 14-57 设置出口边界结果

13. 初始化设置

双击左侧导航板中【Initialization】回到任务面板，单击【Initialize】初始化，如图 14-59 所示。

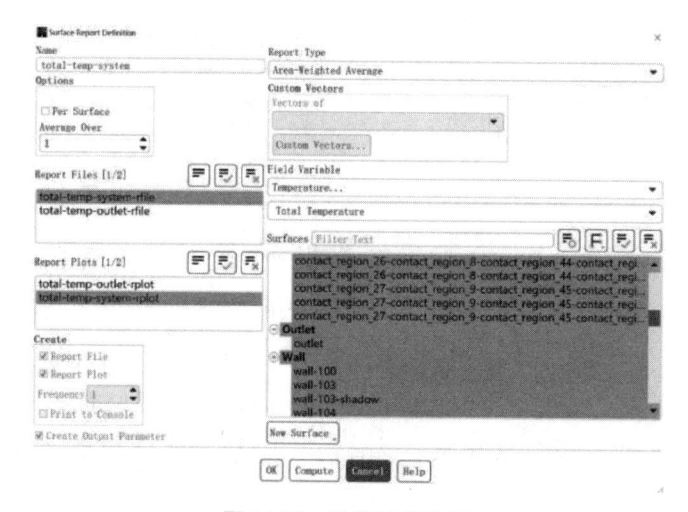

图 14-58 设置整体结果

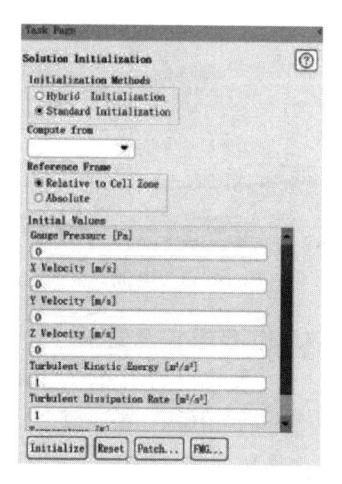

图 14-59 初始化设置

14. 求解控制

（1）双击导航面板中【Calculation Activities】→【Autosave Every（Time Steps）】=20。

（2）双击导航面板中【Animation Definition】→【New Object】→【Contour...】，弹出【Contours】窗口，选择【Contours of】=Temperature，Total Temperature,【Surfaces】选择所

有，单击【Colormap Options...】弹出【Colormap】窗口，选择【Number Format】→【Type】= float，单击【Apply】→【Close】，单击【Save/Display】→【Close】关闭，然后在【Animation Definition】窗口中输入【Name】= total-temp-of-cell-animation，最后单击【OK】，电池总温度及电池总温度浮动动画设置如图 14-60 和图 14-61 所示。

（3）双击导航面板中【Animation Definition】→【New Object】→【Contour...】，弹出【Contours】窗口，选择【Contours of】= Temperature，Total Temperature，【Surfaces】=【casing-convection-contact region-contact region 19-contact region 37-trg】、【-contact region 46-trg】、【-contact region 47-trg】、【contact region 48-trg】、【-contact region 49-trg】、【-contact region 50-trg】、【-contact region 51-trg】、【-contact region 52-trg】、【-contact region 53-trg】、【-contact region 54-trg】、【-contact region 38-trg】、【-contact region 39-trg】、【-contact region 40-trg】、【-contact region 5-trg】、【-contact region 6-trg】、【-contact region 7-trg】、【-contact region 8-trg】、【-contact region 9-trg】、【Wall-cell】，单击【Colormap Options...】弹出【Colormap】窗口，选择【Number Format】→【Type】= float，单击【Apply】→【Close】，单击【Save/Display】→【Close】关闭，然后在【Animation Definition】窗口中输入【Name】= total-temp-system-animation，最后单击【OK】，整体电池总温度及整体电池总温度浮动动画设置如图 14-62 和图 14-63 所示。

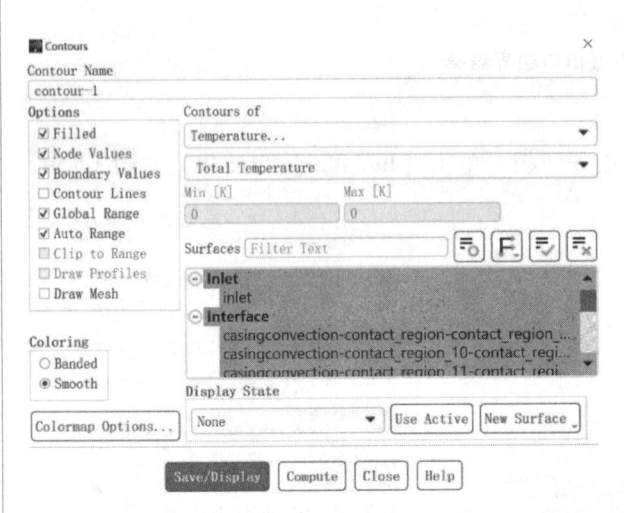

图 14-60　电池总温度动画设置　　　　　图 14-61　电池总温度浮动动画设置

15. 运行求解及结果

（1）求解设置。单击 Ribbon 功能区【Solution】→【Run Calculation】，设置【Number of Time Steps】= 100，其他默认，如图 14-64 所示。设置完毕以后，单击【Calculate】进行求解，这需要一段时间，请耐心等待。

（2）单击视图【Contours of Total Temperature】，可以看到电池组总温度和 18 节电池总温度云图，如图 14-65 和图 14-66 所示。

16. 保存与退出

（1）退出后处理环境。在菜单栏上单击【File】→【Close Fluent】，退出 Fluent 环境，然后回到 Workbench 主界面，此时主界面的项目分析流程图中显示的分析已完成。

第14章　电池热电分析

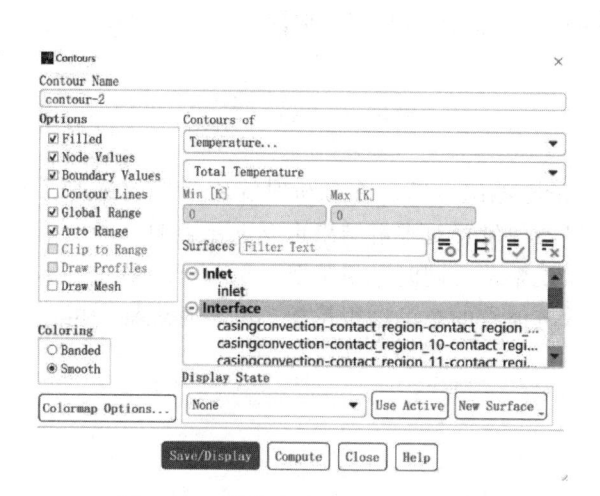

图 14-62　整体电池总温度动画设置

图 14-63　整体电池总温度浮动动画设置

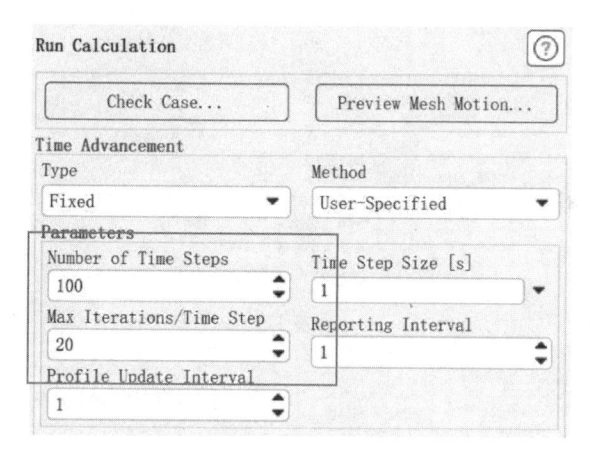

图 14-64　求解设置

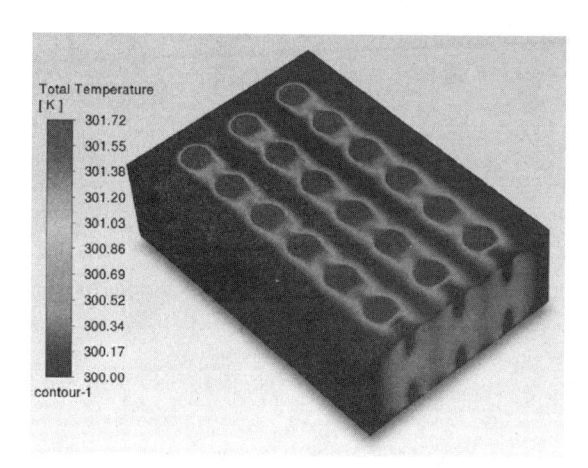

图 14-65　电池组总温度云图

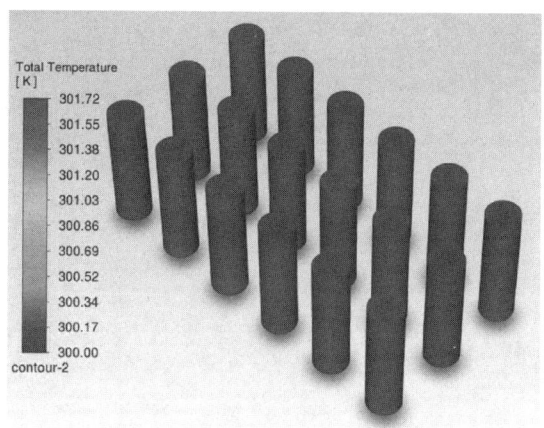

图 14-66　18节电池总温度云图

（2）单击 Workbench 主界面上的【Save】按钮，保存所有分析结果文件。

（3）退出 Workbench 环境。单击 Workbench 主界面的菜单【File】→【Exit】退出主界面，完成项目分析。

14.2.3 结果分析与点评

本例是以空气和水为工作流体的 18 节锂离子电池组分析，在分析时湍流模型的选取及参数的设置是关键，同时电池的材料设置、边界条件设置对求解结果也有重要影响。本例单个电池多，每个电池相关面的识别和选择操作比较繁琐，同时也很重要。从分析结果看，本例很好模拟了电池的生热情况，用浮动动画显示电池组的总温度很形象，可实时观察，可进行电池组的热电管理。

第15章 流体动力学分析

15.1 三管式热交换分析

15.1.1 问题与重难点描述

1. 问题描述

已知平行式三管热交换模型长为1500mm，壁厚为5mm，外管、中管、内管的直径分别为75.5mm、50mm、18.5mm，如图15-1所示。已知三平行管的材料与流体材料分别采用软件自带的Steel、water-liquid（h2o<1>）数据。假设内管入口质量流率为0.1kg/s，总温度为283K；中间内管入口质量流率为0.048kg/s，总温度为348K；外管入口速度为0.1m/s，总温度为291K；出口压力均为0Pa，试分别从平行式三管的入口、出口和中间界面分析三管间的热交换情况。

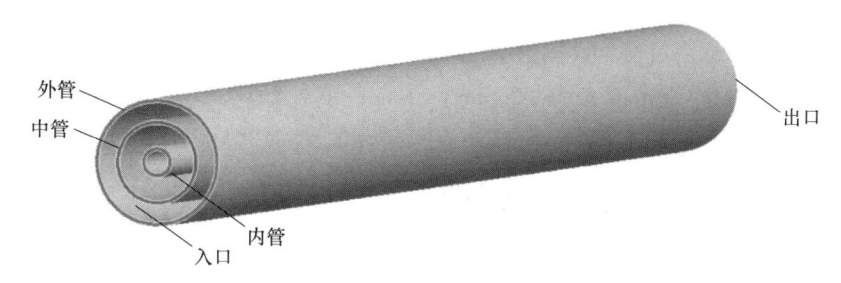

图15-1 平行式三管热交换模型

2. 重难点提示

本实例重难点在于确定物理模型、施加边界、求解及结果后处理。

15.1.2 实例详细解析过程

1. 启动Workbench

在"开始"菜单中执行ANSYS 2024R1/R2→Workbench 2024R1/R2命令。

2. 创建流体动力学分析

（1）在工具箱【Toolbox】的【Analysis Systems】中双击或拖动流体动力学分析项目【Fluid Flow（Fluent）】到项目分析流程图，如图15-2所示。

（2）在Workbench的工具栏中单击【Save】，保存项目工程名称为Heat exchanger.wbpj。如工程实例文件保存在D：\AWB\Chapter15文件夹中。

3. 导入几何模型

在流体动力学分析项目上右击【Geometry】→【Import Geometry】→【Browse】，找到模型

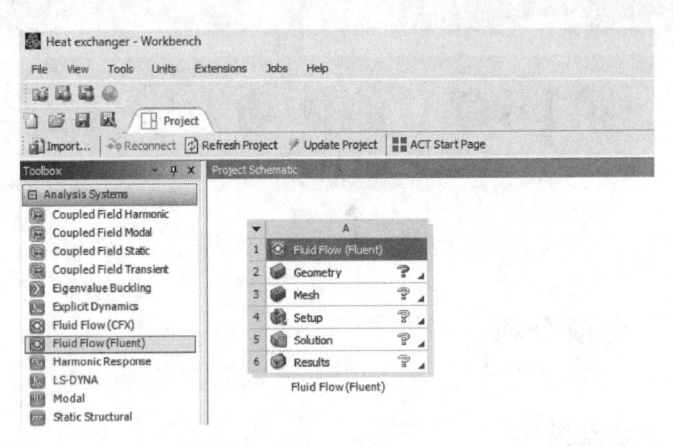

图 15-2 创建流体动力学分析

文件 Heat exchanger.agdb，打开导入几何模型。如模型文件在 D：\AWB\Chapter15 文件夹中。

4. 进入 Meshing 网格划分环境

（1）在流体动力学分析项目上右击【Mesh】→【Edit...】进入 Meshing 网格划分环境。

（2）在 Meshing 的环境主页【Home】功能区单位【Units】中选择单位为 Metric（mm，kg，N，s，mV，mA）。

5. 划分网格

（1）在导航树上单击【Mesh】→【Details of "Mesh"】→【Sizing】→【Use Adaptive Sizing】= Yes；【Resolution】= 4，【Span Angle Center】= Fine，其他默认。

（2）在标准工具栏上单击 ，选择所有体，然后右击【Mesh】，从弹出的快捷菜单中选择【Insert】→【Sizing】，【Body Sizing】→【Details of "Body Sizing"】→【Element Size】= 2mm。

（3）在标准工具栏上单击 ，选择 Inner、Intermediate fluid、Intermediate、Outlet fluid、和 Outlet 端面，然后右击【Mesh】→【Insert】→【Method】→【Face Meshing】，其他默认，Face Meshing 位置如图 15-3 所示。

（4）在标准工具栏上单击 ，选择 Inner fluid 端面，然后右击【Mesh】→【Insert】→【Method】→【Face Meshing】→【Details of "Face Meshing 2"】→【Definition】→【Mapped Mesh】= No，其他默认，Face Meshing2 位置如图 15-4 所示。

图 15-3 Face Meshing 位置

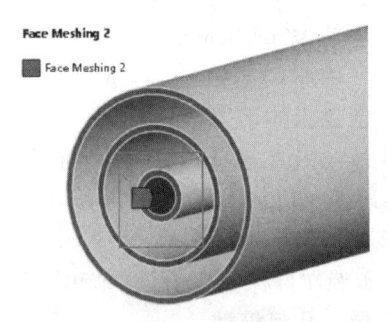

图 15-4 Face Meshing2 位置

（5）生成网格。在导航树上右击【Mesh】→【Generate Mesh】，网格划分结果如图15-5所示。

图15-5 网格划分结果

（6）网格质量检查。在导航树上单击【Mesh】→【Details of "Mesh"】→【Quality】→【Mesh Metric】=Jacobian Ratio（Gauss Points），显示Jacobian Ratio（Gauss Points）规则下网格质量详细信息，平均值处在良好的水平范围内，展开【Statistics】显示网格和节点数量。

（7）单击主菜单【File】→【Close Meshing】。

（8）返回Workbench主界面，右击流体系统【Mesh】，从弹出的快捷菜单中选择【Update】升级，把数据传递到下一单元中。

6. 进入Fluent环境

右击流体系统【Setup】，从弹出的快捷菜单中选择【Edit...】进入Fluent启动界面，设置双精度【Double Precision】，本地并行计算【Parallel（Local Machine）】→【Solver Processes】=8（根据用户计算机计算能力设置），如图15-6所示，然后单击【OK】进入Fluent环境。

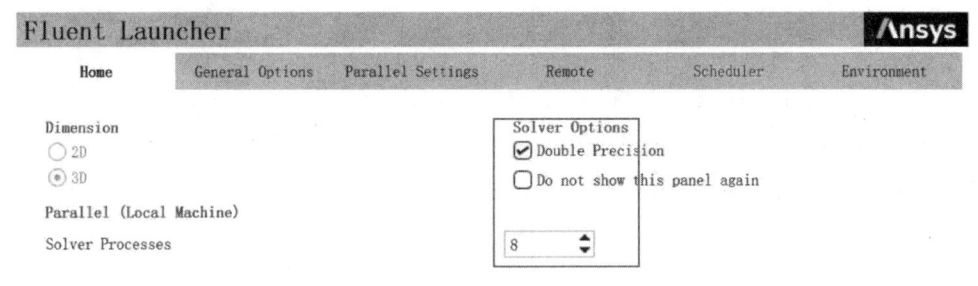

图15-6 Fluent启动界面

7. 网格检查

（1）在控制面板上选择【General】→【Mesh】→【Check】，命令窗口出现所检测的信息。

（2）在控制面板上选择【General】→【Mesh】→【Report Quality】，命令窗口出现所检测的信息，显示网格质量处于较好的水平。

（3）单击Ribbon功能区【Setting Up Domain】→【Info】→【Size】，命令窗口出现所检测的信息，显示网格节点数量为545648个。

8. 指定求解类型及重力

（1）求解算法设置。单击Ribbon功能区【Physics】，选择时间为稳态【Steady】，求解类型为压力基【Pressure-Based】，速度方程为绝对值【Absolute】，如图15-7所示。

（2）操作条件设置。单击Ribbon功能区【Physics】，选择操作条件【Operation Conditions】，选择【Gravity】，【Y（m/s^2）】=-9.81，单击【OK】→【Close】关闭窗口，如

图 15-8 所示。

9. 湍流模型

（1）单击 Ribbon 功能区【Physics】→选择【Energy】。

（2）计算模型设置。单击 Ribbon 功能区【Physics】→【Viscous...】→【Viscous Model】→【Laminar】，单击【OK】→【Close】关闭窗口，如图 15-9 所示。

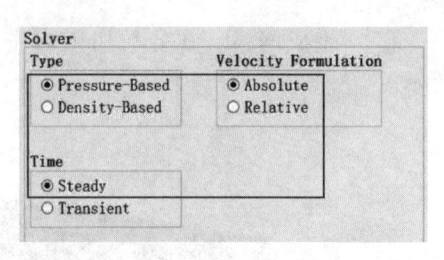

图 15-7 求解算法设置

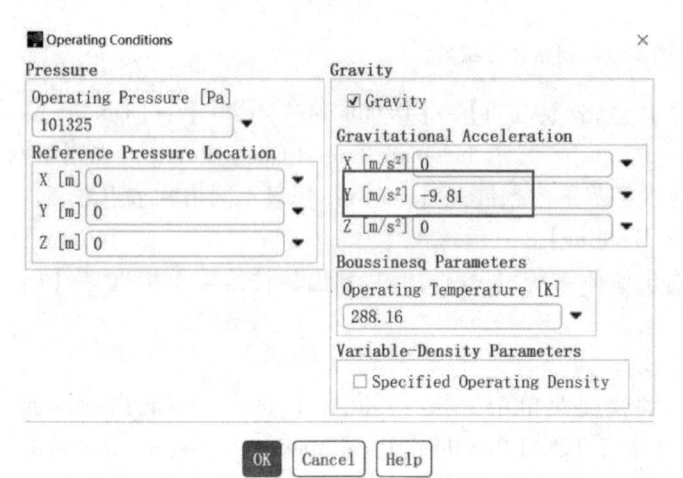

图 15-8 操作条件设置

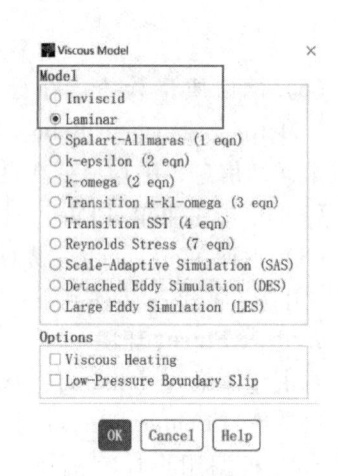

图 15-9 计算模型设置

10. 指定材料属性

（1）设置流体材料属性。选择流体材料：单击 Ribbon 功能区【Physics】→【Materials】→【Create/Edit...】，在弹出的对话框中单击【Fluent Database...】，从弹出的对话框中选择【water-liquid（h2o<1>）】，之后单击【Copy】，单击【Close】关闭窗口，如图 15-10 所示。创建流体材料：单击【Change/Create】，单击【Close】关闭对话框，如图 15-11 所示。

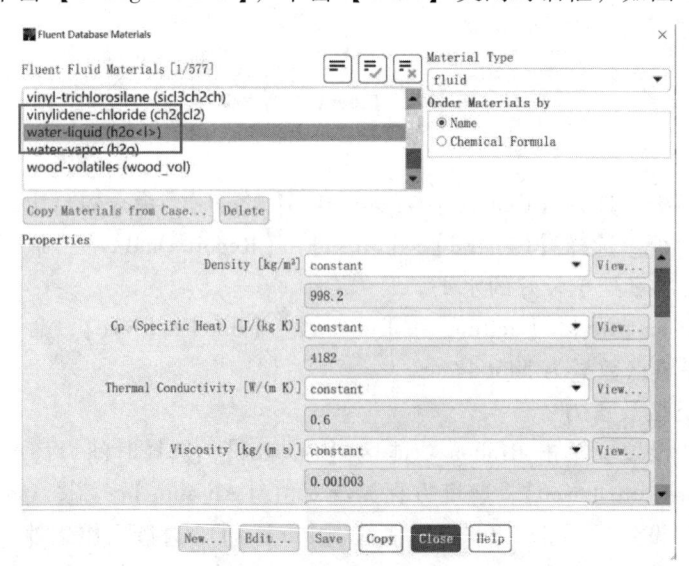

图 15-10 选择流体材料

图 15-11 创建流体材料

（2）设置实体材料属性。选择实体材料：单击 Ribbon 功能区【Physics】→【Materials】→【Create/Edit...】，在弹出的对话框中单击【Fluent Database...】，从弹出的对话框中选择【Material Type】= Solid，选择【Steel】，之后单击【Copy】，单击【Close】关闭窗口，如图 15-12 所示。创建实体材料：单击【Change/Create】，单击【Close】关闭对话框，如图 15-13 所示。

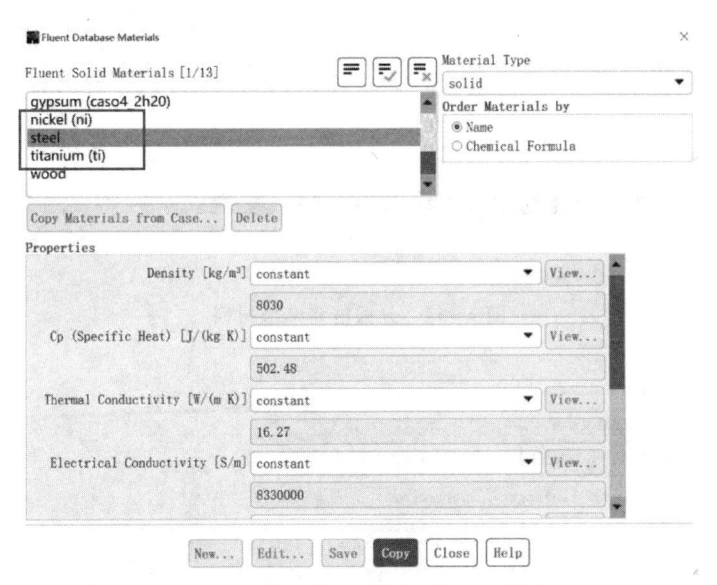

图 15-12 选择实体材料

（3）分配内流体域材料。单击 Ribbon 功能区【Physics】→【Zones】→【Cell Zones】→【fluid domain inner】→【Type】→【fluid】→【Edit...】，在弹出的对话框中设置【Material Name】= water-liquid，其他默认，单击【Apply】→【Close】关闭窗口，如图 15-14 所示。

（4）分配中间流体域材料。单击 Ribbon 功能区【Physics】→【Zones】→【Cell Zones】→【fluid domain intermediate】→【Type】→【fluid】→【Edit...】，在弹出的对话框中设置【Material Name】= water-liquid，其他默认，单击【Apply】→【Close】关闭窗口，如图 15-15 所示。

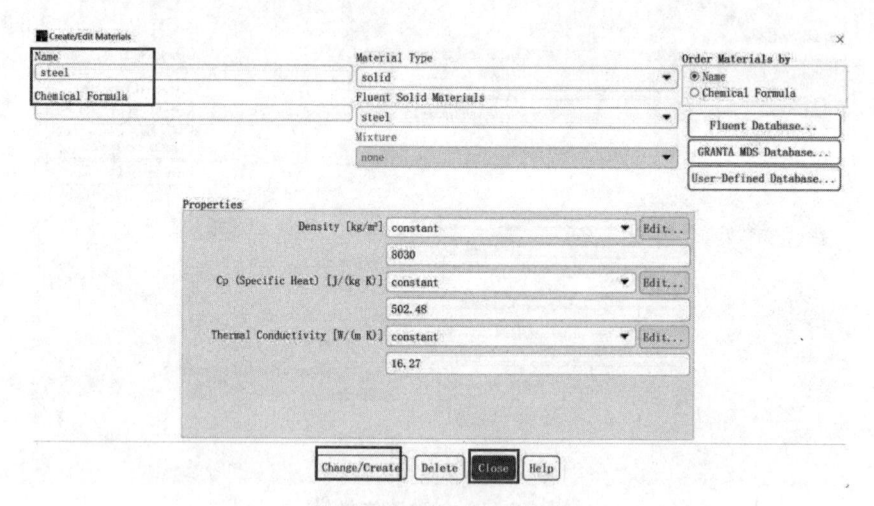

图 15-13　创建实体材料

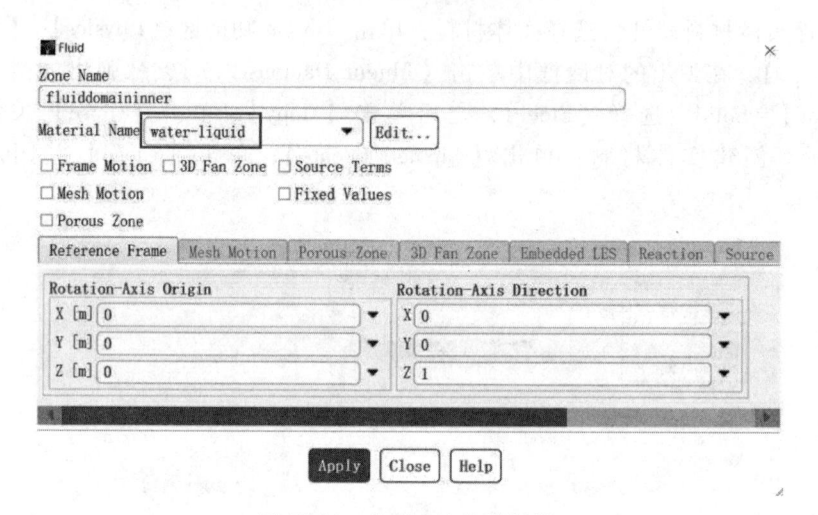

图 15-14　分配内流体域材料

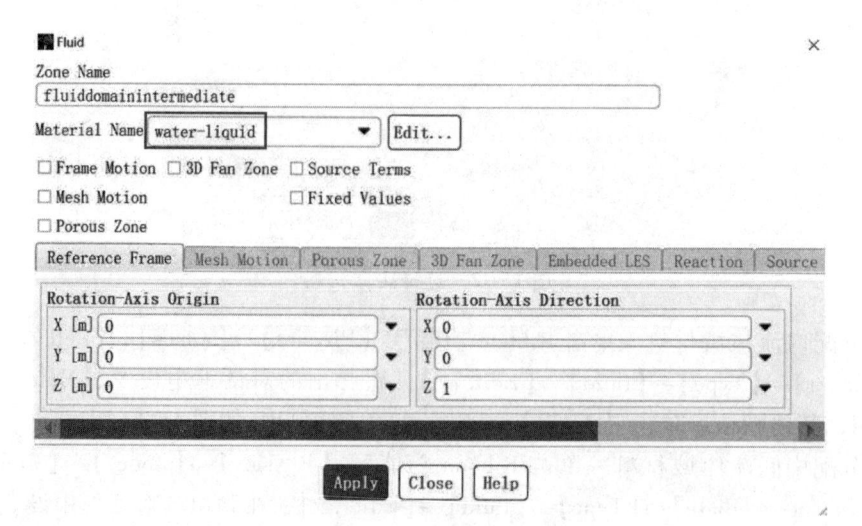

图 15-15　分配中间流体域材料

（5）分配外流体域材料。单击 Ribbon 功能区【Physics】→【Zones】→【Cell Zones】→【fluid domain outlet】→【Type】→【fluid】→【Edit...】，在弹出的对话框中设置【Material Name】= water-liquid，其他默认，单击【Apply】→【Close】关闭窗口，如图 15-16 所示。

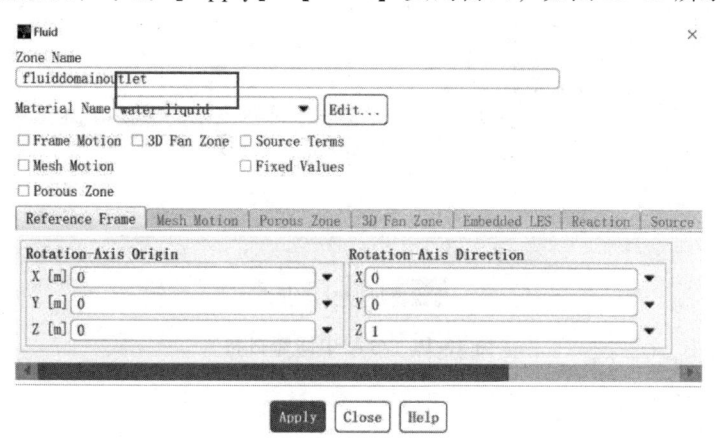

图 15-16 分配外流体域材料

（6）分配内管材料。单击 Ribbon 功能区【Setting Up Physics】→【Zones】→【Cell Zones】→【inner pipe】→【Type】→【solid】→【Edit...】，在弹出的对话框中设置【Material Name】= steel，其他默认，单击【Apply】→【Close】关闭窗口，如图 15-17 所示。

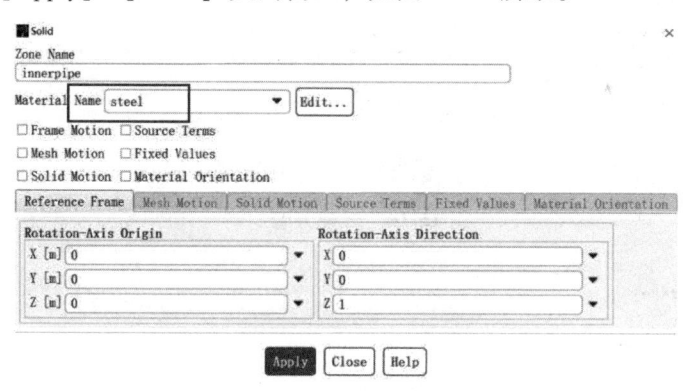

图 15-17 分配内管材料

（7）分配中间管材料。单击 Ribbon 功能区【Physics】→【Zones】→【Cell Zones】→【intermediate pipe】→【Type】→【solid】→【Edit...】，在弹出的对话框中设置【Material Name】= steel，其他默认，单击【Apply】→【Close】关闭窗口，如图 15-18 所示。

（8）分配外管材料。单击 Ribbon 功能区【Physics】→【Zones】→【Cell Zones】→【outer pipe】→【Type】→【solid】→【Edit...】，在弹出的对话框中设置【Material Name】= steel，其他默认，单击【Apply】→【Close】关闭窗口，如图 15-19 所示。

11. 边界条件

（1）设置内管入口边界。单击 Ribbon 功能区【Physics】→【Zones】→【Boundaries】→【inner pipe inlet】→【Type】→【mass-flow-inlet】→【Edit...】，在弹出的对话框中设置【Direction Specification Method】= Normal to Boundary，【Mass Flow Rate（kg/s）】= 0.1，Thermal 标签下【Total temperature（K）】= 283，其他默认，单击【Apply】→【Close】关闭窗口，如图 15-20 所示。

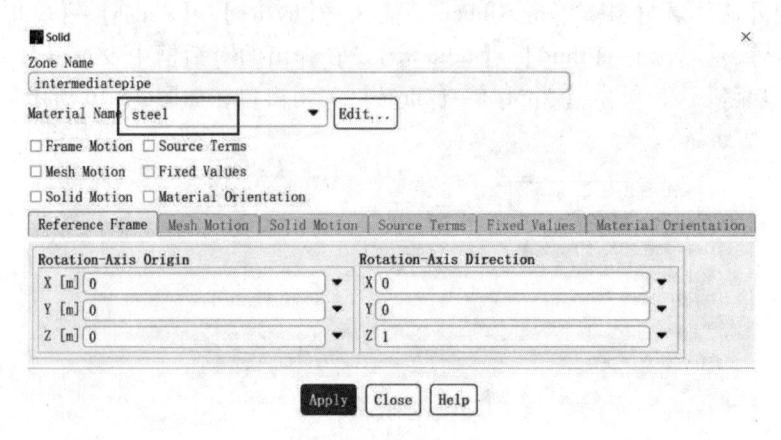

图 15-18　分配中间管材料

图 15-19　分配外管材料

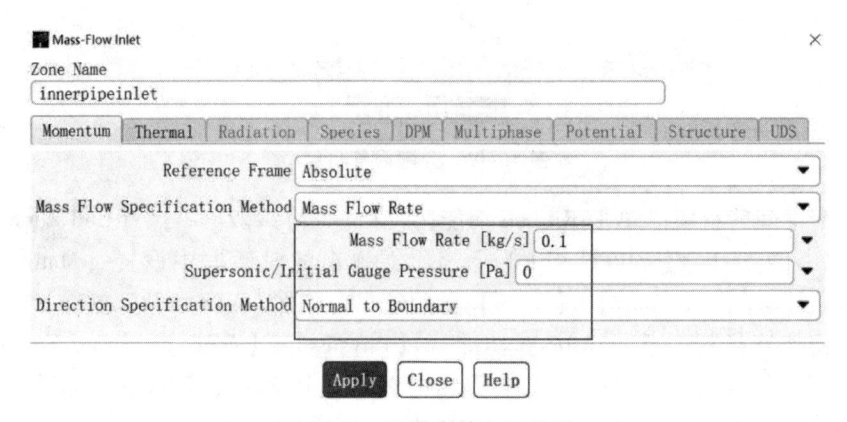

图 15-20　设置内管入口边界

（2）设置内管出口边界。单击 Ribbon 功能区【Physics】→【Zones】→【Boundaries】→【inner pipe outlet】→【Type】→【Pressure-outlet】→【Edit...】，在弹出的对话框中设置【Gauge Pressure（Pa）】为 0，Thermal 标签默认，其他默认，单击【Apply】→【Close】关闭窗口，如图 15-21 所示。

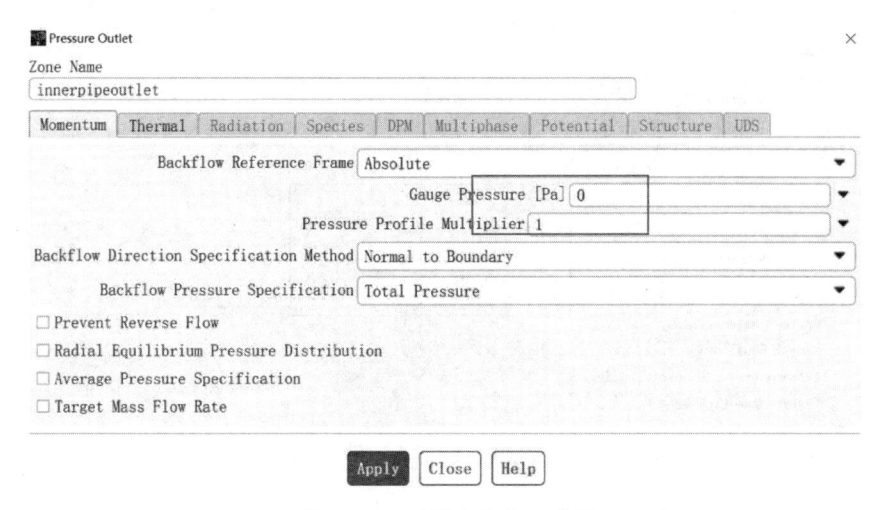

图 15-21 设置内管出口边界

（3）设置中间内管入口边界。单击 Ribbon 功能区【Physics】→【Zones】→【Boundaries】→【intermediate pipe inlet】→【Type】→【mass-flow-inlet】→【Edit...】，在弹出的对话框中设置【Direction Specification Method】= Normal to Boundary，【Mass Flow Rate（kg/s）】= 0.048，Thermal 标签下【Total temperature（K）】= 343，其他默认，单击【Apply】→【Close】关闭窗口，如图 15-22 所示。

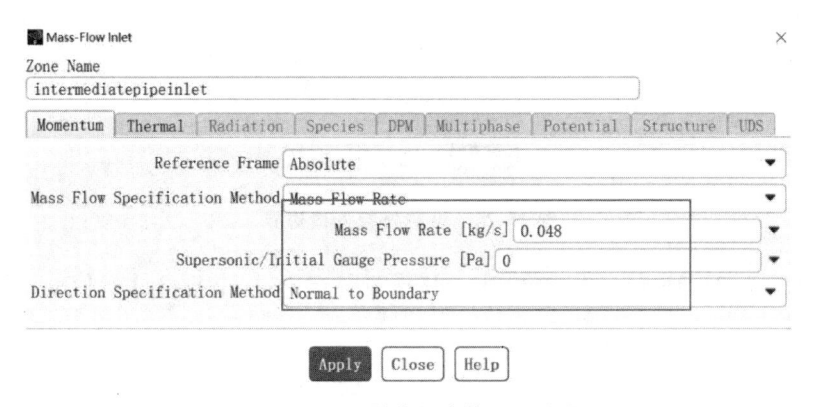

图 15-22 设置中间内管入口边界

（4）设置中间内管出口边界。单击 Ribbon 功能区【Physics】→【Zones】→【Boundaries】→【intermediate pipe outlet】→【Type】→【Pressure-outlet】→【Edit...】，在弹出的对话框中设置【Gauge Pressure（Pa）】为 0，Thermal 标签默认，其他默认，单击【Apply】→【Close】关闭窗口，如图 15-23 所示。

（5）设置外管入口边界。单击 Ribbon 功能区【Physics】→【Zones】→【Boundaries】→【outlet pipe inlet】→【Type】→【velocity-inlet】→【Edit...】，在弹出的对话框中设置【Velocity Magnitude（m/s）】= 0.1，Thermal 标签下【Total temperature（k）】= 291，其他默认，单击【Apply】→【Close】关闭窗口，如图 15-24 所示。

（6）设置外管出口边界。单击 Ribbon 功能区【Physics】→【Zones】→【Boundaries】→【outlet pipe outlet】→【Type】→【Pressure-outlet】→【Edit...】，在弹出的对话框中设置【Gauge

图 15-23 设置中间内管出口边界

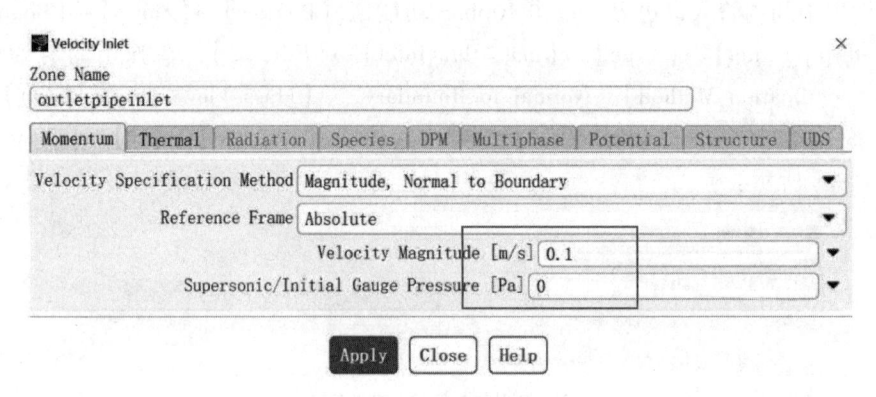

图 15-24 设置外管入口边界

Pressure（Pa）】为 0，Thermal 标签默认，其他默认，单击【Apply】→【Close】关闭窗口，如图 15-25 所示。

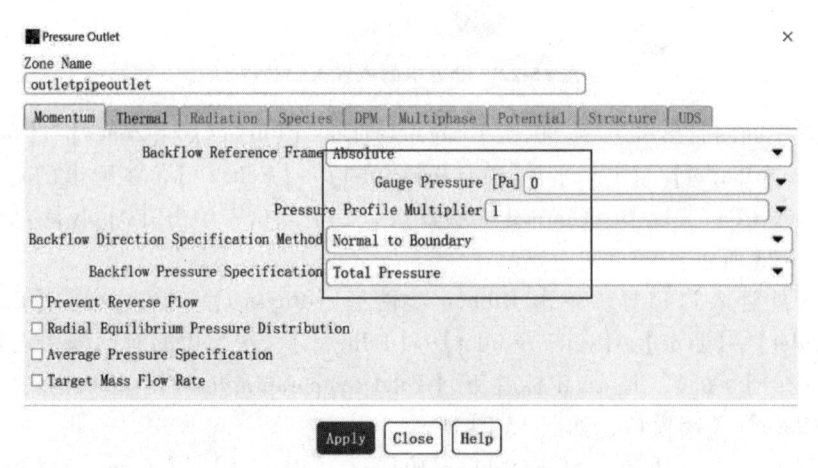

图 15-25 设置外管出口边界

(7) 设置内流体域-内管壁面边界。单击 Ribbon 功能区【Physics】→【Zones】→【Boundaries】→【wall-fluid domain inner-inner pipe】→【Type】→【wall】→【Edit...】，在弹出的对话框中选择【Material Name】= steel，其他默认，单击【Apply】→【Close】关闭窗口，如图 15-26 所示。

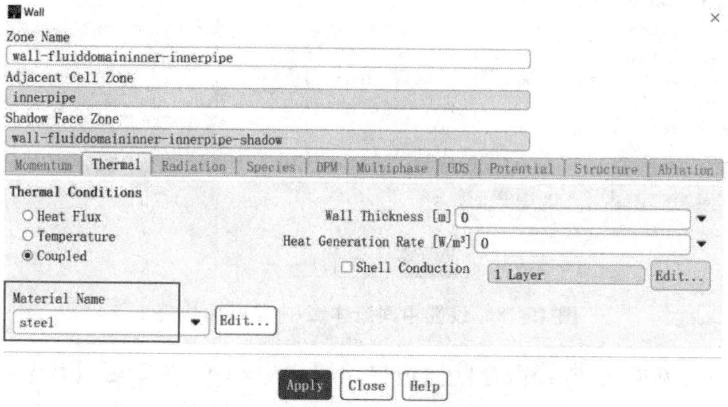

图 15-26　设置内流体域-内管壁面边界

(8) 设置内流体域-内管耦合壁面边界。单击 Ribbon 功能区【Physics】→【Zones】→【Boundaries】→【wall-fluid domain inner-inner pipe-shadow】→【Type】→【wall】→【Edit...】，从弹出的对话框中选择【Thermal】→【Material Name】= steel，其他默认，单击【Apply】→【Close】关闭窗口，如图 15-27 所示。

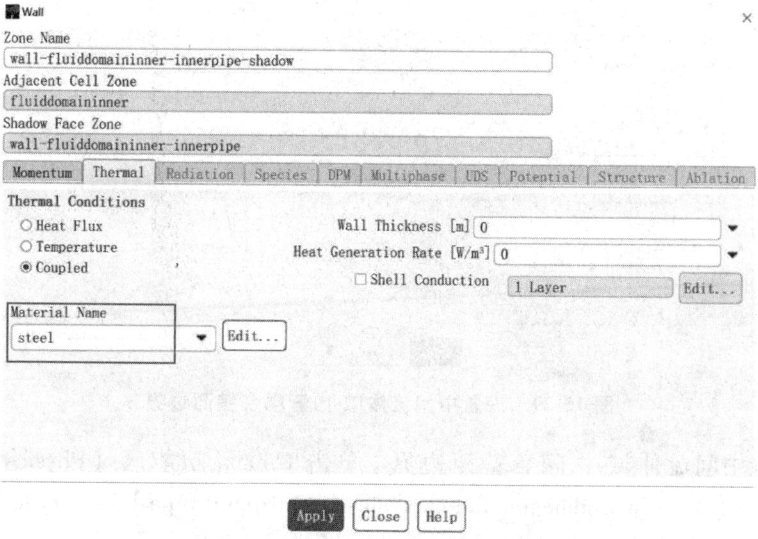

图 15-27　设置内流体域-内管耦合壁面边界

(9) 设置中间流体域-内管壁面边界。单击 Ribbon 功能区【Physics】→【Zones】→【Boundaries】→【wall-fluid domain intermediate-inner pipe】→【Type】→【wall】→【Edit...】，从弹出的对话框中选择【Thermal】→【Material Name】= steel，其他默认，单击【Apply】→【Close】关闭窗口，如图 15-28 所示。

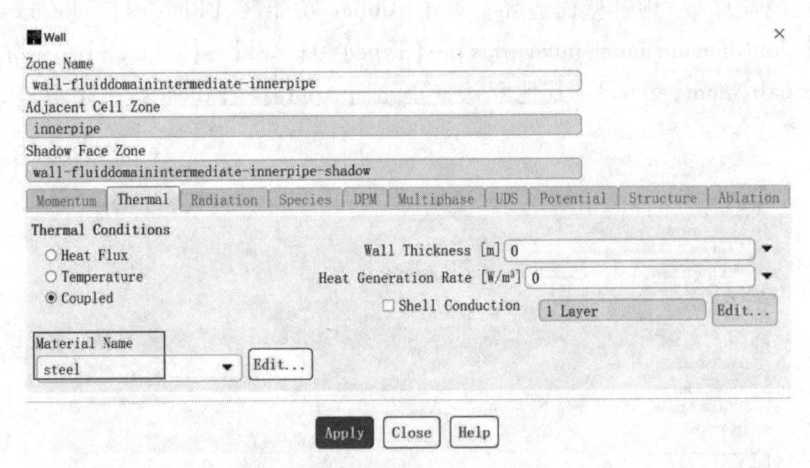

图15-28 设置中间流体域-内管壁面边界

（10）设置中间流体域-内管耦合壁面边界。单击 Ribbon 功能区【Physics】→【Zones】→【Boundaries】→【wall-fluid domain intermediate-inner pipe-shadow】→【Type】→【wall】→【Edit...】，从弹出的对话框中选择【Thermal】→【Material Name】= steel，其他默认，单击【Apply】→【Close】关闭窗口，如图15-29所示。

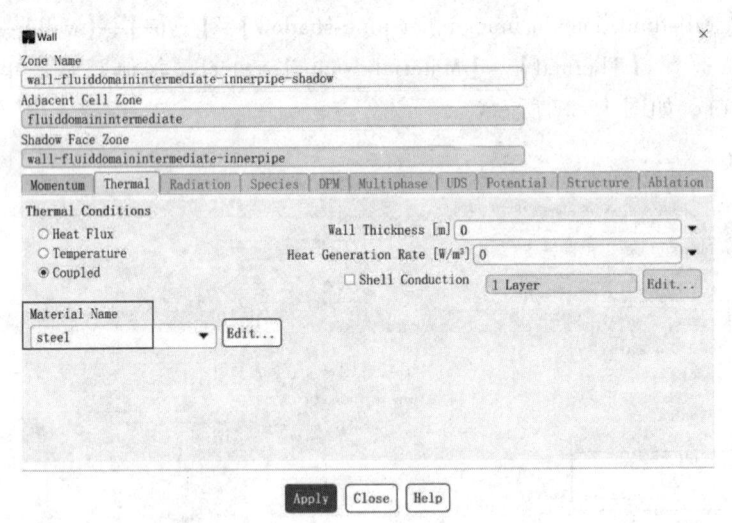

图15-29 设置中间流体域-内管耦合壁面边界

（11）设置中间流体域-中间管壁面边界。单击 Ribbon 功能区【Physics】→【Zones】→【Boundaries】→【wall-fluid domain intermediate-intermediate pipe】→【Type】→【wall】→【Edit...】，从弹出的对话框中选择【Thermal】→【Material Name】= steel，其他默认，单击【Apply】→【Close】关闭窗口，如图15-30所示。

（12）设置中间流体域-中间管耦合壁面边界。单击 Ribbon 功能区【Physics】→【Zones】→【Boundaries】→【wall-fluid domain intermediate-intermediate pipe-shadow】→【Type】→【wall】→【Edit...】，从弹出的对话框中选择【Thermal】→【Material Name】= steel，其他默认，单击【Apply】→【Close】关闭窗口，如图15-31所示。

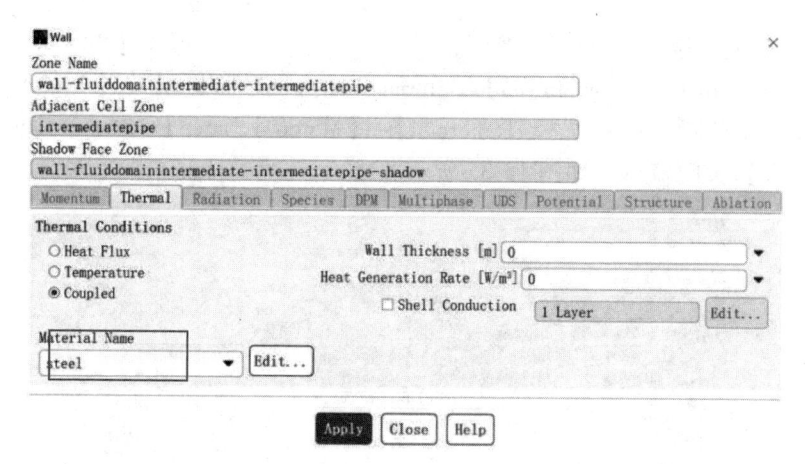

图 15-30　设置中间流体域-中间管壁面边界

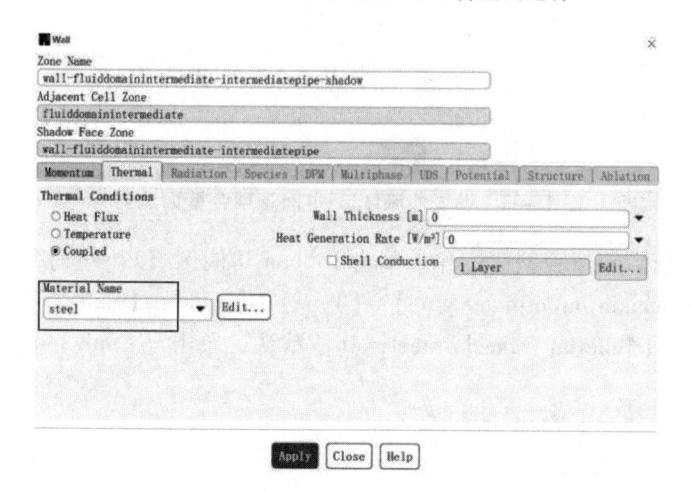

图 15-31　设置中间流体域-中间管耦合壁面边界

（13）设置外流体域-中间管壁面边界。单击 Ribbon 功能区【Physics】→【Zones】→【Boundaries】→【wall-fluid domain outlet-intermediate pipe】→【Type】→【wall】→【Edit...】，从弹出的对话框中选择【Thermal】→【Material Name】= steel，其他默认，单击【Apply】→【Close】关闭窗口，如图 15-32 所示。

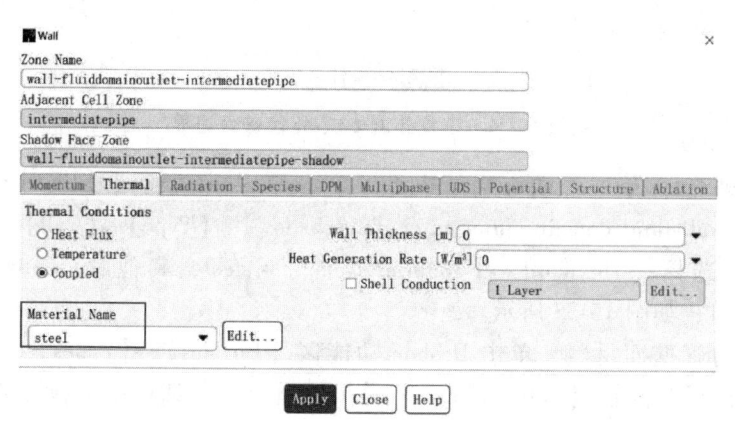

图 15-32　设置外流体域-中间管壁面边界

（14）设置外流体域-中间管耦合壁面边界。单击 Ribbon 功能区【Physics】→【Zones】→【Boundaries】→【wall-fluid domain outlet-intermediate pipe-shadow】→【Type】→【wall】→【Edit...】，从弹出的对话框中选择【Thermal】→【Material Name】= steel，其他默认，单击【Apply】→【Close】关闭窗口，如图 15-33 所示。

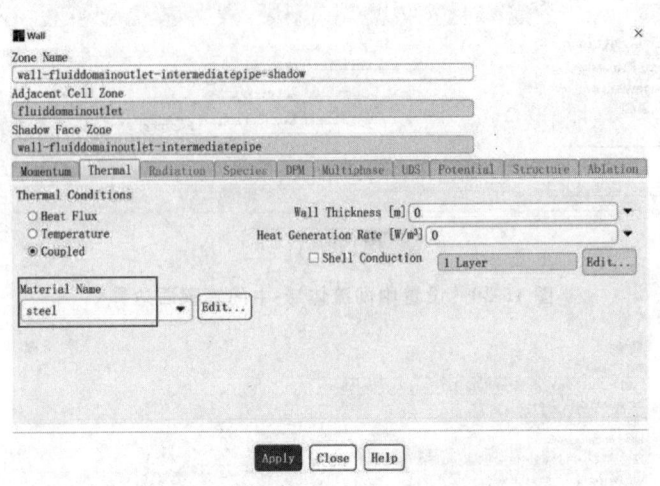

图 15-33　设置外流体域-中间管耦合壁面边界

（15）设置外流体域-外管壁面边界。单击 Ribbon 功能区【Physics】→【Zones】→【Boundaries】→【wall-fluid domain outlet-outer pipe】→【Type】→【wall】→【Edit...】，从弹出的对话框中选择【Thermal】→【Material Name】= steel，其他默认，单击【Apply】→【Close】关闭窗口，如图 15-34 所示。

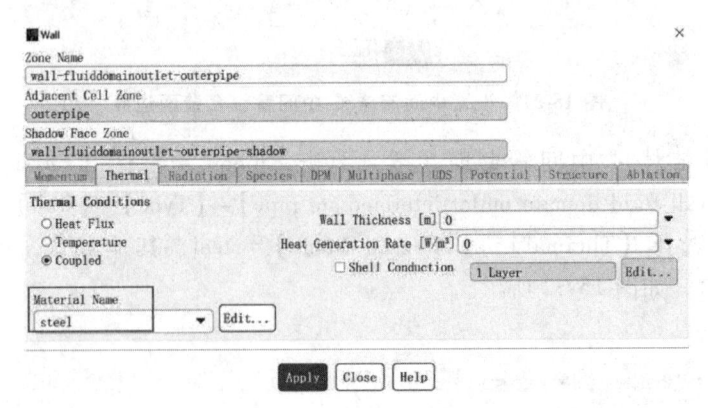

图 15-34　设置外流体域-外管壁面边界

（16）设置外流体域-外管耦合壁面边界。单击 Ribbon 功能区【Physics】→【Zones】→【Boundaries】→【wall-fluid domain outlet-outer pipe-shadow】→【Type】→【wall】→【Edit...】，从弹出的对话框中选择【Thermal】→【Material Name】= steel，其他默认，单击【Apply】→【Close】关闭窗口，如图 15-35 所示。

（17）分配内管壁面材料。单击 Ribbon 功能区【Physics】→【Zones】→【Boundaries】→【wall-inner pipe】→【Type】→【wall】→【Edit...】，从弹出的对话框中选择【Thermal】→【Material Name】= steel，其他默认，单击【Apply】→【Close】关闭窗口，如图 15-36 所示。

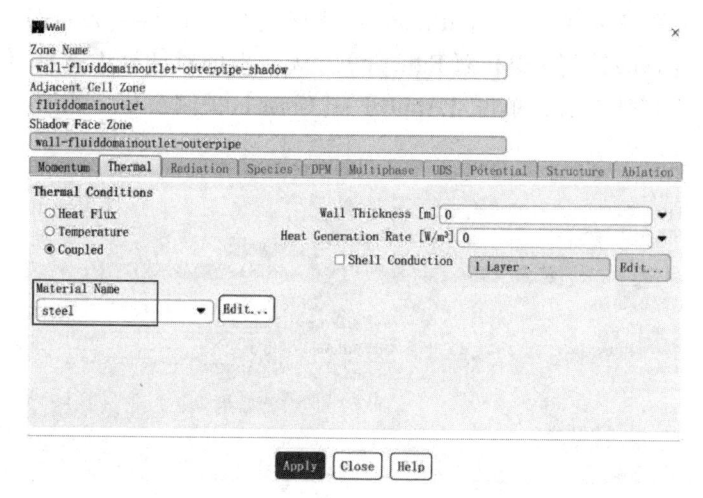

图 15-35 设置外流体域-外管耦合壁面边界

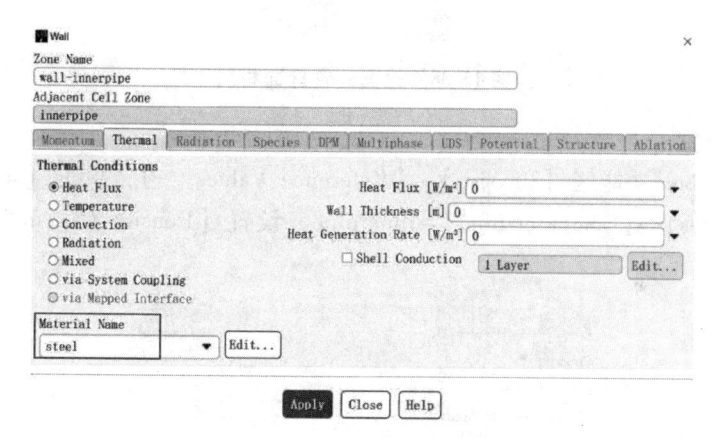

图 15-36 分配内管壁面材料

(18) 分配中间管壁面材料。单击 Ribbon 功能区【Physics】→【Zones】→【Boundaries】→【wall-intermediate pipe】→【Type】→【wall】→【Edit...】，从弹出的对话框中选择【Thermal】→【Material Name】=steel，其他默认，单击【Apply】→【Close】关闭窗口，如图 15-37 所示。

图 15-37 分配中间管壁面材料

（19）分配外管壁面材料。单击 Ribbon 功能区【Physics】→【Zones】→【Boundaries】→【wall-outer pipe】→【Type】→【wall】→【Edit...】，从弹出的对话框中选择【Thermal】→【Material Name】= steel，其他默认，单击【Apply】→【Close】关闭窗口，如图 15-38 所示。

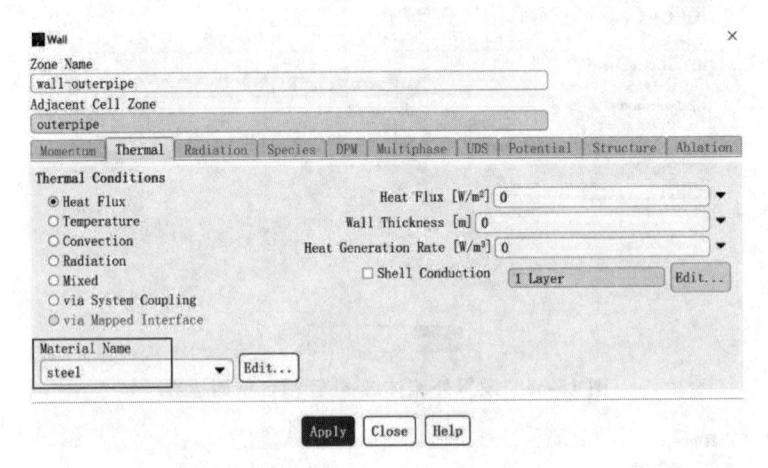

图 15-38 分配外管壁面材料

12. 参考值设置

（1）单击 Ribbon 功能区【Physics】→【Reference Values...】，单击【Reference Values】→【Reference Values】→【Computer from】= innerpipe，设置【Density（kg/m^3）】= 1，其他默认，如图 15-39 所示。

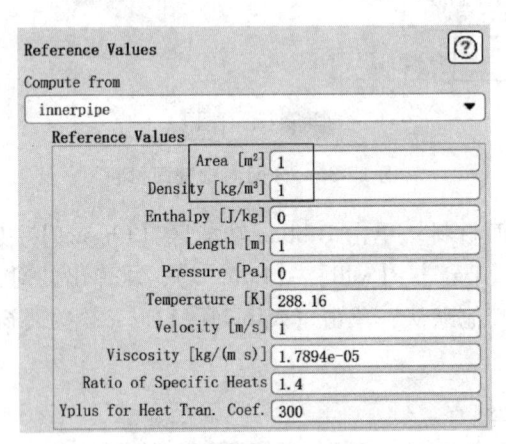

图 15-39 参考值设置

（2）在菜单栏上单击【File】→【Save Project】，保存项目。

13. 求解设置

（1）求解方法设置。单击 Ribbon 功能区【Solution】→【Methods...】→【Task Page】→【Scheme】= SIMPLEC，其他默认设置。

（2）默认求解设置。

14. 创建 Residuals 监控

单击 Ribbon 功能区【Solution】→【Residuals...】，在弹出的对话框中分别改变 Continuity、x-velocity、y-velocity、z-velocity = 1e-6，单击【OK】关闭，如图 15-40 所示。

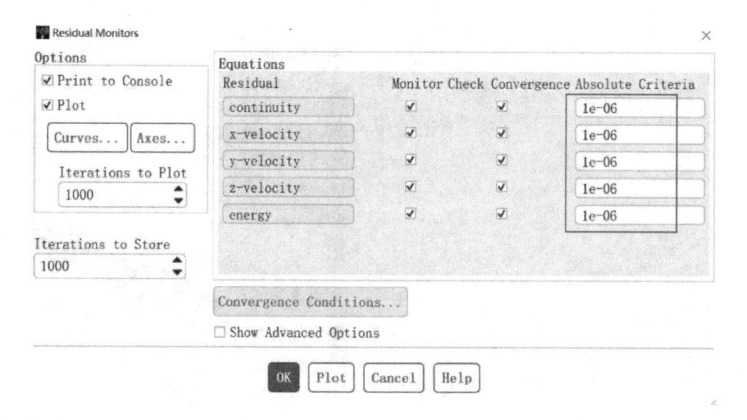

图 15-40　创建 Residuals 监控

15. 初始化设置

单击 Ribbon 功能区【Solution】→【Initialization】→【Method】→【Standard】→【Compute from】= all-zone，其他参数默认，单击【Initialize】初始化，如图 15-41 所示。

16. 运行求解

单击 Ribbon 功能区【Solution】→【Run Calculation】→【No. of Iterations】= 1000，其他默认，如图 15-42 所示。设置完毕以后，单击【Calculate】进行求解，这需要一段时间，请耐心等待。

17. 创建后处理

（1）在菜单栏上单击【File】→【Save Project】，保存项目。

（2）在菜单栏上单击【File】→【Close Fluent】，退出 Fluent 环境，然后回到 Workbench 主界面。

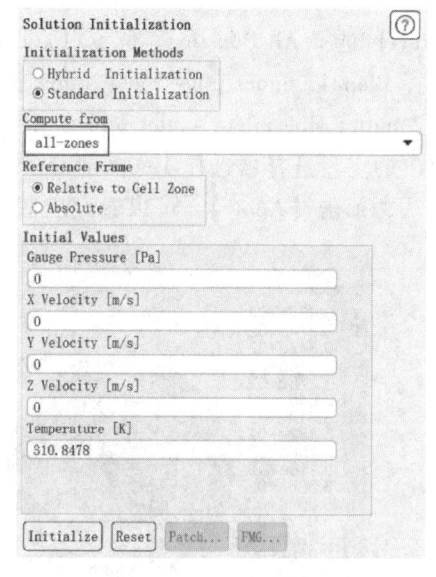

图 15-41　初始化设置

（3）右击【Results】→【Edit...】进入后处理系统。

（4）插入体绘制云图。在工具栏上单击【Volume Rendering】并采用默认名，在几何选项中的域【Domains】中选择 All Domains，在变量【Variable】栏后单击【...】选项，在弹出的变量选择器选择 Temperature，其他为默认，单击【Apply】，可以看到体绘制温度分布云图，如图 15-43 所示。

（5）插入平面。在工具栏上单击【Location】→【Plane】并采用默认名，在几何选项中的域【Domains】选择 All Domains，方法【Method】栏后选 XY Plane，【Z】为 750mm，单击【Apply】确定。

（6）插入截面云图。在工具栏上单击【Contour】并采用默认名，在几何选项中的域【Domains】选择 All Domains，位置【Locations】栏后单击【...】选项，在弹出的位置选择器里选择 Plane1 确定。在变量【Variable】栏后单击【...】选项，在弹出的变量选择器选择 Temperature 确定，【Range】= Local，【#of Contours】为 110，其他为默认，单击【Apply】，可以看到截面温度分布云图，如图 15-44 所示。

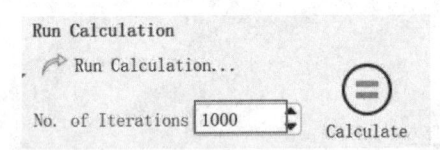

图 15-42 运行求解

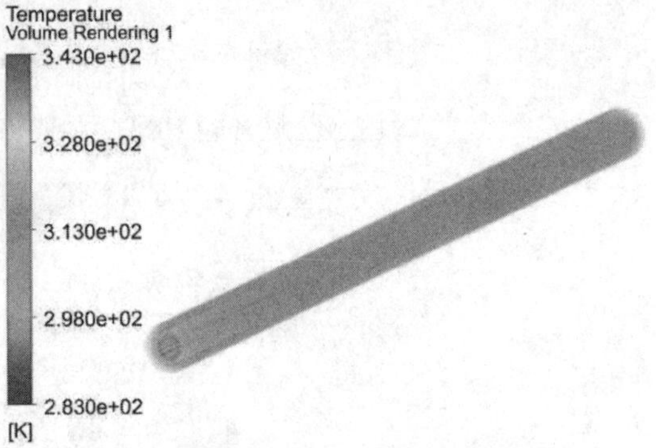

图 15-43 体绘制温度分布云图

（7）插入云图。在工具栏上单击【Contour】并采用默认名，在几何选项中的域【Domains】选择 All Domains，位置【Locations】栏后单击【...】选项，在弹出的位置选择器里选择 Plane1、inner pipe inlet、inner pipe outlet、intermediate pipe inlet、intermediate pipe outlet、outlet pipe inlet、outlet pipe outlet 确定。在变量【Variable】栏后单击【...】选项，在弹出的变量选择器选择 Temperature 确定，【Range】= Global，【#of Contours】为 110，其他为默认，单击【Apply】，可以看到三截面位置温度分布云图，如图 15-45 所示。

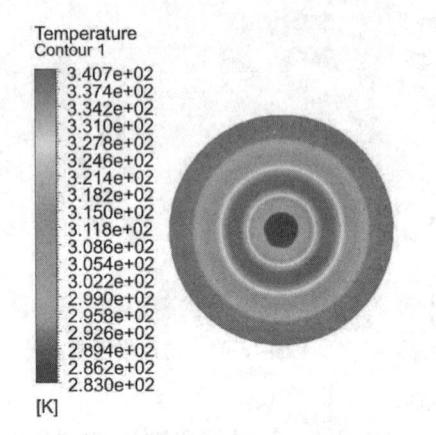

图 15-44 截面温度分布云图

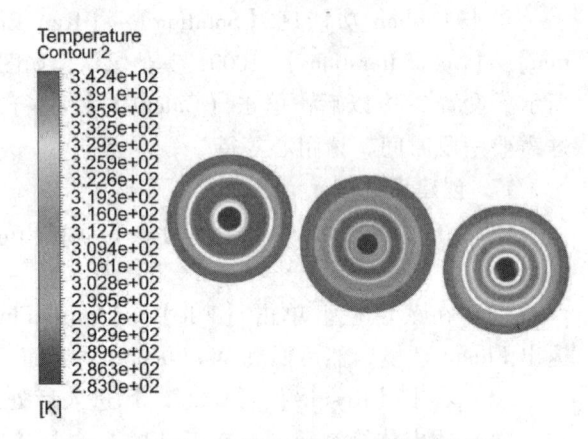

图 15-45 三截面位置温度分布云图

18. 保存与退出

（1）退出后处理环境。单击 CFD-Post 主界面的菜单【File】→【Close CFD-Post】退出后处理环境返回到 Workbench 主界面，此时主界面的项目分析流程图中显示的分析已完成。

（2）单击 Workbench 主界面上的【Save】按钮，保存所有分析结果文件。

（3）退出 Workbench 环境。单击 Workbench 主界面的菜单【File】→【Exit】退出主界面，完成项目分析。

15.1.3 结果分析与点评

本例是三管式热交换分析，从分析结果来看，在给定条件下，流体从入口到出口在管道流动过程中进行了热传递和交换，温度由内管向外管递减，可利用这些规律进行热交换器的设计。实际上，热交换在现实中广泛存在，相应的应用领域也十分广阔，如热电、能源电子等。本实例模型简单，但在分析过程中也运用了多种方法，如网格划分、边界施加、求解及后处理。本例模拟过程完整，前后处理方法值得借鉴。

15.2 棱柱形渠道水流波浪分析

15.2.1 问题与重难点描述

1. 问题描述

如图 15-46 所示的棱柱形渠道流体域，明渠流体域长宽高分别为 30m、10m、15m。已知空气和水分别采用软件自带的 Air、water-liquid（h2o<1>）数据，假设明渠一侧入口水流自由面水平高度为 11m，波高 2mm，波长 21m，明渠另一侧水流出出口自由面水平高度为 11m，底面高度为 0m，空气区域压力为 0Pa，其他相关参数在分析过程中体现。试用 VOF 模型法模拟明渠水流波浪情况。

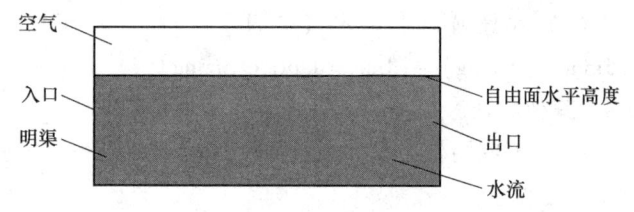

图 15-46 棱柱形渠道流体域

2. 重难点提示

本实例重难点在于确定湍流物理模型、多相流 VOF 模型、材料参数，边界施加、求解及结果后处理。

15.2.2 实例详细解析过程

1. 启动 Workbench

在"开始"菜单中执行 ANSYS 2024R1/R2→Workbench 2024R1/R2 命令。

2. 创建流体动力学分析

（1）在工具箱【Toolbox】的【Analysis Systems】中双击或拖动流体动力学分析项目【Fluid Flow（Fluent）】到项目分析流程图，如图 15-47 所示。

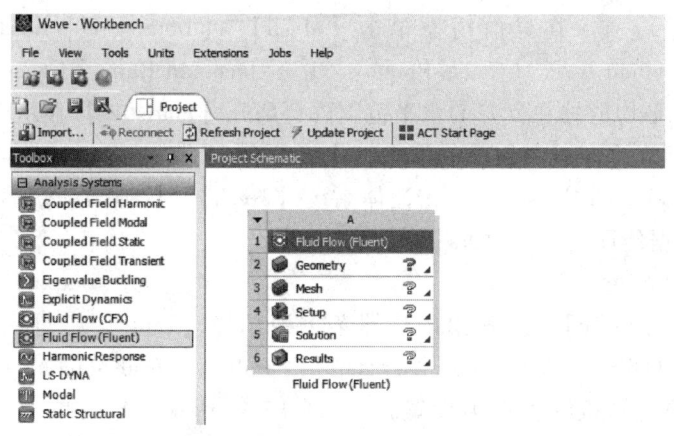

图 15-47 创建流体动力学分析

（2）在 Workbench 的工具栏中单击【Save】，保存项目工程名称为 Wave.wbpj。如工程实例文件保存在 D：\AWB\Chapter15 文件夹中。

3. 导入几何模型

在流体动力学分析项目上右击【Geometry】→【Import Geometry】→【Browse】，找到模型文件 Wave.agdb，打开导入几何模型。如模型文件在 D：\AWB\Chapter15 文件夹中。

4. 进入 Meshing 网格划分环境

（1）在流体动力学分析项目上右击【Mesh】→【Edit...】进入 Meshing 网格划分环境。

（2）在 Meshing 的环境主页【Home】功能区单位【Units】中选择单位为 Metric（mm，kg，N，s，mV，mA）。

5. 划分网格

（1）在导航树上单击【Mesh】→【Details of "Mesh"】→【Defaults】→【Element Size】= 215mm；【Sizing】→【Use Adaptive Sizing】= No，【Max Size】= 600mm，【Capture Curvature】= Yes，其他默认。

（2）生成网格。在导航树上右击【Mesh】→【Generate Mesh】，网格划分结果如图 15-48 所示。

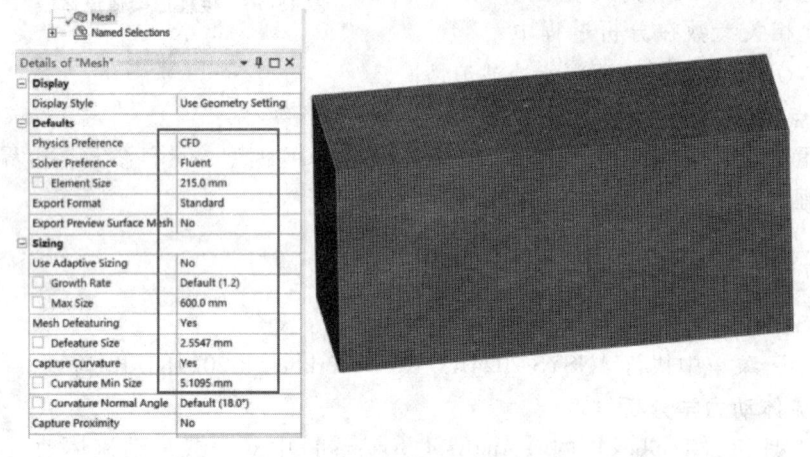

图 15-48　网格划分结果

（3）网格质量检查。在导航树上单击【Mesh】→【Details of "Mesh"】→【Quality】→【Mesh Metric】= Jacobian Ratio（Gauss Points），显示 Jacobian Ratio（Gauss Points）规则下网格质量详细信息，平均值处在良好的水平范围内，展开【Statistics】显示网格和节点数量。

（4）单击主菜单【File】→【Close Meshing】。

（5）返回 Workbench 主界面，右击流体系统【Mesh】，从弹出的快捷菜单中选择【Update】升级，把数据传递到下一单元中。

6. 进入 Fluent 环境

右击流体系统【Setup】，从弹出的快捷菜单中选择【Edit...】进入 Fluent 启动界面，设置双精度【Double Precision】，本地并行计算【Parallel（Local Machine）】→【Solver Processes】= 8（根据用户计算机计算能力设置），如图 15-49 所示，然后单击【OK】进入 Fluent 环境。

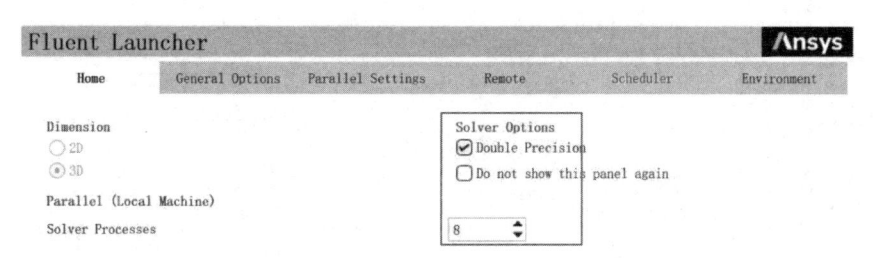

图 15-49 Fluent 启动界面

7. 网格检查

(1) 在控制面板上选择【General】→【Mesh】→【Check】，命令窗口出现所检测的信息。

(2) 在控制面板上选择【General】→【Mesh】→【Report Quality】，命令窗口出现所检测的信息，显示网格质量处于较好的水平。

(3) 单击 Ribbon 功能区【Setting Up Domain】→【Info】→【Size】，命令窗口出现所检测的信息，显示网格节点数量为 585276 个。

8. 指定求解类型

(1) 设置求解算法。单击 Ribbon 功能区【Physics】，选择时间为瞬态【Transient】，求解类型为压力基【Pressure-Based】，速度方程为绝对值【Absolute】，如图 15-50 所示。

(2) 设置操作条件单击 Ribbon 功能区【Physics】，选择操作条件【Operation Conditions】，选择【Gravity】，设置【Y（m/s^2）】=-9.81，【Z（m）】=14，选择【Specified Operation Density】，如图 15-51 所示。

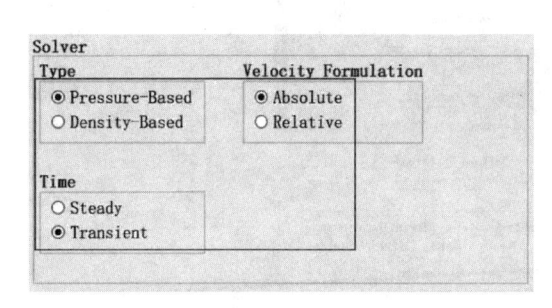

图 15-50 设置求解算法　　图 15-51 设置操作条件

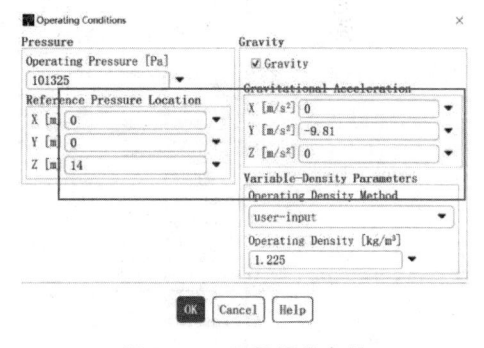

9. 模型设置

(1) VOF 多相流设置

单击 Ribbon 功能区【Physics】→【Models】→【Multiphase】，从弹出的对话框中选择【Volume of Fluid】和【Implicit Body Force】；选择【VOF Sub-Models】→【Open Channel Flow】,【Open Channel Wave BC】；选择【Interfacial Anti-Diffusion】，其他默认，如图 15-52 所示。

(2) 湍流模型设置。单击 Ribbon 功能区【Physics】→【Models】→【Viscous...】，从弹出的对话框中选择【k-omega（2 eqn）】,【k-omega Model】=SST，其他默认，如图 15-53 所示。

图 15-52　VOF 多相流设置

图 15-53　湍流模型设置

10. 指定材料属性

选择材料：单击 Ribbon 功能区【Physics】→【Materials】→【Create/Edit...】，在弹出的对话框中单击【Fluent Database...】，从弹出的对话框中选择【water-liquid（h2o<1>）】，【Density（kg/m³）】= compressible-liquid，如图 15-54 所示；设置可压缩流体选项：弹出【Compressible Liquid】，单击【Cancel】，如图 15-55 所示；设置新材料选项：单击【Copy】，再次弹出【New Material Name】，单击【OK】，如图 15-56 所示；指定材料属性：单击【Close】关闭窗口，单击【Close】关闭对话框，如图 15-57 所示。

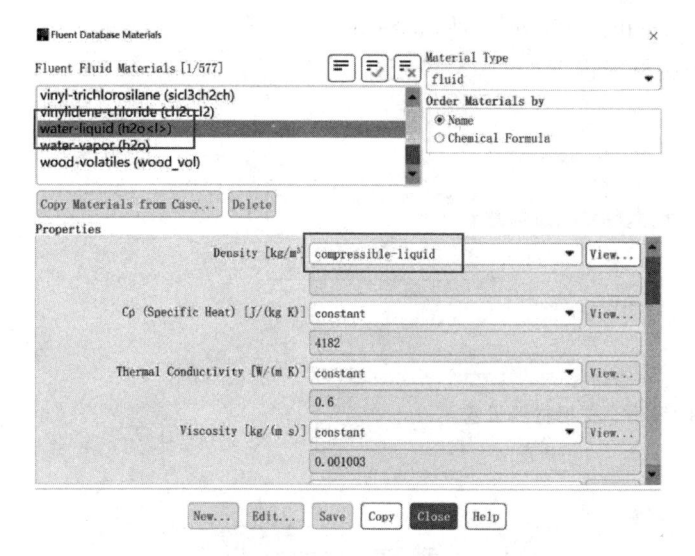

图 15-54　选择材料

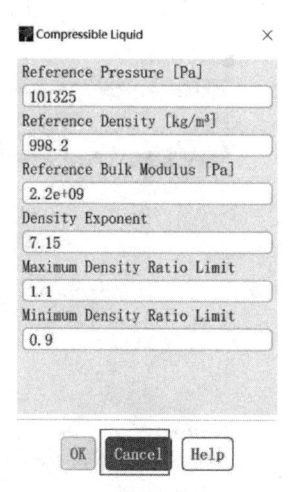

图 15-55　设置可压缩流体选项

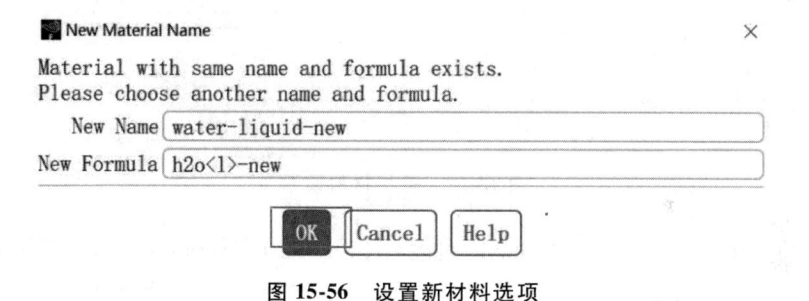

图 15-56　设置新材料选项

图 15-57　指定材料属性

11. 多相流主辅相的设置

（1）单击 Ribbon 功能区【Physics】→【Multiphase】→【Multiphase Model】→【Phases】→【phases-1-Primary Phase】→【Phase Setup】→【Name】= phase-1，【Phase Material】= air，主相材

料设置如图 15-58 所示；【phases-2-Secondary Phase】→【Phase Setup】→【Name】= phase-2，【Phase Material】= water-liquid-new，辅相材料设置如图 15-59 所示。

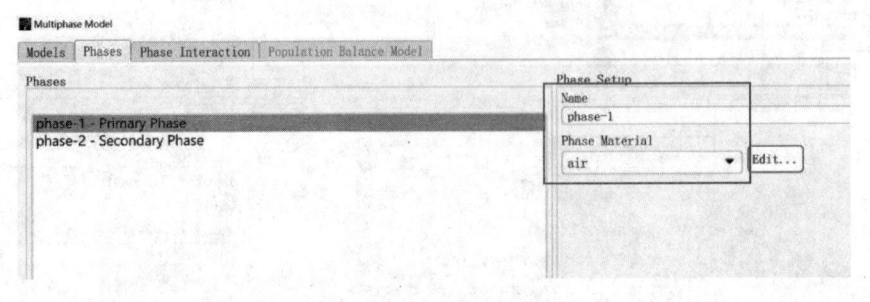

图 15-58　主相材料设置

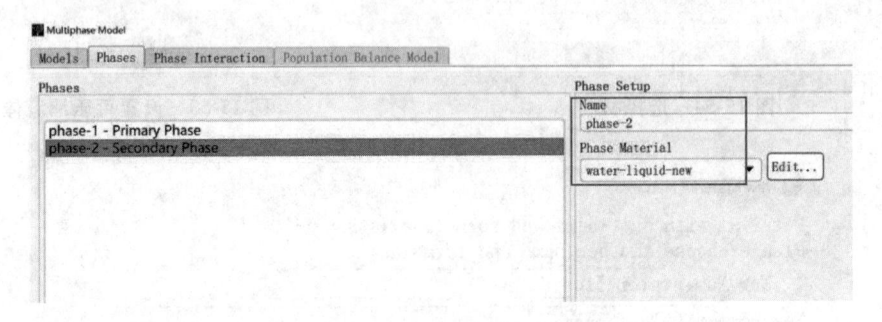

图 15-59　辅相材料设置

（2）设置主相流边界。单击 Ribbon 功能区【Physics】→【Zones】→【Cell Zones】→【Vessel】→【Type】= fluid，【Edit...】从弹出的对话框中选择【Multiphase】→【Numerical Beach Treatment】→【Compute From Inlet Boundary】= inlet，其他默认，单击【Apply】→【Close】关闭窗口，如图 15-60 所示。注意此处设置在边界设置后进行。

图 15-60　设置主相流边界

12. 边界条件

(1) 入口边界设置。单击 Ribbon 功能区【Physics】→【Zones】→【Boundaries】→【inlet】→【Type】→【Velocity-inlet】→【Edit...】，从弹出的对话框中勾选【Open Channel Wave BC】，选择【Multiphase】→【Wave BC Options】= Short Gravity Waves，【Free Surface Level（m）】= 11，【Wave Theory】= Third Order Stokes，【Wave Height（m）】= 2，【Wave Length（m）】= 21，其他默认，单击【Apply】→【Close】关闭窗口，如图 15-61 所示。

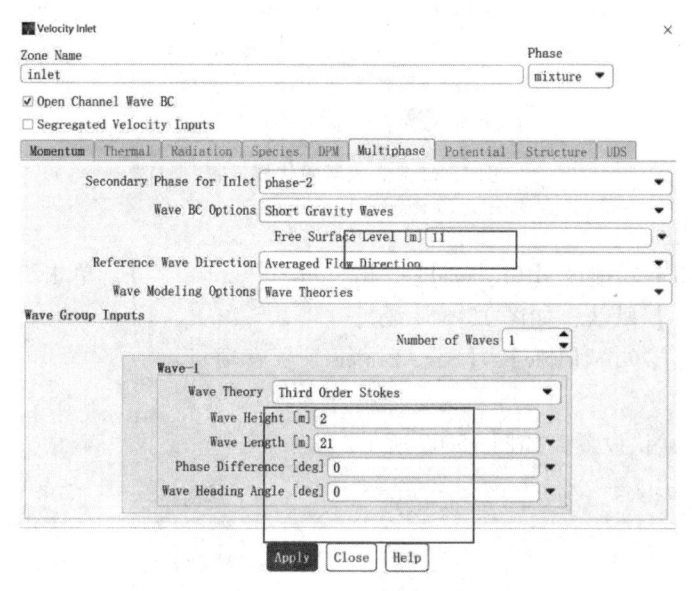

图 15-61　入口边界设置

(2) 出口边界设置。单击 Ribbon 功能区【Physics】→【Zones】→【Boundaries】→【outlet】→【Type】→【Pressure-outlet】→【Edit...】，从弹出的对话框中选择【Multiphase】→【Open Channel】，【Free Surface Level（m）】= 11，其他默认，单击【Apply】→【Close】关闭窗口，如图 15-62 所示。

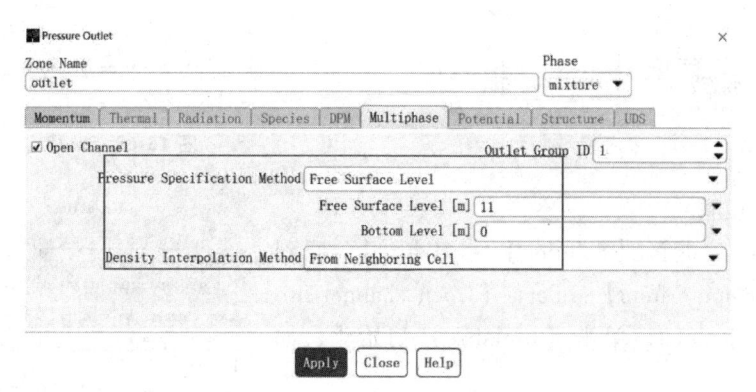

图 15-62　出口边界设置

(3) 大气环境边界设置。单击 Ribbon 功能区【Physics】→【Zones】→【Boundaries】→【air】→【Type】→【Pressure-outlet】→【Edit...】，从弹出的对话框中设置【Gauge Pressure（Pa）】为 0，其他默认，单击【Apply】→【Close】关闭窗口，如图 15-63 所示。

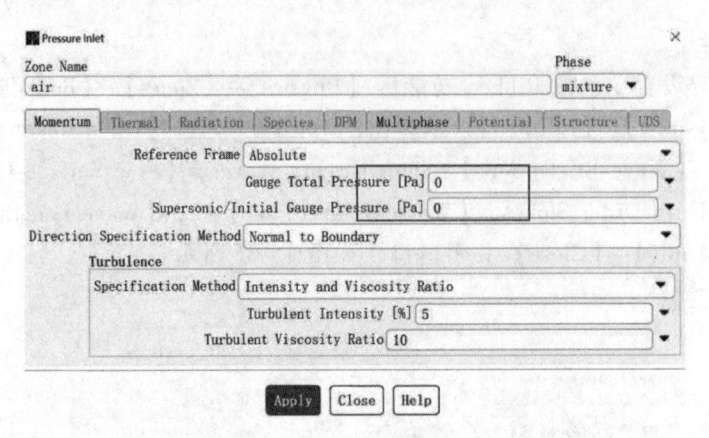

图 15-63　大气环境边界设置

13. 参考值设置

（1）单击 Ribbon 功能区【Physics】→【Reference Values...】，单击【Reference Values】→【Reference Values】默认，如图 15-64 所示。

（2）在菜单栏上单击【File】→【Save Project】保存项目。

14. 求解设置

求解方法采用默认设置，如图 15-65 所示。

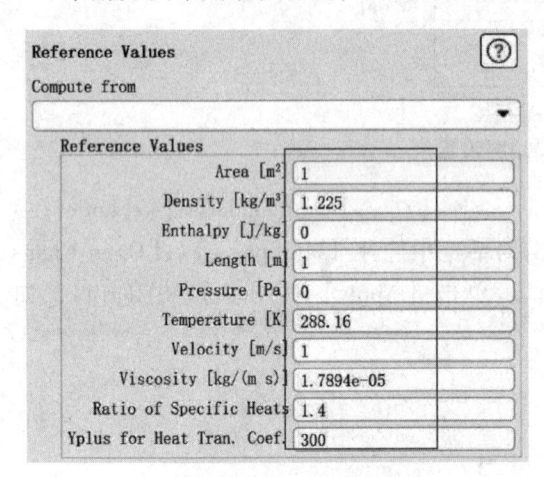

图 15-64　参考值

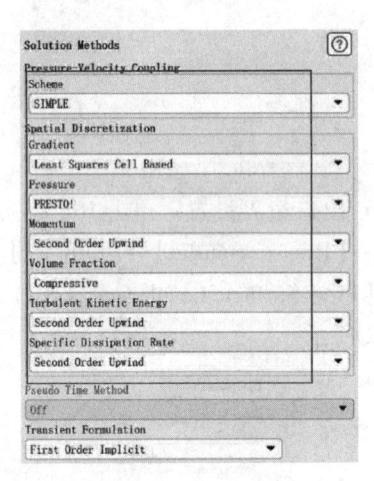

图 15-65　求解方法

15. 初始化设置

单击 Ribbon 功能区【Solution】→【Hybrid】，回到任务面板，【Compute from】= inlet，【Open channel Initialization Method】= Flat，单击【Initialize】初始化，如图 15-66 所示。

16. 求解设置为默认选项

17. 设置求解输出类型

单击 Ribbon 功能区【Solution】→【Activities】→【Create】→【Solution Data Export】，从弹出的对话框中设置

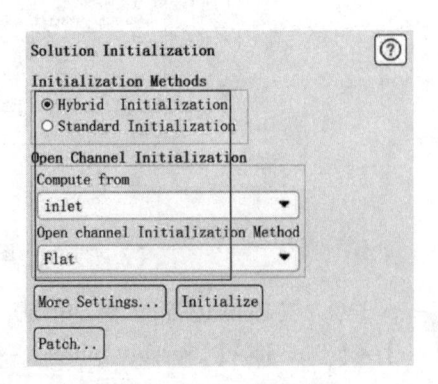

图 15-66　初始化设置

【File Type】= CDAT for CFD-Post & EnSight，【Export Data Every（Time Steps）】= 4；单击 ![icon]，选择【Quantities】的所有参数，其他默认，单击【OK】→【Close】关闭窗口，图 15-67 所示。

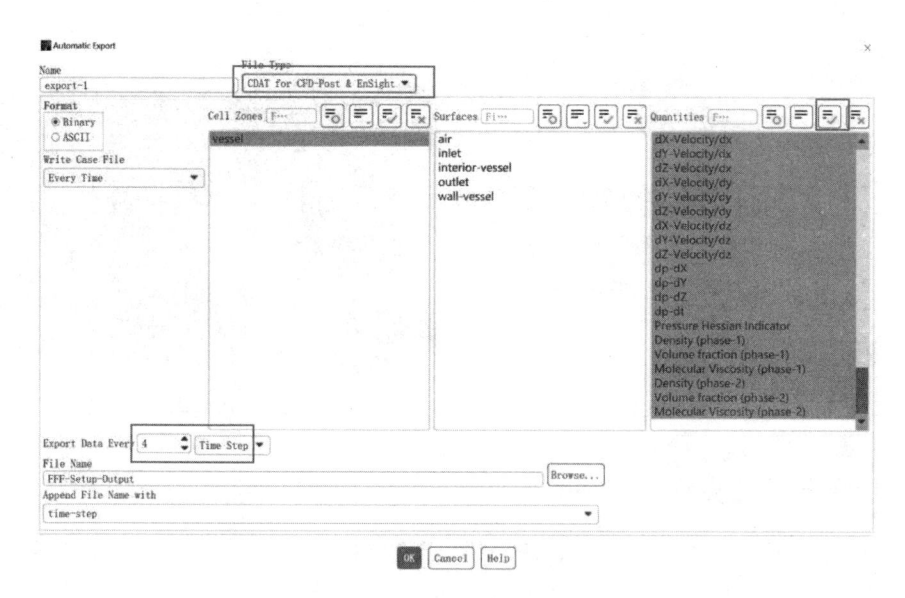

图 15-67　设置求解输出类型

18. 运行求解

单击 Ribbon 功能区【Solution】→【Run Calculation】→【Advanced...】→【Time Step Size（s）】= 0.01，【Number of Time Steps】= 100，【Max Iterations/Time Step】= 70，其他默认，求解设置如图 15-68 所示。设置完毕以后，单击【Calculate】进行求解，这需要一段时间，请耐心等待。

19. 创建后处理

（1）在菜单栏上单击【File】→【Save Project】，保存项目。

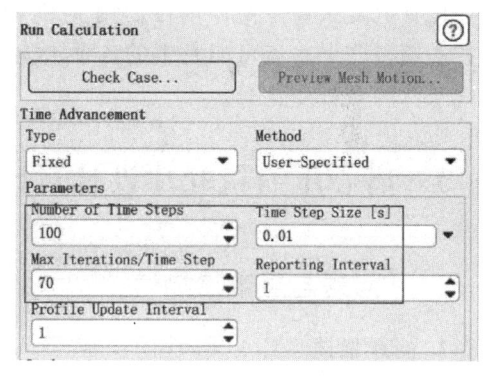

图 15-68　求解设置

（2）右击【Results】→【Contours】，弹出 Contours 对话框，设置【Contours of】= Phases...，【Volume fraction】，【phase】= phase-2，【Options】下选择 Filled，单击【Save/Display】，其他默认，结果输出设置如图 15-69 所示，可以看到体积分数云图，如图 15-70 所示。

20. 保存与退出

（1）退出后处理环境。在菜单栏上单击【File】→【Close Fluent】，退出 Fluent 环境，然后回到 Workbench 主界面，此时主界面的项目分析流程图中显示的分析已完成。

（2）单击 Workbench 主界面上的【Save】按钮，保存所有分析结果文件。

（3）退出 Workbench 环境。单击 Workbench 主界面的菜单【File】→【Exit】退出主界面，完成项目分析。

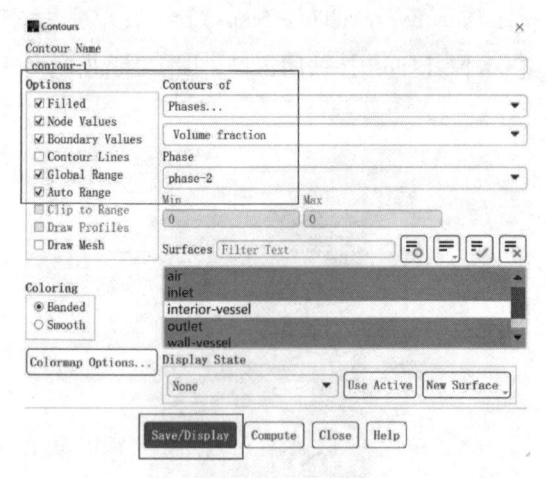

图 15-69　结果输出设置　　　　　图 15-70　体积分数云图

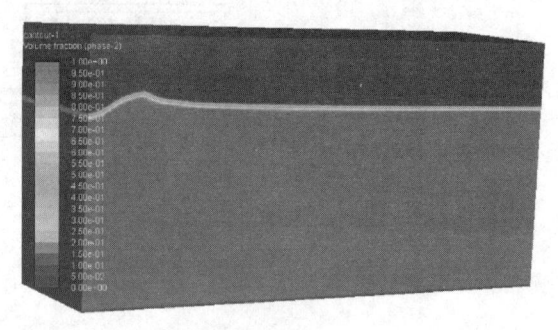

15.2.3　结果分析与点评

本例是棱柱形渠道水流波浪分析，从分析结果来看，在给定条件下，水流在明渠中产生了明显波浪现象，这主要是由于水流在明渠中的非均匀流动造成的。从分析过程和问题来看，由于明渠自由表面上的压强等于大气压强，为可动边界，明渠水流的现象与所涉及的问题均比管流复杂，主要体现在运用 VOF 模型、边界施加等。本实例相对简单，不过可以用该方法模拟明渠水流可能发生的各种水流现象、估算输水能力及渠道纵横断面尺寸、确定水位或水深的沿程变化等。

15.3　离心压缩机叶片设计对比分析

15.3.1　问题与重难点描述

1. 问题描述

某离心压缩机含有 9 个主叶片和 9 个分流叶片，其叶片模型如图 15-71 所示。初始参数：增压比为 4.5，质量流率为 0.6kg/s，转速为 90000r/min，罩入口直径基于叶片入口角计算，扩散类型基于叶片，叶梢间隙比为 0.02。若改变初始参数如下：增压比为 1.8，质量流率为 0.3kg/s，转速为 60000r/min，罩入口直径为 60mm，扩散类型基于无叶片，叶梢间隙比为 0.03，涡轮其他参数不变，试设计离心压缩机叶片，并利用不同的方法进行校核。

2. 重难点提示

本实例重难点在于 Vista CCD（with CCM）叶轮设计及求解、CFX 环境边界施加、求解及

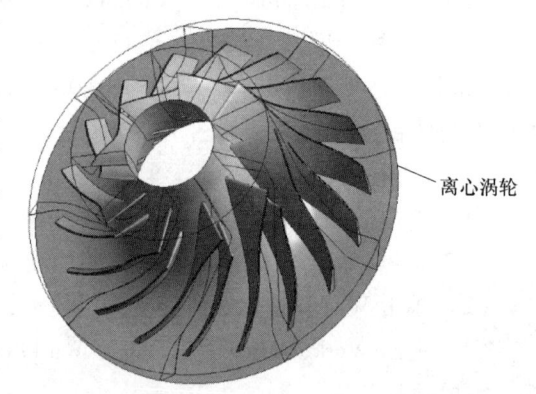

图 15-71　离心压缩机叶片模型

结果后处理。

15.3.2 实例详细解析过程

1. 启动 Workbench

在"开始"菜单中执行 ANSYS 2024R1/R2→Workbench 2024R1/R2 命令。

2. 创建离心压缩机设计项目

（1）在工具箱【Toolbox】的【Component Systems】中双击或拖动离心压缩机设计性能图【Vista CCD（with CCM）】到项目分析流程图，如图 15-72 所示。

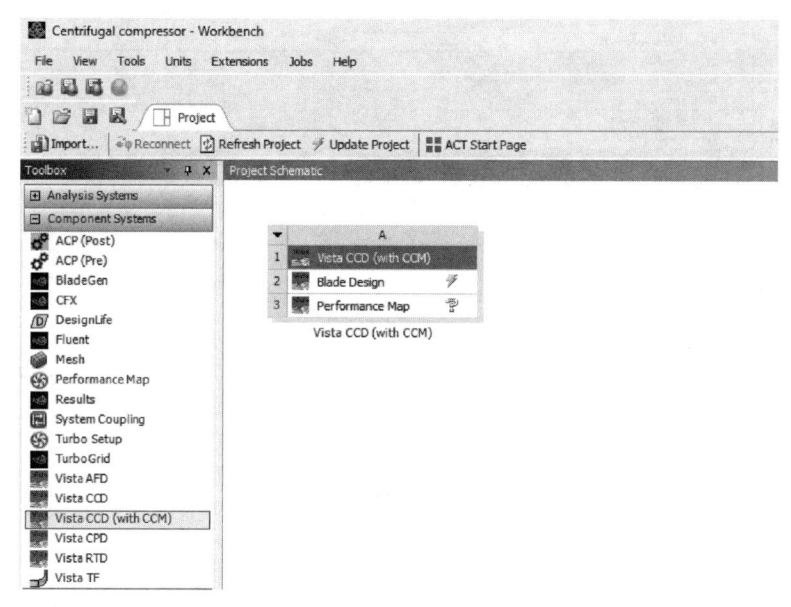

图 15-72 创建离心压缩机设计项目

（2）在 Workbench 的工具栏中单击【Save】，保存项目工程名称为 Centrifugal compressor.wbpj。如工程实例文件保存在 D：\AWB\Chapter15 文件夹中。

3. 设计几何模型

（1）在 Vista CCD（with CCM）项目上单击【Blade Design】→【Properties of Schematic A2：Blade Design】→【Aerodynamic inputs】→【Pressure ratio t-t】=1.8，【Mass flow rate】=0.3，【Rotational speed】=60000；【Geometry inputs】→【Shroud diameter calc】=Diameter，【Shroud inlet diameter】=60，【Diffuser type】=Vaneless，【Tip clearance ratio】=0.03，其他默认，几何模型参数设置如图 15-73 所示。

（2）在 Vista CCD（with CCM）项目上单击【Blade Design】→【Update】。

（3）在 Vista CCD（with CCM）项目上右击【Performance Map】→【Edit...】，设置【Number of speed】=5，其他参数不变，单击【Calculate】，产生质量流率与压力比率图，如图 15-74 所示，然后单击关闭按钮关闭。

4. 创建分析系统

（1）在 Vista CCD（with CCM）项目上单击【Blade Design】→【Create New】→【Through flow（Blade Editor）】。

图 15-73 几何模型参数设置

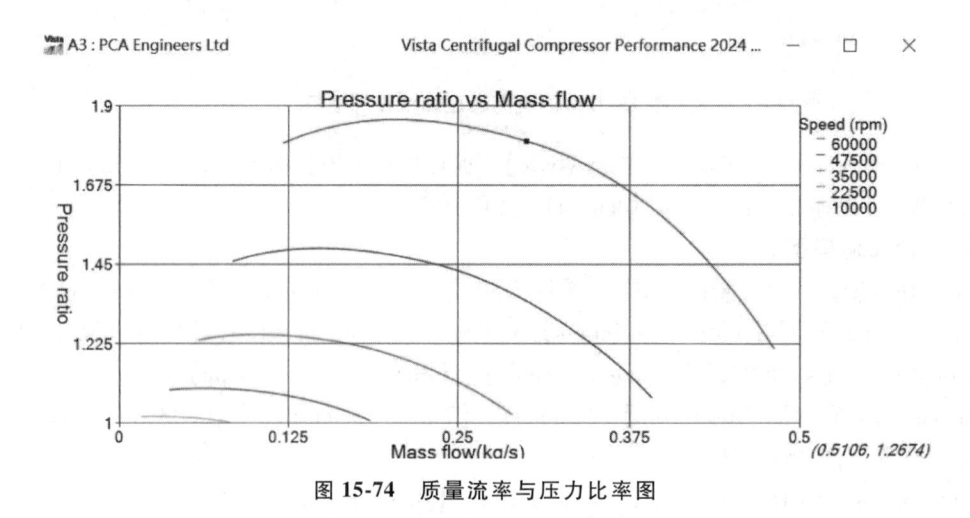

图 15-74 质量流率与压力比率图

（2）在新产生 Vista TF 项目上依次右击【Setup】→【Update】，【Solution】→【Update】，【Results】→【Edit...】进入后处理窗口，然后在图形区域左上选择【plot 3 VTF Contour of P View】，结果评估如图 15-75 所示。

5. 创建 CFX 分析系统

在 Geometry 项目上右击【Blade Design】→【Transfer Data To New】→【TurboGrid】，然后右击【Turbo Mesh】→【Transfer Data To New】→【CFX】，如图 15-76 所示。

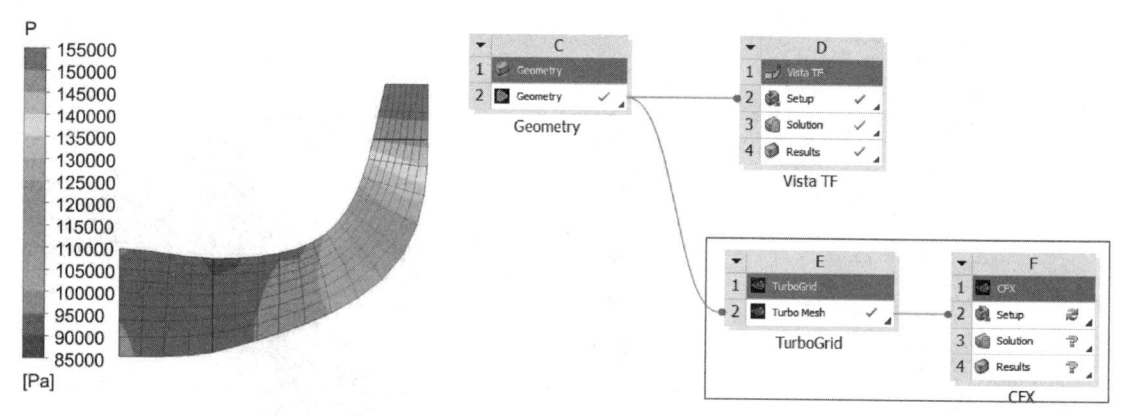

图 15-75 结果评估

图 15-76 创建 CFX 分析系统

6. 进入 CFX 分析系统及设置

(1) 右击【Turbo Mesh】→【Update】。

(2) 在新产生的 CFX 项目上依次右击【Setup】→【Edit...】,进入 CFX 工作环境。

(3) 设置计算类型。单击菜单栏【Tools】→【Turbo Mode】,【Basic Settings】→【Machine Type】=Centrifugal Compressor,其他默认,单击【Next】,如图 15-77 所示。

(4) 设置组件条件。单击【Component Definition】→【Component】→【R1】→【Component Type】→【Value】= -60000 [revmin^-1],选择【Wall Configuration】,【Tip Clearance at Shroud】→【Yes】,其他默认,单击【Next】,如图 15-78 所示。

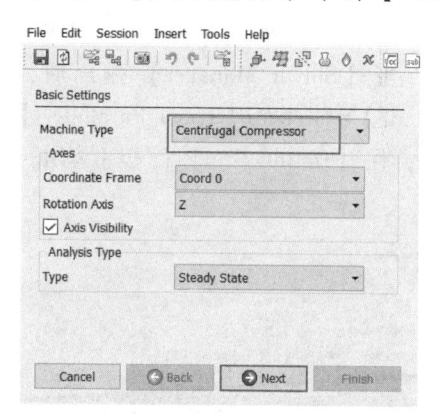

图 15-77 设置计算类型

图 15-78 设置组件条件

(5) 设置物理条件。单击【Physics Definition】→【Fluid】= Air Ideal Gas,【Reference Pressure】= 0 [atm],选择【P-Total Inlet Mass Flow Outlet】→【T-Total】= 288 [K],【Mass Flow Rate】= 0.3 [kg s^-1],选择【Solver Parameters】,其他默认,单击【Next】,如图 15-79 所示。

(6) 完成设置及显示。依次单击【Interface Definition】→【Next】,【Boundary Definition】→【Next】,【Final Operation】→【Finish】,其他默认,如图 15-80 所示。

7. 输出设置

在操作树上右击【Output Control】→【Edit...】进入求解输出控制窗口,对流项【Efficient Output】→【Efficient Type】= Compression,【Value】= Total to Total,其他默认,单击【OK】关闭。

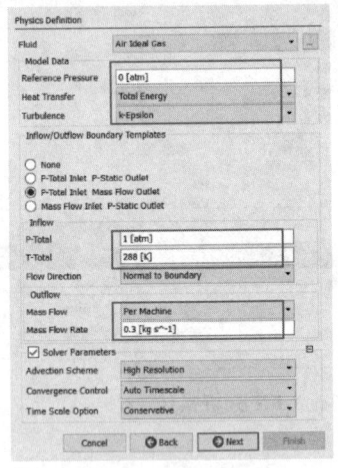

图 15-79　设置物理条件

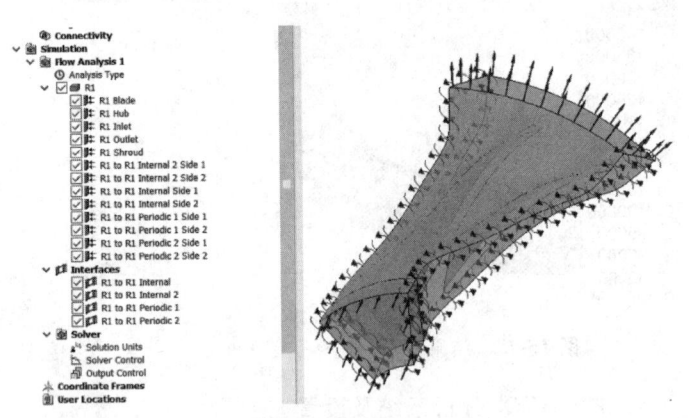

图 15-80　完成设置及显示

8. 求解设置

在操作树上右击【Solver Control】→【Edit...】进入求解设置窗口，设置求解总步数，【Convergence Control】→【Max. Iterations】= 1000，求解参数的时间项【Timescale Factor】= 10，收敛判据【Convergence Criteria】→【Residual Type】= RMS，【Residual Target】= 1e-05，其他默认，单击【OK】关闭任务窗口，如图 15-81 所示。

9. 运行求解

（1）单击【File】→【Close CFX-Pre】退出分析环境，然后回到 Workbench 主界面。

（2）求解设置。右击【Solution】→【Edit...】，当【Solver Manager】弹出时，选择【Double Precision】，【Parallel Environment】→【Run Mode】= Intel MPI Local Parallel，【Partitions】为 8（根据计算机 CPU 核数确定），其他默认，在【Define Run】面板上单击【Start Run】运行求解，如图 15-82 所示。

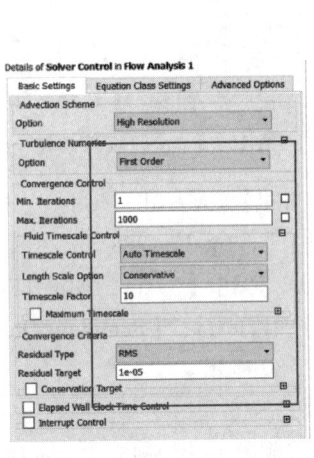

图 15-81　求解设置

图 15-82　求解设置

（3）当求解结束后，系统会自动弹出提示窗，单击【OK】。

（4）查看收敛曲线。在 CFX-Solver Manager 环境界面中看到收敛曲线和求解运行信息，残差收敛曲线如图 15-83 所示。

（5）单击【File】→【Close CFX-Solver Manager】退出分析环境，然后回到 Workbench 主界面。

10. 后处理

（1）后处理项目连接。在 Workbench 主界面，选择 Vista TF 项目单元格的【Solution】并拖动与 CFX 分析项目单元格的【Results】相连接，如图 15-84 所示。

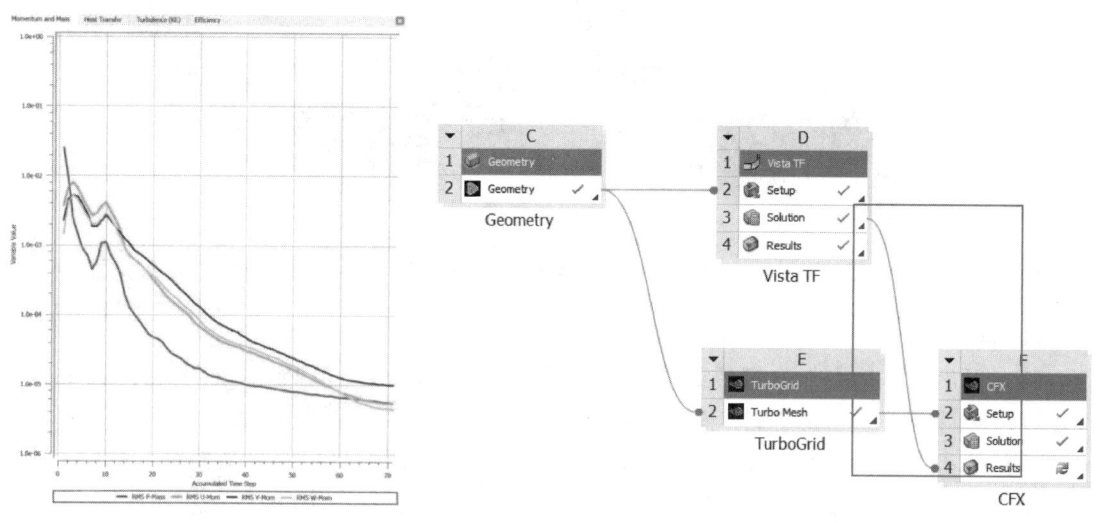

图 15-83　残差收敛曲线　　　　　　　图 15-84　后处理项目连接

（2）在 CFX 分析项目上右击【Results】→【Edit...】，进入【CFX-CFD-Post】环境。

（3）在工具栏上单击【Turbo】→【Component1（R1）】→【Initialization】→【Initialize All Components】，初始化模型如图 15-85 所示。

（4）在工具栏上单击【Turbo】→【Plots】→【3D View】→【Parts to View】，选择【Hub】和【Blade】；【Graphical Instancing】→【Domain】=R1，【#of Copies】=9，然后单击【Apply】。

（5）在工具栏上单击【Turbo】→【Plots】→【Blade-to-Blade】，默认设置，单击【Apply】。在工具栏上单击【Turbo】→【Plots】→【3D View】→【Parts to View】，选择【Show Blade-to-Blade Plot】和【Blade】，其他默认，然后单击【Apply】查看 3D 云图，如图 15-86 所示。

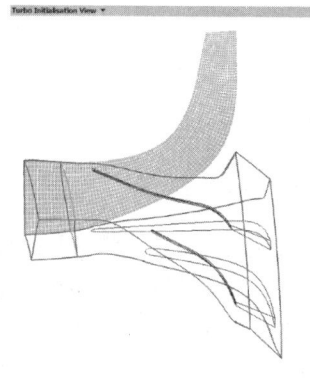

图 15-85　初始化模型　　　　　　　图 15-86　3D 云图

（6）在工具栏上单击【Turbo】→【Plots】→【Meridional】→【Variable】= Pressure，【Range】= Local，其他默认，单击【Apply】，然后回到【Outline】，图形区域左上角选择【Meridional View】，最后显示压力云图对比，如图 15-87 所示。

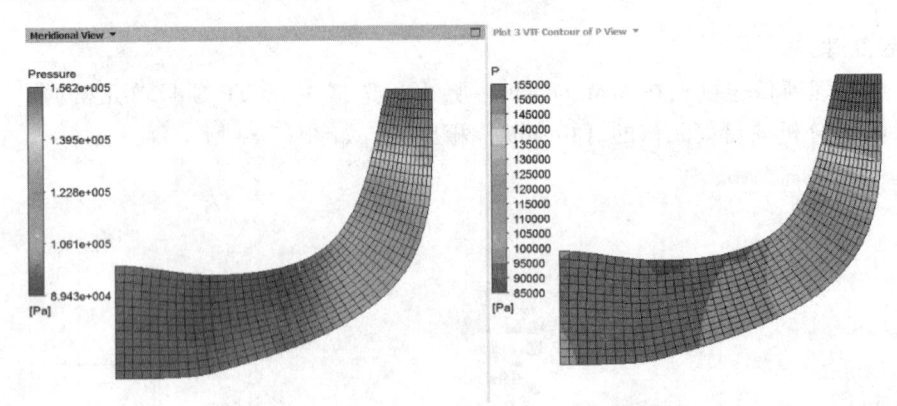

图 15-87　压力云图对比

11. 保存与退出

（1）退出流体动力学分析后处理环境。单击菜单【File】→【Close CFD-Post】退出后处理环境，返回到 Workbench 主界面，此时主界面的项目分析流程图中显示的分析已完成。

（2）单击 Workbench 主界面上的【Save】按钮，保存所有分析结果文件。

（3）退出 Workbench 环境。单击 Workbench 主界面的菜单【File】→【Exit】退出主界面，完成项目分析。

15.3.3　结果分析与点评

本例是离心压缩机叶片设计对比分析，从分析结果来看，两种分析方法结果一致，从设计效率来看，Vista CCD（with CCM）方法在已知相关参数后，进行二维叶片子午面设计，评估效率较快捷，而从三维角度来看，离心压缩机叶轮叶片设计评估通过建模 CFX 分析较为合适。从分析过程来看，前一种设计分析方法得到模型数据可直接转化为后一种分析方法需要的叶轮三维模型，整个过程通过顺序连接即可。同样，其他类型的叶轮叶片设计也可用此种方法，如对风扇的设计等，可见 ANSYS 在旋转机械叶轮叶片设计分析的易用性。

15.4　叶片泵非定常分析

15.4.1　问题与重难点描述

1. 问题描述

某六叶片离心泵由叶轮、蜗壳、入口延长段和出口延长段组成，离心泵模型如图 15-88 所示。泵内叶轮以 3000r/min 转动，无滑移壁面，其中入口延长段入口处相对压力为 1atm（1atm = 101325Pa），出口延长段出口处质量流率为 2.77kg/s，其他参数在分析过程中体现，假设泵内的流体稳定且不可压缩，试对叶片泵进行非定常分析并计算泵内压力与速度分布情况。

2. 重难点提示

本实例重难点在于网格划分、定常和非定常的物理模型确定、边界施加、求解及结果后处理。

15.4.2 实例详细解析过程

1. 启动 Workbench

在"开始"菜单中执行 ANSYS 2024R1/R2→Workbench 2024R1/R2 命令。

2. 创建流体动力学分析

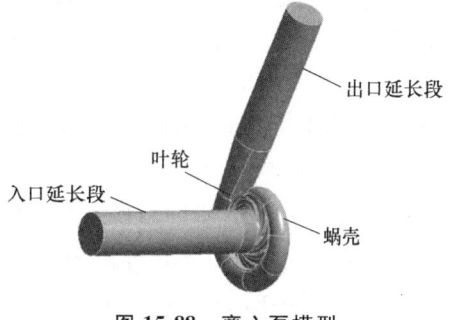

图 15-88 离心泵模型

（1）在工具箱【Toolbox】的【Analysis Systems】中双击或拖动流体动力学分析项目【Fluid Flow（CFX）】到项目分析流程图，如图 15-89 所示。

（2）在 Workbench 的工具栏中单击【Save】，保存项目工程名称为 Vane pump.wbpj。如工程实例文件保存在 D：\AWB\Chapter15 文件夹中。

图 15-89 创建流体动力学分析

3. 导入几何模型

在流体动力学分析项目上右击【Geometry】→【Import Geometry】→【Browse】，找到模型文件 Vane pump.agdb，打开导入几何模型。如模型文件在 D：\AWB\Chapter15 文件夹中。

4. 进入 Meshing 网格划分环境

（1）在流体动力学分析项目上右击【Mesh】→【Edit...】进入 Meshing 网格划分环境。

（2）在 Meshing 的环境主页【Home】功能区单位【Units】中选择单位为 Metric（mm，kg，N，s，mV，mA）。

5. 接触设置

在导航树上单击【Connections】展开，右击【Contacts】，从弹出的快捷菜单中单击【Delete】删除接触。

6. 划分网格

（1）在导航树上单击【Mesh】→【Details of "Mesh"】→【Sizing】→【Use Adaptive Sizing】=No，【Capture Curvature】=Yes，【Capture Proximity】=Yes，其他默认。

（2）叶轮边界膨胀网格设置。在标准工具栏上单击 ，选择 Impeller 几何模型，然后在导航树上右击【Mesh】,从弹出的快捷菜单中选择【Insert】→【Inflation】→【Details of "Inflation"-Inflation】→【Definition】→【Boundary Scoping Method】= Named Selections,【Boundary】选择几何模型的 Hub、Blade、Shroud(参考 Named Selections);【Inflation Option】= Smooth Transition,【Transition Ratio】= 0.3,【Maximum Layers】= 10,【Growth Rate】= 1.2,其他默认,如图 15-90 所示。

(3)蜗壳边界膨胀网格设置。在标准工具栏上单击 ![icon],选择 Volute 几何模型,然后在导航树上右击【Mesh】,从弹出的快捷菜单中选择【Insert】→【Inflation】→【Details of "Inflation"-Inflation】→【Definition】→【Boundary Scoping Method】= Named Selections,【Boundary】选择几何模型的 Volutewall(参考 Named Selections);【Inflation Option】= First Aspect Ratio,【First Aspect Ratio】= 10,【Maximum Layers】= 5,【Growth Rate】= 1.4,其他默认,如图 15-91 所示。

图 15-90 叶轮边界膨胀网格设置　　图 15-91 蜗壳边界膨胀网格设置

(4)入口延长段边界膨胀网格设置。在标准工具栏上单击 ![icon],选择 Inlet 几何模型,然后在导航树上右击【Mesh】,从弹出的快捷菜单中选择【Insert】→【Inflation】→【Details of "Inflation"-Inflation】→【Definition】→【Boundary Scoping Method】= Named Selections,【Boundary】选择几何模型的 Inletwall(参考 Named Selections);【Inflation Option】= Smooth Transition,【Transition Ratio】= 0.3,【Maximum Layers】= 10,【Growth Rate】= 1.2,其他默认,如图 15-92 所示。

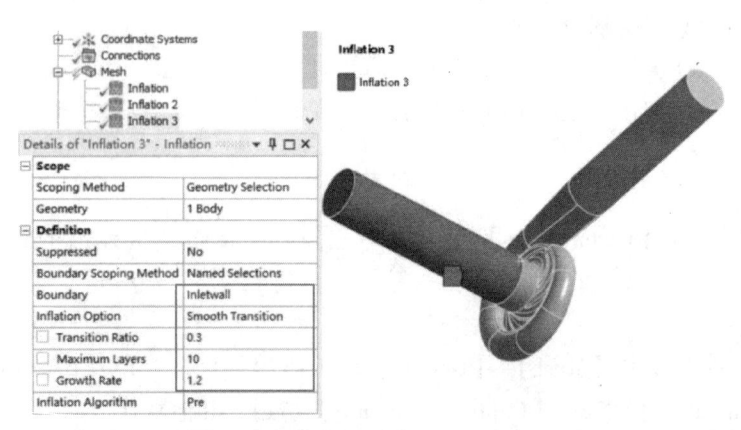

图 15-92 入口延长段边界膨胀网格设置

(5) 出口延长段边界膨胀网格设置。在标准工具栏上单击 ▣，选择 Outlet 几何模型，然后在导航树上右击【Mesh】，从弹出的快捷菜单中选择【Insert】→【Inflation】→【Details of "Inflation"-Inflation】→【Definition】→【Boundary Scoping Method】= Named Selections,【Boundary】选择几何模型的 Outletwall（参考 Named Selections）;【Inflation Option】= First Aspect Ratio,【First Aspect Ratio】= 10,【Maximum Layers】= 5,【Growth Rate】= 1.4，其他默认，如图 15-93 所示。

(6) 生成网格。右击【Mesh】→【Generate Mesh】，图形区域显示程序生成的单元网格模型，如图 15-94 所示。

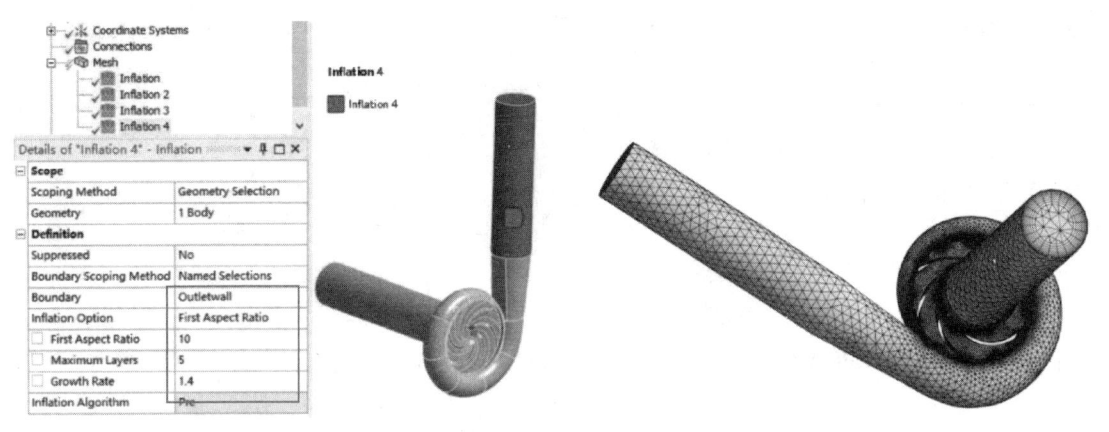

图 15-93　出口延长段边界膨胀网格设置　　　　图 15-94　单元网格模型

(7) 网格质量检查。在导航树上单击【Mesh】→【Details of "Mesh"】→【Quality】→【Mesh Metric】= Jacobian Ratio（Gauss Points），显示 Jacobian Ratio（Gauss Points）规则下网格质量详细信息，平均值处在良好的水平范围内，展开【Statistics】显示网格和节点数量。

(8) 单击主菜单【File】→【Close Meshing】。

7. 进入 CFX 环境

(1) 返回 Workbench 主界面，右击流体系统【Mesh】，从弹出的快捷菜单中选择【Update】升级，把数据传递到下一单元中。

(2) 在流体动力学分析项目上右击流体【Setup】，从弹出的快捷菜单中单击【Edit...】，进入 CFX 工作环境。

8. 设置稳态计算

在导航树上双击【Analysis Type】进入属性编辑。【Analysis Type】→【Option】= Steady State，然后单击【OK】关闭任务窗口。

9. 设置叶轮计算域及边界属性

(1) 设置叶轮计算域。单击【Insert】→【Domain】或者直接单击工具条中的域图标 ▣，弹出对话框，并在对话框中输入计算域名称 IMPELLER，单击【OK】确定，左侧弹出计算域选项卡【Basic Settings】→【Location】= Impeller,【Material】= Water,【Reference Pressure】= 0 [atm];【Domain Motion】→【Option】= Rotating,【Angular Velocity】= 3000 [rev min^-1];【Axis Definition】→【Option】= Coordinate Axis,【Rotation Axis】= Global Z;【Fluid Models】→【Heat Transfer】→【Option】= Isothermal,【Fluid Temperature】= 25 [C],【Turbulence】→【Option】= k-Ep-

silon，【Wall Function】= Scalable，其他默认，单击【OK】关闭任务窗口，如图 15-95 所示。

（2）叶片表面域壁面设置。在工具栏上单击边界条件图标 ▯▮（in IMPELLER），从弹出的【Insert Boundary】中，输入名称为"Blade"，单击【OK】确定，左侧弹出边界条件属性选项卡，【Basic Settings】→【Boundary Type】= Wall，【Location】= Blade，参考坐标系【Frame Type】= Rotating；【Boundary Details】→【Mass And Momentum】→【Option】= No Slip Wall，选中【Wall Velocity】，【Option】= Rotating Wall，【Angular Velocity】= 0［rev min^-1］；【Axis Definition】→【Option】= Coordinate Axis，【Rotation Axis】= Global Z；【Wall Roughness】→【Option】= Smooth Wall，其他默认，单击【OK】关闭任务窗口，如图 15-96 所示。

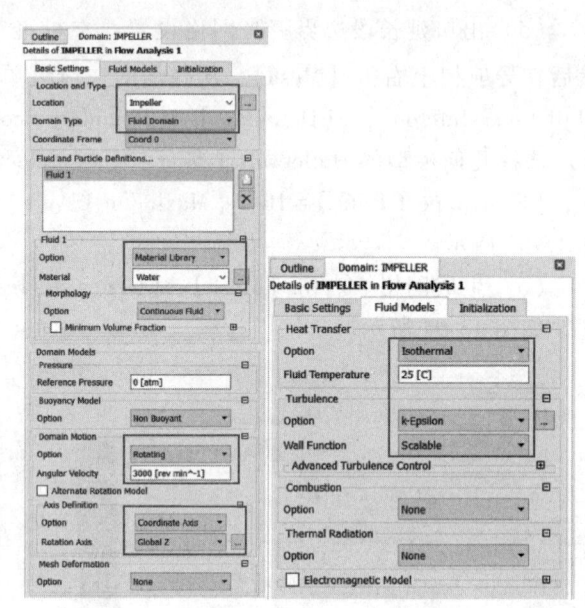

图 15-95 设置叶轮计算域

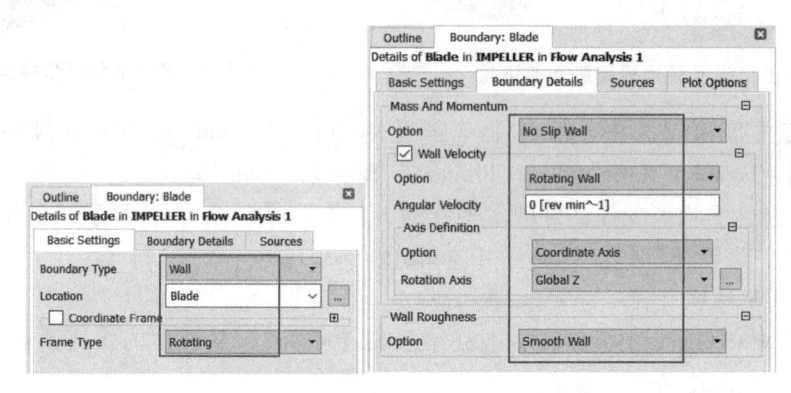

图 15-96 叶片表面域壁面设置

（3）前盖板域壁面设置。在工具栏上单击边界条件图标 ▯▮（in IMPELLER），从弹出的【Insert Boundary】中，输入名称为"Shroud"，单击【OK】确定，左侧弹出边界条件属性选项卡【Basic Settings】→【Boundary Type】= Wall，【Location】= Shroud，参考坐标系【Frame Type】= Rotating；【Boundary Details】→【Mass And Momentum】→【Option】= No Slip Wall，选中【Wall Velocity】，【Option】= Rotating Wall，【Angular Velocity】= 0［rev min^-1］；【Axis Definition】→【Option】= Coordinate Axis，【Rotation Axis】= Global Z；【Wall Roughness】→【Option】= Smooth Wall，其他默认，单击【OK】关闭任务窗口，如图 15-97 所示。

（4）后盖板域壁面设置。在工具栏上单击边界条件图标 ▯▮（in IMPELLER），从弹出的【Insert Boundary】中，输入名称为"Hub"，单击【OK】确定，左侧弹出边界条件属性选项卡【Basic Settings】→【Boundary Type】= Wall，【Location】= Hub，参考坐标系【Frame Type】= Rotating；【Boundary Details】→【Mass And Momentum】→【Option】= No Slip Wall，选中

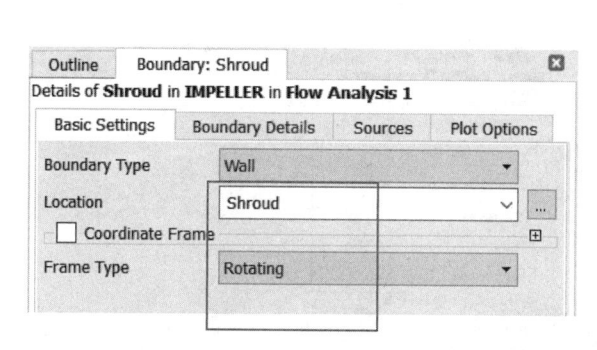

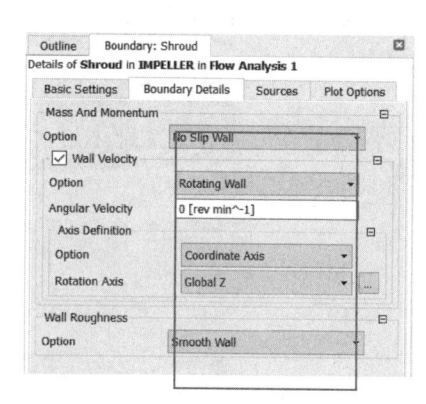

图 15-97　前盖板域壁面设置

【Wall Velocity】,【Option】= Rotating Wall,【Angular Velocity】= 0 [rev min^-1];【Axis Definition】→【Option】= Coordinate Axis,【Rotation Axis】= Global Z;【Wall Roughness】→【Option】= Smooth Wall,其他默认,单击【OK】关闭任务窗口,如图 15-98 所示。

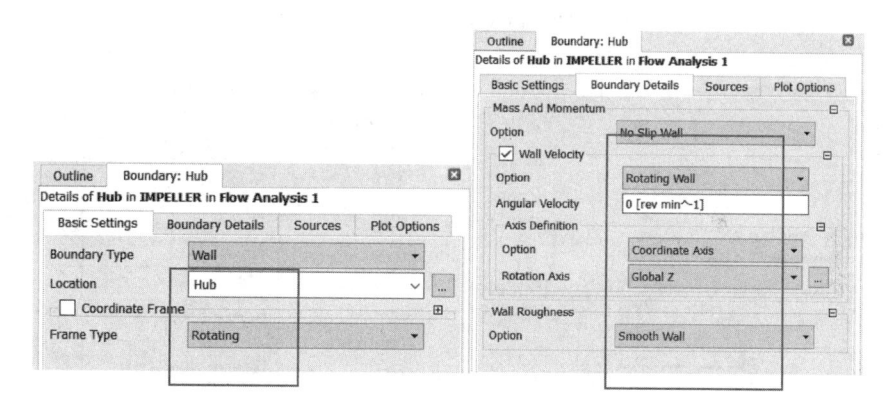

图 15-98　后盖板域壁面设置

10. 设置入口延长静止计算域及边界属性

(1) 设置入口延长静止计算域。单击【Insert】→【Domain】或者直接单击工具条的域图标,弹出对话框,并在对话框中输入计算域名称 IINLET,单击【OK】确定,左侧弹出计算域选项卡【Basic Settings】→【Location】= Inletex,【Material】= Water,【Reference Pressure】= 0 [atm];【Domain Motion】→【Option】= Stationary;【Fluid Models】→【Heat Transfer】→【Option】= Isothermal,【Fluid Temperature】= 25 [C],【Turbulence】→【Option】= k-Epsilon,【Wall Function】= Scalable,其他默认,单击【OK】关闭任务窗口,如图 15-99 所示。

(2) 入口边界设置。在工具栏上单击边界条件图标 ![] (in INLET),从弹出的【Insert Boundary】中,输入名称为"Inlet",单击【OK】确定,左侧弹出边界条件属性选项卡【Basic Settings】→【Boundary Type】= Inlet1,【Location】= Inlet1;【Boundary Details】→【Mass And Momentum】→【Option】= Total Pressure (stable),【Relative Pressure】= 1 [atm],【Turbulence】→【Option】= Medium (Intensity = 5%),其他默认,单击【OK】关闭任务窗口,如图 15-100 所示。

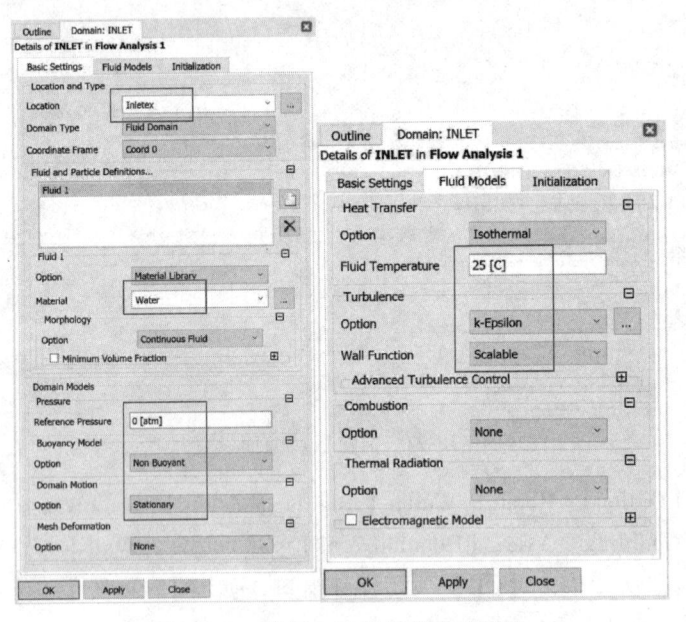

图 15-99 设置入口延长静止计算域

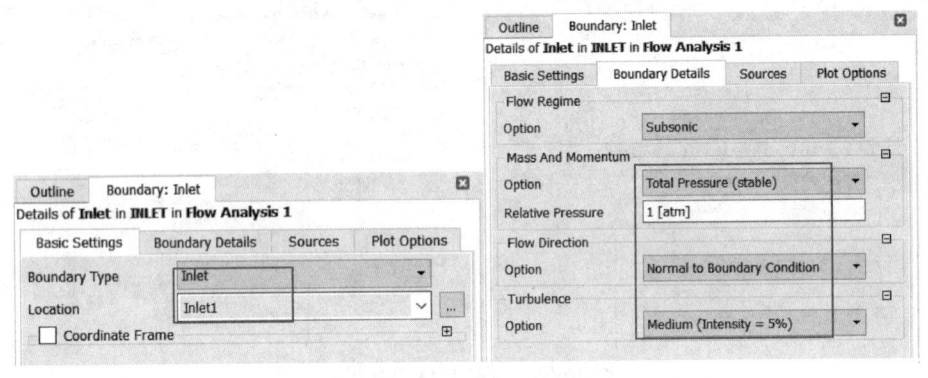

图 15-100 入口边界设置

（3）入口墙壁面设置。在工具栏上单击边界条件图标 （in INLET），从弹出的【Insert Boundary】中，输入名称为"Inlet wall"，单击【OK】确定，左侧弹出边界条件属性选项卡【Basic Settings】→【Boundary Type】= Wall，【Location】= Inletwall；【Boundary Details】→【Mass And Momentum】→【Option】= No Slip Wall；【Wall Roughness】→【Option】= Smooth Wall，其他默认，单击【OK】关闭任务窗口，如图 15-101 所示。

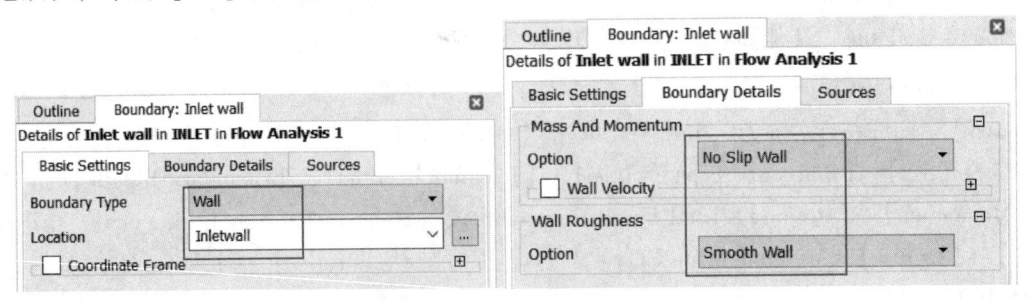

图 15-101 入口墙壁面设置

11. 设置出口延长静止计算域及边界属性

(1) 设置出口延长静止计算域。单击【Insert】→【Domain】或者直接单击工具条的域图标，弹出对话框，并在对话框中输入计算域名称 OUTLET，单击【OK】确定，左侧弹出计算域选项卡，如图 15-103 所示。【Basic Settings】→【Location】= Outletex，【Material】= Water，【Reference Pressure】= 0［atm］；【Domain Motion】→【Option】= Stationary；【Fluid Models】→【Heat Transfer】→【Option】= Isothermal，【Fluid Temperature】= 25［C］，【Turbulence】→【Option】= k-Epsilon，【Wall Function】= Scalable，其他默认，单击【OK】关闭任务窗口，如图 15-102 所示。

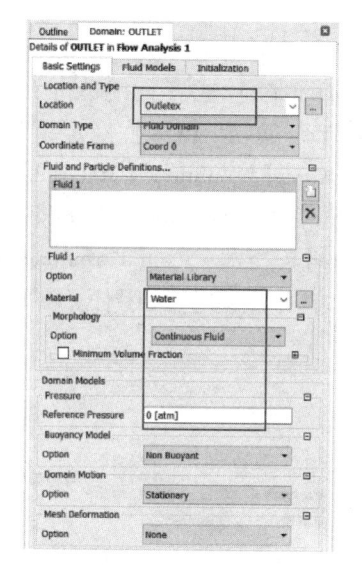

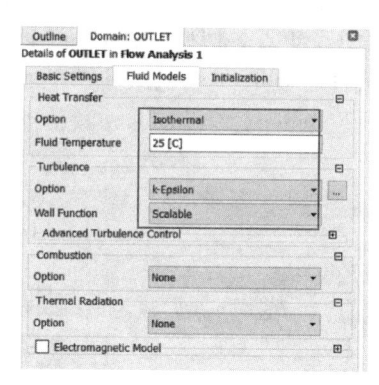

图 15-102 设置出口延长静止计算域

(2) 出口边界设置。在工具栏上单击边界条件图标 (in OUTLET)，从弹出的【Insert Boundary】中，输入名称为"outlet"，单击【OK】确定，左侧弹出边界条件属性选项卡【Basic Settings】→【Boundary Type】= Outlet，【Location】= Outlet1；【Boundary Details】→【Mass And Momentum】→【Option】= Mass Flow Rate，【Mass Flow Rate】= 2.77［kg s^-1］，【Mass Flow Rate Area】= As Specified，其他默认，单击【OK】关闭任务窗口，如图 15-103 所示。

图 15-103 出口边界设置

(3) 出口墙壁面设置。在工具栏上单击边界条件图标 (in OUTLET)，从弹出的【Insert Boundary】中，输入名称为"Outlet wall"，单击【OK】确定，左侧弹出边界条件属性选项卡【Basic Settings】→【Boundary Type】= Wall，【Location】= Outletwall；【Boundary De-

tails】→【Mass And Momentum】→【Option】= No Slip Wall；【Wall Roughness】→【Option】= Smooth Wall，其他默认，单击【OK】关闭任务窗口，如图 15-104 所示。

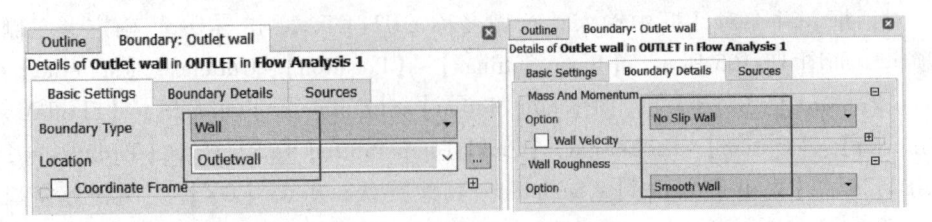

图 15-104 出口墙壁面设置

12. 设置蜗壳静止计算域及边界属性

（1）设置蜗壳静止计算域。单击【Insert】→【Domain】或者直接单击工具条的域图标，弹出对话框，并在对话框中输入计算域名称 VOLUTE，单击【OK】确定，左侧弹出计算域选项卡，如图 15-105 所示。【Basic Settings】→【Location】= Volute，【Material】= Water，【Reference Pressure】= 0［atm］；【Domain Motion】→【Option】= Stationary；【Fluid Models】→【Heat Transfer】→【Option】= Isothermal，【Fluid Temperature】= 25［C］，【Turbulence】→【Option】= k-Epsilon，【Wall Function】= Scalable，其他默认，单击【OK】关闭任务窗口，如图 15-105 所示。

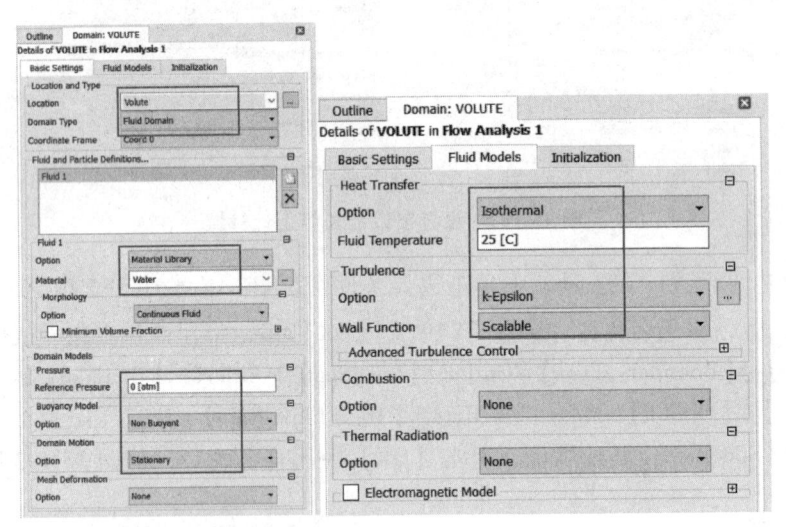

图 15-105 设置蜗壳静止计算域

（2）蜗壳墙壁面设置。在工具栏上单击边界条件图标 ![icon]（in VOLUTE），从弹出【Insert Boundary】中，输入名称为"Volute wall"，单击【OK】确定，左侧弹出边界条件属性选项卡【Basic Settings】→【Boundary Type】= Wall，【Location】= Volutewall，InletHub，InletShroud；【Boundary Details】→【Mass And Momentum】→【Option】= No Slip Wall；【Wall Roughness】→【Option】= Smooth Wall，其他默认，单击【OK】关闭任务窗口，如图 15-106 所示。

13. 交界面设置

（1）进口延长段与叶轮间动-静计算域交界面设置。在任务栏上单击交界面按钮 ![icon]，

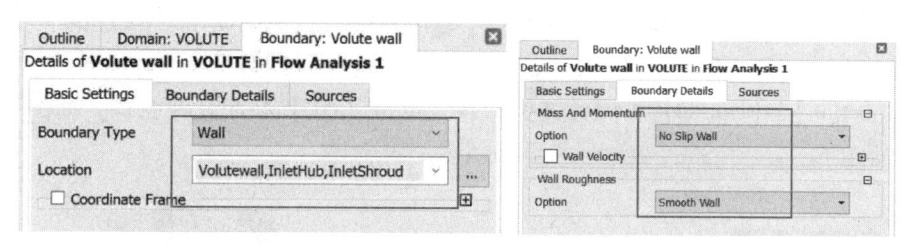

图 15-106 蜗壳墙壁面设置

在弹出的插入交界面面板里输入名称为 "Interface1"，单击【OK】确定，在基本设定中设置交界面类型为 Fluid Fluid，在第一交界面处，【Domain（Filter）】= INLET，【Region List】= Inlet2；在第二交界面处，【Domain（Filter）】= IMPELLER，【Region List】= Inflow；【Frame Change/Mixing Model】→【Option】= Frozen Rotor，【Pitch Change】→【Option】= Specified Pitch Angles，【Pitch Angle Side1】= 360［degree］，【Pitch Angle Side2】= 360［degree］；【Mesh Connection】→【Mesh Connection Method】→【Mesh Connection】→【Option】= GGI，其他默认，单击【OK】关闭任务窗口，如图 15-107 和图 15-108 所示。

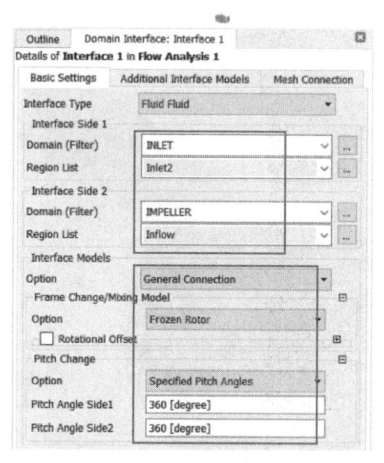

图 15-107 进口延长段与叶轮间
动-静计算域交界面设置

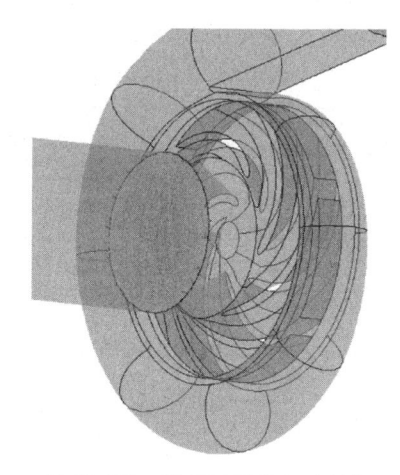

图 15-108 进口延长段与叶轮间
动-静计算域交界面位置

（2）叶轮与蜗壳间动-静计算域交界面设置。在任务栏上单击交界面按钮，在弹出的插入交界面面板里输入名称为 "Interface2"，单击【OK】确定，在基本设定中设置交界面类型为 Fluid Fluid，在第一交界面处，【Domain（Filter）】= IMPELLER，【Region List】= Outflow；在第二交界面处，【Domain（Filter）】= VOLUTE，【Region List】= Inlet，【Frame Change/Mixing Model】→【Option】= Frozen Rotor，【Pitch Change】→【Option】= Specified Pitch Angles，【Pitch Angle Side1】= 360［degree］，【Pitch Angle Side2】= 360［degree］；【Mesh Connection】→【Mesh Connection Method】→【Mesh Connection】→【Option】= GGI，其他默认，单击【OK】关闭任务窗口，如图 15-109 和图 15-110 所示。

（3）蜗壳与出口延长段间静-静计算域交界面设置。在任务栏上单击交界面按钮，在弹出的插入交界面面板里输入名称为 "Interface3"，单击【OK】确定，在基本设定中设置交界面类型为 Fluid Fluid，在第一交界面处，【Domain（Filter）】= VOLUTE，【Region List】=

Outlet；在第二交界面处，【Domain（Filter）】= OUTLET，【Region List】= Outlet2，【Frame Change/Mixing Model】→【Option】= None；【Mesh Connection】→【Mesh Connection Method】→【Mesh Connection】→【Option】= GGI，其他默认，单击【OK】关闭任务窗口，如图 15-111 和图 15-112 所示。

图 15-109　叶轮与蜗壳间动-静计算域交界面设置

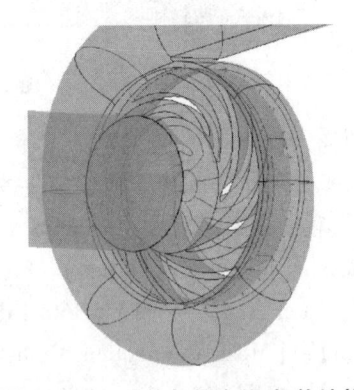

图 15-110　叶轮与蜗壳间动-静计算域交界面位置

图 15-111　蜗壳与出口延长段间静-静计算域交界面设置

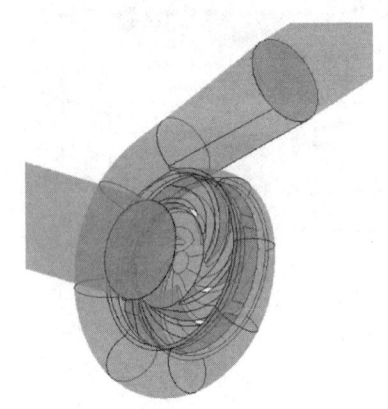

图 15-112　蜗壳与出口延长段间静-静计算域交界面位置

14. 求解设置

在操作树上右击【Solver Control】→【Edit...】进入求解控制窗口，对流项【Advection Scheme】→【Option】= High Resolution，湍流数值项【Turbulence Numerics】→【Option】= First Order；设置求解总步数：【Convergence Control】→【Max. Iterations】= 100，求解参数的时间项【Timescale Control】= Physical Timescale，【Physical Timescale】= 0.002［s］（一般为叶轮转速的倒数），收敛判据【Convergence Criteria】→【Residual Type】= RMS，【Residual Target】= 1.E-4，其他默认，单击【OK】关闭任务窗口，如图 15-113 所示。

15. 运行求解

（1）单击【File】→【Close CFX-Pre】退出分析环境，然后回到 Workbench 主界面。

（2）求解设置。右击【Solution】→【Edit...】，当【Solver Manager】弹出时，选择【Double Precision】，【Parallel Environment】→【Run Mode】= Intel MPI Local Parallel，【Partitions】为 8（根据计算机 CPU 核数定），其他默认，在【Define Run】面板上单击【Start Run】运行求解，求解设置如图 15-114 所示。

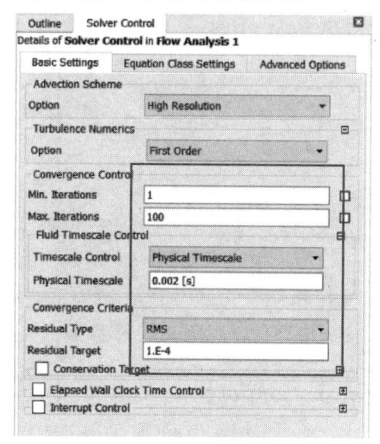

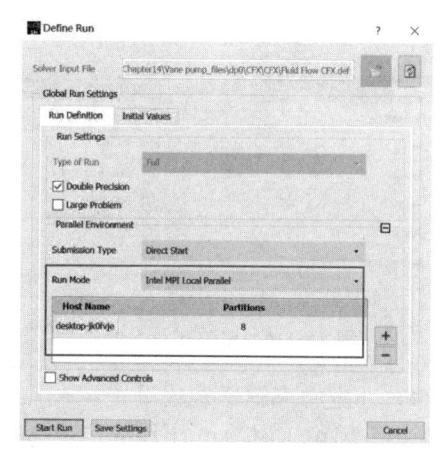

图 15-113　求解设置

图 15-114　求解设置

（3）当求解结束后，系统会自动弹出提示窗，单击【OK】。

（4）查看残差收敛曲线。在 CFX-Solver Manager 环境界面中看到收敛曲线和求解运行信息，如图 15-115 所示。

（5）单击【File】→【Close CFX-Solver Manager】退出分析环境，然后回到 Workbench 主界面。

（6）单击【File】→【Close CFD-Post】退出后处理环境，然后回到 Workbench 主界面，单击保存图标保存。

16. 非定常分析

（1）建立扩展分析在流体动力学分析 A 单元上右击【Fluid Flow（CFX）】标签，在弹出的快捷菜单中选择【Duplicate】，即创建一个新的 CFX 分析，同时把流体动力学分析 B 单元命名为"Transient"，原来流体动力学分析 A 单元命名为"Steady"，如图 15-116 所示。

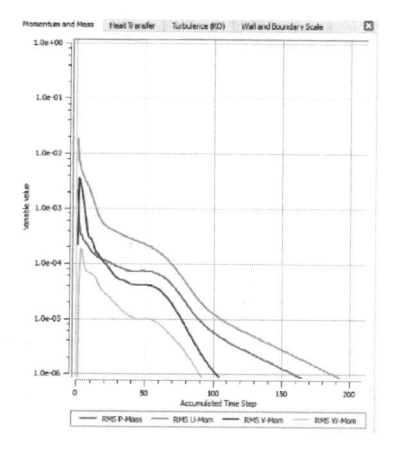

图 15-115　残差收敛曲线

（2）定义计算步骤。在流体动力学分析 B 上右击【Setup】→【Edit...】，进入 Transient 的前处理环境。在左侧导航树上选择【Analysis Type】，双击进入属性编辑，非定常设置：【Analysis Type】→【Option】= Transient；设置非定常计算总时间：一般非定常计算需要计算 5-8 个叶轮旋转周期方可得到可靠的解，在【Time Duration】→【Option】= Total Time，【Total Time】= 0.10345［s］；每一个旋转周期内计算步数，也就是叶轮每旋转几度计算一次，如每转 4°计算一次，则【Time Steps】→【Option】= Timesteps，【Timesteps】= 0.001149［s］，其他默认，然后单击【OK】确定，如图 15-117 所示。

（3）动-静计算域非定常计算的数据交界面模型设置。双击【Interface 1】，弹出交界面设置窗口，【Frame Change/Mixing Model】→【Option】= Transient Rotor Stator，其他默认，然后单击【OK】确定。双击【Interface 2】，弹出交界面设置窗口，【Frame Change/Mixing Model】→【Option】= Transient Rotor Stator，其他默认，然后单击【OK】确定，如图 15-118 所示。

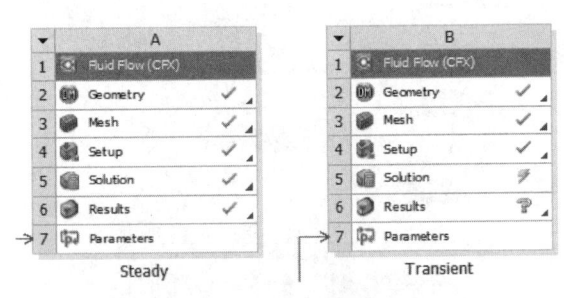

图 15-116　建立扩展分析

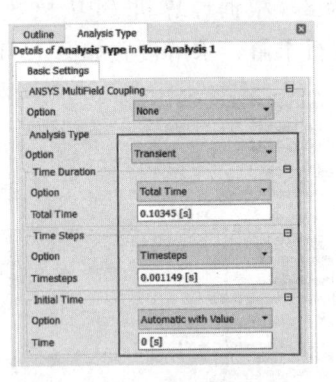

图 15-117　定义计算步骤

（4）非定常求解器参数设置。在操作树上右击【Solver Control】→【Edit...】进入求解控制窗口，对瞬态时间项【Transient Scheme】保持默认设置，内循环计算是针对每个时间步的求解次数，可理解为每个时间步内都是一个定常计算，而内循环计算的次数【Min. Coeff. Loops】和【Max. Coeff. Loops】是对该定常数计算的计算步数进行调整，一般非定常计算稳定后，每个非定常时间步内的计算很容易达到收敛值 RMS，【Residual Target】= 1.E-4，即内循环计算的次数可以很小，一般【Min. Coeff. Loops】= 1，【Max. Coeff. Loops】= 10，即可保证每个非定常时间步内的收敛；收敛判据【Convergence Criteria】→【Residual Type】= RMS，【Residual Target】= 1.E-4，其他默认，单击【OK】关闭任务窗口，如图 15-119 所示。

（5）非定常瞬态计算数据编辑设置。在操作树上右击【Output Control】→【Edit...】进入求解控制窗口，单击【Trn Results】→【Transient Results】，然后单击新建图标，保持默认命名，单击【OK】确定，【Output Frequency】→【Option】= Time Interval，【Time Interval】= 0.005747［s］，其他默认，单击【OK】关闭任务窗口，如图 15-120 所示。

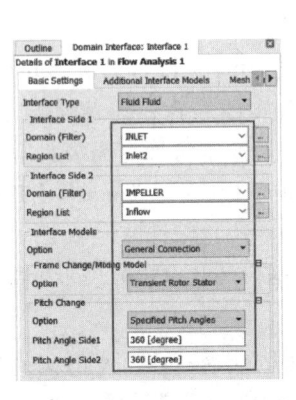

图 15-118　动-静计算域非定常计算的数据交界面模型设置

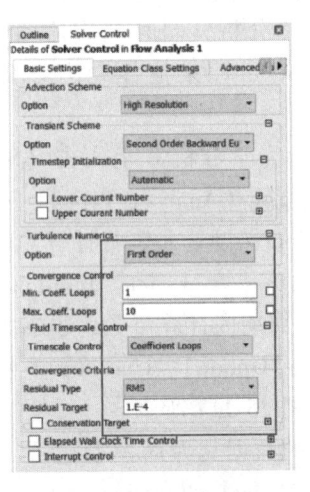

图 15-119　非定常求解器参数设置

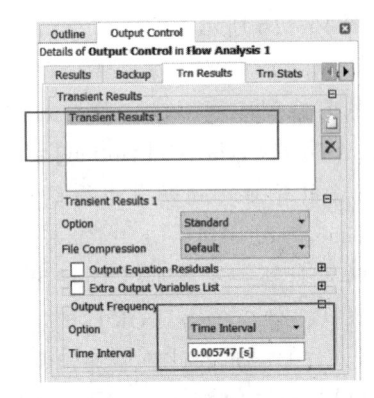

图 15-120　非定常瞬态计算数据编辑设置

(6) 非定常文件的计算设置。在工具栏上单击【Execution Control】按钮，进入执行控制窗口，单击【Initial Values】，选中【Initial Values Specification】→【Initial Values】，然后单击新建图标，保持默认命名，单击【OK】确定，【Initial Values1】→【Option】= Results File，【File Name】= D：/AWB/Vane pump_files/dp0/CFX/CFX/Fluid Flow CFX_001.res，找到定常计算的结果文件.res，其他默认，单击【OK】关闭任务窗口，如图 15-121 所示。

17. 运行求解

(1) 单击【File】→【Close CFX-Pre】退出分析环境，然后回到 Workbench 主界面。

(2) 右击【Solution】→【Edit...】，当【Solver Manager】弹出时，选择【Double Precision】，【Parallel Environment】→【Run Mode】= Platform MPI Local Parallel，【Partitions】为 8（根据计算机 CPU 核数定），其他默认，在【Define Run】面板上单击【Start Run】运行求解。

18. 后处理

(1) 在流体动力学分析项目上右击【Results】→【Edit...】，进入【CFX-CFD-Post】环境。

(2) 插入平面。在工具栏上单击【Location】→【Plane】并采用默认名【Detail of Plane1】任务窗口选项默认，单击【Apply】确定，如图 15-122 所示。

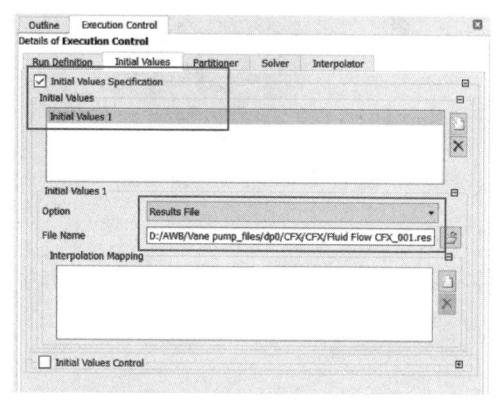

图 15-121　非定常文件的计算设置　　　图 15-122　插入平面

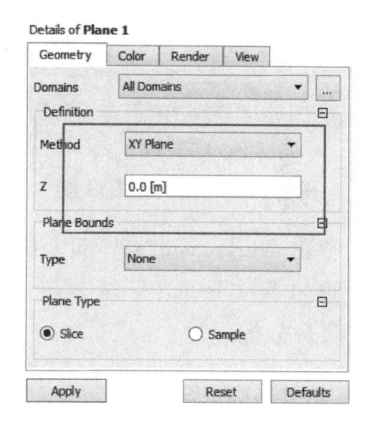

(3) 创建压力云图。在工具栏上单击【Contour】并采用默认名，【Domains】= All Domains，【Locations】= Plane1，【Variable】= Pressure，【Range】= Global，【of Contours】= 110，其他默认，插入云图设置如图 15-123 所示。单击【Apply】，可以查看压力分布云图，图 15-124 所示。

(4) 创建速度矢量云图。在工具栏上单击【Vector】并采用默认名，【Domains】= All Domains，【Locations】= Plane1，【Sampling】= Vertex，【Variable】= Velocity，其他默认，插入云图设置如图 15-125 所示。单击【Apply】，可以查看速度矢量云图，如图 15-126 和图 15-126 所示。

19. 保存与退出

(1) 退出流体动力学分析后处理环境。单击菜单【File】→【Close CFD-Post】退出后处理环境，返回到 Workbench 主界面，此时主界面的项目分析流程图中显示的分析已完成。

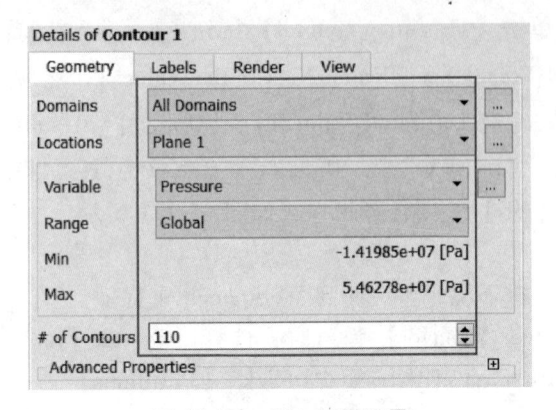

图 15-123　插入云图设置

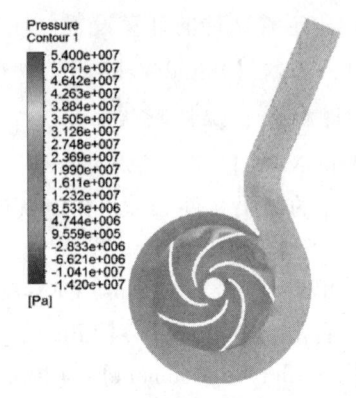

图 15-124　压力分布云图

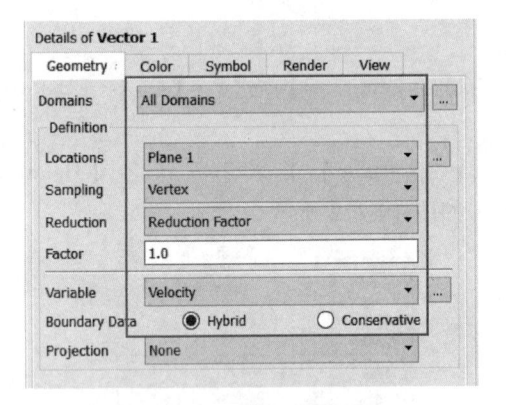

图 15-125　插入云图设置

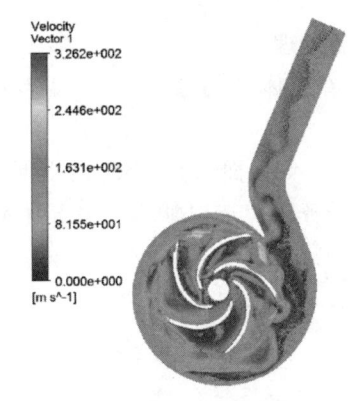

图 15-126　速度矢量云图

（2）单击 Workbench 主界面上的【Save】按钮，保存所有分析结果文件。

（3）退出 Workbench 环境。单击 Workbench 主界面的菜单【File】→【Exit】退出主界面，完成项目分析。

15.4.3　结果分析与点评

本例是叶片泵非定常分析，从分析结果来看，在给定条件下可以得到泵内压力场与速度场分布，本例只做了一种情况的计算，但实际上，不同时刻压力场和速度场分布并不相同，该模拟对掌握叶片泵内的流动规律、减少水力损失、提高泵效率设计有一定帮助。

从分析过程来看，非定常分析通常需要先进行定常分析计算，定常分析是非定常分析的基础。

第16章　多物理场耦合分析

16.1　某型风机叶片单向气流流固耦合分析

16.1.1　问题与重难点描述

1. 问题描述

某型风机叶片长42.3m，叶片为非均匀厚度，内有翼梁作支撑，根部为圆柱形，材料为铝合金，假设湍流风速以12m/s作用在叶片上（垂直指向屏幕向内），引起叶片顺时针围绕Z轴以2.22rad/s的角速度转动，风机叶片模型如图16-1所示。试求风机叶片在风载荷作用下的变形与应力情况。

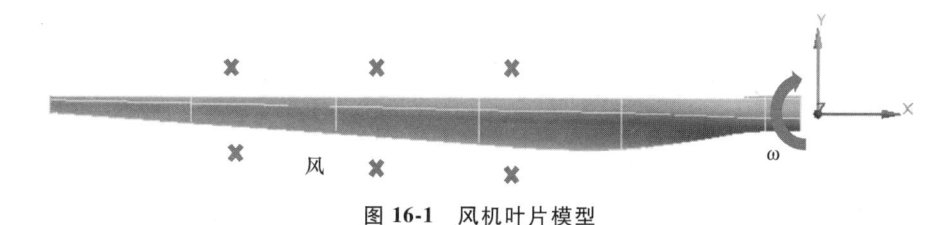

图16-1　风机叶片模型

2. 重难点提示

本实例重难点在于风机叶片与风载的流固耦合作用，包括模型创建、网格划分、边界施加、流体求解及后处理、固体结构边界施加、耦合求解及后处理。

16.1.2　实例详细解析过程

1. 启动Workbench

在"开始"菜单中执行ANSYS 2024R1/R2→Workbench 2024R1/R2命令。

2. 创建流体动力学分析

（1）在工具箱【Toolbox】的【Analysis Systems】中双击或拖动流体动力学分析【Fluid Flow（Fluent）】到项目分析流程图，如图16-2所示。

（2）在Workbench的工具栏中单击【Save】，保存项目实例名称为Turbine blade.wbpj。如工程实例文件保存在D:\AWB\Chapter16文件夹中。

3. 导入几何模型

在流体动力学分析上右击【Geometry】→【Import Geometry】→【Browse】，找到模型文件Turbine blade.agdb，打开导入几何模型。如模型文件在D:\AWB\Chapter16文件夹中。

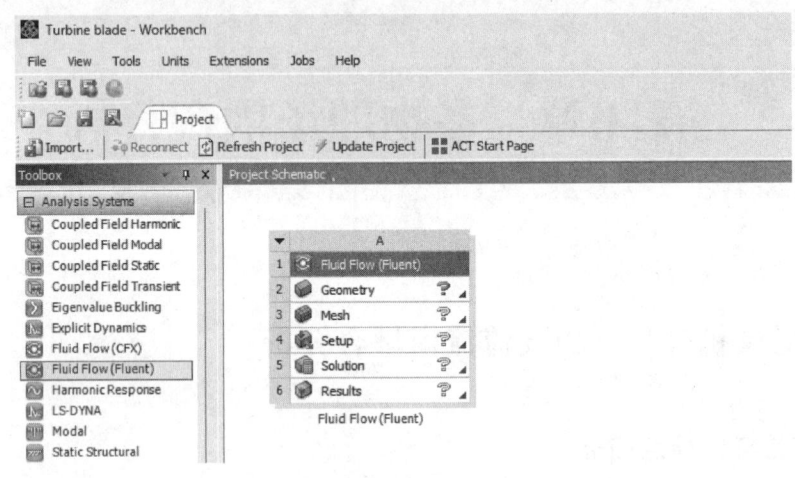

图 16-2 创建流体动力学分析

4. 进入 Meshing 网格划分环境

（1）在流体动力学分析上右击【Mesh】→【Edit...】进入 Meshing 网格划分环境。

（2）在 Meshing 的环境主页【Home】功能区单位【Units】中选择单位为 Metric（m, kg, N, s, V, A）。

5. 定义局部坐标

在导航树上右击【Coordinate Systems】，从弹出的快捷菜单中选择【Insert】→【Coordinate System】→【Details of "Coordinate System"】→【Definition】→【Origin】→【Define By】= Named Selection，【Named Selection】= Blade，其他默认，如图 16-3 所示。

6. 划分网格

（1）在导航树上单击【Mesh】→【Details of "Mesh"】→【Defaults】→【Physics Preference】= CFD，【Solver Preference】= Fluent；【Sizing】→【Use Adaptive Sizing】= No，【Capture Curvature】= Yes，【Capture Proximity】= Yes，其他默认。

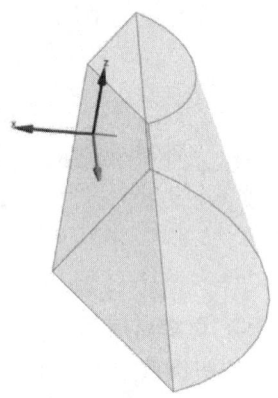

图 16-3 定义局部坐标

（2）在标准工具栏上单击 ▣，右击【Mesh】，从弹出的快捷菜单中选择【Insert】→【Match Control】，【Match Control】→【Details of "Match Control"】→【High Geometry Selection】选择 Periodic 1 面，单击【Apply】；【Low Geometry Selection】选择 Periodic 2 面，单击【Apply】；【Axis of Rotation】= Global Coordinate System。

（3）右击【Mesh】，从弹出的快捷菜单中选择【Insert】→【Sizing】，【Sizing】→【Details of "Sizing"-Sizing】→【Scope】→【Scoping Method】= Named Selection，【Named Selection】= Blade，【Element Size】= 0.3m，【Behavior】= Hard。

（4）设置叶片边界膨胀网格。在标准工具栏上单击 ▣，选择所有几何模型，然后右击【Mesh】，从弹出的快捷菜单中选择【Insert】→【Inflation】→【Details of "Inflation"-Inflation】→【Definition】→【Boundary Scoping Method】= Named Selections，【Boundary】= Blade；【Inflation Option】= Smooth Transition，【Transition Ratio】= 0.3，【Maximum Layers】= 10，【Growth Rate】= 1.2，其他默认。

(5) 在标准工具栏上单击 ▣，选择所有几何模型，右击【Mesh】，从弹出的快捷菜单中选择【Insert】→【Sizing】，【Sizing】→【Details of "Sizing"-Sizing】→【Definition】→【Type】= Sphere of Influence，【Sphere Center】= Coordinate System，【Sphere Radius】= 30m，【Element Size】= 2m。

(6) 生成网格。在导航树上右击【Mesh】→【Generate Mesh】，图形区域显示程序生成的网格模型，如图 16-4 所示。

(7) 网格质量检查。在导航树上单击【Mesh】→【Details of "Mesh"】→【Quality】→【Mesh Metric】= Jacobian Ratio（Gauss Points），显示 Jacobian Ratio（Gauss Points）规则下网格质量详细信息，平均值处在良好的水平范围内，展开【Statistics】显示网格和节点数量。

(8) 单击主菜单【File】→【Close Meshing】。

(9) 返回 Workbench 主界面，右击流体动力学分析【Mesh】，从弹出的快捷菜单中选择【Update】升级，把数据传递到下一单元中。

图 16-4 网格模型

7. 进入 Fluent 环境

右击流体动力学分析【Setup】，从弹出的快捷菜单中选择【Edit...】进入 Fluent 启动界面，设置双精度【Double Precision】，本地并行计算【Parallel（Local Machine）】→【Solver Processes】= 8（根据用户计算机计算能力设置），如图 16-5 所示，然后单击【OK】进入 Fluent 环境。

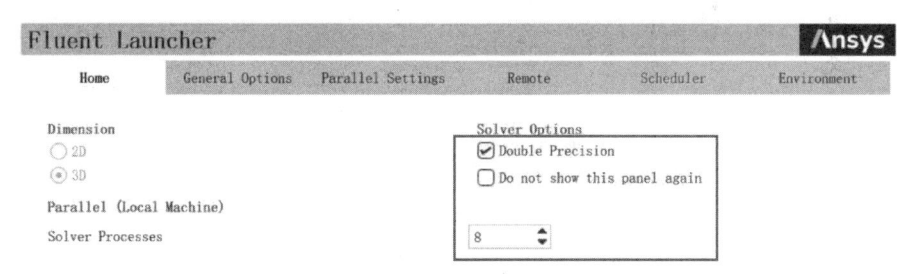

图 16-5 Fluent 启动界面

8. 网格检查

(1) 在控制面板上单击【General】→【Mesh】→【Check】，命令窗口出现所检测的信息。

(2) 在控制面板上单击【General】→【Mesh】→【Report Quality】，命令窗口出现所检测的信息，显示网格质量处于较好的水平。

(3) 单击 Ribbon 功能区【Setting Up Domain】→【Info】→【Size】，命令窗口出现所检测的信息，显示网格节点数量为 70560 个。

9. 指定求解类型

单击 Ribbon 功能区【Setting Up Physics】，选择时间为稳态【Steady】，求解类型为压力基【Pressure-Based】，速度方程为绝对值【Absolute】，如图 16-6 所示。

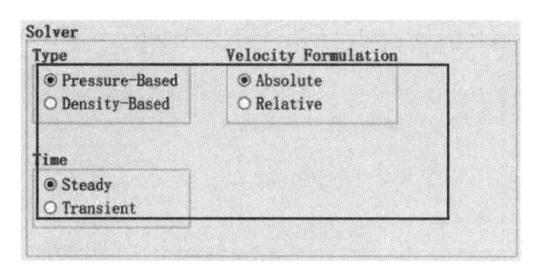

图 16-6 求解算法设置

10. 湍流模型设置

单击 Ribbon 功能区【Setting Up Physics】→【Viscous...】→【Viscous Model】→【k-omega（2eqn）】,【k-omega Model】= SST，其他默认，单击【OK】退出窗口，如图 16-7 所示。

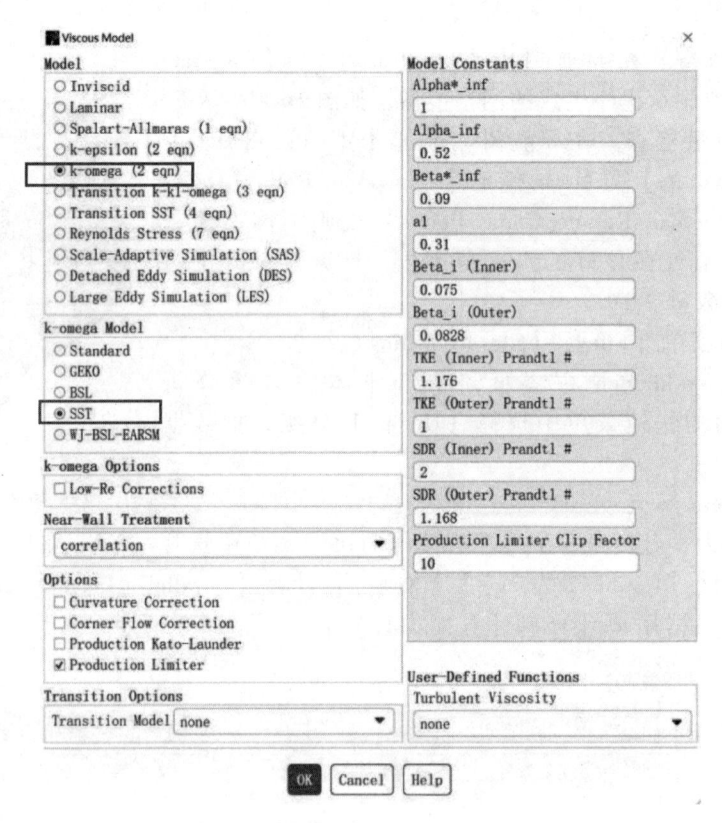

图 16-7 湍流模型设置

11. 设置材料属性

单击 Ribbon 功能区【Physics】→【Materials】→【Create/Edit...】，在弹出的【Air】材料对话框，保持默认材料属性，单击【Close】关闭【Create/Edit Materials】对话框，如图 16-8 所示。

图 16-8 设置材料属性

12. 分配流体域材料

单击 Ribbon 功能区【Physics】→【Cell Zones】，在任务面板上选择【Zone】→【fluid】→【Type】= fluid，单击【Edit...】→【Fluid】→【Material Name】= air，选择【Frame Motion】，【Speed（rad/s）】= -2.22，其他默认，单击【OK】关闭窗口，如图16-9所示。

13. 设置边界条件

（1）设置入口边界速度。单击 Ribbon 功能区【Physics】→【Boundaries】→【Zone】→【inlet】→【Type】→【velocity-inlet】→【Edit...】，在弹出的对话框中设置【Velocity Specification Method】= Components，【Z-Velocity（m/s）】= -12，其他默认，单击【OK】关闭窗口，如图16-10所示。

图 16-9　分配流体域材料

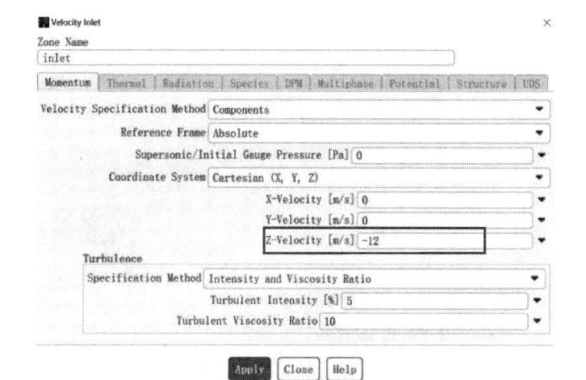

图 16-10　设置入口边界速度

（2）设置入口顶部边界速度。单击 Ribbon 功能区【Setting Up Physics】→【Boundaries】→【Zone】→【inlet-top】→【Type】→【velocity-inlet】→【Edit...】，在弹出的对话框中设置【Velocity Specification Method】= Components，【Z-Velocity（m/s）】= -12，其他默认，单击【OK】关闭窗口，如图16-11所示。

（3）设置出口边界。单击【Zone】→【outlet】→【Type】→【pressure-outlet】→【Edit..】，在弹出的对话框中设置【Gauge Pressure（Pa）】= 0，其他默认，单击【OK】关闭窗口，如图16-12所示。

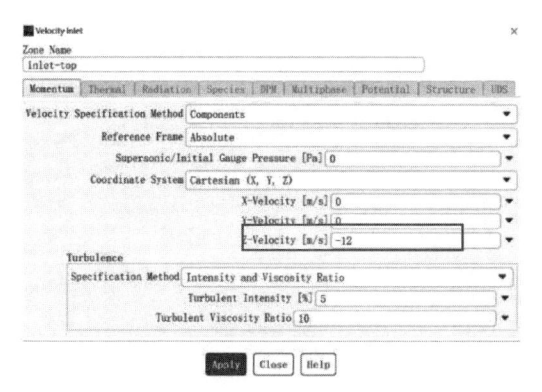

图 16-11　设置入口顶部边界速度

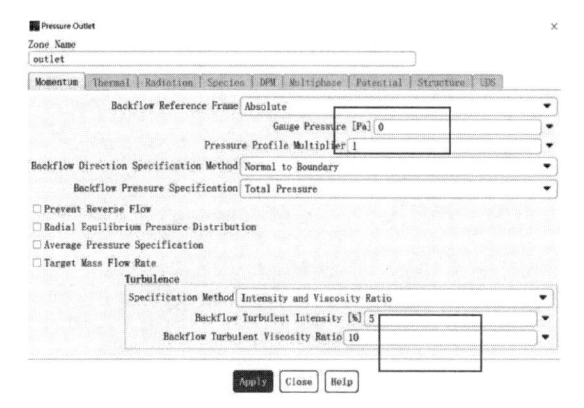

图 16-12　设置出口边界

（4）设置 rotate_1 交界面。单击【Zone】→【rotate_1】→【Type】→【interface】→【Edit...】，在弹出的对话框中设置【Zone Name】= rotate_1，单击【OK】关闭窗口，如图16-13所示。

图 16-13 设置 rotate_1 交界面

（5）设置 rotate_2 交界面。单击【Zone】→【rotate_2】→【Type】→【interface】→【Edit...】，在弹出的对话框中设置【Zone Name】=rotate_2，单击【OK】关闭窗口，如图 16-14 所示。

图 16-14 设置 rotate_2 交界面

14. 交界面设置

（1）设置 rotate_1、rotate_2、网格交界面。单击 Ribbon 功能区【Domain】→【Interfaces】→【Mesh...】，在弹出的对话框中选择【Boundary Zones】→【Interface】=rotate_1，【Mesh Interfaces】=interface-periodic，然后单击【Edit...】，在【Interface Options】下选择 Matching，【Periodic Boundary Conditions】→【Type】=Rotational，【Offset】→【Angle（deg）】=120，不选【Auto Compute Offset】；【Interface Zone2】=rotate_2，单击【Apply】→【Close】关闭窗口，如图 16-15 和图 16-16 所示。

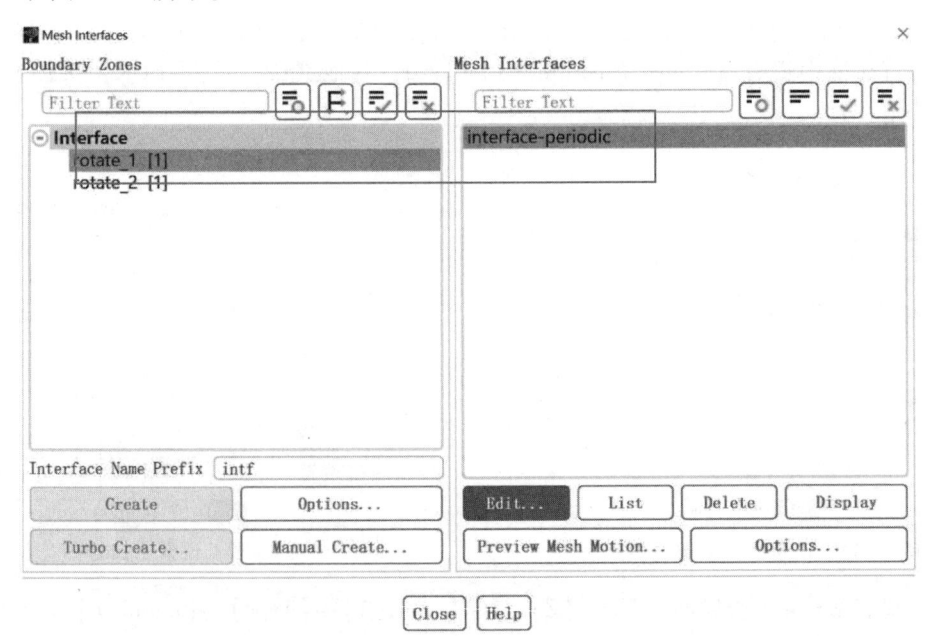

图 16-15 设置 rotate_1、rotate_2 交界面

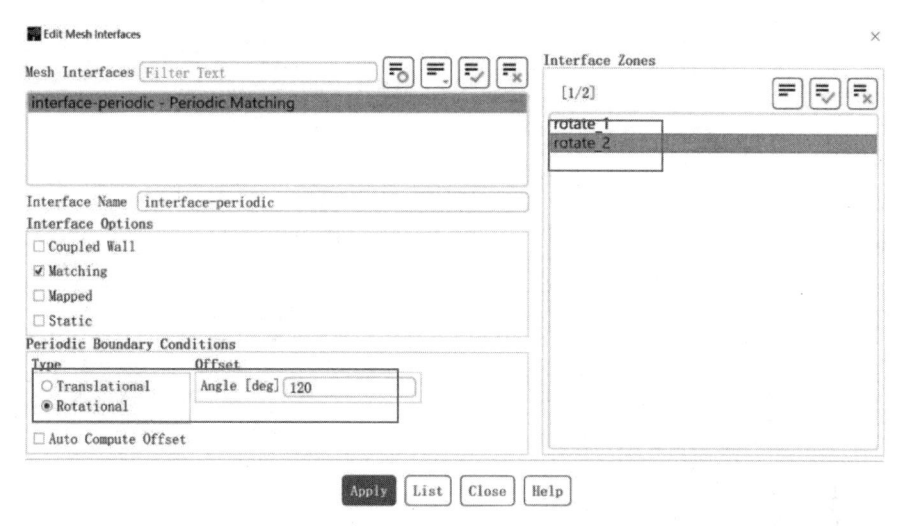

图 16-16 设置网格交界面

（2）墙壁面边界设置。单击 Ribbon 功能区【Physics】→【Zones】→【Boundaries】→【blade】→【Type】= wall，单击【Edit...】，在弹出的对话框中选择【Wall Motion】= Stationary Wall，其他默认，单击【OK】关闭窗口，如图 16-17 所示。

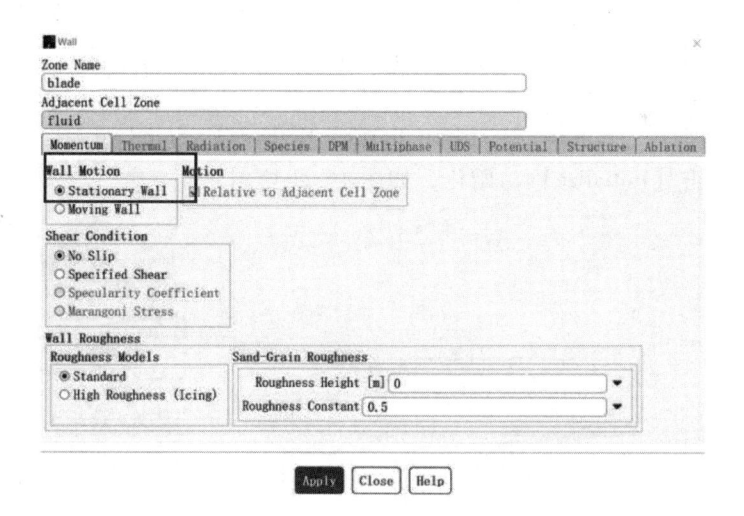

图 16-17 墙壁面边界设置

15. 参考值设置

（1）单击 Ribbon 功能区【Physics】→【Reference Values】保持参数默认，如图 16-18 所示。

（2）在菜单栏上单击【File】→【Save Project】保存项目。

16. 求解设置

单击 Ribbon 功能区【Solution】→【Methods...】，【Pressure-Velocity Coupling】→【Scheme】= Coupled，【Pressure】= Standard，选择【High Order Term Relaxation】，其他默认，如图 16-19 所示。

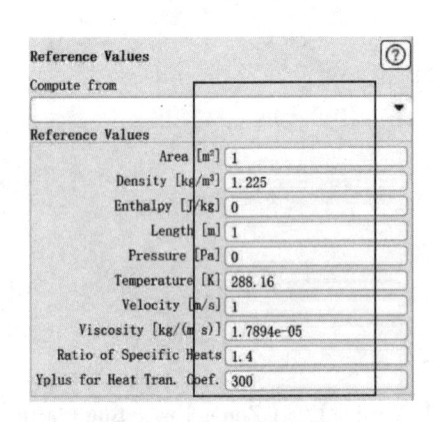

图 16-18 参考值设置

图 16-19 求解设置

17. 设置剩余误差监控

单击 Ribbon 功能区【Solution】→【Residuals...】,在弹出的对话框中分别改变【continuity】、【x-velocity】、【y-velocity】、【z-velocity】= 1e-06,单击【OK】关闭,如图 16-20 所示。

18. 初始化设置

单击 Ribbon 功能区【Solution】→【Initialization Methods】= Standard,【Compute from】= inlet,其他默认,单击【Initialize】初始化,如图 16-21 所示。

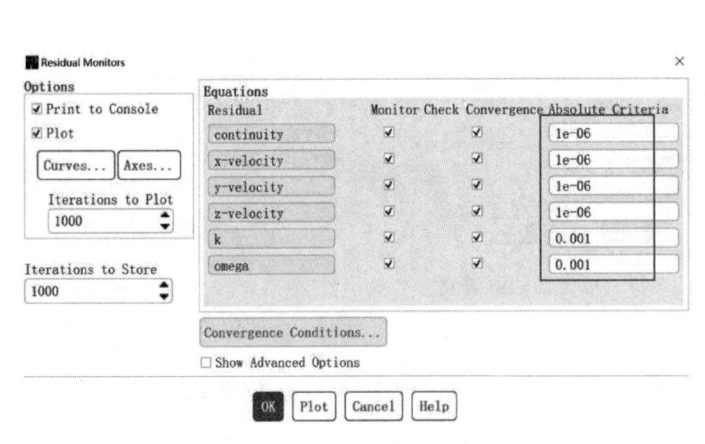

图 16-20 设置剩余误差监控

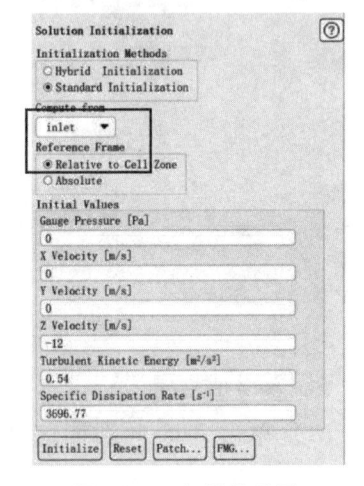

图 16-21 初始化设置

19. 运行求解

单击 Ribbon 功能区【Solution】→【Run Calcuation】→【No. of Iterations】= 1500,其他默认,求解设置如图 16-22 所示。设置完毕以后,单击【Calculate】进行求解,这需要一段时间,请耐心等待。

第16章 多物理场耦合分析

20. 创建后处理

(1) 在菜单栏上单击【File】→【Save Project】,保存项目。

(2) 在菜单栏上单击【File】→【Close Fluent】,退出 Fluent 环境,然后回到 Workbench 主界面。

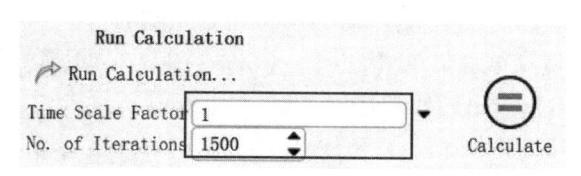

图 16-22 求解设置

(3) 右击流体动力学分析【Results】→【Edit...】进入后处理系统。

(4) 双击【fluid】→【Details of "fluid"】→【Instancing】→【Number of Graphical Instances】= 3,【Instance Definition】= Custom,选择【Full Circle】,单击【Apply】,后处理设置如图 16-23 所示。选择【Blade】,可以改变 Blade 的显示,如图 16-24 所示。

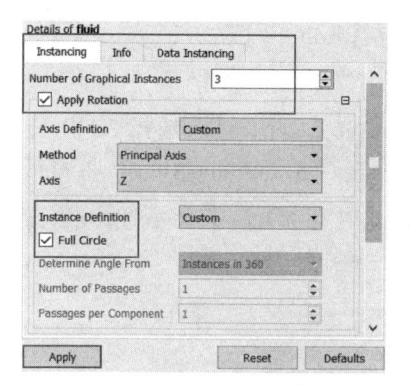

图 16-23 后处理设置

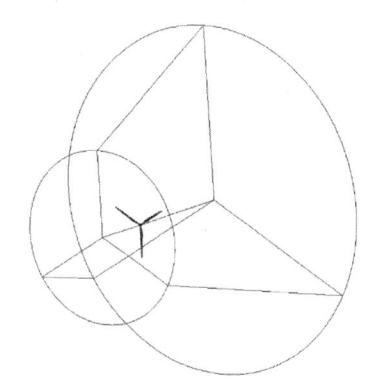

图 16-24 Blade 显示

(5) 查看速度矢量云图。在工具栏上单击【Vector】并采用默认名,在几何选项中的域【Domains】中选择 All Domains,位置【Locations】栏后单击【...】选项,在弹出的位置选择器里选择 blade;样点【Sampling】= Equally Spaced,【#of Points】= 300,在变量【Variable】栏后单击【...】选项,在弹出的变量选择器中选择 Velocity in Stn Frame,其他默认,单击【Apply】,可以查看速度矢量云图,如图 16-25 所示。

(6) 查看压力云图。在工具栏上单击【Contour】并采用默认名,在几何选项中的域【Domains】中选择 All Domains,在位置【Locations】栏后单击【...】选项,在弹出的位置选择器里选择 blade;在变量【Variable】栏后单击【...】选项,在弹出的变量选择器中选择 Pressure,【#of Contour】= 200,在 Render 标签下,取消选择 Lighting,其他默认,单击【Apply】,可以查看压力云图,如图 16-26 所示。

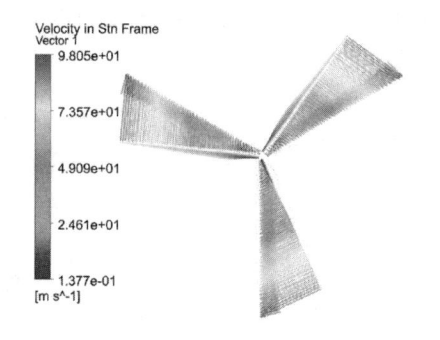

图 16-25 速度矢量云图

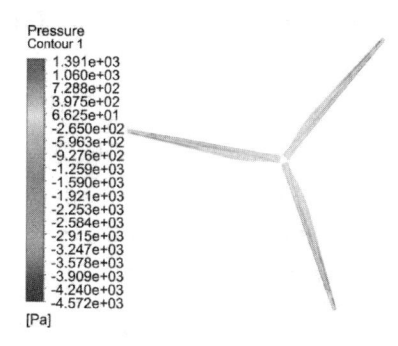

图 16-26 压力云图

（7）退出流体动力学分析后处理环境。单击菜单【File】→【Close CFD-Post】退出后处理环境，返回到 Workbench 主界面。

21. 创建耦合分析

在 Fluent 上右击【Solution】单元，从弹出的快捷菜单中选择【Transfer Data To New】→【Static Structural】，即创建静力分析，如图 16-27 所示。

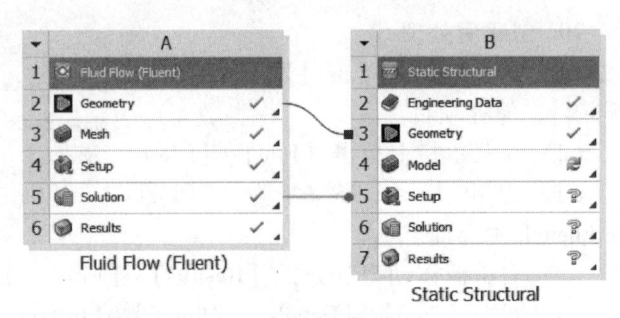

图 16-27 创建耦合分析

22. 创建材料参数

（1）编辑工程数据单元，右击【Engineering Data】→【Edit...】。

（2）在工程数据属性中添加材料。在 Workbench 的工具栏上单击 进入工程材料库，此时的界面显示【Engineering Data Sources】和【Outline of Favorites】。选择 A4 栏【General materials】，从【Outline of General materials】里查找铜合金【Aluminum Alloy】材料，然后单击【Outline of General Material】表中的添加按钮 ，此时在 C4 栏中显示标示 ，表明材料添加成功，如图 16-28 所示。

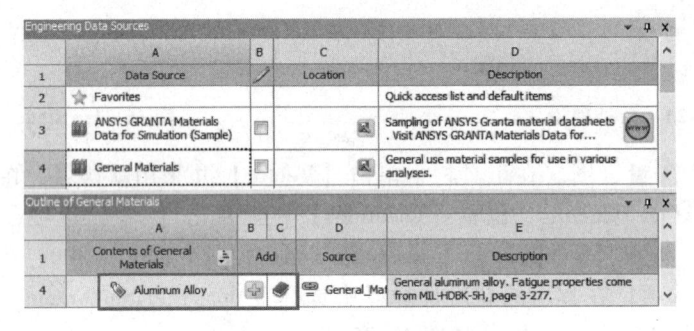

图 16-28 添加材料

（3）单击工具栏中的【B2：Engineering Data】关闭按钮，返回到 Workbench 主界面，新材料添加完毕。

23. 进入 Mechanical 网格划分环境

（1）在静态结构分析上右击【Mesh】→【Edit...】进入 Mechanical 分析环境。

（2）在 Mechanical 的环境主页【Home】功能区单位【Units】中选择单位为 Metric（m, kg, N, s, V, A）。

24. 定义局部坐标

在导航树上右击【Coordinate Systems】→【Insert】→【Coordinate System】→【Details of "Coordinate System"】→【Origin】→【Define By】=Global Coordinates。

25. 为几何模型分配材料及厚度

（1）为叶片分配材料。在导航树上单击【Geometry】展开→【Blade FEA】→【Details of "Blade FEA"】→【Material】→【Assignment】=Aluminum Alloy，【Coordinate System】=Coordinate System，其他默认。

（2）为叶片面分配厚度。展开【Blade FEA】，选择 9 个【Surface Body】→【Details of "Multiple Selection"】→【Definition】→【Thickness】= 0.001m。

（3）右击【Fluid】→【Suppress Body】。

26. 为叶片体添加厚度

（1）设置 Blade surface 厚度。右击【Geometry】→【Insert】→【Thickness】→【Details of "Thickness"】→【Scope】→【Scoping Method】= Named Selection，【Named Selection】= Blade surface，【Definition】→【Thickness】= Tabular Data，然后输入如图 16-29 所示的数据。

（2）设置 Rib 厚度。右击【Geometry】→【Insert】→【Thickness】→【Details of "Thickness"】→【Scope】→【Scoping Method】= Named Selection，【Named Selection】= Rib，【Definition】→【Thickness】= Tabular Data，然后输入如图 16-30 所示的数据。

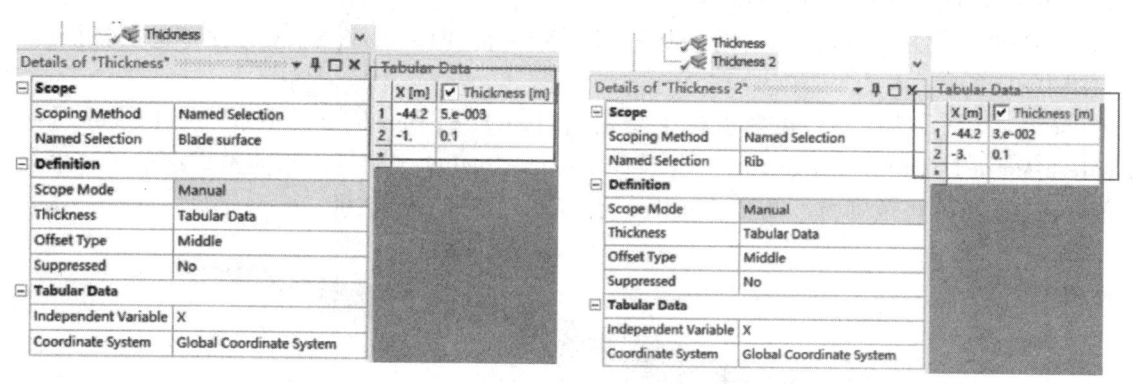

图 16-29 设置 Blade surface 厚度

图 16-30 设置 Rib 厚度

27. 创建远端点

在标准工具栏上单击选择边线图标，右击【Model (B4)】→【Insert】→【Remote Point】→【Details of "Remote Point"】→【Scope】→【Scoping Method】= Named Selection，【Named Selection】= Root，【X Coordinate】= 0m，【Y Coordinate】= 0m，【Z Coordinate】= 0m，【Behavior】= Rigid，如图 16-31 所示。

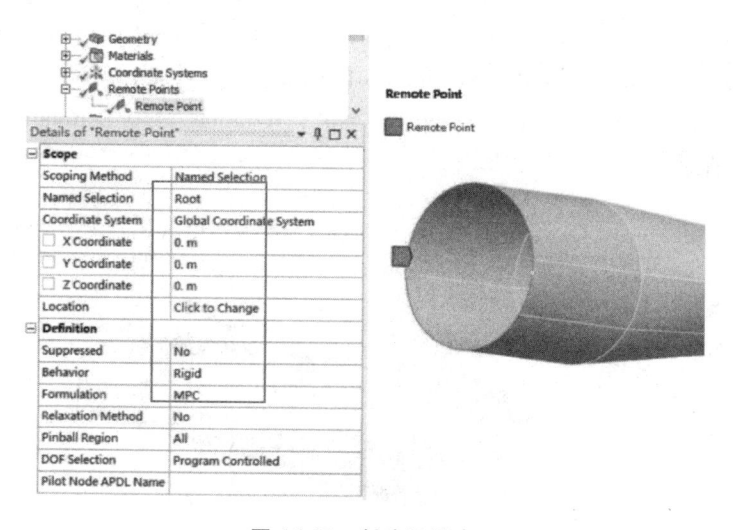

图 16-31 创建远端点

28. 接触设置

在导航树上单击展开【Connections】，右击【Contact】→【Delete】。

29. 划分网格

（1）在导航树上单击【Mesh】→【Details of "Mesh"】→【Sizing】→【Use Adaptive Sizing】= Yes；【Resolution】= 4，其他默认。

（2）右击【Mesh】→【Insert】→【Method】→【Face Meshing】→【Details of "Face Meshing"】→【Scope】→【Scoping Method】= Named Selection，【Named Selection】= Root 其他默认。

（3）在标准工具栏上单击 ▣，选择所有面（按住<Ctrl>+<A>），右击【Mesh】，从弹出的快捷菜单中选择【Insert】→【Sizing】，【Face Sizing】→【Details of "Face Sizing" -Sizing】→【Definition】→【Element Size】= 0.2m。

（4）生成网格。右击【Mesh】→【Generate Mesh】，图形区域显示程序生成的网格模型，如图 16-32 所示。

（5）网格质量检查。在导航树上单击【Mesh】→【Details of "Mesh"】→【Quality】→【Mesh Metric】= Orthogonal Quality，显示 Orthogonal Quality 规则下网格质量详细信息，平均值处在良好的水平范围内，展开【Statistics】显示网格和节点数量。

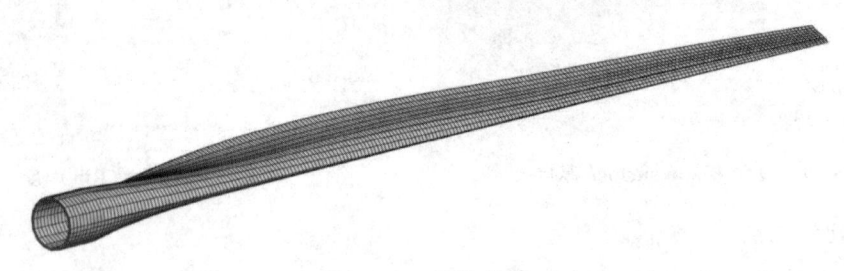

图 16-32 网格模型

30. 施加边界条件

（1）在导航树上单击【Static Structural（B5）】。

（2）设置远端位移。在环境功能区上单击【Supports】→【Remote Displacement】，【Remote Displacement】→【Details of "Remote Displacement"】→【Scope】→【Scoping Method】= Remote Point，【Named Selection】= Remote Point，【Definition】→【X Component】= 0m，【Y Component】= 0m，【Z Component】= 0m，Rotation X = 0°，Rotation Y = 0°，Rotation Z = 0°，其他默认，如图 16-33 所示。

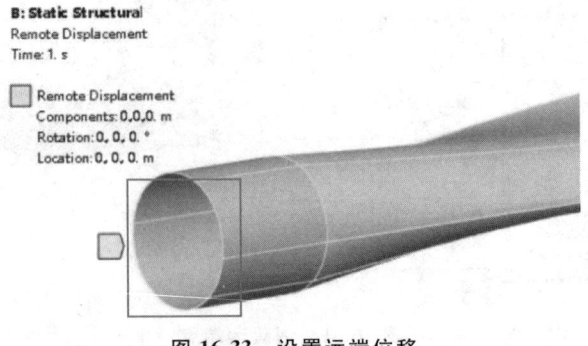

图 16-33 设置远端位移

(3) 设置旋转速度。单击【Inertial】→【Rotational Velocity】→【Details of "Rotational Velocity"】→【Definition】→【Define By】= Components,【X Component】= 0rad/s,【Y Component】= 0rad/s,【Z Component】= -2.22rad/s,【X Coordinate】= 0m,【Y Coordinate】= 0m,【Z Coordinate】= 0m, 如图 16-34 所示。

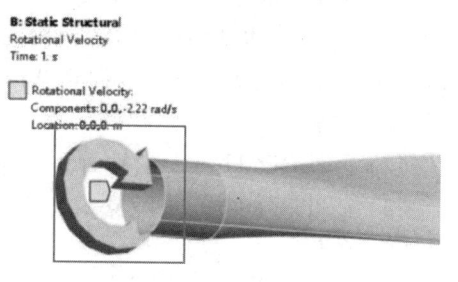

图 16-34 设置旋转速度

(4) 右击【Imported Load（A5）】→【Insert】→【Pressure】,【Imported Pressure】→【Details of "Imported Pressure"】→【Scope】→【Scoping Method】= Named Selection,【Named Selection】= Blade Surface,【Transfer Definition】→【CFD Surface】= blade, 右击【Imported Load（A5）】→【Import Load】。

31. 设置需要的结果

(1) 在导航树上单击【Solution（B6）】。

(2) 在 Mechanical 环境求解功能区单击【Deformation】→【Total】。

(3) 在 Mechanical 环境求解功能区单击【Stress】→【Equivalent（von-Mises）】。

32. 求解与结果显示

(1) 在 Mechanical 环境求解功能区单击 进行求解运算。

(2) 运算结束后, 单击【Solution（B6）】→【Total Deformation】, 图形区域显示得到的叶片总变形分布云图, 如图 16-35 所示; 单击【Solution（B6）】→【Equivalent Stress】, 显示叶片等效应力分布云图, 如图 16-36 所示。

图 16-35 叶片总变形分布云图

图 16-36 叶片等效应力分布云图

33. 保存与退出

(1) 退出流体动力学分析后处理环境。单击 CFD-Post 主界面的菜单【File】→【Close CFD-Post】退出后处理环境返回到 Workbench 主界面,此时主界面的项目分析流程图中显示的分析已完成。

(2) 单击 Workbench 主界面上的【Save】按钮,保存所有分析结果文件。

(3) 退出 Workbench 环境。单击 Workbench 主界面的菜单【File】→【Exit】退出主界面,完成分析。

16.1.3 结果分析与点评

本实例是某型风机叶片单向气流流固耦合分析,从分析结果来看,叶片最大变形在叶尖处,这是因为它是展向长、弦向短、柔性好的细长弹性体。叶片变形随着风轮半径的减小而减小,从叶尖到叶根呈现梯度分布,最大变形为 0.83052m,而叶片总长为 43m,变形量仅占叶片长度的 1.93%,这对叶片的工作产生的影响可忽略。叶片迎风面和背风面的压力不等,使叶片在旋转方向的合力不为 0,也正是这个作用效果使风力发电机产生转动。叶片应力最大处主要靠近叶尖部,且这些区域流场模拟显示压力最大,可见与流场分析结果吻合。本实例为单向耦合,分析顺序是先进行流场分析然后进行固体场分析,并把流场分析的结果作为固体场分析的边界条件进行分析,该方法应用可扩展多个场合应用。

16.2 某燃气轮机机座热流固耦合分析

16.2.1 问题与重难点描述

1. 问题描述

某型燃气轮机机座结构由支承板、轴承座和外缸体组成,各部件之间用焊接或螺栓连接,机座模型如图 16-37 所示。机座材料为铁镍高温合金 GH4169,其密度为 8240kg/m³,弹性模量为 1.999e11Pa,泊松比为 0.3。机座工作时受到高温高压高速气体作用,试求该机座支承板在高温高压高速气体作用下的变形与应力分布。

2. 重难点提示

本实例重难点在于机座与高温高压高速气体间的热流固耦合作用,包括机座稳态温度场求解、固体结构边界施加、耦合求解及后处理。

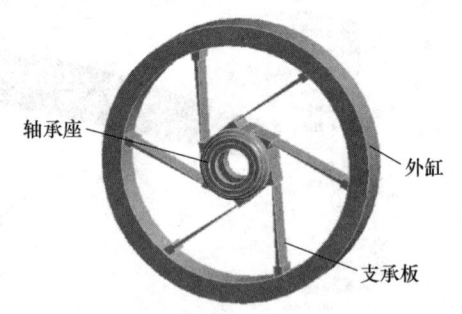

图 16-37 机座模型

16.2.2 实例详细解析过程

1. 启动 Workbench

在"开始"菜单中执行 ANSYS 2024R1/R2→Workbench 2024R1/R2 命令。

2. 创建耦合分析

(1) 在工具箱【Toolbox】的【Component Systems】中双击或拖动流体动力学分析

【CFX】到项目分析流程图。

(2) 在 CFX 上右击【Solution】单元,从弹出的快捷菜单中选择【Transfer Data To New】→【Steady-State Thermal Setup】,即创建稳态热分析;接着右击稳态热分析的【Solution】单元,从弹出的快捷菜单中选择【Transfer Data To New】→【Static Structural】,即创建静力分析,如图 16-38 所示。

(3) 在 Workbench 的工具栏中单击【Save】,保存项目实例名称为 Tangential struts.wbpj。如工程实例文件保存在 D:\AWB\Chapter16 文件夹中。

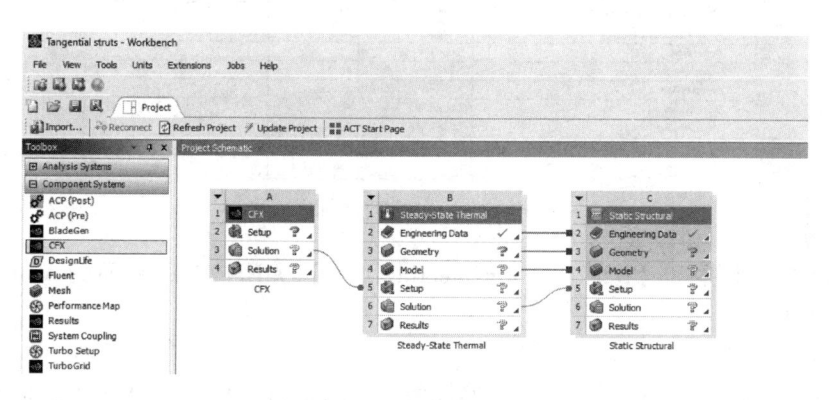

图 16-38 创建耦合分析

3. 导入求解模型

(1) 在流体动力学分析上右击【Setup】→【Import Case】→【Browse】,找到模型文件 Thermal fluid.res,打开导入几何模型。如模型文件在 D:\AWB\Chapter16 文件夹中。

(2) 右击【Solution】→【Update】,导入求解模型。

4. 创建材料参数

(1) 编辑工程数据单元,在稳态热分析上右击【Engineering Data】→【Edit...】。

(2) 在工程数据属性中创建新材料:【Outline of Schematic B2,C2:Engineering Data】→【Click here to add a new material】,输入新材料名称 GH4169。

(3) 在左侧单击【Physical Properties】展开,双击【Density】,设置【Properties of Outline Row 3:Gh4169】→【Table of Properties Row 3:Density】→【Density】= 8240kg m^-3。

(4) 双击【Isotropic Secant Coefficient of Thermal Expansion】→【Properties of Outline Row 3:Gh4169】→【Isotropic Secant Coefficient of Thermal Expansion】→【Coefficient of Thermal Expansion】= 1.84E-05C^-1。

(5) 在左侧单击【Linear Elastic】展开,双击【Isotropic Elasticity】,设置【Properties of Outline Row 3:GH4169】→【Young's Modulus】= 1.999E+11Pa。

(6) 设置【Properties of Outline Row 3:GH4169】→【Poisson's Ratio】= 0.3。

(7) 输入导热系数参数。在左侧单击【Thermal】展开,双击【Isotropic thermal Conductivity】,设置【Properties of Outline Row 4:GH4169】→【Isotropic thermal Conductivity】= 28.5Wm^-1C^-1。

(8) 输入比热容参数。在左侧单击【Thermal】展开,双击【Specific Heat】,设置【Properties of Outline Row 3:GH4169】→【Specific Heat】= 654.8J kg^-1C^-1,如图 16-39 所示。

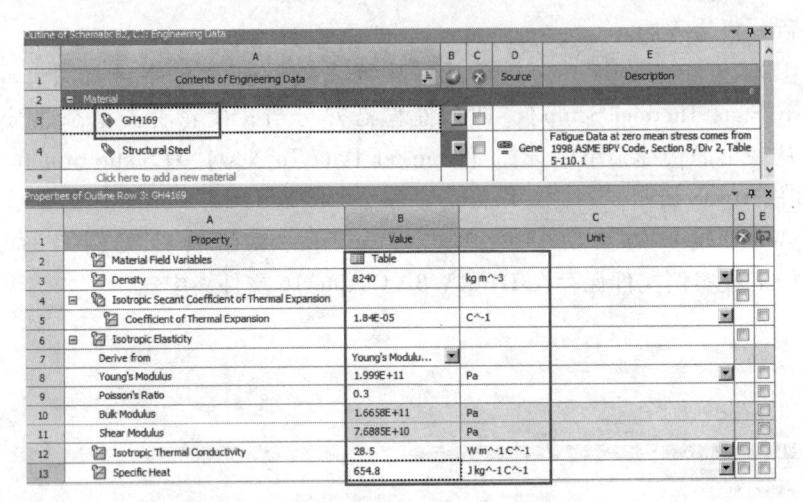

图 16-39 创建新材料

（9）单击工具栏中的【B2，C2：Engineering Data】关闭按钮，返回到 Workbench 主界面，新材料创建完毕。

5. 导入几何

在稳态热分析上右击【Geometry】→【Import Geometry】→【Browse】，找到模型文件 Tangential struts. agdb，打开导入几何模型。如模型文件在 D：\AWB \ Chapter16 文件夹中。

6. 进入 Mechanical 分析环境

（1）在稳态热分析上右击【Model】→【Edit...】进入 Mechanical 分析环境。

（2）在 Mechanical 的环境主页【Home】功能区单位【Units】中选择单位为 Metric（m，kg，N，s，V，A）。

7. 为几何模型分配材料

单击【Model】→【Geometry】→【Arc struts】→【Detail of "Tangential struts"】→【Material】→【Assignment】= GH4169。

8. 划分网格

（1）在导航树上单击【Mesh】→【Details of "Mesh"】→【Sizing】→【Use Adaptive Sizing】= Yes，【Resolution】= 4，其他默认。

（2）在标准工具栏上单击选择体图标，选择机座模型，然后在导航树上右击【Mesh】，从弹出的快捷菜单中选择【Insert】→【Method】→【Details of "Automatic Mesh"】→【Definition】→【Method】→【Hex Dominant】，其他默认。

（3）在标准工具栏上单击，选择机座模型，然后在导航树上右击【Mesh】，从弹出的快捷菜单中选择【Insert】→【Sizing】→【Details of "Body Sizing" - Sizing】→【Definition】→【Element Size】= 50mm，其他默认。

（4）生成网格。右击【Mesh】→【Generate Mesh】，图形区域显示程序生成的网格模型，如图 16-40 所示。

（5）网格质量检查。在导航树上单击【Mesh】→【Details of "Mesh"】→【Quality】→【Mesh Metric】= Skewness，显示 Skewness 规则下网格质量详细信息，平均值处在良好的水平

范围内,展开【Statistics】显示网格和节点数量。

9. 施加边界条件

(1) 在导航树上单击【Steady-State Thermal (B5)】。

(2) 设置流体载荷。右击【Imported Load (A3)】→【Temperature】,【Imported Body Temperature】→【Details of "Imported Temperature"】→【Scope】→【Scoping Method】= Named Selection,【Named Selection】= Arc surface,【Transfer Definition】→【CFD Surface】= jizuo cool side 2,右击【Imported Load (A5)】→【Import Load】。

10. 设置需要的结果

(1) 在导航树上单击【Solution (B6)】。

(2) 在 Mechanical 环境求解功能区单击【Thermal】→【Temperature】。

11. 求解与结果显示

(1) 在 Mechanical 环境求解功能区单击 ⚡ 进行求解运算。

(2) 运算结束后,单击【Solution (B6)】→【Temperature】,图形区域显示得到的机座温度分布云图,如图 16-41 所示。

图 16-40 网格模型

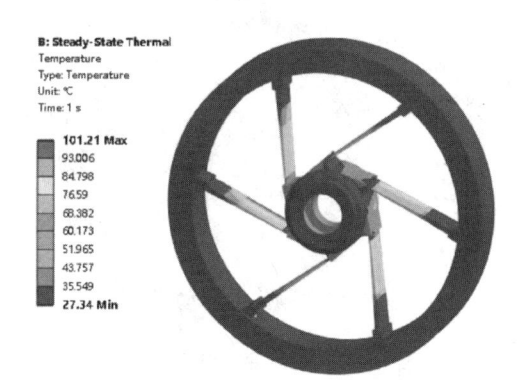

图 16-41 机座温度分布云图

12. 施加边界条件

(1) 在导航树上单击【Static Structural (C5)】。

(2) 施加约束。机座外缸两端面分别施加固定约束与位移约束,单击选择面图标 ▶,选择机座前端面,然后在环境功能区上单击【Supports】→【Fixed Support】,如图 16-42 所示;接着选择机座后端面,在环境功能区上单击【Supports】→【Displacement】→【Details of "Displacement"】→【Definition】,【X Component】= 0mm,【Y Component】= 0mm,【Z Component】= Free,如图 16-43 所示。

13. 设置需要的结果

(1) 在导航树上单击【Solution (C6)】。

(2) 在 Mechanical 环境求解功能区单击【Deformation】→【Total】。

(3) 在 Mechanical 环境求解功能区单击【Stress】→【Equivalent (von-Mises)】。

14. 求解与结果显示

(1) 在 Mechanical 环境求解功能区单击 ⚡ 进行求解运算。

(2) 运算结束后,单击【Solution (C6)】→【Total Deformation】,图形区域显示分析得到

的整体变形分布云图，如图 16-44 所示；单击【Solution（C6）】→【Equivalent Stress】，显示整体等效应力分布云图，如图 16-45 所示。

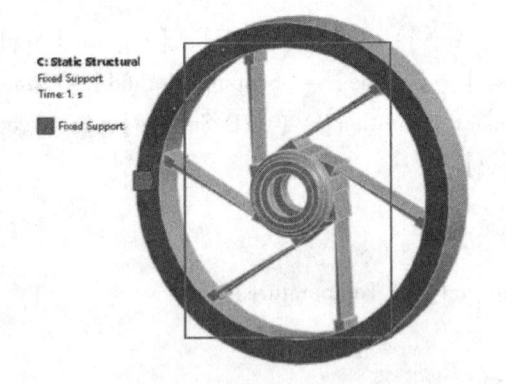

图 16-42　施加固定约束

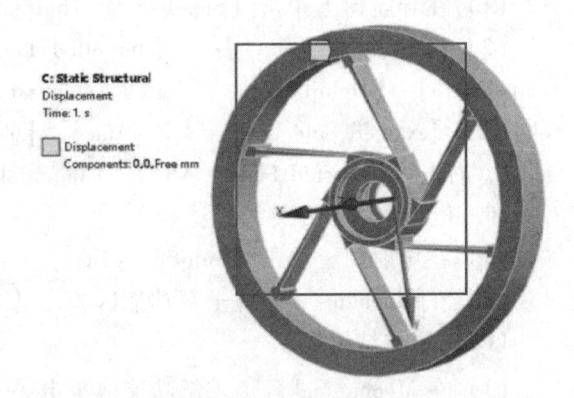

图 16-43　施加位移约束

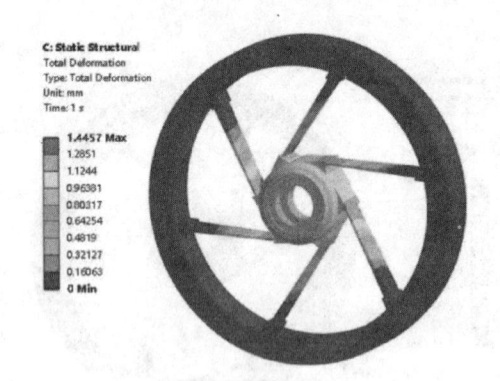

图 16-44　整体变形分布云图

图 16-45　整体等效应力分布云图

15. 保存与退出

（1）退出 Mechanical 分析环境。单击 Mechanical 主界面的菜单【File】→【Close Mechanical】退出分析环境，返回到 Workbench 主界面，此时主界面的项目分析流程图中显示的分析已完成。

（2）单击 Workbench 主界面上的【Save】按钮，保存所有分析结果文件。

（3）退出 Workbench 环境。单击 Workbench 主界面的菜单【File】→【Exit】退出主界面，完成分析。

16.2.3　结果分析与点评

本实例是某燃气轮机机座热流固耦合分析，从分析结果来看，高温高压高速气体对机座的影响较大，机座 6 个支承板起着支承轴承座的作用。从分析过程来看，首先进行热流场分析（采用预先分析结果文件），其次把热流场分析结果导入结构场进行稳态温度场分析，最后把稳态温度场结果导入结构场进行静力场分析，最终实现机座的热流固耦合分析。本实例直接采用热流场分析的结果文件，减少了繁琐叙述，但分析过程完整，方法值得借鉴。

16.3 振动片双向流固耦合分析

16.3.1 问题与重难点描述

1. 问题描述

某振动片的材料为聚乙烯,大端面受到约束,小端面自由,平面受到力载荷,载荷数据在分析中体现,除此之外,振动片还受到 6m/s 的黏性水流冲击,振动片及流体域模型如图 16-46 所示。试求振动片在外力载荷及流体作用下所受到的应力。

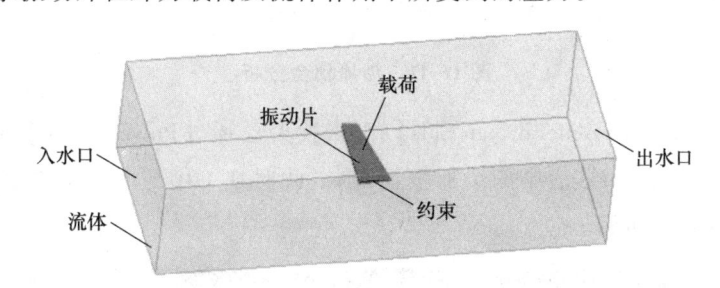

图 16-46 振动片及流体域模型

2. 重难点提示

本实例重难点在于振动片与水流的双向流固耦合作用,包括物理模型创建、边界施加、流体求解及后处理、固体结构边界施加与求解、双向耦合设置、耦合求解及后处理。

16.3.2 实例详细解析过程

1. 启动 Workbench

在"开始"菜单中执行 ANSYS 2024R1/R2→Workbench 2024R1/R2 命令。

2. 创建耦合分析

(1) 在工具箱【Toolbox】的【Analysis Systems】中双击或拖动结构瞬态分析【Transient Structural】到项目分析流程图。

(2) 在工具箱【Toolbox】的【Analysis Systems】中双击或拖动流体动力学分析【Fluid Flow (Fluent)】到项目分析流程图。

(3) 在工具箱【Toolbox】的【Component Systems】中双击或拖动耦合分析【System Coupling】到项目分析流程图。

(4) 创建关联。按住结构瞬态分析 Geometry 与流体动力学分析 Geometry 关联,然后将结构瞬态分析 Setup 和流体动力学分析 Setup 都与耦合分析 Setup 关联,如图 16-47 所示。

(5) 在 Workbench 的工具栏中单击【Save】,保存项目实例名称为 Vibrating plate.wbpj。如工程实例文件保存在 D:\AWB\Chapter16 文件夹中。

3. 创建材料参数

(1) 编辑工程数据单元,右击结构瞬态分析【Engineering Data】→【Edit...】。

(2) 在工程数据属性中添加材料:在 Workbench 的工具栏上单击 进入工程材料库,此时的界面显示【Engineering Data Sources】和【Outline of Favorites】。选择 A4 栏【General

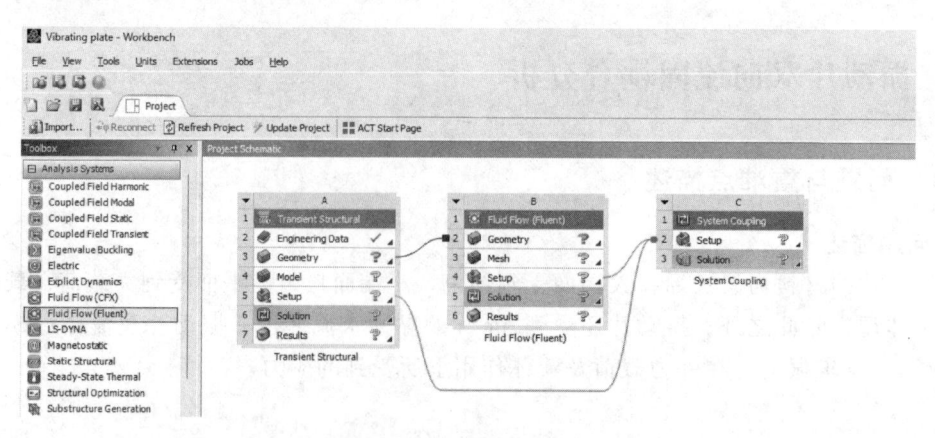

图 16-47 创建耦合分析

materials】，从【Outline of General materials】里查找聚乙烯【Polyethylene】材料，然后单击【Outline of General Material】表中的添加按钮，此时在 C10 栏中显示标示，表明材料添加成功，如图 16-48 所示。

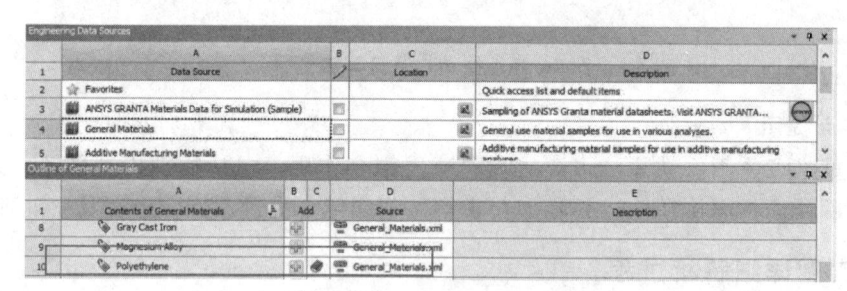

图 16-48 添加材料

(3) 单击工具栏中的【A2：Engineering Data】关闭按钮，返回到 Workbench 主界面，新材料添加完毕。

4. 导入几何模型

在结构瞬态分析上右击【Geometry】→【Import Geometry】→【Browse】，找到模型文件 Vibrating plate.agdb，打开导入几何模型。如模型文件在 D:\AWB\Chapter16 文件夹中。

5. 进入 Mechanical 分析环境

(1) 在结构瞬态分析上右击【Model】→【Edit...】进入 Mechanical 分析环境。

(2) 在 Mechanical 的环境主页【Home】功能区单位【Units】中选择单位为 Metric（mm，kg，N，s，mV，mA）。

6. 为几何模型分配材料

(1) 为平板分配材料。在导航树上单击【Geometry】展开→【Plate】→【Details of "Plate"】→【Material】→【Assignment】=Polyethylene，其他默认。

(2) 右击【Fluid domain】→【Suppress Body】。

7. 划分网格

(1) 在导航树上单击【Mesh】→【Details of "Mesh"】→【Sizing】→【Resolution】= 6；【Quality】→【Smoothing】= High，其他默认。

第16章 多物理场耦合分析

（2）生成网格。右击【Mesh】→【Generate Mesh】，图形区域显示程序生成的网格模型，如图16-49所示。

（3）网格质量检查。在导航树上单击【Mesh】→【Details of "Mesh"】→【Quality】→【Mesh Metric】= Skewness，显示Skewness规则下网格质量详细信息，平均值处在良好的水平范围内，展开【Statistics】显示网格和节点数量。

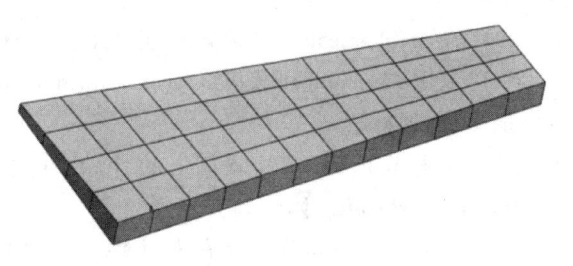

图16-49 网格模型

8. 施加边界条件

（1）在导航树上单击【Transient（A5）】。

（2）单击【Analysis Settings】→【Details of "Analysis Settings"】→【Step Controls】→【Step End Time】= 10，【Auto Time Stepping】= Off，【Define By】= Substeps，【Number Substeps】= 10，其他默认。

（3）施加约束。在标准工具栏上单击，再分别选择平板侧边大端面，然后在环境功能区上单击【Supports】→【Fixed Support】，如图16-50所示。

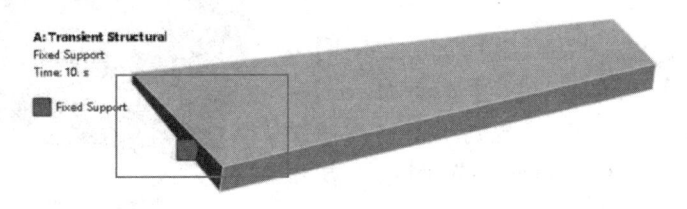

图16-50 施加约束

（4）施加面力。设置力载荷参考方向：在标准工具栏上单击，然后选择平板表面，接着在环境功能区上单击【Loads】→【Force】→【Details of "Force"】→【Definition】→【Define By】= Vector，设置【Direction】方向为箭头指向表面沿Y轴方向（参考视图坐标系），如图16-51所示；设置力载荷数据：【Magnitude】= Tabular，然后在表格中输入如图16-52所示的数据。

图16-51 设置力载荷参考方向　　图16-52 设置力载荷数据

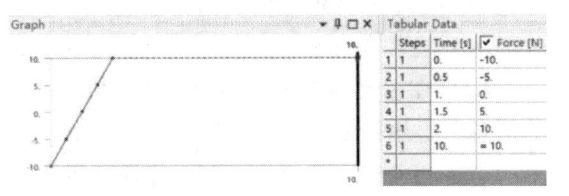

（5）设置流固耦合结合面。在环境功能区上单击【Loads】→【Fluid Solid Interface】→【Details of "Fluid Solid Interface"】→【Scope】→【Scoping Method】= Named Selection，【Named Selection】= Solid Fluid Interface。

9. 设置需要的结果及退出Mechanical

（1）在导航树上单击【Solution（A6）】。

（2）在 Mechanical 环境求解功能区单击【Stress】→【Equivalent Stress】。

（3）退出 Mechanical 分析环境。单击 Mechanical 主界面的菜单【File】→【Close Mechanical】退出分析环境。

（4）单击 Workbench 主界面上的【Save】按钮，保存设置文件。

10. 进入 Meshing 网格划分环境

（1）在流体动力学分析上右击【Mesh】→【Edit】进入 Meshing 网格划分环境。

（2）在 Meshing 的环境主页【Home】功能区单位【Units】中选择单位为 Metric（mm，kg，N，s，mV，mA）。

11. 抑制平板模型

在导航树上单击【Geometry】展开，右击【Plate】→【Suppress Body】。

12. 划分网格

（1）在导航树上单击【Mesh】→【Details of "Mesh"】→【Sizing】→【Use Adaptive Sizing】= No，【Capture Curvature】= Yes，【Quality】→【Smoothing】= High，其他默认。

（2）生成网格。右击【Mesh】→【Generate Mesh】，图形区域显示程序生成的四面体网格模型，如图 16-53 所示。

（3）网格质量检查。在导航树上单击【Mesh】→【Details of "Mesh"】→【Quality】→【Mesh Metric】= Aspect Ratio，显示 Aspect Ratio 规则下网格质量详细信息，平均值处在良好的水平范围内，展开【Statistics】显示网格和节点数量。

图 16-53 四面体网格模型

（4）单击主菜单【File】→【Close Meshing】。

（5）返回 Workbench 主界面，右击流体动力学分析【Mesh】，从弹出的快捷菜单中选择【Update】升级，把数据传递到下一单元中。

13. 进入 Fluent 环境

右击流体动力学分析【Setup】，从弹出的快捷菜单中选择【Edit】，启动 Fluent 界面，设置双精度【Double Precision】，然后单击【OK】进入 Fluent 环境。

14. 进入 Fluent 环境及网格检查

（1）在控制面板上选择【General】→【Mesh】→【Check】，命令窗口出现所检测的信息。

（2）在控制面板上选择【General】→【Mesh】→【Report Quality】，命令窗口出现所检测的信息，显示网格质量处于较好的水平。

（3）单击 Ribbon 功能区【Domain】→【Info】→【Size】，命令窗口出现所检测的信息，显示网格节点数量为 20738 个。

15. 指定求解类型

单击 Ribbon 功能区【Physics】，选择时间为瞬态【Transient】，求解类型为压力基【Pressure-Based】，速度方程为绝对值【Absolute】，如图 16-54 所示。

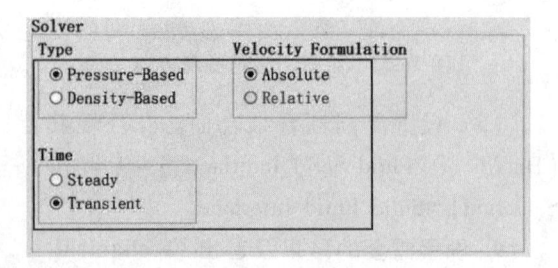

图 16-54 指定求解类型

16. 湍流模型

单击 Ribbon 功能区【Physics】→【Viscous...】→【Viscous Model】→【k-epsilon（2eqn）】,【k-epsilon Model】= Realizable,【Near-Wall Treatment】= Scalable Wall Functions, 其他默认, 单击【OK】退出对话框, 如图 16-55 所示。

17. 设置材料属性

选择材料：单击 Ribbon 功能区【Setting Up Physics】→【Materials】→【Create/Edit...】, 在弹出的对话框中单击【Fluent Database...】, 从弹出的对话框中选择【water-liquid（h2o<1>）】, 之后单击【Copy】→【Close】关闭窗口, 如图 16-56 所示。设置材料属性：返回【Create/Edit Materials】对话框,【Fluent Fluid Materials】= water-liquid（h20<1>）, 然后单击【Close】关闭【Create/Edit Materials】对话框, 如图 16-57 所示。

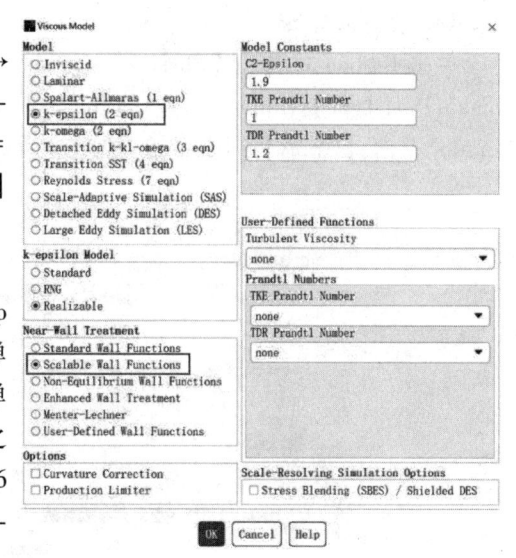

图 16-55 湍流模型

图 16-56 选择材料

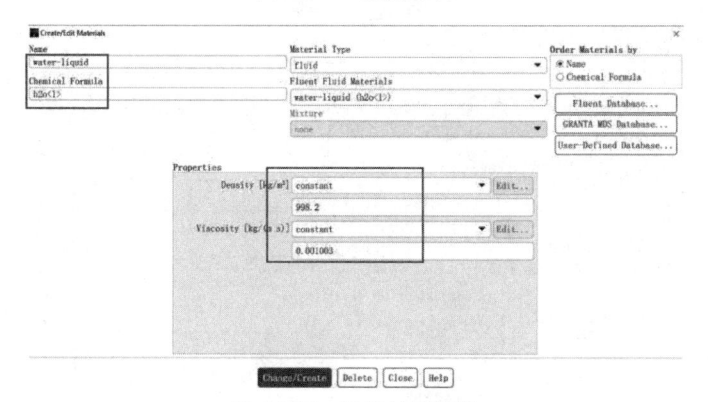

图 16-57 设置材料属性

18. 设置流体域

单击 Ribbon 功能区【Physics】→【Zones】→【Cell Zones】→【Task Page】→【Zone】→【fluid_domain】→【Type】=fluid，单击【Edit...】，在弹出的对话框中设置【Material Name】= water-liquid，单击【Apply】→【Close】关闭对话框，如图 16-58 所示。

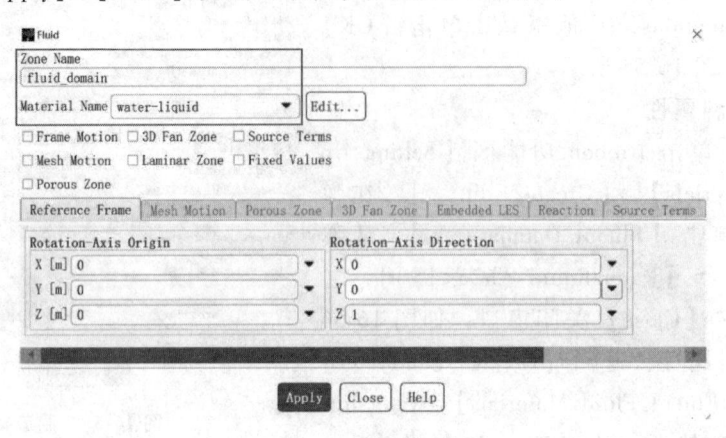

图 16-58　设置流体域

19. 设置边界条件

（1）设置耦合壁面。单击 Ribbon 功能区【Physics】→【Boundaries】→【Zone】→【fluid solid interface】→【Type】= wall，单击【Edit...】，保持弹出的对话框中的设置，单击【Apply】→【Close】关闭对话框，如图 16-59 所示。

（2）设置入口边界。单击【Zone】→【inlet】→【Type】= Velocity-inlet，单击【Edit...】，在弹出的对话框中设置 Velocity Magnitude（m/s）= 6，单击【Apply】→【Close】关闭对话框，如图 16-60 所示。

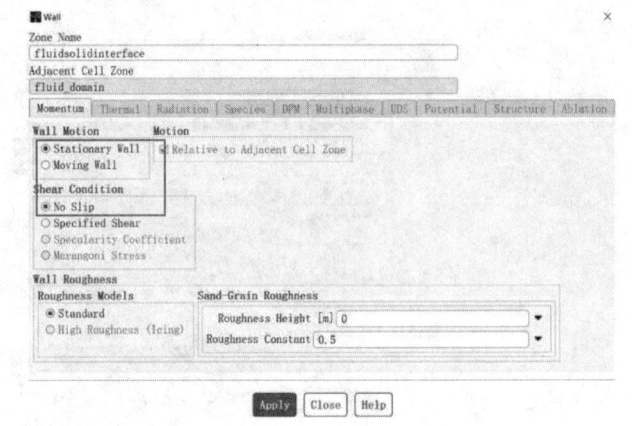

图 16-59　设置耦合壁面

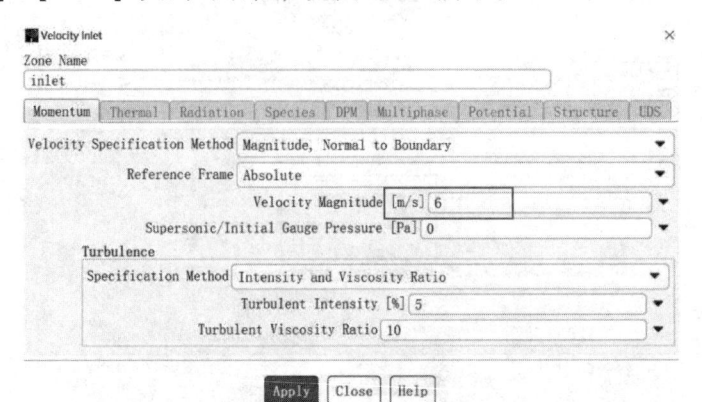

图 16-60　设置入口边界

（3）设置出口边界。单击【Zone】→【outlet】→【Type】= pressure-outlet，单击【Edit...】，保持弹出的对话框中的设置，单击【Apply】→【Close】关闭对话框，如图 16-61 所示。

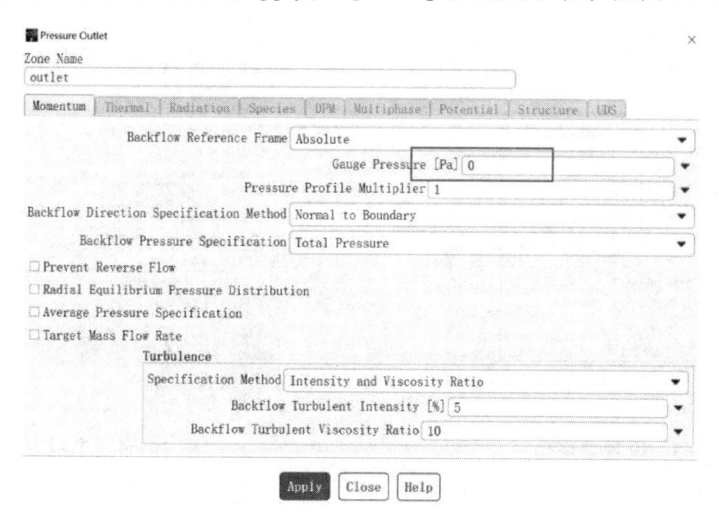

图 16-61　设置出口边界

20. 设置动网格

单击 Ribbon 功能区【Domain】→【Mesh Models】→【Dynamic Mesh】→【Task Page】→选择【Dynamic Mesh】；【Mesh Methods】→【Smoothing】→【Create/Edit...】→【Dynamic Mesh Zones】→【Zone Name】= fluid solid interface，【Type】= System Coupling，单击【Create】→【Close】关闭对话框，如图 16-62 所示。

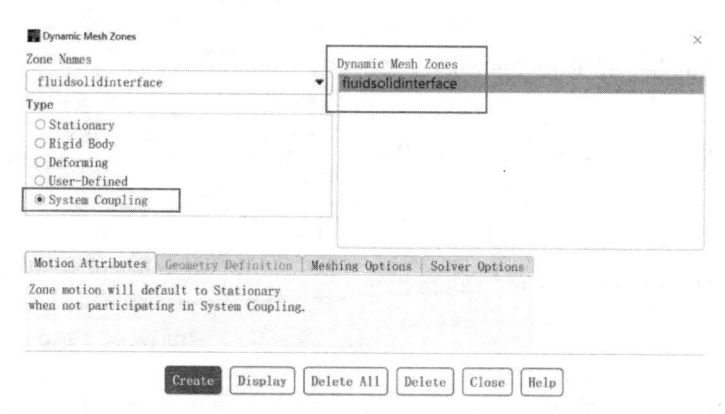

图 16-62　设置动网格

21. 设置参考值

（1）单击 Ribbon 功能区【Physics】→【Reference Values...】，单击【Reference Values】，参数默认，如图 16-63 所示。

（2）在菜单栏上单击【File】→【Save Project】，保存项目。

22. 求解方法设置

单击 Ribbon 功能区【Solution】→【Methods...】，【Task Page】→【Scheme】= Coupled，其他默认，如图 16-64 所示。

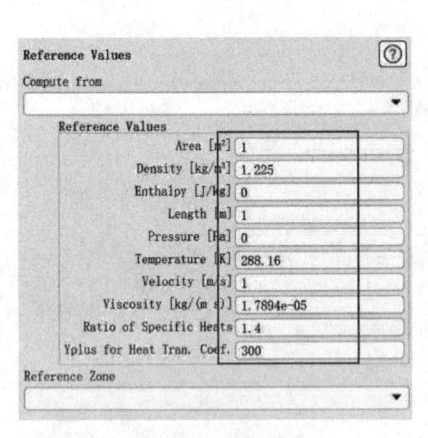

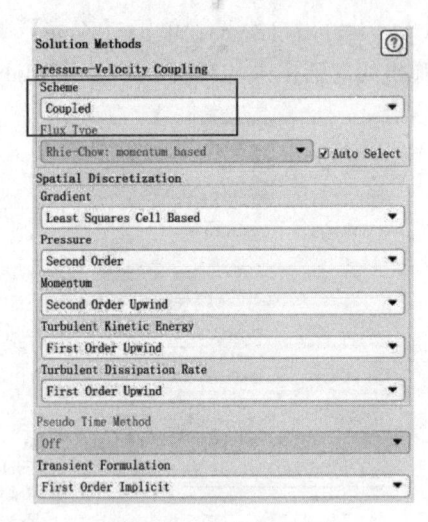

图 16-63　设置参考值　　　　　　　　图 16-64　求解方法设置

23. 初始化

单击 Ribbon 功能区【Solution】→【Initialization】→【Initialize】初始化。

24. 设置自动保存频率

单击 Ribbon 功能区【Solution】→【Activities】→【Mange...】,【Task Page】→【Autosave Every（Time Steps）】= 1，其他默认。

25. 求解时间及退出 Fluent

（1）求解设置。单击 Ribbon 功能区【Solution】→【Run Calculation】→【Time Step Size (s)】= 0.01，【Number of Time Steps】= 250，如图 16-65 所示。

（2）在菜单栏上单击【File】→【Save Project】，保存项目。

（3）在菜单栏上单击【File】→【Close Fluent】，退出 Fluent 环境，然后回到 Workbench 主界面。

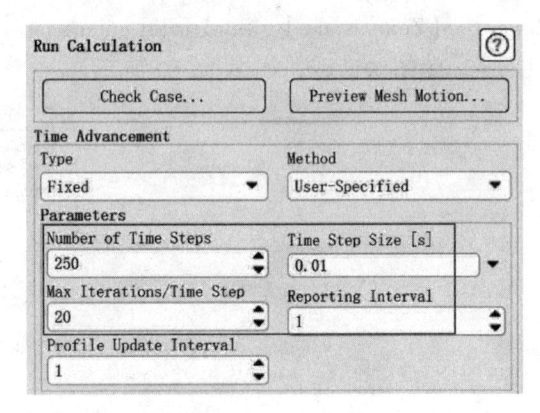

图 16-65　求解设置

26. 升级数据

（1）右击结构瞬态分析【Setup】，从弹出的快捷菜单中选择【Update】升级，把数据传递到耦合分析中。

（2）右击流体动力学分析【Setup】，从弹出的快捷菜单中选择【Update】升级，把数据传递到耦合分析中。

27. 耦合设置

（1）右击耦合分析的【Setup】→【Edit...】进入耦合设置界面。

（2）分别单击【Transient Structural】下的【Fluid Solid Interface】与【Fluid Flow（Fluent）】下的【fluid solid interface】，然后右击选择【Create Data Transfer】创建耦合数据传递，如图 16-66 所示。

(3) 设置耦合持续时间与时步。单击【Analysis Settings】→【Properties of Analysis Settings】→【End Time [s]】= 2.5,【Step Size [s]】= 0.1,如图 16-67 所示,其他默认。

图 16-66 耦合设置界面

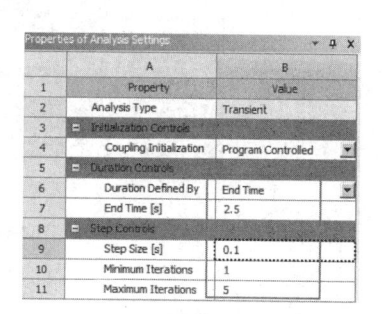

图 16-67 设置耦合持续时间与时步

(4) 设置耦合输出频率。单击【Execute Control】→【Intermediate Restart Data Output】→【Properties of Intermediate Restart Data Output】→【Output Frequency】= At Step Interval,【Step Interval】= 5,如图 16-68 所示。

(5) 右击【Solution】,从弹出的快捷菜单中选择【Update】升级计算。

(6) 单击工具栏中的【C: System Coupling】关闭按钮,返回到 Workbench 主界面,耦合求解完毕。

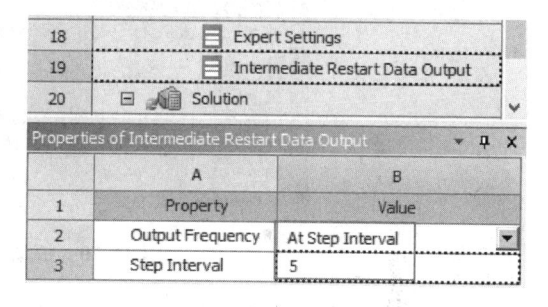

图 16-68 设置耦合输出频率

28. 创建后处理

(1) 在菜单栏上单击【File】→【Save】,保存项目。

(2) 拖动静态结构分析【Solution】到流体动力学分析【Results】使其连接。

(3) 右击流体动力学分析【Results】→【Edit...】进入后处理系统。

(4) 插入平面。在工具栏上单击【Location】→【Plane】并采用默认名,在几何选项中的域【Domains】选择 All Domains,方法【Method】栏后选 ZX Plane,【Y】为 3.5mm,单击【Apply】确定。

(5) 查看振动片的速度云图。在工具栏上单击【Contour】并采用默认名,在几何选项中的域【Domains】选择 All Domains,位置【Locations】栏后单击【...】选项,在弹出的位置选择器里选择 Plane1。在变量【Variable】栏后单击【...】选项,在弹出的变量选择器选择 Velocity,【#of Contours】为 110,其他默认,单击【Apply】,可以看到振动片的速度云图,如图 16-69 所示。

(6) 查看振动片等效应力云图。在工具栏上单击【Contour】并采用默认名,在几何选项中的域【Domains】选择 All Domains,位置【Locations】栏后单击【...】选项,在弹出的位置选择器里选择 Plane1。在变量【Variable】栏后单击【...】选项,在弹出的变量选择器选择 Von Mises Stress，【#of Contours】为 110，其他默认，单击【Apply】，可以看到振动片等效应力云图，如图 16-70 所示。

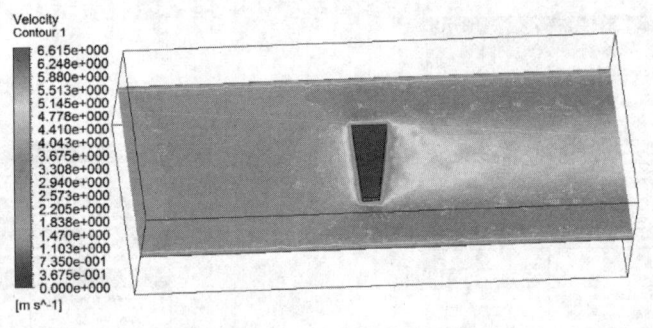

图 16-69　振动片的速度云图

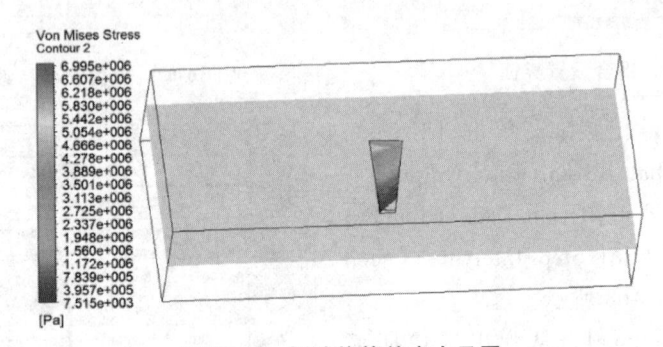

图 16-70　振动片等效应力云图

（7）在菜单栏上单击【File】→【Close CFD-Post】，退出 Fluent 环境，然后回到 Workbench 主界面。

29. 保存与退出

（1）退出 Mechanical 分析环境。单击 Mechanical 主界面的菜单【File】→【Close Mechanical】退出分析环境，返回到 Workbench 主界面，此时主界面的项目分析流程图中显示的分析均已完成。

（2）单击 Workbench 主界面上的【Save】按钮，保存所有分析结果文件。

（3）退出 Workbench 环境。单击 Workbench 主界面的菜单【File】→【Exit】退出主界面，完成分析。

16.3.3　结果分析与点评

本实例是振动片双向流固耦合分析，属于外部流动的双向流固耦合问题，模拟了流体流动对振动片的影响。从分析结果来看，本实例较好地模拟了振动片在流体作用下应力状况，为振动片的优化设计提供了参考。与前两实例不同的是，本实例考虑了耦合的双向性，即流体与固体的相互作用，更接近真实情况。一般情况下，双向耦合为动态耦合，所以本例利用了 Transient Structural 模块和瞬态模式。在本例中，重点是耦合界面设置、动网格设置及耦合求解设置。

第17章 试验探索与拓扑优化分析

17.1 某燃气轮机机座热流固耦合及多目标驱动优化

17.1.1 问题与重难点描述

1. 问题描述

本实例的具体描述请参看第16章16.2节,已知机座的支承板已参数化,对机座的稳定性起着决定性的作用,为了使支承板的各个参数最优,机座模型如图17-1所示,试对支承板参数进行多目标优化。

2. 重难点提示

本实例重难点在于确定优化参数、多目标优化设置、优化求解、优化参数后处理和优化结果验证。

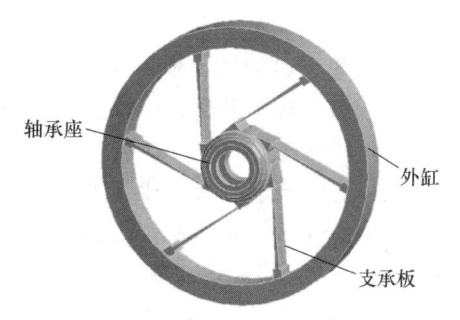

图17-1 机座模型

17.1.2 实例详细解析过程

1. 启动 Workbench

在"开始"菜单中执行 ANSYS 2024R1/R2→Workbench 2024R1/R2 命令。

2. 打开 16.2 节实例分析项目

(1) 在 Workbench 工具栏中单击 Open... 工具,从文件夹中找到名为 Tangential struts.wbpj 的项目工程并打开,如 16.2 实例分析数据文件在 D:\AWB\Chapter16 文件夹中。

(2) 在 Workbench 的工具栏中单击【Save Project As...】,保存项目工程名称为 Tangential strutsOP.wbpj。如工程实例文件保存在 D:\AWB\Chapter17 文件夹中。

3. 进入 Mechanical 分析环境

在静态结构分析上右击【Setup】→【Edit...】进入 Mechanical 分析环境。

4. 提取参数

(1) 提取结果变形参数。在导航树上单击【Solution (C6)】→【Total Deformation】→【Details of "Total Deformation"】→【Results】→【Maximum】,选择结果变形参数框,出现"P"字母,如图17-2所示。

(2) 提取结果应力参数。在导航树上单击【Solution (C6)】→【Equivalent Stress】→【Details of "Equivalent Stress"】→【Results】→【Maximum】,选择结果变形参数框,出现"P"字母,如图17-3所示。

图 17-2　提取结果变形参数

图 17-3　提取结果应力参数

（3）退出 Mechanical 分析环境。单击 Mechanical 主界面的菜单【File】→【Close Mechanical】退出分析环境，返回到 Workbench 主界面。单击 Workbench 主界面上的【Save】按钮，保存所有分析结果文件。

5. 创建多目标优化项目及参数设置

（1）将目标驱动优化模块【Response Surface Optimization】拖入项目流程图，该模块与参数空间自动连接。

（2）在目标驱动优化中，双击试验设计【Design of Experiments】单元格进入。在大纲窗口中单击【Design of Experiments】→【Properties of Outline D2：Design of Experiment】→【Design Type】= Auto Defined。

（3）优化参数设置。在输入参数下，单击【P1-ds_A】→【Properties of Outline A5：P1-ds_A】→【Value】→【Lower Bound】= 0.97，【Upper Bound】= 1.07，如图 17-4 所示。

（4）使用同样的方法，在输入参数下对其他 3 个参数进行限定，分别为：

P2-ds_D = 11.16mm to 12.34 mm；

P3-ds_B = 228mm to 252 mm；

P4-ds_L = 1333.61 mm to 1473.99mm。

（5）在 Workbench 工具栏中选择预览数据【Preview】得到 25 组预览设计点，如图 17-5 所示，单击升级【Update】数据，程序开始运行，可以得到样本设计点参数计算结果，如图 17-6 所示。

图 17-4　优化参数设置

（6）计算完成后，单击工具栏中的【D2：Design of Experiments】关闭按钮，返回到 Workbench 主界面。

6. 响应面设置

（1）在目标驱动优化中，右击响应面【Response Surface】，在弹出的快捷菜单中选择【Refresh】。

（2）双击【Response Surface】进入响应面环境，在大纲窗口中单击响应面【Response Surface】→【Properties of Outline A2：Response Surface】→【Response Surface Type】= Genetic Aggregation，在 Workbench 工具栏中选择升级数据【Update】程序升级计算设计点，响应面类型设置如图 17-7 所示。

图 17-5 25 组预览设计点

图 17-6 样本设计点参数计算结果

(3) 双击【Response Surface】，进入响应面环境，在大纲窗口中单击响应面，【Response Surface】→【Properties of Outline D3：Response Surface】→【Quality】→【Goodness of Fit】，可以查看设计点图，如图 17-8 所示。

(4) 单击【Response Point】→【Properties of Outline A21：Response Point】→【Output Parameters】，显示响应面预测的数值，如图 17-9 所示。

(5) 查看二维响应曲线。在大纲窗口中单击【Response】→【Properties of Outline A22：Response】→【Chart】→【Mode】= 2D，【Axes】→【X Axis】= P4-ds_L，【Y Axis】= P5-Total Deformation Maximum，可以查看最大热变形与支承板长度参数的变化关

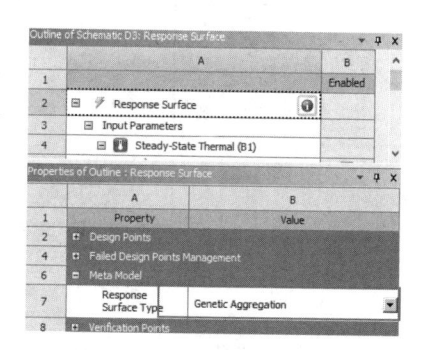

图 17-7 响应面类型设置

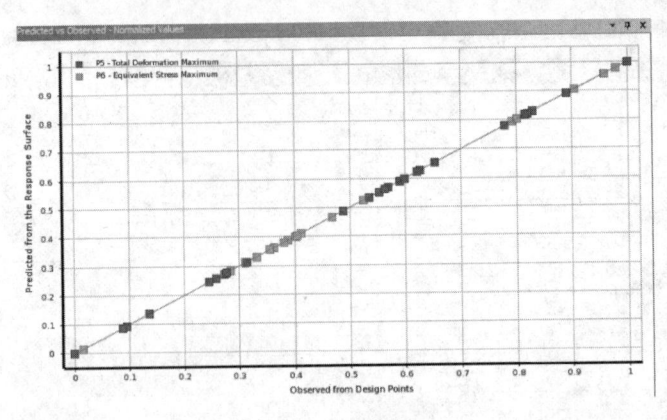

图 17-8 设计点图

系,如图 17-10 所示。同理,设置【Axes】→【X Axis】= P4-ds_L,【Y Axis】= P6-Equivalent Stress Maximum,可以查看最大热应力与支承板长度参数的变化关系,如图 17-11 所示。

图 17-9 响应面预测的数值

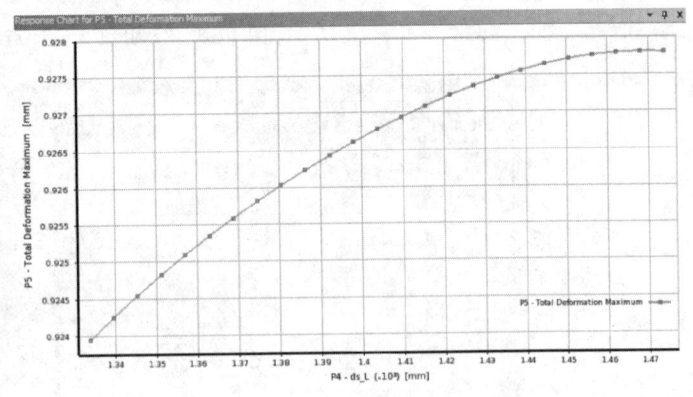

图 17-10 最大热变形与支承板长度参数的变化关系

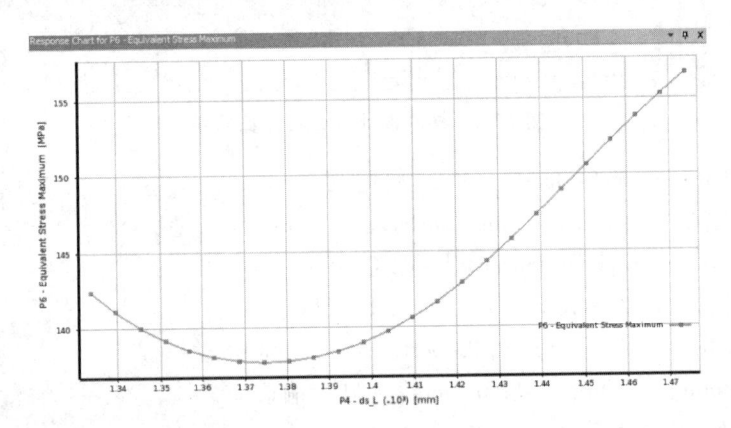

图 17-11 最大热应力与支承板长度参数的变化关系

(6) 查看二维切片。设置【Mode】= 2D Slices,【X Axis】= P2-ds_D,【Slices Axis】= P4-ds_L,【Y Axis】= P6- Equivalent Stress Maximum 可以查看最大热应力与支承板长度和厚度参数的二维切片响应曲线,如图 17-12 所示。

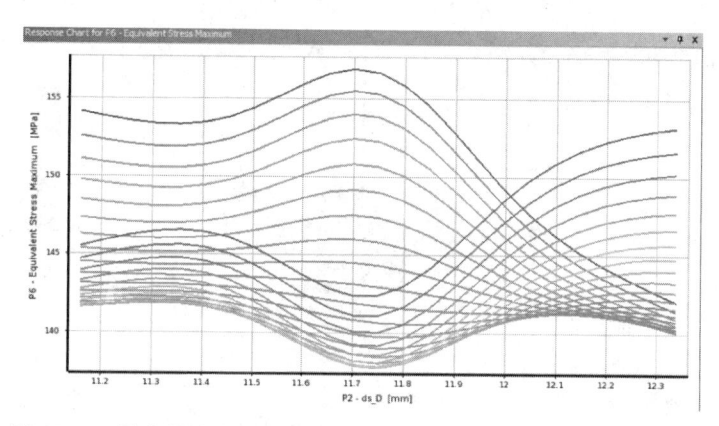

图 17-12　最大热应力与支承板长度和厚度参数的二维切片响应曲线

（7）查看三维响应曲面。设置【Mode】=3D，【Axes】→【X Axis】=P1-ds_A，【Y Axis】=P4-ds_L，【Z Axis】=P6-Equivalent Stress Maximum，可以查看最大热应力与支承板角度和长度参数的响应变化，如图 17-13 所示。同理，【Axes】→【X Axis】=P2-ds_D，【Y Axis】=P4-ds_L，【Z Axis】=P6- Equivalent Stress Maximum，可以查看最大热应力与支承板厚度和长度参数的响应变化，如图 17-14 所示。同理，【Axes】→【X Axis】=P3-ds_B，【Y Axis】=P4-ds_L，【Z Axis】=P6-Equivalent Stress Maximum，可以查看最大热应力与支承板宽度和长度参数的响应变化，如图 17-15 所示。当然，也可任意更换 X 与 Y 轴的参数来对比显示。

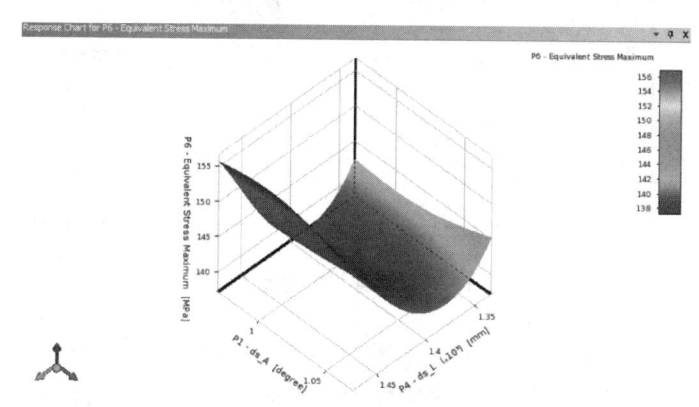

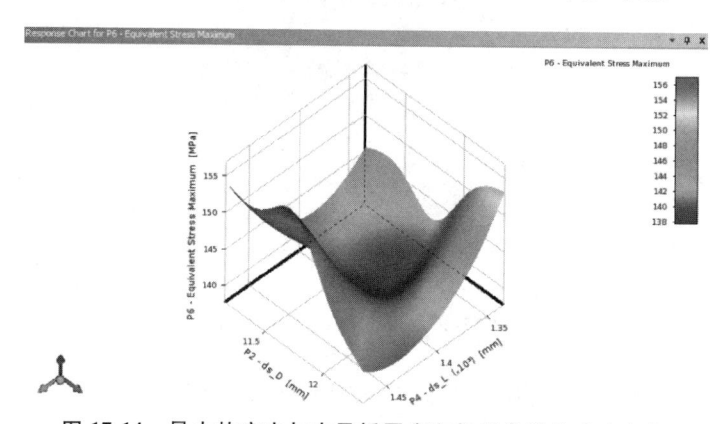

图 17-13　最大热应力与支承板角度和长度参数的响应变化

图 17-14　最大热应力与支承板厚度和长度参数的响应变化

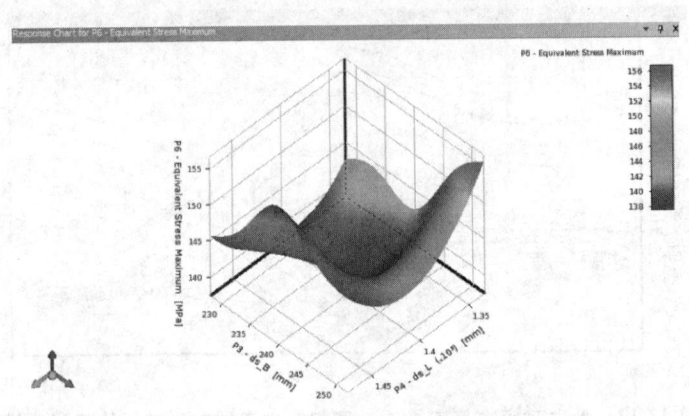

图 17-15 最大热应力与支承板宽度和长度参数的响应变化

（8）在大纲窗口中单击【Local Sensitivity】→【Properties of Outline A23：Local Sensitivity】→【Chart】→【Mode】= Bar，Pipe 可以查看输入参数与结果输出参数之间的局部敏感情况，如图 17-16 和图 17-17 所示。

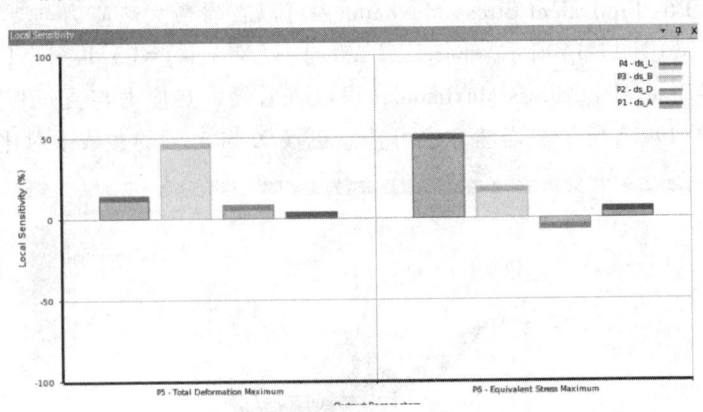

图 17-16 局部灵敏度直方图

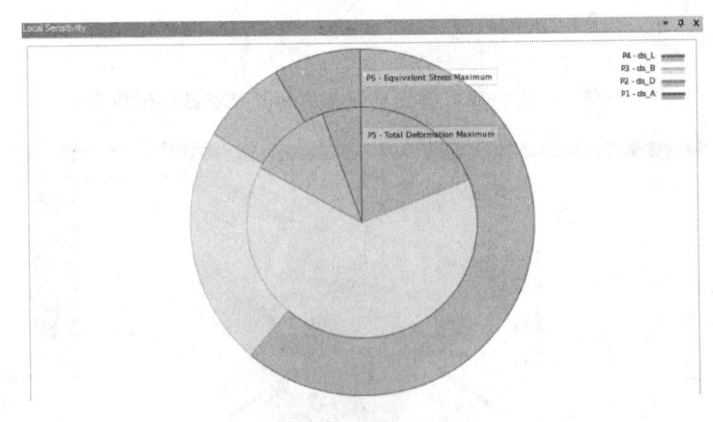

图 17-17 局部灵敏度饼状图

（9）在大纲窗口中单击【Local Sensitivity Curves】→【Properties of Outline A25：Local Sensitivity Curves】→【Axes】→【X Axis】= Input Parameters，【Y Axis】= P6- Equivalent Stress

Maximum，可以查看输入参数与结果之间的局部灵敏度曲线情况，如图 17-18 所示。

（10）在大纲窗口中单击【Spider】，可以查看输出参数之间的蛛状图，如图 17-19 所示。

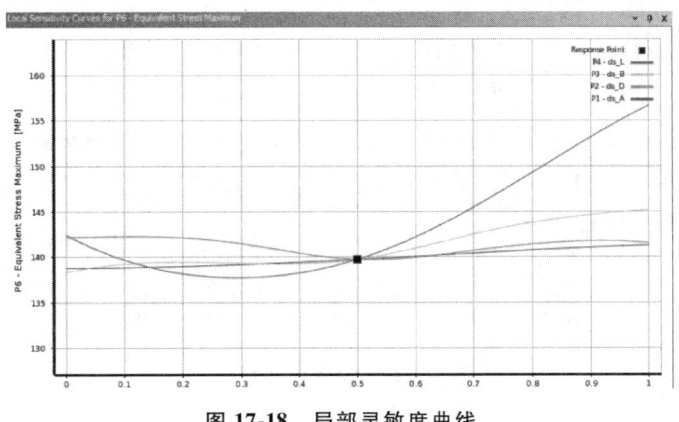

图 17-18　局部灵敏度曲线

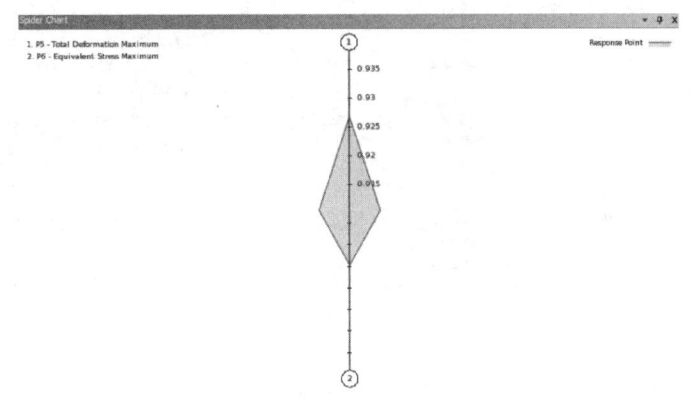

图 17-19　蛛状图

（11）查看完后，单击工具栏中的【B3：Response Surface】关闭按钮，返回到 Workbench 主界面。

7. 目标驱动优化

（1）在目标驱动优化中，右击响应面【Optimization】，在弹出的快捷菜单中选择【Refresh】。

（2）在目标驱动优化中，双击优化设计【Optimization】，进入优化工作空间。

（3）选择优化方法。在【Table of Schematic D4：Optimization】里，【Properties of Outline A2：Optimization】→【Optimization】→【Method Name】= Screening，如图 17-20 所示。

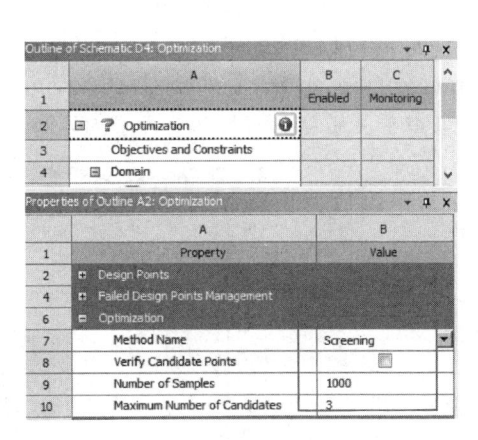

图 17-20　选择优化方法

（4）设置优化目标。单击【Objectives and Constraints】→【Table of Schematic D4：Optimization】优化列表窗口中设置优化目标角度【P1-ds_A】= No Objective，长度【P4-ds_L】=

Maximize，宽度【P3-ds_B】= Minimize，厚度【P2-ds_D】= Minimize，变形【P5- Total Deformation Maximum】= Maximize，【Type】= No Constraint，等效应力【P6-Equivalent Stress Maximum】= Minimize，【Type】= No Constraint，如图 17-21 所示。

（5）在 Workbench 工具栏中，单击【Update】升级优化，使用响应面生成 1000 个样本点，最后程序给出最好的 3 个候选结果，以列表的方式显示在优化候选列表中，如图 17-22 所示。

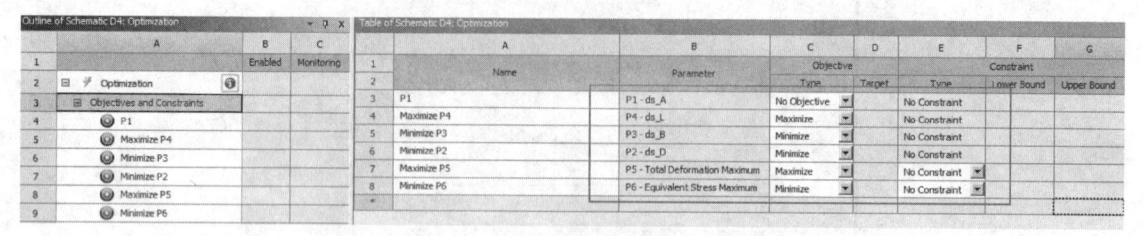

图 17-21　设置优化目标

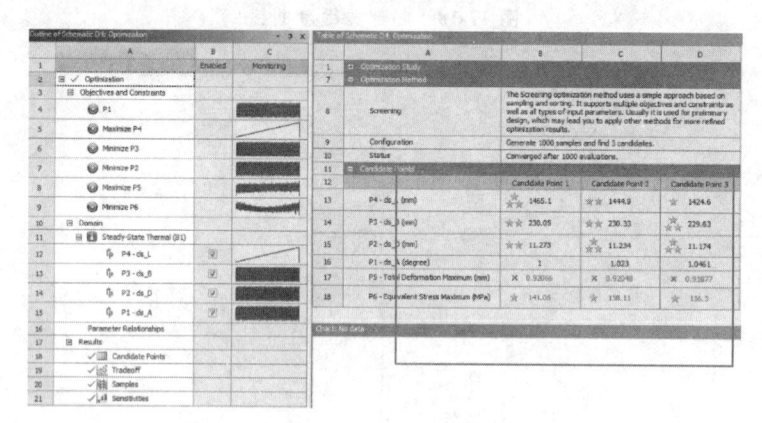

图 17-22　优化候选列表

（6）查看样本点的权衡结果图表。在优化大纲图中，单击【Results】→【Tradeoff】→【Properties of Outline A19：Tradeoff】→【Chart】→Mode = 2D，【Axes】→【X Axis】= P5-Total Deformation Maximum，【Y Axis】= P6-Equivalent Stress Maximum，权衡图如图 17-23 所示。同理，也可查看灵敏度直方图等，如图 17-24 所示。

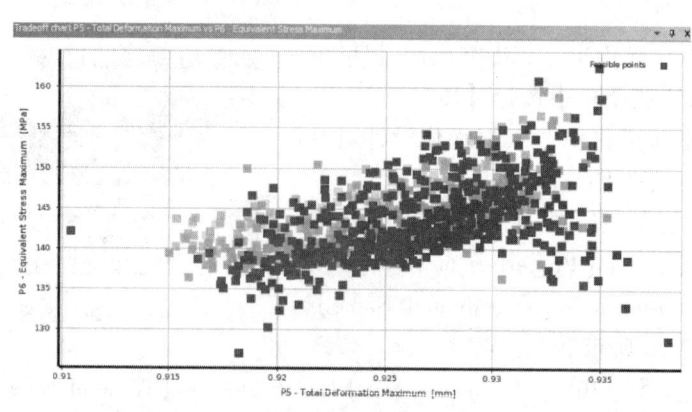

图 17-23　权衡图

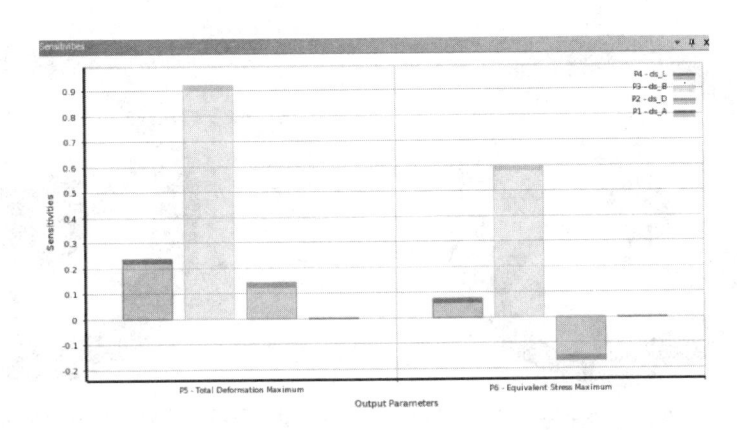

第17章 试验探索与拓扑优化分析

图 17-24 灵敏度直方图

(7) 在候选点的第一组后右击,从弹出的快捷菜单中选择【Insert as Design Point】插入设计点,如图 17-25 所示。

图 17-25 插入设计点

(8) 把更新后的设计点应用到具体的模型中,单击【D4:Optimization】关闭按钮,返回到 Workbench 主界面,双击参数设置【Parameter Set】进入参数工作空间,在更新后的点即 DP1 组后右击,从弹出的快捷菜单中选择【Copy inputs to Current】;然后右击【DP0(Current)】,从弹出的快捷菜单中选择【Update Selected Design Points】 Update Selected Design Points 进行计算。

(9) 计算完后,单击工具栏中的【Parameter Set】关闭按钮,返回到 Workbench 主界面。

8. 观察新设计点的结果

(1) 在 Workbench 主界面的静态结构分析上右击【Result】→【Edit...】进入 Mechanical 分析环境。

(2) 查看优化结果。单击【Solution (C6)】→【Total Deformation】,图形区域显示优化分析得到的优化结果变形云图,如图 17-26 所示;单击【Solution (C6)】→【Equivalent Stress】,显示优化分析得到的优化结果等效应力分布云图,如图 17-27 所示。

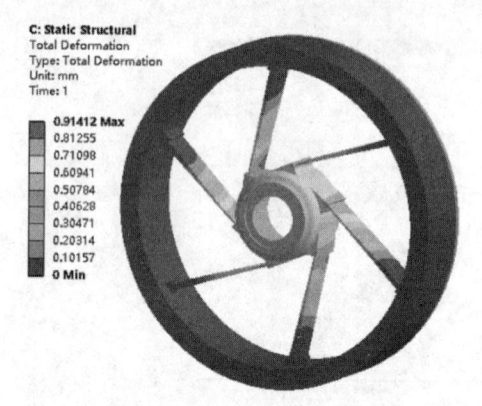

图 17-26 优化结果变形云图 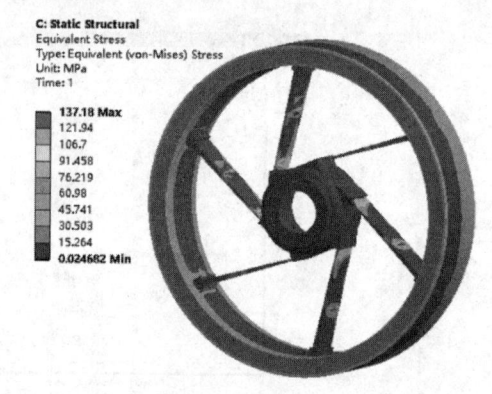　　图 17-27 优化结果等效应力分布云图

9. 保存与退出

（1）退出 Mechanical 分析环境。单击 Mechanical 主界面的菜单【File】→【Close Mechanical】退出分析环境，返回到 Workbench 主界面，此时主界面的项目分析流程图中显示的分析已完成。

（2）单击 Workbench 主界面上的【Save】按钮，保存所有分析结果文件。

（3）退出 Workbench 环境。单击 Workbench 主界面的菜单【File】→【Exit】退出主界面，完成分析。

17.1.3　结果分析与点评

本实例是某燃气轮机机座热流固耦合分析及多目标驱动优化，优化对象是机座支承板的尺寸，目的是在保持机座功能不变的情况下，使整体变形与应力减少。从分析结果来看，尺寸得到了优化，变形与应力分别减小，其中变形从 1.445mm 减小到 0.914mm，减小了 0.531mm；应力从 216.8MPa 减小到 137.18MPa，减小了 79.62MPa，虽然从数值上看减小的不多，但对如此重要的部件，也是很有效的。本实例是一个完整的多目标尺寸参数优化案例，包含由流体传热分析到静态结构分析的全过程；分析过程中进行了优化前分析、参数提取、响应面驱动优化参数设置、优化方法选择、优化求解、优化验证等内容。本例是多物理场耦合分析的优化，也可进行单物理场的多目标优化。

17.2　某圆盘拓扑优化设计分析

17.2.1　问题与重难点描述

1. 问题描述

某圆盘外圆均匀受到 6 个 20000N 的力，内圆面固定，圆盘模型如图 17-28 所示。假设圆盘材料为结构钢，试求在满足使用条件下的最佳优化模型，并进行验证分析。

2. 重难点提示

本实例重难点在于边界设置、优化设置、优化验证和优化结果后处理。

17.2.2 实例详细解析过程

1. 启动 Workbench

在"开始"菜单中执行 ANSYS 2024R1/R2→Workbench 2024R1/R2 命令。

2. 创建静态结构分析

（1）在工具箱【Toolbox】的【Analysis Systems】中双击或拖动静态结构分析【Static Structural】到项目分析流程图，如图 17-29 所示。

（2）在 Workbench 的工具栏中单击【Save】，保存项目实例名称为 Round dish.wbpj。如工程实例文件保存在 D:\AWB\Chapter17 文件夹中。

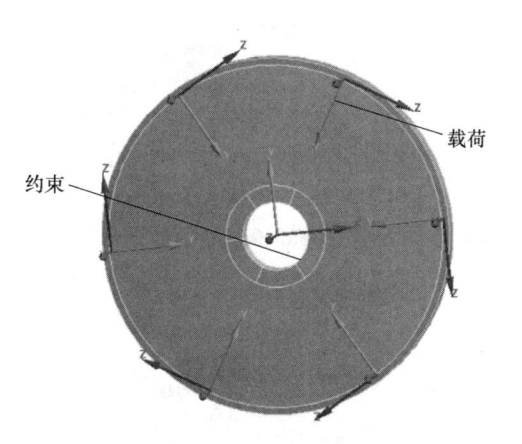

图 17-28 圆盘模型

图 17-29 创建静态结构分析

3. 导入几何模型

在静态结构分析上右击【Geometry】→【Import Geometry】→【Browse】，找到模型文件 Round dish.agdb，打开导入几何模型。如模型文件在 D:\AWB\Chapter17 文件夹中。

4. 进入 Mechanical 分析环境

（1）在静态结构分析上右击【Model】→【Edit...】进入 Mechanical 分析环境。

（2）在 Mechanical 的环境主页【Home】功能区单位【Units】中选择单位为 Metric（mm, kg, N, s, mV, mA）。

5. 为模型分配材料为默认的结构钢

6. 创建名称选择

（1）隐藏中间圆盘 Dish 模型。

（2）选择 Outer 模型内圈线段，右击选择【Create Named Selection】，从弹出对话框中命名为 CS1，然后单击【OK】确定，在大纲树中出现了一组【Named Selections】项，如图 17-30 所示。同理创建名称选择 CS2、

图 17-30 创建名称选择

CS3、CS4、CS5、CS6。

7. 定义局部坐标

(1) 创建第 1 个局部坐标。在导航树上右击【Coordinate Systems】，从弹出的快捷菜单中选择【Insert】→【Coordinate Systems】，【Coordinate Systems】→【Details of "Coordinate Systems"】→【Origin】→【Define By】= Named Selection，【Named Selection】= CS1，【Principal Axis】→【Define By】= Global Z Axis，【Orientation About Principal Axis】→【Define By】= Geometry Selection，【Geometry】选择内圈与之对应的线，然后单击【Apply】，其他默认，如图 17-31 所示。

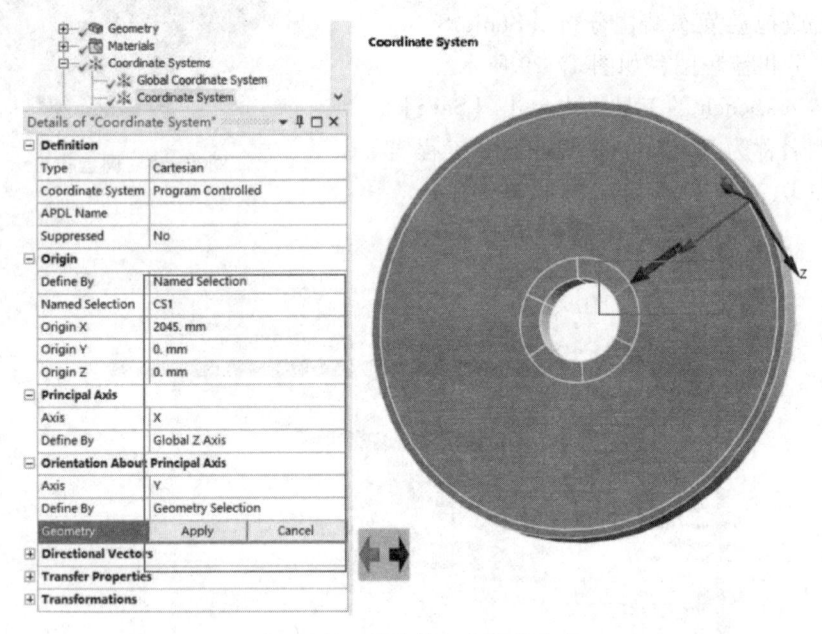

图 17-31 创建第 1 个局部坐标

(2) 创建第 2 个局部坐标。在导航树上右击【Coordinate Systems】，从弹出的快捷菜单中选择【Insert】→【Coordinate Systems】，【Coordinate Systems】→【Details of "Coordinate Systems"】→【Origin】→【Define By】= Named Selection，【Named Selection】= CS2，【Principal Axis】→【Define By】= Global Z Axis，【Orientation About Principal Axis】→【Define By】= Geometry Selection，【Geometry】选择内圈与之对应的线，然后单击【Apply】，其他默认。

(3) 创建第 3 个局部坐标。在导航树上右击【Coordinate Systems】，从弹出的快捷菜单中选择【Insert】→【Coordinate Systems】，【Coordinate Systems】→【Details of "Coordinate Systems"】→【Origin】→【Define By】= Named Selection，【Named Selection】= CS3，【Principal Axis】→【Define By】= Global Z Axis，【Orientation About Principal Axis】→【Define By】= Geometry Selection，【Geometry】选择内圈与之对应的线，然后单击【Apply】，其他默认。

(4) 创建第 4 个局部坐标，在导航树上右击【Coordinate Systems】，从弹出的快捷菜单中选择【Insert】→【Coordinate Systems】，【Coordinate Systems】→【Details of "Coordinate Systems"】→【Origin】→【Define By】= Named Selection，【Named Selection】= CS4，【Principal Axis】→【Define By】= Global Z Axis，【Orientation About Principal Axis】→【Define By】= Geometry Selection，【Geometry】选择内圈与之对应的线，然后单击【Apply】，其他默认。

(5) 创建第 5 个局部坐标，在导航树上右击【Coordinate Systems】，从弹出的快捷菜单中选择【Insert】→【Coordinate Systems】,【Coordinate Systems】→【Details of "Coordinate Systems"】→【Origin】→【Define By】= Named Selection,【Named Selection】= CS5,【Principal Axis】→【Define By】= Global Z Axis,【Orientation About Principal Axis】→【Define By】= Geometry Selection,【Geometry】选择内圈与之对应的线,然后单击【Apply】,其他默认。

(6) 创建第6个局部坐标,在导航树上右击【Coordinate Systems】,从弹出的快捷菜单中选择【Insert】→【Coordinate Systems】,【Coordinate Systems】→【Details of "Coordinate Systems"】→【Origin】→【Define By】= Named Selection,【Named Selection】= CS6,【Principal Axis】→【Define By】= Global Z Axis,【Orientation About Principal Axis】→【Define By】= Geometry Selection,【Geometry】选择内圈与之对应的线,然后单击【Apply】,其他默认,局部坐标显示如图17-32所示。

8. 划分网格

(1) 在导航树上单击【Mesh】→【Details of "Mesh"】→【Sizing】→【Use Adaptive Sizing】= Yes,【Resolution】= 4,其他默认。

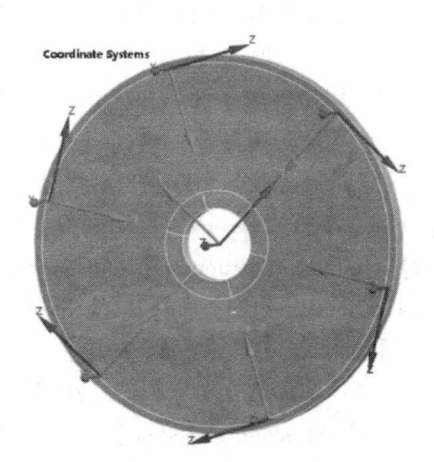

图17-32 局部坐标显示

(2) 在标准工具栏上单击选择体图标,选择Inner和Dish模型,然后在导航树上右击【Mesh】,从弹出的快捷菜单中选择【Insert】→【Method】→【Details of "Automatic Mesh"】→【Definition】→【Method】→【MultiZone】,其他默认。

(3) 在标准工具栏上单击,选择所有模型,然后右击【Mesh】→【Insert】→【Sizing】,【Body Sizing】→【Details of "Body Sizing"-Sizing】→【Definition】→【Element Size】= 100mm。其他默认。

(4) 在标准工具栏上单击,选择Inner和Dish端面,然后右击【Mesh】→【Insert】→【Method】→【Face Meshing】,其他默认,如图17-33所示。

(5) 在标准工具栏上单击,选择圆盘另一所有端面,然后右击【Mesh】→【Insert】→【Method】→【Face Meshing】,其他默认,如图17-34所示。

图17-33 Inner和Dish端面

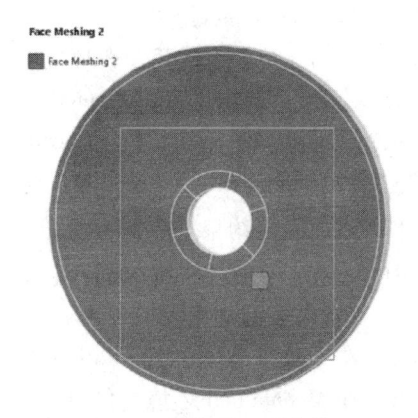

图17-34 圆盘另一所有端面

（6）生成网格。右击【Mesh】→【Generate Mesh】，图形区域显示程序生成的网格模型，如图 17-35 所示。

（7）网格质量检查。在导航树上单击【Mesh】→【Details of "Mesh"】→【Quality】→【Mesh Metric】= Skewness，显示 Skewness 规则下网格质量详细信息，平均值处在良好的水平范围内，展开【Statistics】显示网格和节点数量。

9. 施加边界条件

（1）施加力载荷。单击【Static Structural（A5）】。

（2）施加第 1 个力载荷。在环境功能区单击【Loads】→【Force】→【Details of "Force"】→【Scope】→【Scoping Method】= Named Selection，【Named Selection】= CS1，【Define By】= Components，【Coordinate System】= Coordinate System，【X Component】= 0N，【Y Component】= 20000N，【Z Component】= 0N。

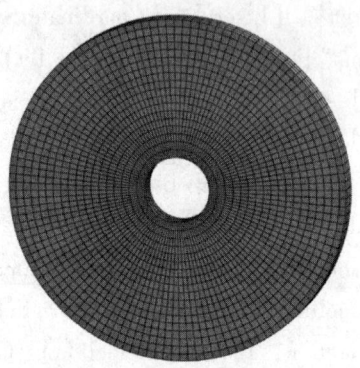

图 17-35　网格模型

（3）施加第 2 个力载荷。在环境功能区单击【Loads】→【Force】→【Details of "Force"】→【Scope】→【Scoping Method】= Named Selection，【Named Selection】= CS2，【Define By】= Components，【Coordinate System】= Coordinate System2，【X Component】= 0N，【Y Component】= 20000N，【Z Component】= 0N。

（4）施加第 3 个力载荷。在环境功能区单击【Loads】→【Force】→【Details of "Force"】→【Scope】→【Scoping Method】= Named Selection，【Named Selection】= CS3，【Define By】= Components，【Coordinate System】= Coordinate System3，【X Component】= 0N，【Y Component】= 20000N，【Z Component】= 0N。

（5）施加第 4 个力载荷。在环境功能区单击【Loads】→【Force】→【Details of "Force"】→【Scope】→【Scoping Method】= Named Selection，【Named Selection】= CS4，【Define By】= Components，【Coordinate System】= Coordinate System4，【X Component】= 0N，【Y Component】= 20000N，【Z Component】= 0N。

（6）施加第 5 个力载荷。在环境功能区单击【Loads】→【Force】→【Details of "Force"】→【Scope】→【Scoping Method】= Named Selection，【Named Selection】= CS5，【Define By】= Components，【Coordinate System】= Coordinate System5，【X Component】= 0N，【Y Component】= 20000N，【Z Component】= 0N。

（7）施加第 6 个力载荷。在环境功能区单击【Loads】→【Force】→【Details of "Force"】→【Scope】→【Scoping Method】= Named Selection，【Named Selection】= CS6，【Define By】= Components，【Coordinate System】= Coordinate System6，【X Component】= 0N，【Y Component】= 20000N，【Z Component】= 0N，力载荷施加完成，如图 17-36 所示。

（8）施加固定约束。首先在标准工具栏上单击 ，选择 Inner 内孔面（共 6 个面），然后在环境功能区单击【Supports】→【Fixed Support】，其他默认，如图 17-37 所示。

10. 设置需要的结果

（1）在导航树上单击【Solution（A6）】。

（2）在 Mechanical 环境求解功能区单击【Deformation】→【Total】。

（3）在 Mechanical 环境求解功能区单击【Stress】→【Equivalent（von-Mises）】。

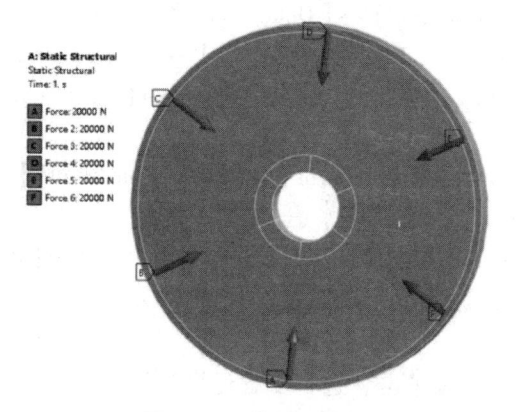

图 17-36 施加力载荷 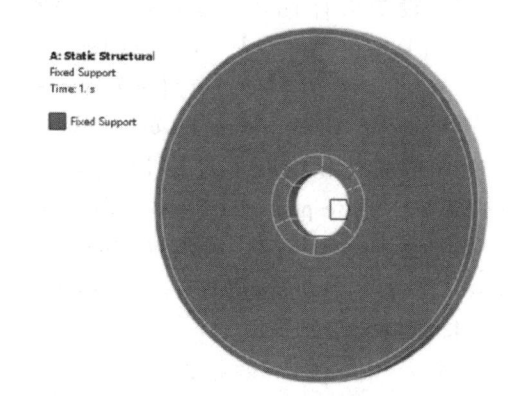　　　　　　　图 17-37 施加固定约束

11. 求解与结果显示

（1）在 Mechanical 环境求解功能区单击 ⚡ 进行求解运算。

（2）运算结束后，单击【Solution（A6）】→【Total Deformation】，图形区域显示结构分析得到的圆盘结构变形分布云图，如图 17-38 所示；单击【Solution（A6）】→【Equivalent Stress】，显示圆盘结构等效应力分布云图，如图 17-39 所示。

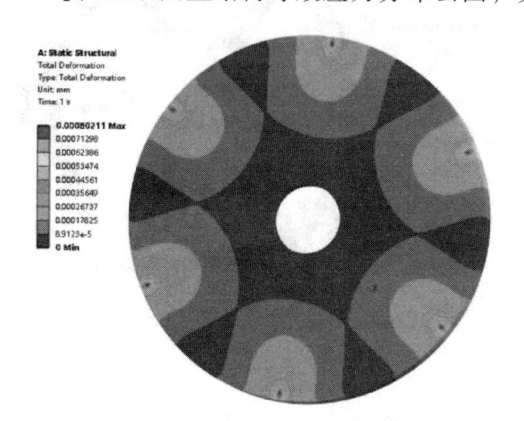

图 17-38 圆盘结构变形分布云图 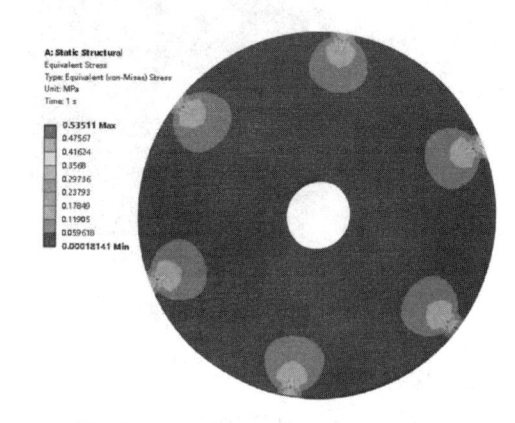　　　　　　　图 17-39 圆盘结构等效应力分布云图

12. 创建拓扑优化分析

（1）右击静态结构分析【Solution】→【Transfer Data To New】→【Topology Optimization】到项目分析流程图，创建拓扑优化分析，如图 17-40 所示。

（2）返回进入 Multiple System-Mechanical 分析环境。

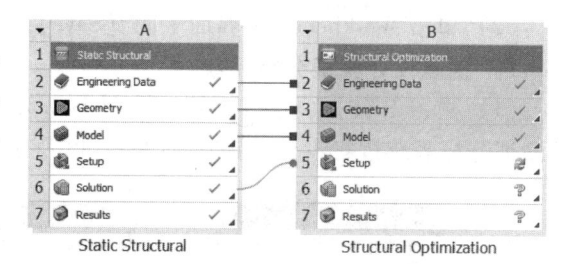

图 17-40 创建拓扑优化分析

13. 拓扑优化设置

（1）在导航树上单击【Topology Optimization（B5）】→【Analysis Settings】→【Details of "Analysis Settings"】→【Definition】→【Solver Controls】→【Solver Type】= Optimality Criteria，其他默认。

(2) 设置设计优化区域。单击【Optimization Region】→【Details of "Optimization Region"】→【Design Region】→【Geometry】选择 Dish；【Exclusion Region】→【Define By】= Geometry Selection；【Geometry】= 选择 Inner 和 Outlet；【Optimization option】→【Optimization Type】= Topology Optimization - Density Based。

(3) 设置优化约束。单击【Response Constraint】→【Details of "Response Constraint"】→【Definition】→【Response】= Mass，【Percent to Retain】= 35%。

(4) 设置优化目标。单击【Objective】→【Details of "Objective"】→【Definition】→【Response Type】= Compliance，【Goal】= Minimize。拓扑优化边界设置如图 17-41 所示。

14. 求解与结果显示

(1) 在 Multiple System-Mechanical 环境求解功能区单击 ⚡ 进行求解运算。

(2) 运算结束后，单击【Solution（B6）】→【Topology Density】，图形区域显示拓扑优化得到的圆盘结构拓扑密度分布云图，如图 17-42 所示。也可通过设置【Details of "Topology Density"】→【Retained Threshold】= 0.5，显示需保存的区域。设置【Visibility】→【Show Optimized Region】= All Regions。

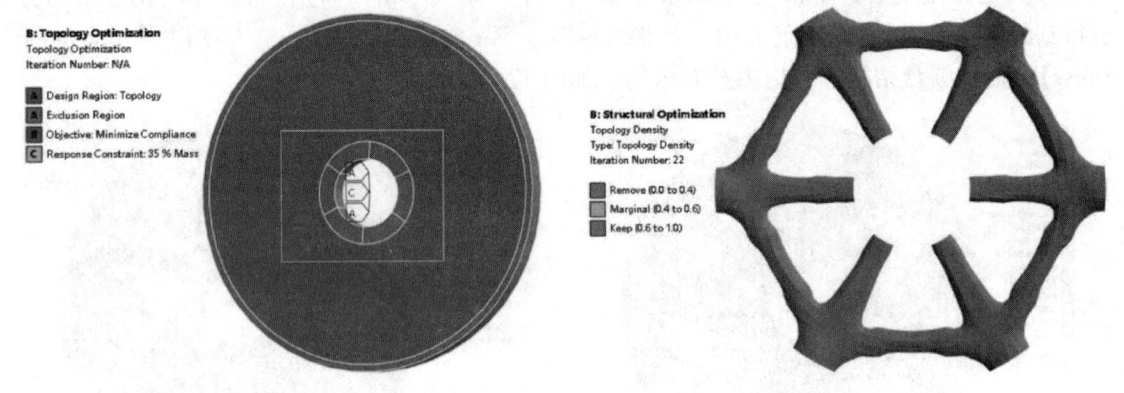

图 17-41　拓扑优化边界设置　　　　图 17-42　圆盘结构拓扑密度分布云图

15. 保存与退出

(1) 退出 Multiple System-Mechanical 分析环境。单击 Mechanical 主界面的菜单【File】→【Close Mechanical】退出分析环境，返回到 Workbench 主界面。

(2) 单击 Workbench 主界面上的【Save】按钮，保存所有分析结果文件。

16. 创建设计验证分析系统

(1) 右击 B 分析项目【Results】→【Transfer to Design Validation System（Geometry）】转移验证分析系统进行设计验证，如图 17-43 所示。

图 17-43　创建设计验证分析系统

（2）右击拓扑优化分析【Results】→【Update】，把数据传递到验证分析。

（3）右击验证分析【Geometry】→【Update】，接收拓扑优化分析数据。

（4）右击验证分析【Geometry】→【Edit Geometry in Discovery...】，进入 Discovery 环境，可以在该环境处理模型和分析。

（5）退出 Discovery 环境。右击【Geometry】→【Edit Geometry in SpaceClaim...】，进入 SpaceClaim 几何工作环境。

17. 优化模型处理

（1）在左侧导航树上展开第一个【SYS-1】包含 Solid，然后右击【SYS\Dish】→【Suppress for Physics】。

（2）激活拓扑优化模型。展开第二个【SYS-1】，右击【Facets】→【Activate for Physics】激活第二个 SYS-1。

（3）检查网格模型。单击 SpaceClaim 主功能区标签【Facets】→【Check Facets】，然后单击图形区域内的整个模型，下方弹出模型信息，显示有错误；单击【Auto Fix】修复模型。

（4）转换实体模型。右击【Facets】→【Convert to Solid】→【Merge faces】，网格模型转化为实体模型，如图 17-44 所示。

（5）单击【File】→【Exit SpaceClaim】退出 SpaceClaim 几何工作环境，返回到 Workbench 主界面。

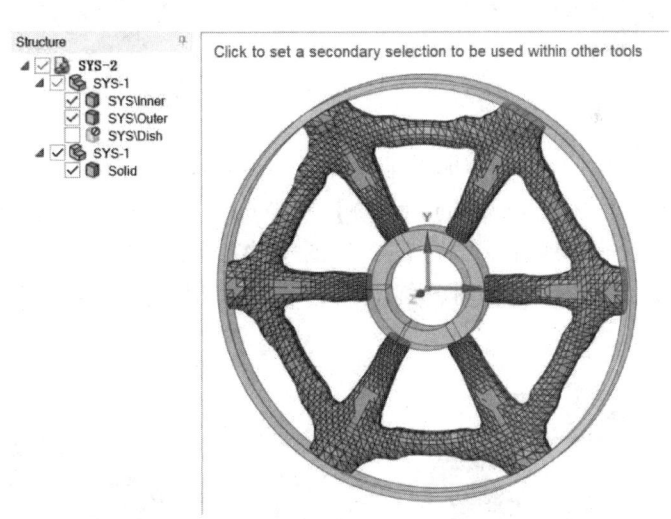

图 17-44 网格模型转化为实体模型

18. 验证分析

（1）右击 C 分析项目【Model】→【Refresh】，接收几何数据。

（2）在静态结构分析项目上右击【Model】→【Edit...】进入 Mechanical 分析环境。

（3）在导航树上单击【Geometry】→【SYS-1\SYS\Inner、SYS-1\SYS\Outer、SYS-1\Solid】→【Details of "Multiple Selection"】→【Material】→【Assignment】=Structural Steel。

（4）右击局部坐标【Coordinate System】→【Suppress】。

（5）接触设置为默认选项。

（6）生成网格。重新选择上步网格划分的设置，其中网格尺寸改为 50mm，删除【MultiZone】多区域、【Face Meshing】面匹配；右击【Mesh】→【Generate Mesh】，图形区域显示程序生成的网格模型，如图 17-45 所示。

（7）网格质量检查。在导航树上单击【Mesh】→【Details of "Mesh"】→【Quality】→【Mesh Metric】= Element Quality，显示 Element Quality 规则下网格质量详细信息，平均值处在良好的水平范围内，展开【Statistics】显示网格和节点数量。

（8）施加固定约束，步骤与 A 分析项目相同。

（9）施加压力载荷。右击【Force】→【Suppress】，选择 Outer 外圆面，接着在环境功能区单击【Loads】→【Pressure】→【Details of "Pressure"】→【Definition】→【Magnitude】= 0.3MPa，如图 17-46 所示。约束静态结构分析相同，重新选择施加位置即可。

图 17-45 网格模型 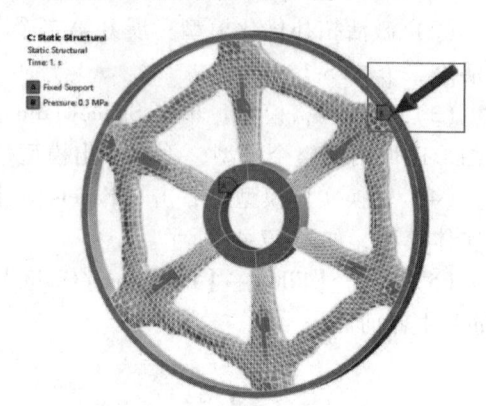　　　　　图 17-46 施加压力载荷

（10）在 Mechanical 环境求解功能区单击 ⚡ 进行求解运算。

（11）运算结束后，单击【Solution（C6）】→【Total Deformation】，图形区域显示优化分析得到的圆盘结构优化模型变形分布云图，如图 17-47 所示；单击【Solution（C6）】→【Equivalent Stress】，显示优化分析得到的圆盘结构优化模型等效应力分布云图，如图 17-48 所示。

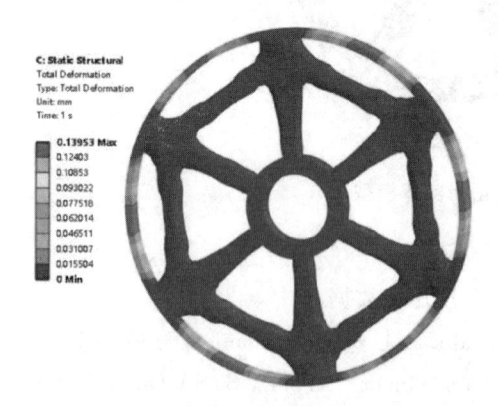

图 17-47 圆盘结构优化模型变形分布云图 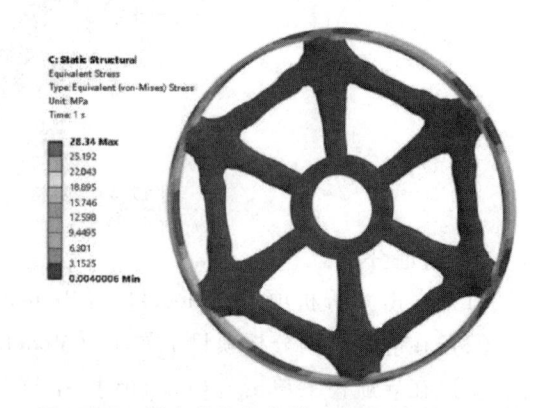　　　　　图 17-48 圆盘结构优化模型等效应力分布云图

19. 保存与退出

（1）退出 Mechanical 分析环境。单击 Mechanical 主界面的菜单【File】→【Close Mechanical】退出分析环境，返回到 Workbench 主界面，此时主界面的项目分析流程图中显示的分

析已完成。

（2）单击 Workbench 主界面上的【Save】按钮，保存所有分析结果文件。

（3）退出 Workbench 环境。单击 Workbench 主界面的菜单【File】→【Exit】退出主界面，完成分析。

17.2.3 结果分析与点评

本实例是某圆盘拓扑优化设计分析，为连续体拓扑优化。从优化结果来看，在结构强度合格的条件下，优化模型与原模型相比，节省了材料且结构更合理。本实例通过对优化实体设置优化区域、不优化区域、优化目标、优化约束和制造约束条件等方法实现了新型结构构型设计，虽然还有待实际应用检验，但拓扑优化给我们带来了开辟结构设计的新思路，可以与增材制造方法结合，实现结构的快速制造。随着 ANSYS 的模型处理功能不断强大，优化模型可以直接导入 SpaceClaim 进行处理，方便验证分析。本实例优化过程完整，不但给出了圆盘结构拓扑优化的全过程，还给出了由拓扑优化结果的网格模型到实体模型处理的全过程及优化结果验证分析过程。本实例优化对象的结构相对简单，但其中的各种方法值得借鉴。需要说明的是，本实例的拓扑优化模型可直接进行增材制造。

第18章 自动化分析

18.1 三角平台上圆筒受力自动化分析

18.1.1 问题与重难点描述

1. 问题描述

某型圆筒放置在三角平台上,材料均为结构钢。圆筒受到10N向下的力,其他相关参数在分析过程中体现。试用自动化方法求圆筒及三角平台所受到的应力及变形。

2. 重难点提示

本实例重难点在于在Shell编辑区输入命令,包括网格划分、边界设置和结果后处理等。

18.1.2 实例详细解析过程

1. 启动Workbench

在"开始"菜单中执行ANSYS2024R1/R2 → Workbench 2024R1/R2命令。

2. 创建静态结构自动化分析

(1) 在工具箱【Toolbox】的【Analysis Systems】中双击或拖动静态结构分析项目【Static Structural】到项目分析流程图,如图18-1所示。

(2) 在Workbench的工具栏中单击【Save】,保存项目工程名称为Triangle.wbpj。如有限元分析文件保存在D:\AWB\Chapter18文件夹中。

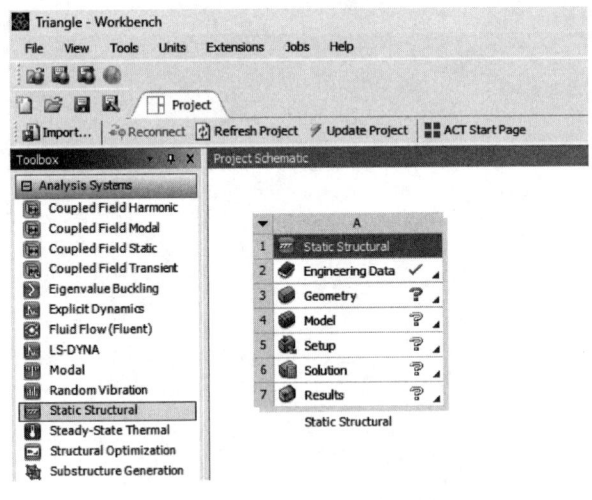

图18-1 创建静态结构分析

3. 导入几何模型

在静态结构分析项目上右击【Geometry】→【Import Geometry】→【Browse】,找到模型文件Triangle.scdoc,打开导入几何模型。如模型文件在D:\AWB\Chapter18文件夹中。

4. 进入Mechanical分析环境

(1) 在静态结构分析项目上右击【Model】→【Edit…】进入Mechanical分析环境。

(2) 在Mechanical的环境主页【Home】功能区单位【Units】中选择单位为Metric (mm, kg, N, s, mV, mA)。

5. 为几何模型分配材料属性（材料默认为结构钢）

6. 自动化脚本编辑

（1）打开脚本编辑器，在 Mechanical 自动化功能区单击【Automation】→【Scripting】，窗口右侧弹出编辑器，删除接触连接。

（2）Shell 文本接触连接脚本编辑如图 18-2 所示，在 Shell 文本编辑区输入以下命令：

conngrp = Model. Connections. AddConnectionGroup( )

conngrp. CreateAutomaticConnections( )

conngrp. GetChildren(DataModelObjectCategory. ContactRegion, True)

c1 = conngrp. Children[0]

c1. RenameBasedOnDefinition( )

c1. Name

c1. ContactType

c1. ContactType = ContactType. Bonded

c1. Behavior

c1. Behavior = ContactBehavior. Asymmetric

c1. ContactFormulation = ContactFormulation. AugmentedLagrange

c1. SmallSliding

c1. SmallSliding = ContactSmallSlidingType. Off

c1. UpdateStiffness

c1. UpdateStiffness = UpdateContactStiffness. EachIteration

```
Shell
>>> conngrp=Model.Connections.AddConnectionGroup()
>>> conngrp.CreateAutomaticConnections()
>>> conngrp.GetChildren (DataModelObjectCategory.ContactRegion,True)
[Ansys.ACT.Automation.Mechanical.Connections.ContactRegion]
>>> c1=conngrp.Children[0]
>>> c1.RenameBasedOnDefinition()
>>> c1.Name
'Bonded - Triangle\triangle To Triangle\cylinder'
>>> c1.ContactType
Bonded
>>> c1.ContactType=ContactType.Bonded
>>> c1.Behavior
ProgramControlled
>>> c1.Behavior=ContactBehavior.Asymmetric
>>> c1.ContactFormulation=ContactFormulation.AugmentedLagrange
>>> c1.SmallSliding
ProgramControlled
>>> c1.SmallSliding=ContactSmallSlidingType.Off
>>> c1.UpdateStiffness
ProgramControlled
>>> c1.UpdateStiffness=UpdateContactStiffness.EachIteration
>>>
```

图 18-2　Shell 文本接触连接脚本编辑

（3）网格划分脚本编辑。在 Shell 文本编辑区输入以下命令：

Model. Mesh

mesh = Model. Mesh

mesh. Activate( )

mesh. PhysicsPreference
mesh. ElementOrder
mesh. ElementOrder = ElementOrder. Quadratic
mesh. UseAdaptiveSizing
mesh. UseAdaptiveSizing = False
mesh. AddAutomaticMethod( )
method = mesh. AddAutomaticMethod( )
method. Location
method. Location. GetType( )
method. Method
method. Method = MethodType. MultiZone
sizing = mesh. AddSizing( )
sizing. Type
sizing. Type = SizingType. ElementSize
sizing. ElementSize = Quantity(1 ,' mm ')
mesh. ObjectState
mesh. GenerateMesh( )

脚本执行后产生的网格模型如图 18-3 所示。

(4) 分析设置脚本编辑。在 Shell 文本编辑区输入以下命令：

Model. Analyses[0]
as1 = Model. Analyses[0]
as1 = Model. Analyses[0]. AnalysisSettings
as1. SolverType
as1. SolverType = SolverType. Direct

(5) 支撑约束脚本编辑。在 Shell 文本编辑区输入以下命令：

as2 = Model. Analyses[0]
as2. Activate( )
fs = as2. AddFixedSupport( )
face = ExtAPI. SelectionManager. CurrentSelection, 选中如图 18-4 所示的约束面。
face
face. Ids
ExtAPI. SelectionManager. NewSelection(face)
fs. Location = face

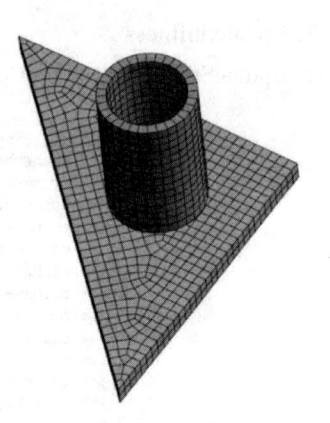

图 18-3 网格模型

(6) 力载荷脚本编辑。在 Shell 文本编辑区输入以下命令：

as3 = Model. Analyses[0]
as3. Activate( )
face = ExtAPI. SelectionManager. CurrentSelection, 选中如图 18-5 所示的载荷施加面。

ExtAPI. SelectionManager. NewSelection(face)
f = as3. AddForce( )
f. Location = face
f. Magnitude. Output. DiscreteValues = [Quantity('0[N]') , Quantity(' 10[N]')]

（7）求解脚本编辑。在 Shell 文本编辑区输入以下命令：
as4 = Model. Analyses [0]
as4. Solve( )

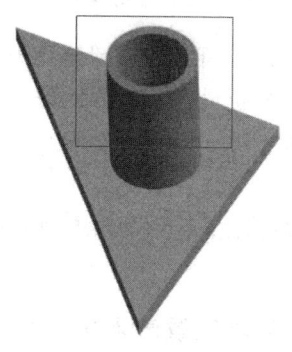

图 18-4　约束面　　　　　　　　　图 18-5　载荷施加面

（8）后处理脚本编辑。在 Shell 文本编辑区输入以下命令：
as5 = as4. Solution
as5. Status
td = as5. AddTotalDeformation( )
td = as5. AddEquivalentStress( )
td. EvaluateAllResults( )

7. 查看结果

脚本执行求解运算结束后，单击【Solution （A6）】→【Total Deformation】，图形区域显示分析得到的变形分布云图，图 18-6 所示；单击【Solution （A6）】→【Equivalent Stress】，显示等效应力分布云图，图 18-7 所示。

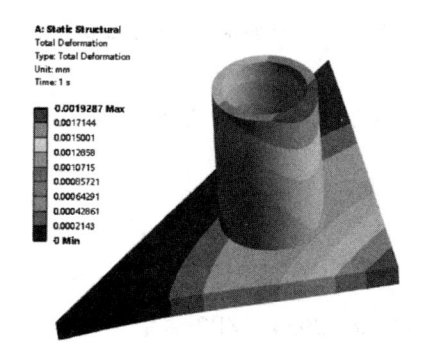

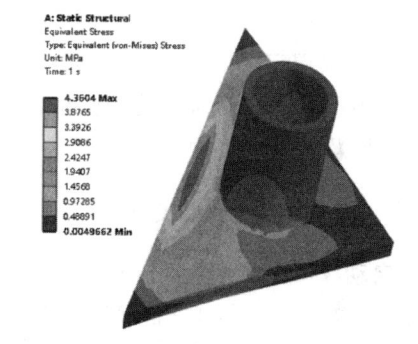

图 18-6　变形分布云图　　　　　　　图 18-7　等效应力分布云图

8. 保存与退出

（1）单击 Mechanical Scripting 编辑器关闭按钮，关闭编辑器。

(2) 退出 Mechanical 分析环境。单击 Mechanical 主界面的菜单【File】→【Close Mechanical】退出分析环境，返回到 Workbench 主界面，此时主界面的项目分析流程图中显示的分析项目均已完成。

(3) 单击 Workbench 主界面上的【Save】按钮，保存所有分析结果文件。

(4) 退出 Workbench 环境。单击 Workbench 主界面的菜单【File】→【Exit】退出主界面，完成项目分析。

18.1.3 结果分析与点评

本实例是三角平台上圆筒受力自动化分析案例，自动化分析脚本编辑包括了接触连接、网格划分、分析设置、边界约束、边界载荷、求解及后处理，这些步骤也是一般分析的所需步骤。结果可见，通过脚本编辑可完全实现自动化分析。本实例为后续复杂分析提供参考。

18.2 集热器框架客户化定制分析

18.2.1 问题与重难点描述

1. 问题描述

某型集热器（部分）是光热发电的核心部件，主要用来收集太阳光热，集热器模型如图 18-8 所示。集热器通常放置在空旷的野外十几米的混凝土柱上，工作环境恶劣，常年受到的主要作用载荷为风载。已知集热器框架材料为 Q345，密度为 7850 kg m^-3，弹性模量为 2.09E+11Pa，泊松比为 0.3；玻璃材料的密度为 2500kg m^-3，弹性模量为 7.2E+10Pa，泊松比为 0.2；橡胶材料的密度为 1200kg m^-3，弹性模量为 1.0363E+6Pa，泊松比为 0.499。假设集热器镜片上水平方向受 1 海里风速，支撑集热器的框架为固定约束，试求集热器框架的强度。

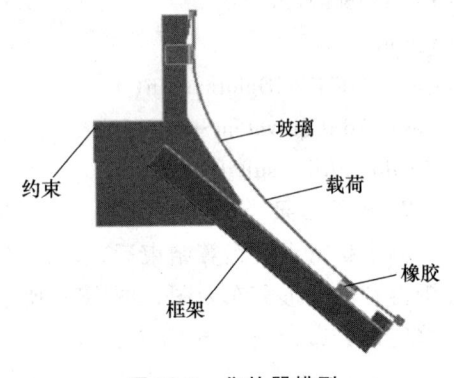

图 18-8 集热器模型

2. 重难点提示

本实例重难点在于风载荷的应用，包括材料参数确定、网格划分、边界施加、客户化风载载荷施加及结果后处理。

18.2.2 实例详细解析过程

1. 启动 Workbench

在"开始"菜单中执行 ANSYS 2024R1/R2→Workbench 2024R1/R2 命令。

2. 创建静态结构分析

(1) 在工具箱【Toolbox】的【Analysis Systems】中双击或拖动静态结构分析【Static Structural】到项目分析流程图，如图 18-9 所示。

(2) 在工具栏单击【ACT Start Page】→【Manage Extensions】→【"+" Install】→依次打

开【D:\AWB \ Chapter18\ WindLoading \ bin \ WindLoading. wbex】，然后单击【Load as default】，装载 ACT WindLoading 并作为默认插件，如图 18-10 所示。

（3）在 Workbench 的工具栏中单击【Save】，保存项目实例名称为 Solar collector. wbpj。如工程实例文件保存在 D:\AWB \ Chapter18 文件夹中。

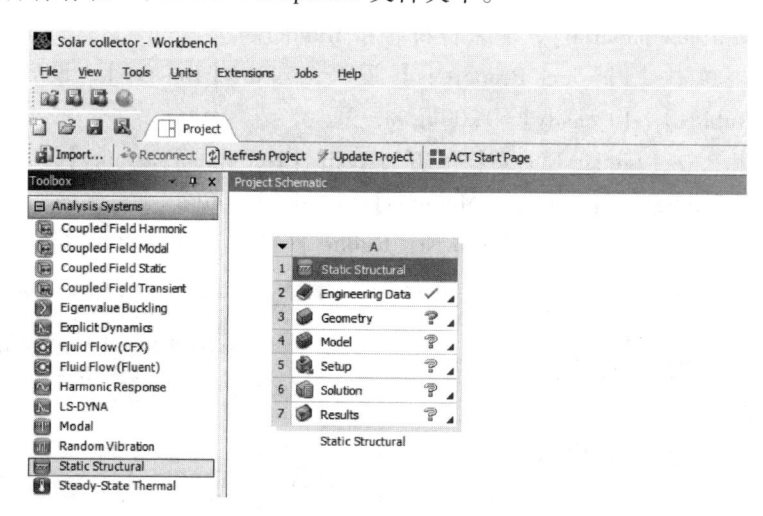

图 18-9　创建静态结构分析

图 18-10　装载 ACT WindLoading 并作为默认插件

3. 创建材料参数

（1）编辑工程数据单元，右击【Engineering Data】→【Edit...】。

（2）在工程数据属性中创建新材料：【Outline of Schematic A2：Engineering Data】→【Click here to add a new material】，输入材料名称 Q345R。

（3）在左侧单击【Physical Properties】展开，双击【Density】，设置【Properties of Outline Row 4：Q345R】→【Density】= 7850kg m^-3。

（4）在左侧单击【Linear Elastic】展开，双击【Isotropic Elasticity】，设置【Properties of Outline Row 4：Q345R】→【Young's Modulus】= 2.09E+11 Pa。

（5）设置【Properties of Outline Row 4：Q345R】→【Poisson's Ratio】= 0.3。

（6）在工程数据属性中创建新材料：【Outline of Schematic A2：Engineering Data】→【Click here to add a new material】，输入材料名称 Glass。

（7）在左侧单击【Physical Properties】展开，双击【Density】，设置【Properties of Outline Row 5：Glass】→【Density】= 2500kg m^-3。

（8）在左侧单击【Linear Elastic】展开，双击【Isotropic Elasticity】，设置【Properties of Outline Row 5：Glass】→【Young's Modulus】= 7.2E+10Pa。

（9）设置【Properties of Outline Row 5：Glass】→【Poisson's Ratio】= 0.2。

（10）在工程数据属性中创建新材料：【Outline of Schematic A2：Engineering Data】→【Click here to add a new material】，输入材料名称 Rubber。

（11）在左侧单击【Physical Properties】展开，双击【Density】，设置【Properties of Outline Row 6：Rubber】→【Density】= 1200kg m^-3。

（12）在左侧单击【Linear Elastic】展开，双击【Isotropic Elasticity】，设置【Properties of Outline Row 6：Rubber】→【Young's Modulus】= 1.0363E+06Pa。

（13）设置【Properties of Outline Row 6：Rubber】→【Poisson's Ratio】= 0.499。

（14）单击工具栏中的【A2：Engineering Data】关闭按钮，返回到 Workbench 主界面，新材料创建完毕，如图 18-11 所示。

4. 导入几何

在静态结构分析上右击【Geometry】→【Import Geometry】→【Browse】，找到模型文件 Solar collector.agdb，打开导入几何模型。如模型文件在 D:\AWB\Chapter18 文件夹中。

5. 进入 Mechanical 分析环境

（1）在静态结构分析上右击【Model】→【Edit...】进入 Mechanical 分析环境。

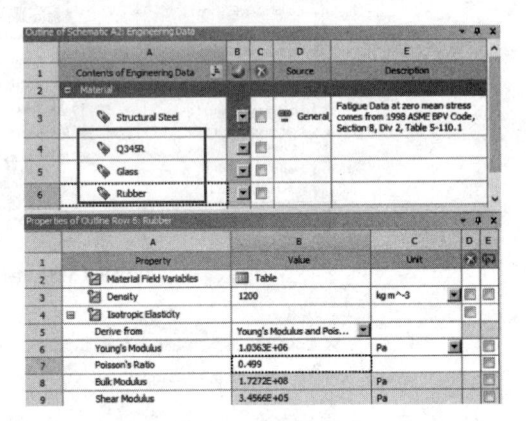

图 18-11 创建材料参数

（2）在 Mechanical 的环境主页【Home】功能区单位【Units】中选择单位为 Metric (mm, kg, N, s, mV, mA)。

6. 为几何模型分配材料

（1）在导航树上单击【Geometry】展开，选择【Shim.1】【Shim.2】【Shim.3】【Shim.4】【Shim.5】【Shim.6】→【Details of "Multiple Selection"】→【Material】→【Assignment】= Q345R，其他默认。

（2）在导航树上单击【Geometry】展开，选择【Frame.1】【Frame.2】【Frame.3】【Frame.4】【Frame.5】【Frame.6】→【Details of "Multiple Selection"】→【Material】→【Assignment】= Q345R，其他默认。

（3）在导航树上单击【Geometry】展开，选择【Rubber.1】【Rubber.2】【Rubber.3】【Rubber.4】【Rubber.5】【Rubber.6】→【Details of "Multiple Selection"】→【Material】→【Assignment】= Rubber，其他默认。

（4）在导航树上单击【Geometry】展开，选择【Tempered glass】→【Details of "Tempered glass"】→【Material】→【Assignment】= Glass，其他默认。

7. 几何模型划分网格

（1）在导航树上单击【Mesh】→【Details of "Mesh"】→【Sizing】→【Size Function】= Adaptive，【Relevance Center】= Medium，其他默认。

（2）在标准工具栏单击 ，选择所有模型，在导航树上右击【Mesh】，从弹出的快捷菜单中选择【Insert】→【Sizing】→【Details of "Body Sizing"- Sizing】→【Definition】→【Element Size】=9mm，其他默认。

（3）多区域网格设置。选择【Frame.1】和【Frame.4】模型，然后右击【Mesh】，从弹出的快捷菜单中选择【Insert】→【Method】→【MultiZone】，其他默认，如图18-12所示。

（4）生成网格。右击【Mesh】→【Generate Mesh】，图形区域显示程序生成的网格模型，如图18-13所示。

图18-12 多区域网格设置　　　　　　图18-13 网格模型

（5）网格质量检查。在导航树上单击【Mesh】→【Details of "Mesh"】→【Quality】→【Mesh Metric】=Element Quality，显示Element Quality规则下网格质量详细信息，平均值处在良好的水平范围内，展开【Statistics】显示网格和节点数量。

8. 施加边界条件

（1）选择【Static Structural（A5）】。

（2）施加风载。在标准工具栏单击 ，选择Glass模型，然后在Mechanical的环境主页【API 4F Wind Loading】功能区单击【Wind Loading on Solid or Shell】→【Wind Loading（Face）】→【Details of "Wind Loading（Face）"】→【Wind Front Faces】→【Scoping Method】=Name Selection，【Name Selection】=Windwardface，【Wind Load Method】→【Wind Load Method】=Projected Area Approach，【Wind Velocity】→【Reference Datum】=Global Coordinate System，【Height Direction】=X，【X Component】=-1knot，其他默认，如图18-14所示。

（3）施加约束。在标准工具栏上单击 ，选择【Frame.1】【Frame.4】，然后在环境功能区上单击【Supports】→【Fixed Support】，如图18-15所示。

9. 设置需要的结果

（1）选择【Solution（A6）】。

（2）在Mechanical环境求解功能区单击【Deformation】→【Total】。

（3）在标准工具栏单击 ，选择【Frame.1】【Frame.2】【Frame.3】【Frame.4】【Frame.5】【Frame.6】模型，在Mechanical环境求解功能区单击【Stress】→【Equivalent（von-Mises）】。

10. 求解与结果显示

（1）在Mechanical环境求解功能区单击 进行求解运算。

（2）在导航树上选择【Solution（A6）】→【Total Deformation】，图形区域显示集热器变

形分布云图，如图 18-16 所示；单击【Solution（A6）】→【Equivalent Stress】，显示集热器框架等效应力分布云图，如图 18-17 所示。

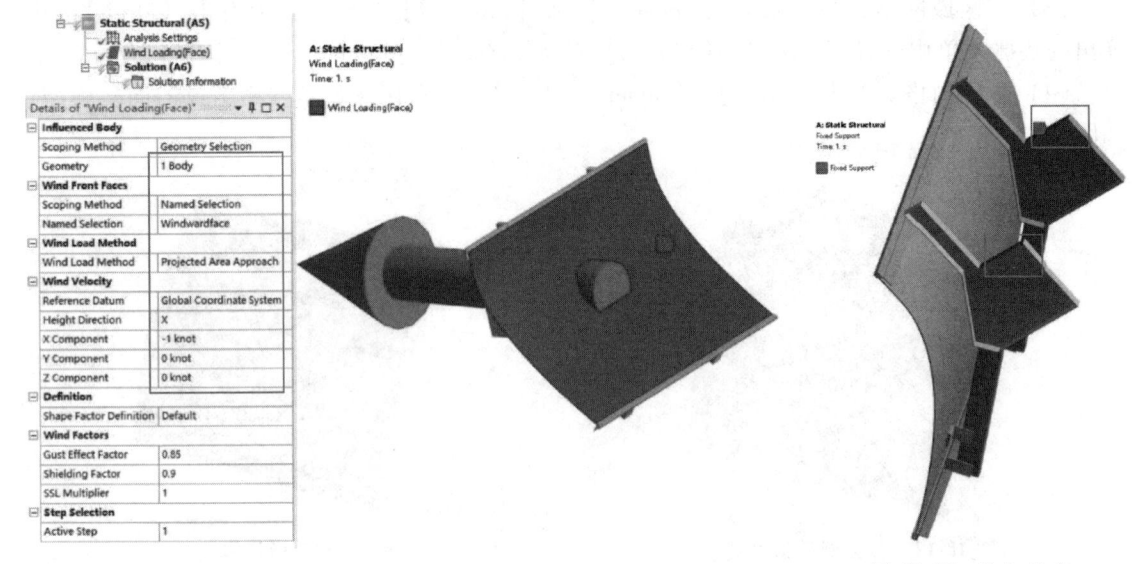

图 18-14　施加风载

图 18-15　施加约束

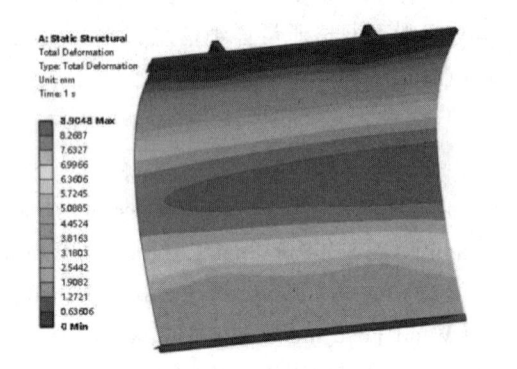

图 18-16　集热器变形分布云图

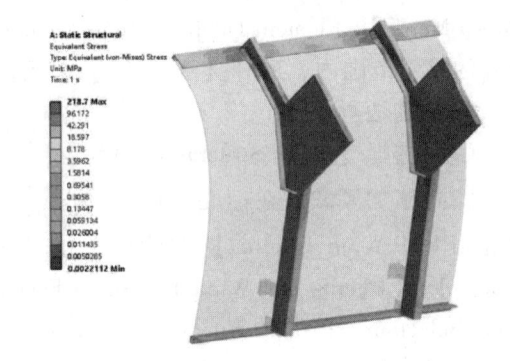

图 18-17　集热器框架等效应力分布云图

11. 保存与退出

（1）退出 Mechanical 分析环境。单击 Mechanical 主界面的菜单【File】→【Close Mechanical】退出分析环境，返回到 Workbench 主界面，此时主界面的项目分析流程图中显示的分析已完成。

（2）单击 Workbench 主界面上的【Save】按钮，保存所有分析结果文件。

（3）退出 Workbench 环境。单击 Workbench 主界面的菜单【File】→【Exit】退出主界面，完成分析。

18.2.3　结果分析与点评

本实例是集热器框架应力分析，从分析结果来看，集热器镜片中间部位变形较大，而最大应力集中在集热器框架，这是因为水平风载主要作用在集热器镜片所致。本实例主要应用基于 API 4F《钻井和修井结构规范》ANSYS ACT 客户化风载插件进行分析，该客户化插件适用于实体、壳体、线体几何结构模型，可以进行单步或多步加载，可以对迎风面自动探测，也可应用背风面。需要注意的是：使用风载插件功能，需要先加载该插件。

18.3 三通弯管混合流体自动化分析

18.3.1 问题与重难点描述

1. 问题描述

一款经典三通混合弯管模型如图 18-18 所示，该弯管常用于发电厂和过程工业的管道系统中。已知 20℃ 的冷流体通过大入口流入管道并与从小入口流入的 40℃ 的热流体混合，其他相关参数在分析过程中体现。为了设计合理的过渡连接，试分析混合区域的流场和温度场。

2. 重难点提示

本实例重难点在于利用 Python 处理分析，包括网格划分、边界设置及结果后处理。

18.3.2 实例详细解析过程

1. 启动 PyFluent

（1）在"开始"菜单中执行 Ansys Python Manager→Ansys Python Manager 命令。

（2）单击【Launch Jupyter Notebook】启动 Jupyter 编辑器，PyAnsys 管理器界面如图 18-19 所示。

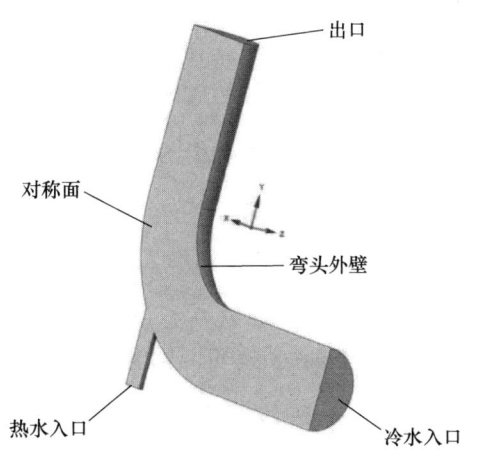

图 18-18 三通混合弯管模型

图 18-19 PyAnsys 管理器界面

2. 在 Jupyter 文本编辑区输入以下命令：

（1）启动求解器

①：import ansys.fluent.core as pyfluent

②：meshing = pyfluent.launch_fluent(
precision = " double " ,

```
        processor_count = 4,
        mode = "meshing",
)
```

（2）初始化工作流程及读取几何模型

① meshing.workflow.InitializeWorkflow(WorkflowType = "Watertight Geometry")

② geom = 'mixing_elbow.scdoc'
meshing.workflow.TaskObject["Import Geometry"].Arguments = dict(
    FileName = geom, LengthUnit = "in"
)
meshing.workflow.TaskObject["Import Geometry"].Execute()

（3）划分网格

①: meshing.workflow.TaskObject["Add Local Sizing"].AddChildToTask()
meshing.workflow.TaskObject["Add Local Sizing"].Execute()

②: meshing.workflow.TaskObject["Generate the Surface Mesh"].Arguments = {
    "CFDSurfaceMeshControls":{"MaxSize":0.3}
}
meshing.workflow.TaskObject["Generate the Surface Mesh"].Execute()

③: meshing.workflow.TaskObject["Describe Geometry"].UpdateChildTasks(
    SetupTypeChanged = False
)
meshing.workflow.TaskObject["Describe Geometry"].Arguments = dict(
    SetupType = "The geometry consists of only fluid regions with no voids"
)
meshing.workflow.TaskObject["Describe Geometry"].UpdateChildTasks(SetupTypeChanged = True)
meshing.workflow.TaskObject["Describe Geometry"].Execute()

④: meshing.workflow.TaskObject["Update Boundaries"].Arguments = {
    "BoundaryLabelList":["wall-inlet"],
    "BoundaryLabelTypeList":["wall"],
    "OldBoundaryLabelList":["wall-inlet"],
    "OldBoundaryLabelTypeList":["velocity-inlet"],
}
meshing.workflow.TaskObject["Update Boundaries"].Execute()

⑤: meshing.workflow.TaskObject["Update Regions"].Execute()

⑥: meshing.workflow.TaskObject["Add Boundary Layers"].AddChildToTask()

```
meshing.workflow.TaskObject["Add Boundary Layers"].InsertCompoundChildTask()
meshing.workflow.TaskObject["smooth-transition_1"].Arguments = {
    "BLControlName":"smooth-transition_1",
}
meshing.workflow.TaskObject["Add Boundary Layers"].Arguments = {}
meshing.workflow.TaskObject["smooth-transition_1"].Execute()
```

⑦:
```
meshing.workflow.TaskObject["Generate the Volume Mesh"].Arguments = {
    "VolumeFill":"poly-hexcore",
    "VolumeFillControls":{
        "HexMaxCellLength":0.3,
    },
}
meshing.workflow.TaskObject["Generate the Volume Mesh"].Execute()
```

⑧:
```
meshing.tui.mesh.check_mesh()
meshing.tui.file.write_mesh("mixing_elbow.msh.h5")
```

（4）切换至 Fluent 求解器

①:
```
solver = meshing.switch_to_solver()
```

②:
```
solver.mesh.check()
```

③:
```
solver.setup.models.energy.enabled = True
```

（5）定义材料

①:
```
solver.setup.materials.database.copy_by_name(type = "fluid", name = "water-liquid")
```

②:
```
solver.tui.define.materials.copy("fluid", "water-liquid")
```

③:
```
solver.tui.define.boundary_conditions.fluid(
"elbow-fluid",
"yes",
"water-liquid",
"no",
"no",
"no",
"no",
"0",
"no",
"0",
```

```
    "no",
    "0",
    "no",
    "0",
    "no",
    "0",
    "no",
    "1",
    "no",
    "no",
    "no",
    "no",
    "no",
)
```

(6) 定义边界条件

```
solver. tui. define. boundary_conditions. set. velocity_inlet(
    "cold-inlet",[ ], "vmag", "no", 0.4, "quit"
)
solver. tui. define. boundary_conditions. set. velocity_inlet(
    "cold-inlet",[ ], "ke-spec", "no", "no", "no", "yes", "quit"
)
solver. tui. define. boundary_conditions. set. velocity_inlet(
    "cold-inlet",[ ], "turb-intensity", 5, "quit"
)
solver. tui. define. boundary_conditions. set. velocity_inlet(
    "cold-inlet",[ ], "turb-hydraulic-diam", 4, "quit"
)
solver. tui. define. boundary_conditions. set. velocity_inlet(
    "cold-inlet",[ ], "temperature", "no", 293.15, "quit"
)

# hot inlet(hot-inlet), Setting: Value:
# Velocity Specification Method: Magnitude, Normal to Boundary

solver. tui. define. boundary_conditions. set. velocity_inlet(
    "hot-inlet",[ ], "vmag", "no", 1.2, "quit"
)
solver. tui. define. boundary_conditions. set. velocity_inlet(
    "hot-inlet",[ ], "ke-spec", "no", "no", "no", "yes", "quit"
)
```

```
solver. tui. define. boundary_conditions. set. velocity_inlet(
    "hot-inlet",[ ],"turb-intensity",5,"quit"
)
solver. tui. define. boundary_conditions. set. velocity_inlet(
    "hot-inlet",[ ],"turb-hydraulic-diam",1,"quit"
)
solver. tui. define. boundary_conditions. set. velocity_inlet(
    "hot-inlet",[ ],"temperature","no",313.15,"quit"
)

# pressure outlet(outlet),Setting:Value:
# Backflow Turbulent Intensity:5[%]
# Backflow Turbulent Viscosity Ratio:4

solver. tui. define. boundary_conditions. set. pressure_outlet(
    "outlet",[ ],"turb-intensity",5,"quit"
)
solver. tui. define. boundary_conditions. set. pressure_outlet(
    "outlet",[ ],"turb-viscosity-ratio",4,"quit"
)
```

（7）求解及求解设置

① solver. solution. monitor. residual. options. plot = False
② solver. solution. initialization. hybrid_initialize( )
③ solver. tui. file. write_case("mixing_elbow1. cas. h5")
④ solver. solution. run_calculation. iterate(iter_count = 90)

（8）求解后处理

1）创建速度矢量

① graphics = solver. results. graphics

```
# use_window_resolution option not active inside containers or Ansys Lab environment
if graphics. picture. use_window_resolution. is_active( ):
    graphics. picture. use_window_resolution = False
graphics. picture. x_resolution = 1920
graphics. picture. y_resolution = 1440
```

②graphics = solver. results. graphics

```
graphics. vector["velocity_vector_symmetry"] = { }
velocity_symmetry = solver. results. graphics. vector["velocity_vector_symmetry"]
velocity_symmetry. print_state( )
velocity_symmetry. field = "velocity-magnitude"
```

```
velocity_symmetry. surfaces_list = [
    "symmetry-xyplane",
]
velocity_symmetry. scale. scale_f = 4
velocity_symmetry. style = "arrow"
velocity_symmetry. display( )

graphics. views. restore_view( view_name = "front" )
graphics. views. auto_scale( )
graphics. picture. save_picture( file_name = "velocity_vector_symmetry. png" )
```

2）计算质量流率

```
solver. solution. report_definitions. flux["mass_flow_rate"] = { }

mass_flow_rate = solver. solution. report_definitions. flux["mass_flow_rate"]
mass_flow_rate. boundaries. allowed_values( )
mass_flow_rate. boundaries = [
    "cold-inlet",
    "hot-inlet",
    "outlet",
]
mass_flow_rate. print_state( )
solver. solution. report_definitions. compute( report_defs = ["mass_flow_rate"] )
```

（9）保存 cas 与 data 文件

```
solver. tui. file. write_case_data("mixing_elbow2_tui. cas. h5")
```

（10）退出 Fluent 求解器

```
solver. exit( )
```

速度矢量结果如图 18-20 所示。

18.3.3 结果分析与点评

本实例是典型的三通弯管混合流体自动化分析案例，PyFluent 由 ANSYS-fluent-core 包、ANSYS-fluent-parametric 包和 ANSYS-fluent-visualization 包组成，分析前可分别单独安装，也可通过 PyAnsys 管理器安装。本例通过 PyAnsys 管理器的 Jupyter 编辑器输入命令进行分析，整个过程无界面的交互过程，这要求读者熟悉 Fluent 以及 PyFluent 代码规则。本例是一个完整的分析过程，对初始接触者，应注意目录的放置。

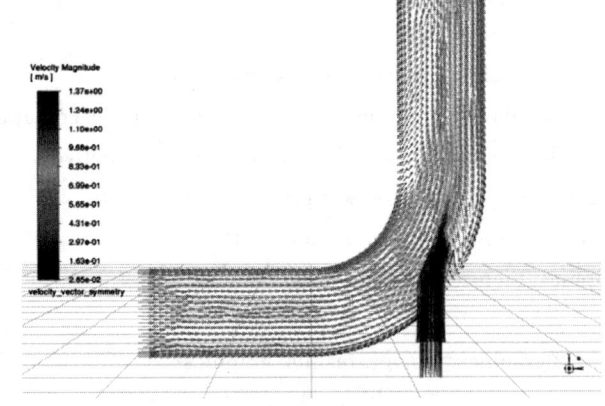

图 18-20 速度矢量结果

参 考 文 献

[1] 买买提明·艾尼,陈华磊. ANSYS Workbench14.0仿真技术与工程实践[M]. 北京:清华大学出版社,2013.

[2] 买买提明·艾尼,陈华磊,王晶. ANSYS Workbench18.0有限元分析入门与应用[M]. 北京:机械工业出版社,2018.

[3] 买买提明·艾尼,陈华磊. ANSYS Workbench18.0工程应用与实例解析[M]. 北京:机械工业出版社,2018.

[4] 买买提明·艾尼,陈华磊. ANSYS Workbench18.0高阶应用与实例解析[M]. 北京:机械工业出版社,2018.